普通高等教育土建类应用型规划教材

AutoCAD 2014 新手入门通用教程

主　编　吕　晖
副主编　郭雪白　王　洁　董　浩
　　　　任朝栋　许文松

黄河水利出版社
·郑州·

内 容 提 要

本书从理论和应用两部分进行编写。在理论篇，重点介绍了 AutoCAD 2014 的经典界面、绘图基础、三维图形的绘制与编辑、组合图形的组件与引用、尺寸的标注、文字与表格的创建及三维图形绘制基础等。在应用篇，主要从工学中的测绘专业、建筑工程专业、机械设计专业等方面介绍了具体绘图要求及典型图纸绘制。

本书深入浅出，列举了大量案例，适用于高校学生、初次接触 CAD 软件的自学者以及专业工程人员。

图书在版编目(CIP)数据

AutoCAD 2014 新手入门通用教程/吕晖主编. —郑州：黄河水利出版社，2015. 7
ISBN 978 - 7 - 5509 - 1136 - 9

Ⅰ. ①A… Ⅱ. ①吕… Ⅲ. ①AutoCAD 软件 - 教材 Ⅳ. ①TP391. 72

中国版本图书馆 CIP 数据核字(2015)第 111839 号

出 版 社：黄河水利出版社
地址：河南省郑州市顺河路黄委会综合楼 14 层　　邮政编码：450003
发行单位：黄河水利出版社
发行部电话：0371 - 66026940、66020550、66028024、66022620(传真)
E-mail：hhslcbs@126. com
承印单位：河南承创印务有限公司
开本：787 mm × 1 092 mm　1/16
印张：18. 75
字数：433 千字　　印数：1—4 100
版次：2015 年 7 月第 1 版　　印次：2015 年 7 月第 1 次印刷
定价：39. 00 元

前　言

AutoCAD 是目前应用比较广泛的辅助设计软件之一，由于具有简便的人机互动的操作方法和非常强大的制图功能，所以一直以来深受各大绘图行业的青睐。为了使广大绘图者快速掌握该软件的使用方法，我们编写了最新版的《AutoCAD 2014 新手入门通用教程》。

根据软件学习的基本规律，本书由浅入深、由易到难、循序渐进地通过“理论介绍 + 简单举例”的方法进行理论篇的编写。同时，在应用篇中具体介绍了土木工程与测绘工程等相关专业的一些绘图技巧与绘图要求等。本书适用于初次接触该软件的大中专院校的学生或者该绘图软件的自学者以及经常使用该软件的绘图工程师。

本书具体来说分为两大部分，即理论篇与应用篇。其中，理论篇包括 10 章，具体内容为第 1 章 AutoCAD 2014 入门、第 2 章 AutoCAD 2014 绘图基础、第 3 章二维图形绘制、第 4 章图形的编辑、第 5 章组合与引用图形资源、第 6 章标注图形尺寸、第 7 章创建文字与表格、第 8 章三维绘图基础、第 9 章三维图形绘制与编辑、第 10 章图形输出与打印。应用篇中包括 3 章，分别为第 11 章绘制测绘图纸、第 12 章绘制建筑工程图纸、第 13 章绘制机械图。

本书由河南理工大学万方科技学院吕晖主编。具体编写分工为：第 1 章、第 2 章由河南理工大学万方科技学院郭雪白编写，第 3 ~ 5 章、第 11 章由河南理工大学万方科技学院吕晖编写，第 6 章由河南理工大学万方科技学院许文松编写，第 7 章、第 10 章及附录由中国通信建设集团设计院董浩编写，第 8、9、12 章由河南理工大学万方科技学院王洁编写，第 13 章由中国电子科技集团第二十七研究所任朝栋编写。全书由吕晖统稿。

本书的编写也参考了相关教材、论文、规范和标准等大量资料，在此，对本书所引用资料的单位和个人表示衷心感谢！由于编者的知识、理论和实践的局限性，本书在对许多问题进行阐述和讨论时可能存在不妥甚至错误之处，敬请各位读者批评指正。

编　者

2015 年 4 月

目 录

应用篇

理 论 篇

第1章 AutoCAD 2014 入门

1.1 熟悉 AutoCAD 2014

1.1.1 AutoCAD 2014 简介

AutoCAD 是自动计算机辅助设计软件，它是由美国 Autodesk 公司为计算机上应用 CAD 技术而开发的绘图程序软件包，自 1982 年问世以来，一直深受世界各国专业设计人员的欢迎，现已成为国际上广为流行的绘图工具。AutoCAD 2014 是目前 AutoCAD 家族中最新的一个版本，其中“Auto”是英语 Automation 单词的词头，意思是“自动化”；“CAD”是英语 Computer Aided Design 的缩写，意思是“计算机辅助设计”；而“2014”则表示 AutoCAD 软件的版本号。

AutoCAD 是一款集多种功能于一体的高精度计算机辅助设计软件，具有功能强大、易于掌握、使用方便等特点，不仅在机械、建筑、服装和电子等设计领域得到了广泛的应用，而且在地理、气象、航天、造船等行业特殊图形的绘制，甚至乐谱绘制、灯光和广告设计等领域也得到了多方面的应用，目前已成为 CAD 系统中应用最为广泛的图形软件之一。

1.1.2 AutoCAD 2014 配置

AutoCAD 具有广泛的适用性，可以在各种操作系统支持的微型计算机和工作站上运行，本节主要介绍 AutoCAD 2014 软件的配置需求。

1.1.2.1 32 位操作系统的配置需求

针对 32 位的 Windows 操作系统而言，其硬件和软件的最低配置需求如下。

1. 操作系统

以下操作系统的 Service Pack 3（SP3）或更高版本。

Microsoft Windows XP Professional。

Windows XP Home。

其他操作系统。

Microsoft Windows 7 Enterprise。

Microsoft Windows 7 Ultimate。

Microsoft Windows 7 Professional。

Microsoft Windows 7 Home Premium。

2. Web 浏览器

Internet Explorer 7.0 或更高版本。

3. 处理器

➢对于 Windows XP 系统而言，需要使用 Intel Pentium 4 或 AMD Athlon 双核处理器，1.6 GHz 或更高，采用 SSE2 技术。

➢对于 Windows 7 系统而言，需要使用 Intel Pentium 4 或 AMD Athlon 双核处理器，3.0 GHz 或更高，采用 SSE2 技术。

4. 内存

无论是在哪种操作系统下，至少需要 2 GB RAM，建议使用 4 GB 内存。

5. 显示分辨率

1024 × 768 真彩色，建议使用 1600 × 1050 或更高分辨率。

6. 硬盘

6 GB 的安装空间。不能在 64 位 Windows 操作系统上安装 32 位的 AutoCAD；反之亦然。

7. 定点设备

MS - Mouse 兼容。

8. .NET Framework

.NET Framework 4.0 版本或更新。

9. 3D 建模其他要求

➢ Intel Pentium 4 或 AMD Athlon 处理器，3.0 GHz 或更高；Intel 或 AMD Dual Core 处理器，2.0 GHz 或更高。

➢ 4 GB RAM 或更大。

➢ 6 GB 可用硬盘空间（不包括安装需要的空间）。

➢ 1280 × 1024 真彩色视频显示适配器，具有 128 MB 或更大显存，采用 Pixel Shader 3.0 或更高版本，且支持 Direct3D 功能的工作站级图形卡。

1.1.2.2 64 位操作系统的配置需求

在安装 AutoCAD 2014 的过程中，会自动检测 Windows 操作系统是 32 位还是 64 位版本，然后安装适当版本的 AutoCAD。而针对 64 位的操作系统而言，其硬件和软件的最低配置需求如下。

1. 操作系统

Microsoft Windows XP Professional Service Pack 2（SP2）或更高版本。

其他操作系统。

Microsoft Windows 7 Enterprise。

Microsoft Windows 7 Ultimate。

Microsoft Windows 7 Professional。

Microsoft Windows 7 Home Premium。

2. Web 浏览器

Internet Explorer 7.0 或更高版本。

3. 处理器

➢ AMD Athlon 64 处理器,采用 SSE2 技术。

➢ AMD Opteron,采用 SSE2 技术。

➢ Intel Xeon,具有 Intel EM64T 支持并采用 SSE2 技术。

➢ Intel Pentium 4,具有 Intel EM64T 支持并采用 SSE2 技术。

4. 内存

无论是在哪种操作系统下,至少需要 2 GB RAM,建议使用 4 GB 内存。

5. 显示分辨率

1024×768 真彩色,建议使用 1600×1050 或更高。

6. 硬盘

6 GB 的安装空间。

7. 定点设备

MS - Mouse 兼容。

8. .NET Framework

.NET Framework 4.0 版本或更新。

9. 3D 建模其他要求

➢ Intel Pentium 4 或 AMD Athlon 处理器,3.0 GHz 或更高;Intel 或 AMD Dual Core 处理器,2.0 GHz 或更高。

➢ 4 GB RAM 或更大。

➢ 6 GB 可用硬盘空间(不包括安装需要的空间)。

➢ 1280×1024 真彩色视频显示适配器,具有 128 MB 或更大显存,采用 Pixel Shader 3.0 或更高版本,且支持 Direct 3D 功能的工作站级图形卡。

1.2 AutoCAD 2014 启动

本节主要学习 AutoCAD 2014 绘图软件的启动方式、工作空间的切换以及退出方式等技能。

1.2.1 AutoCAD 2014 启动方式

当成功安装 AutoCAD 2014 绘图软件之后,通过以下几种方式可以启动 AutoCAD 2014 软件。

◆双击桌面上的软件图标。

◆单击桌面任务栏【开始】→【所有程序】→【Autodesk】→【AutoCAD 2014】中的选项。

◆双击【*.dwg】格式的文件。

启动软件 AutoCAD 2014 绘图软件之后，即可进入如图 1-1 所示的经典工作界面，同时自动打开一个名为【AutoCAD 2014 Drawing1. dwg】的默认绘图文件。

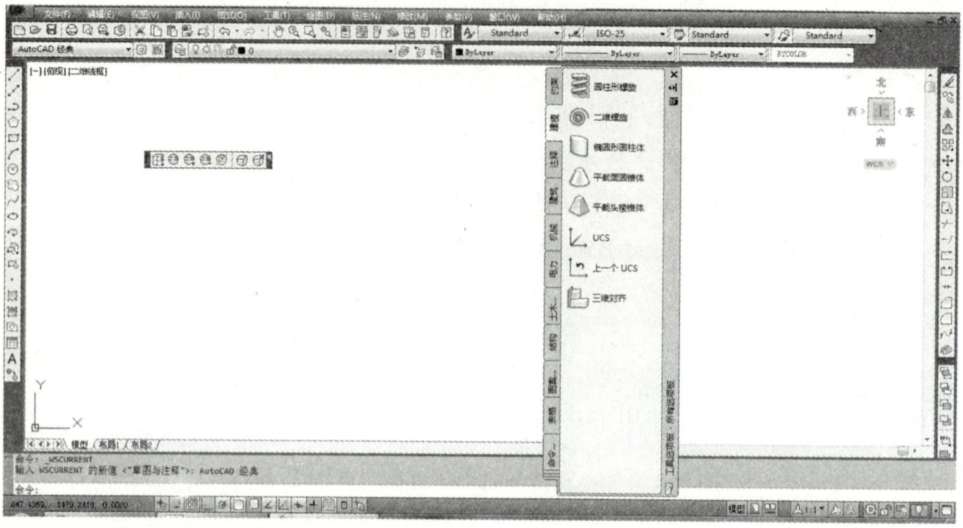

图 1-1 AutoCAD 2014 经典工作界面

1.2.2 AutoCAD 2014 工作空间

AutoCAD 2014 绘图软件为用户提供了多种工作空间，图 1-1 所示的界面为【AutoCAD 经典】工作空间，如果用户为 AutoCAD 初始用户，那么启动 AutoCAD 2014 后，则会进入如图 1-2 所示的【草图与注释】工作空间，这种工作空间在三维制图方面比较方便。

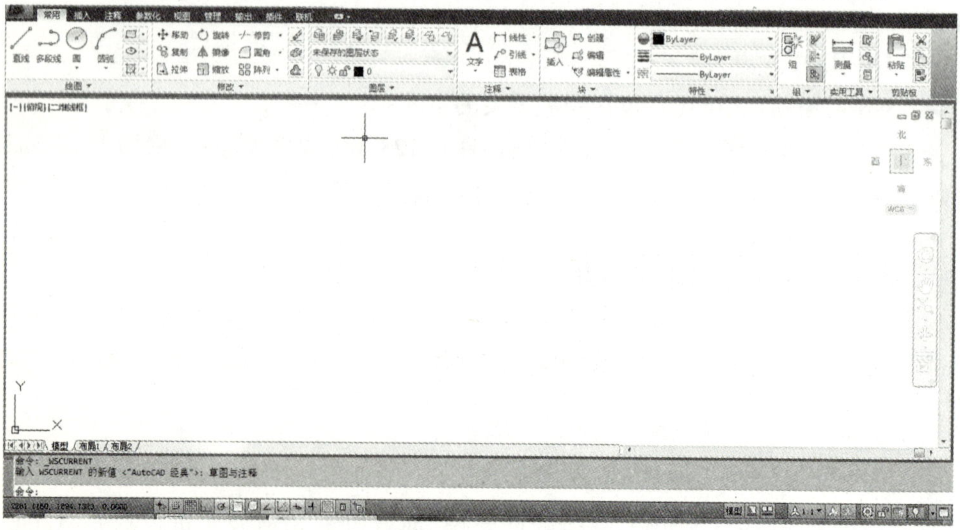

图 1-2 AutoCAD 2014 草图与注释工作空间

除【AutoCAD 经典】和【草图与注释】两种工作空间外，AutoCAD 2014 软件还为用户提供了【三维基础】和【三维建模】两种工作空间，其中【三维基础】工作空间如图 1-3 所示，这种空间在三维基础制图方面比较方便。

图 1-3　三维基础工作空间

【三维建模】工作空间如图 1-4 所示，在此工作空间内可以非常方便地访问新的三维功能，而且新窗口中的绘图区可以显示出渐变背景色、地平面或工作平面（UCS 的 XY 平面）以及新的矩形栅格，这将增强三维效果和三维模型的构造。

图 1-4　三维建模工作空间

1.2.3　AutoCAD 2014 工作空间的切换

AutoCAD 2014 软件为用户提供了多种工作空间，用户可以根据自己的作图习惯和需要选择相应的工作空间。工作空间的相互切换方式具体有以下几种。

（1）单击标题栏上的

按钮，在展开的按钮菜单中选择相应的工作空间，如图 1-5 所示。

（2）单击【工具】菜单中的【工作空间】下一级菜单选项，如图 1-6 所示。

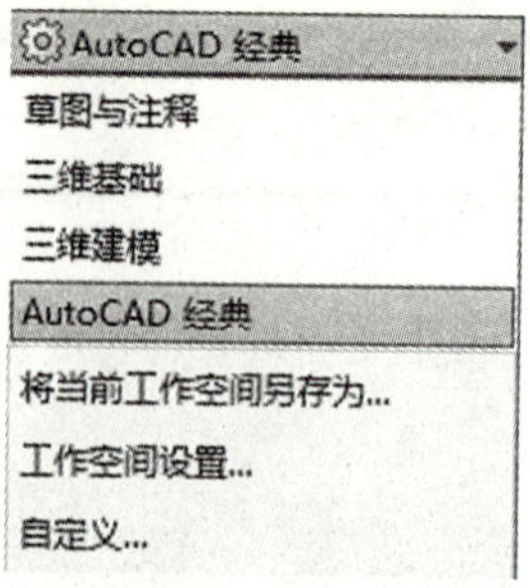

图 1-5 “工作空间”按钮菜单

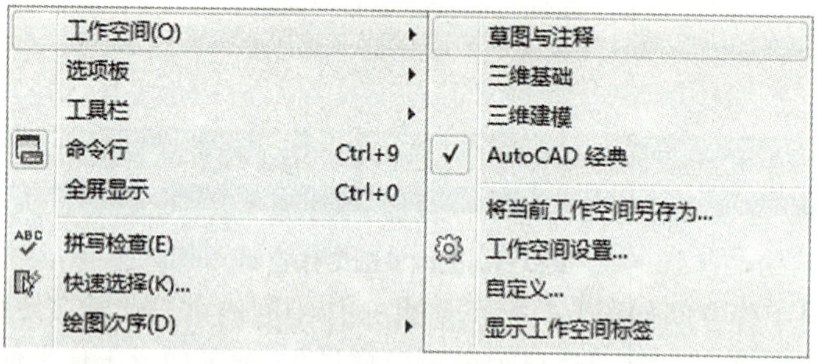

图 1-6 “工作空间”级联菜单

展开【工作空间】工具栏上的【工作空间设置】下拉列表，从中选择所需的工作空间，如图 1-7 所示。

(3)单击状态栏上的按钮，从弹出的按钮菜单中选择所需的工作空间，如图 1-8 所示。

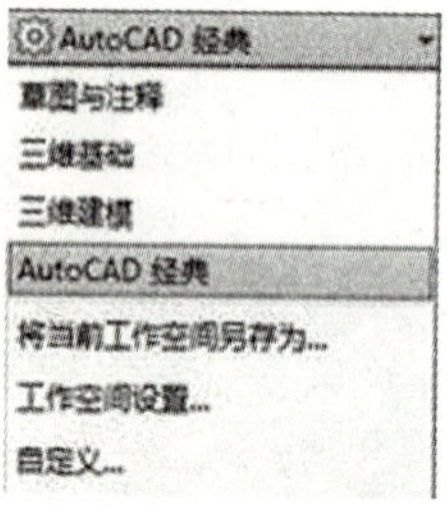

图 1-7 “工作空间设置”下拉列表

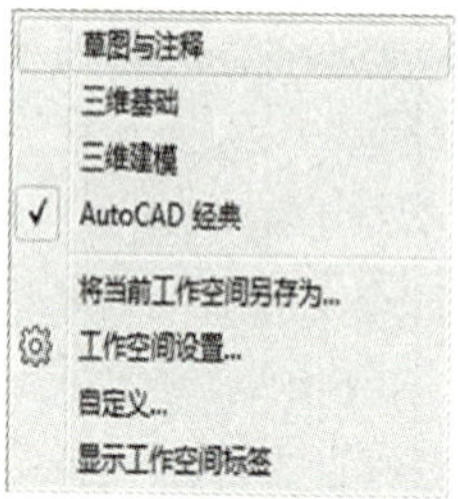

图 1-8 按钮菜单

提示：无论选择何种工作空间，用户都可以在以后对其进行更改，也可以自定义保存在自己的工作空间。

1.2.4 AutoCAD 2014 退出方式

当退出 AutoCAD 2014 软件时，首先要退出当前的 AutoCAD 文件，如果当前文件已经保存，那么用户可以使用以下几种方式退出 AutoCAD 绘图软件。

◆单击 AutoCAD 2014 标题栏控制按钮。

◆按组合键 Alt + F4。

◆执行菜单中的【文件】→【退出】命令。

◆在命令行中输入 Quit 或 Exit 后按 Enter 键。

◆展开应用程序菜单，单击退出 AutoCAD按钮。

在退出 AutoCAD 2014 软件之前，如果没有将当前的 AutoCAD 绘图文件保存，那么系统将会弹出如图 1-9 所示的提示框，单击【是(Y)】按钮，将弹出【图形另存为】对话框，用于对图形进行命名保存；单击【否(N)】按钮，系统将放弃保存并退出 AutoCAD 2014；单击【取消】按钮，系统将取消执行的退出命令。AutoCAD 提示框如图 1-9 所示。

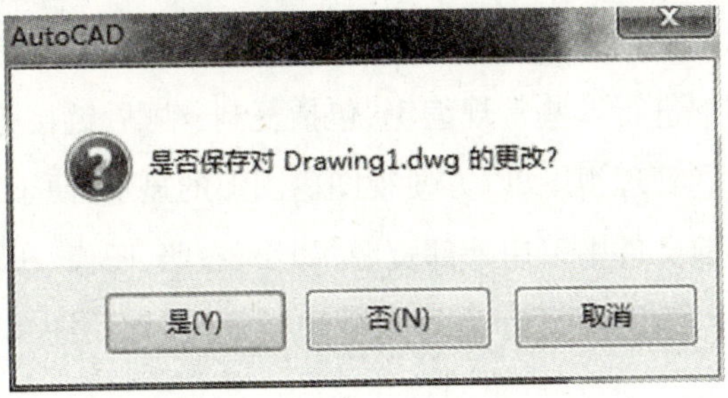

图 1-9　AutoCAD 提示框

1.3　了解 AutoCAD 2014 的界面

AutoCAD 2014 具有良好的用户界面，从图 1-1 和图 1-2 所示的工作界面中可以看出，AutoCAD 2014 的界面主要包括标题栏、菜单栏、工具栏、绘图区、命令行、状态栏、功能区等，本节将简单讲述各组成部分的功能及其相关的操作。

1.3.1　标题栏

标题栏位于 AutoCAD 2014 工作界面的最顶部，包括工作空间、【快速访问】工具栏、程序名称显示区、信息中心和窗口控制按钮等内容。

➢工作空间：单击按钮，可以在多种工作空间之间进行切换。

➢【快速访问】工具栏：通过此工具栏不但可以快速访问某些命令，还可以在工具栏上添加、删除常用命令按钮，控制菜单栏的显示以及各工具的开关状态等。

➢程序名称显示区：主要用于显示当前正在运行的程序名和当前被激活的图形文件名称。

➢信息中心：可以快速获取所需信息、搜索所需资源等。

➢窗口控制按钮：位于标题栏最右端，主要有【最小化】、【恢复】、【最大化】、【关闭】，分别用于控制 AutoCAD 窗口的大小和关闭。

1.3.2　菜单栏

菜单栏位于标题栏的下方，如图 1-10 所示，AutoCAD 的常用制图工具和管理编辑等工具都分门别类地排列在这些菜单中，在主菜单项上单击鼠标左键，即可展开此主菜单，然后将光标移至所需命令选项上，单击鼠标左键，即可激活该命令。

图 1-10　菜单栏

AutoCAD 共为用户提供了【文件】、【编辑】、【视图】、【插入】、【格式】、【工具】、【绘图】、【标注】、【修改】、【参数】、【窗口】和【帮助】等 12 个主菜单。各菜单的主要功能如下：

➢文件：用于对图形文件进行设置、保存、清理、打印以及发布等。

➢编辑：用于对图形进行一些常规编辑，包括复制、粘贴、链接等。

➢视图：用于调整和管理视图，以方便视图内图形的显示，便于查看和修改图形。

➢插入：用于向当前文件中引用外部资源，如块、参照、图像、布局以及超链接等。

➢格式：用于设置与绘图环境有关的参数和样式等，如绘图单位、颜色、线型以及文字、尺寸样式等。

➢工具：为用户设置了一些辅助工具和常规的资源组织管理工具。

➢绘图：是一个二维和三维图元的绘制菜单，几乎所有的绘图和建模工具都包含在此菜单内。

➢标注：是一个专用于为图形标注尺寸的菜单，它包含了所有与尺寸标注相关的工具。

➢修改：用于对图形进行修整、编辑、细化和完善。

➢参数：用于为图形添加几何约束和标注约束等。

➢窗口：用于控制 AutoCAD 多文档的排列方式以及 AutoCAD 界面元素的锁定状态。

➢帮助：用于为用户提供一些帮助信息。

菜单栏左边是菜单浏览器图标，菜单栏右边是 AutoCAD 文件的窗口控制按钮，包括【最小化】、【还原】、【最大化】、【关闭】，用于控制 AutoCAD 图形文件的大小和关闭。

1.3.3　工具栏

工具栏位于绘图窗口的两侧和上侧，将光标移至工具栏按钮上单击鼠标左键，即可快速激活该命令。在默认设置下，AutoCAD 2014 共为用户提供了多种工具栏，如图 1-11 所示。在任一工具栏上单击鼠标右键，即可打开此菜单；在需要打开的选项上单击，即可打开相应的工具栏；将打开的工具栏拖到绘图区任一侧，释放鼠标左键，可将其固定；相反，也可以将固定工具栏拖至绘图区，灵活控制工具栏的开关状态。

在工具栏右键菜单上选择【锁定位置】→【固定的工具栏/面板】命令，可以将绘图区四侧的工具栏固定，如图 1-12 所示，工具栏一旦固定后，是不可以被拖动的。另外，用户可以单击状态栏上的按钮，从弹出的按钮菜单中控制工具栏和窗口的固定状态，如图 1-13所示。

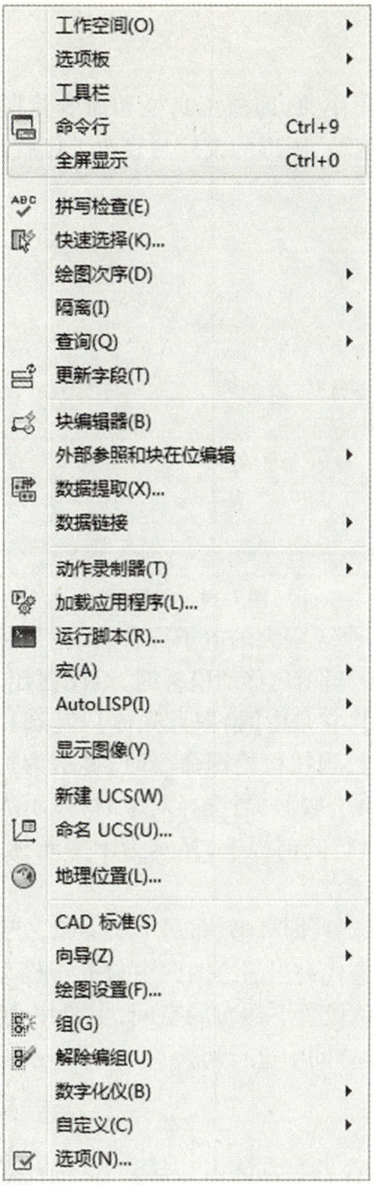

图 1-11　工具栏菜单

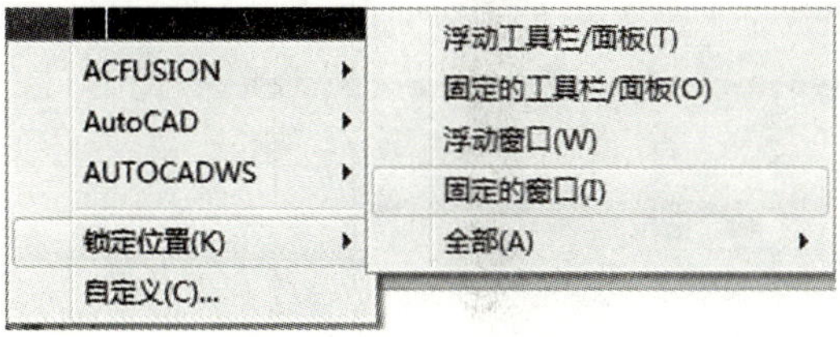

图 1-12　固定工具栏

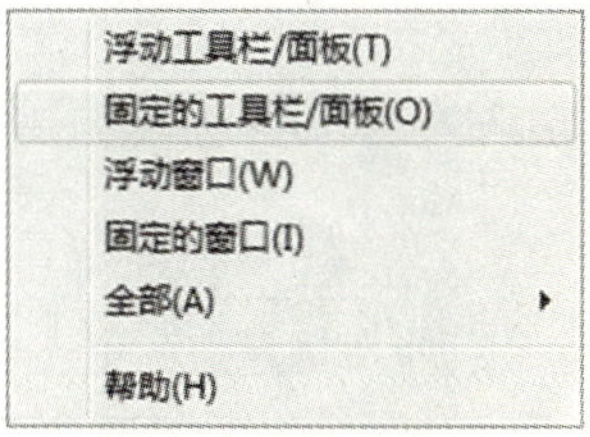

图 1-13　按钮菜单

1.3.4 绘图区

绘图区位于工作界面的正中央，即被工具栏和命令行所包围的整个区域，如图 1-14 所示。此区域是用户的工作区域，图形的设计与修改工作就是在此区域内完成的。

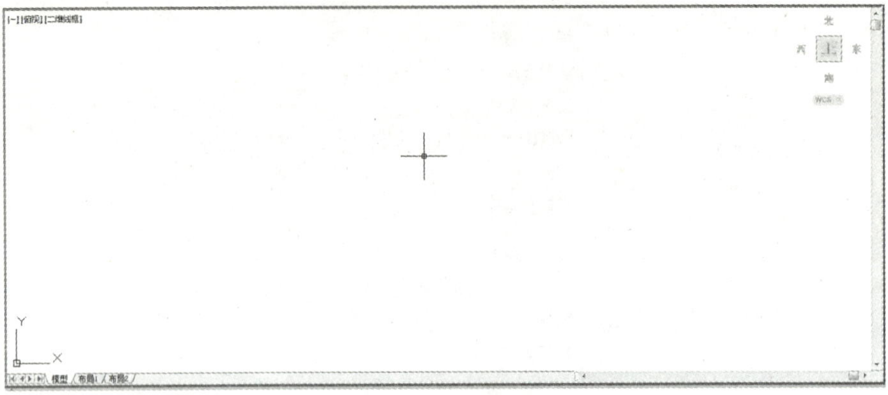

图 1-14　绘图区

默认状态下，绘图区是一个无限大的电子屏幕，无论尺寸多大或多小的图形，都可以在绘图区中绘制和灵活显示。当用户移动鼠标时，绘图区出现一个随光标移动的十字符号，此符号被称为【十字光标】，它是由【拾取点光标】和【选择光标】叠加而成的，其中【拾取点光标】是点的坐标拾取器，当执行绘图命令时，显示为拾取点光标；【选择光标】是对象拾取器，当选择对象时，显示为选择光标；在没有任何命令执行的前提下，显示为十字光标，如图 1-15 所示。

图 1-15　光标的三种状态

在绘图区左下部有 3 个标签，即模型、布局 1、布局 2，分别代表了两种绘图空间，即模型空间和布局空间。模型标签代表当前绘图区窗口处于模型空间，通常在模型空间进行绘图。布局 1 和布局 2 是默认设置下的布局空间，主要用于图形的打印输出。用户可以通过单击标签，在这两种操作空间中进行切换。

1.3.5 命令行

绘图区的下侧是 AutoCAD 独有的窗口组成部分，即【命令行】，它是用户与 AutoCAD 软件进行数据交流的平台，主要功能就是用于提示命令和显示用户当前的操作步骤，如图 1-16所示。

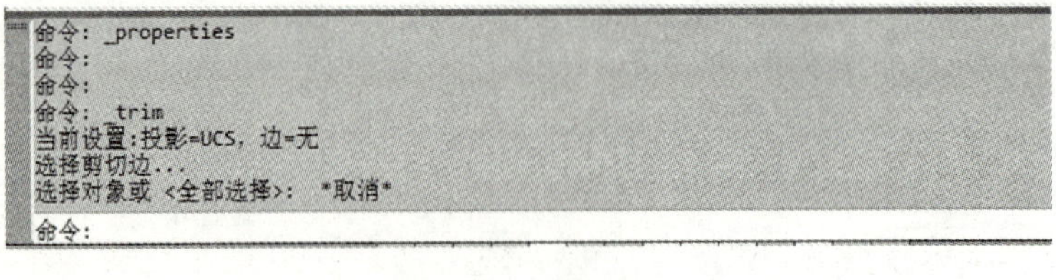

图 1-16　命令行

【命令行】分为【命令历史窗口】和【命令输入窗口】两部分，上面四行为【命令历史窗口】,用于记录执行过的操作信息;下面一行是【命令输入窗口】,用于提示用户输入命令或命令选项。

提示:由于【命令历史窗口】的显示有限,如果需要直观快速地查看更多的历史信息,按 F2 功能键,系统则会以【文本窗口】的形式显示历史信息,如图 1-17 所示,再次按 F2 功能键,即可关闭文本窗口。

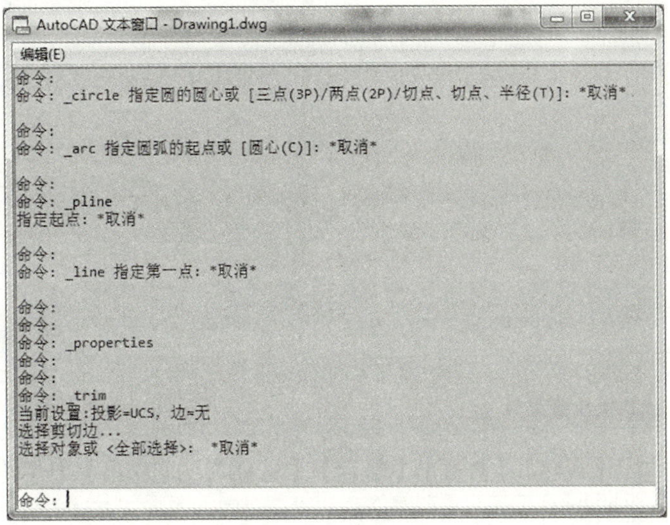

图 1-17　文本窗口

1.3.6　状态栏

状态栏位于 AutoCAD 操作界面的最底部,它由坐标读数器、辅助功能区、状态栏菜单三部分组成,如图 1-18 所示。

图 1-18　状态栏

状态栏左端为坐标读数器,用于显示十字光标所处位置的坐标值;坐标读数器右端为辅助功能区,辅助功能区左端的按钮主要用于控制点的精确定位和追踪,中间的按钮主要用于快速查看布局、查看图形、定位视点、注释比例等,右端的按钮主要用于对工具栏和窗口进行固定、切换工作空间以及全屏显示绘图区等,都是一些辅助绘图功能。

单击状态栏右侧的下拉按钮,将打开如图 1-19 所示的状态栏快捷菜单,菜单中的各选项与状态栏上的各按钮功能一致,用户也可以通过各菜单项以及菜单中的各功能键控制各辅助按钮的开关状态。

1.3.7　菜单浏览器

单击【菜单浏览器】按钮,打开菜单浏览器窗口,其中包含【最近使用的文档】和【打开文档】两个选项,如图 1-20 所示。

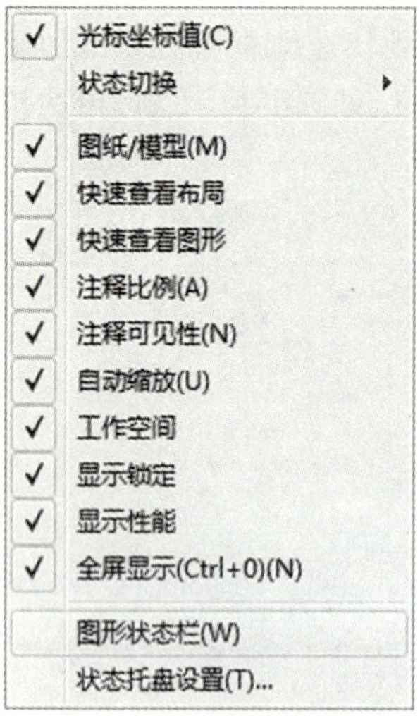

图 1-19　状态栏快捷菜单

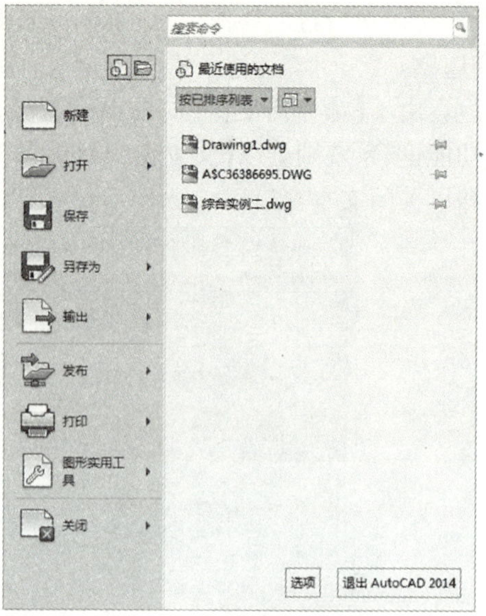

图 1-20　菜单浏览器

此窗口中还包含【新建】、【打开】、【保存】、【另存为】、【输出】、【打印】、【关闭】等命令按钮，部分按钮说明如下。

发布：将图形发布为 DWF、DWFx、PDF 文件或发布到绘图仪。

图形实用工具：用于维护图形的一系列工具。

选项：单击该按钮，打开【选项】对话框，根据需要设置参数选项。

退出 AutoCAD 2014：退出 AutoCAD 绘图软件。

1.3.8　快速访问工具栏

快速访问工具栏如图 1-21 所示。此工具栏中有【新建】、【打开】、【保存】、【放弃】、【重做】、【打印】和【特性】等常用命令，还可以将经常使用的命令存储在快速访问工具栏中。在【快速访问】工具栏上单击鼠标右键，然后选择快捷菜单中的【自定义快速访问工具栏(C)】命令，将打开如图 1-22 所示的【自定义用户界面】对话框，并显示可用命令的列表，将想要添加的命令从【自定义用户界面】对话框中的【命令列表】选项组拖动到快速访问工具栏即可。

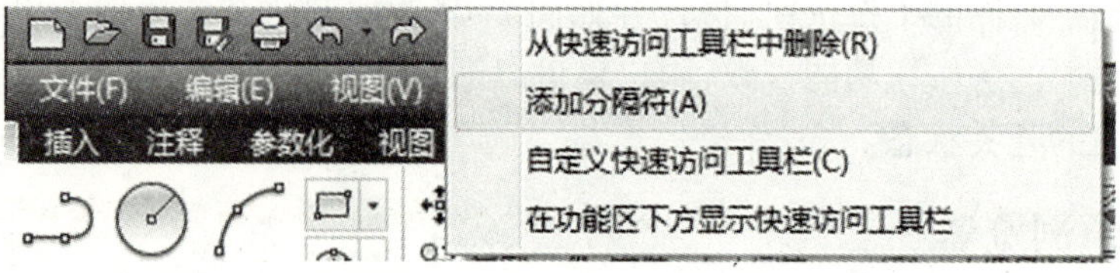

图 1-21　快速访问工具栏

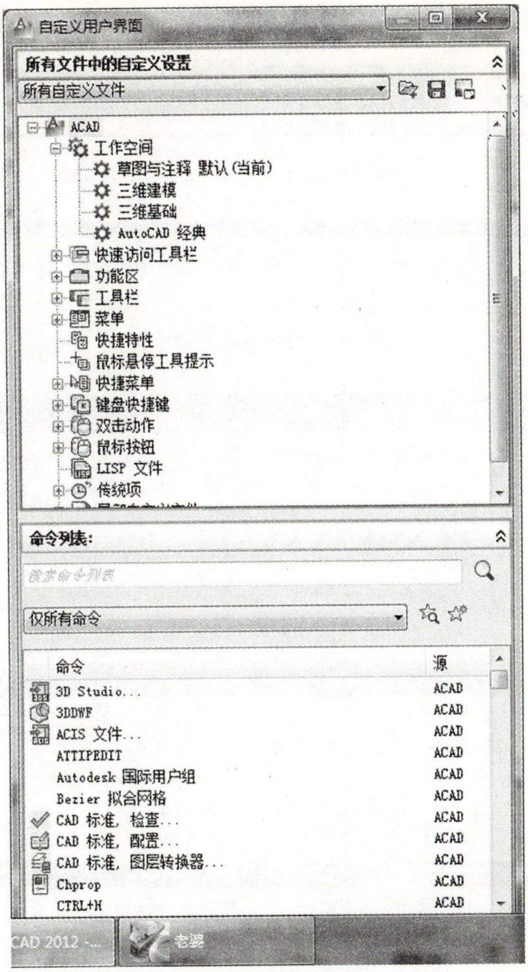

图 1-22 【自定义用户界面】对话框

1.3.9 选项卡和面板

功能区由许多面板组成，这些面板被组织到依任务进行标记的选项卡中。选项卡由【常用】、【插入】、【注释】、【参数化】、【视图】、【管理】和【输出】等部分组成。选项卡可控制面板在功能区上的显示和顺序。用户可以在【自定义用户界面】对话框将选项卡添加至工作空间，以控制在功能区中显示哪些功能区选项卡。

单击不同的选项卡可以打开相应的面板，面板包含的很多工具和控件与工具栏和对话框中的相同。图 1-23 ~ 图 1-29 显示了不同选项卡及面板。

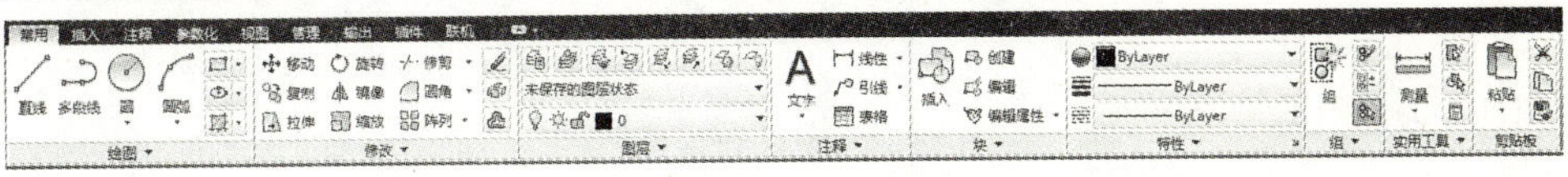

图 1-23 【常用】选项卡

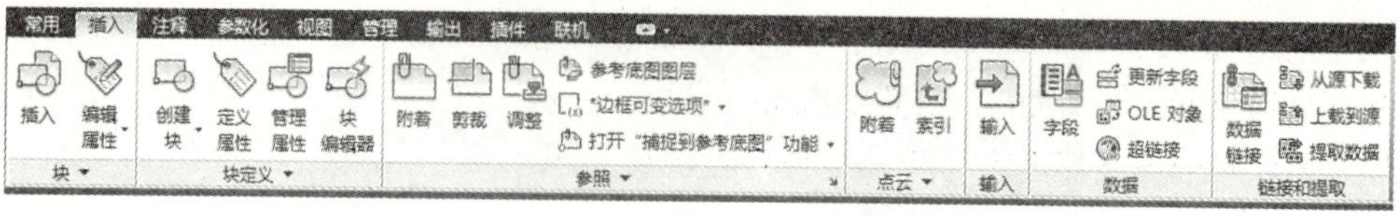

图 1-24 【插入】选项卡

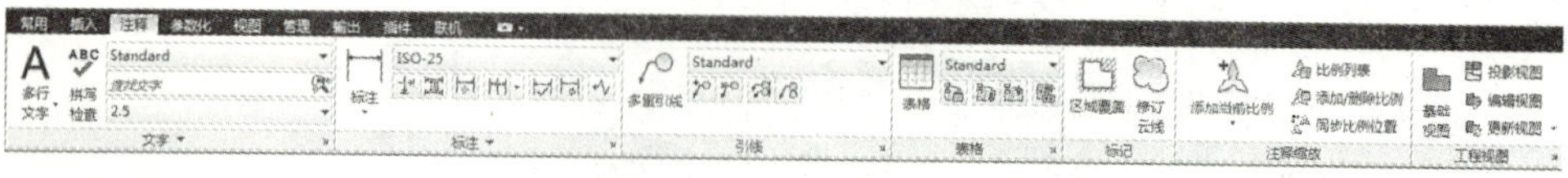

图 1-25 【注释】选项卡

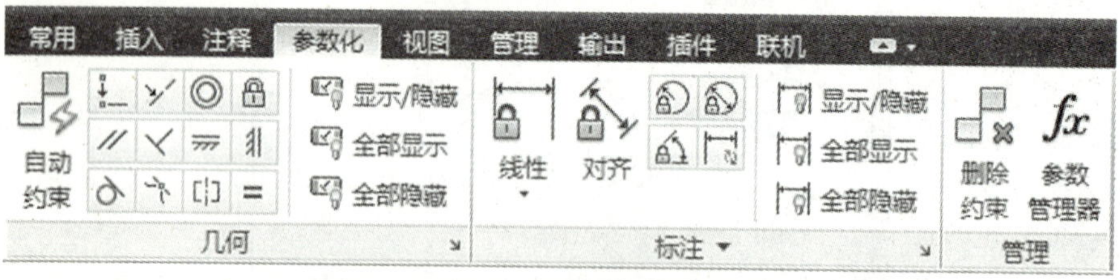

图 1-26 【参数化】选项卡

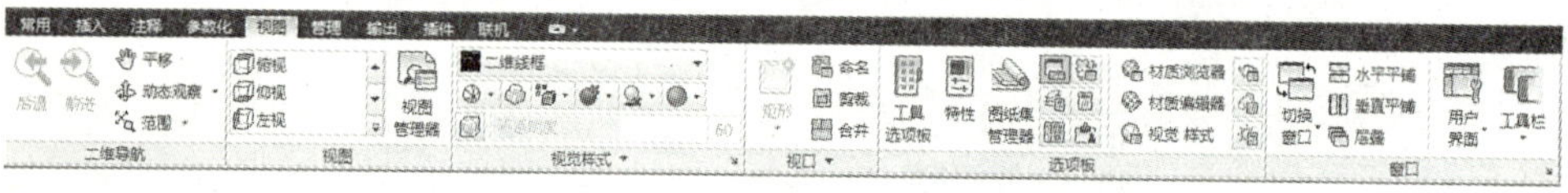

图 1-27 【视图】选项卡

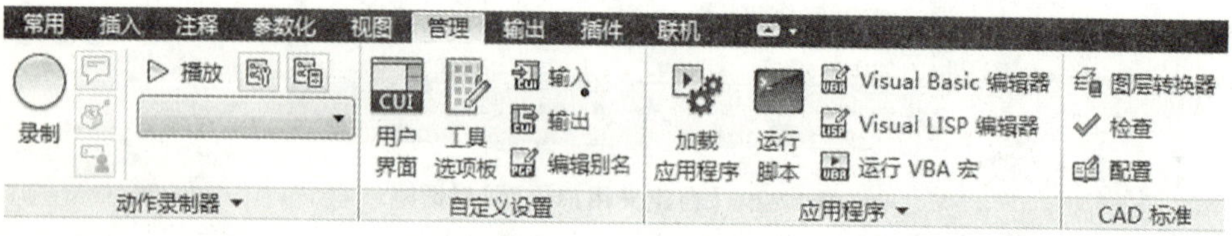

图 1-28 【管理】选项卡

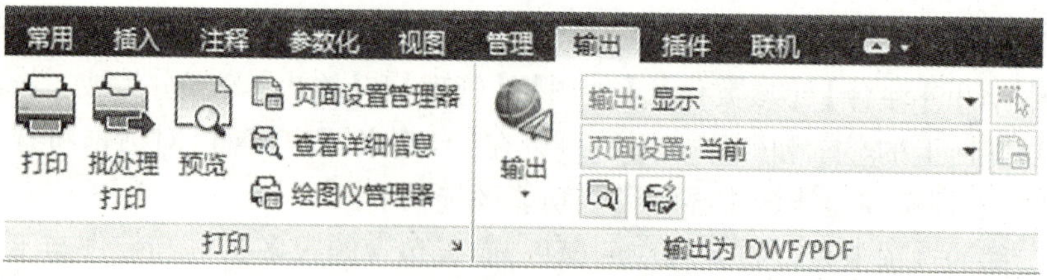

图 1-29 【输出】选项卡

1. 3. 10 功能区

功能区主要出现在【草图与注释】、【三维建模】、【三维基础】等工作空间内，它代替了 AutoCAD 众多的工具栏，以面板的形式，将各工具按钮分门别类地集合在选项卡内，见图 1-23。

用户在调用工具时,只需在功能区中展开相应的选项卡,然后在所需面板上单击相应的按钮即可。由于在使用功能区时,无须再显示 AutoCAD 的工具栏,因此应用程序窗口变得单一、简洁有序。通过这个单一、简洁的界面,功能区还可以将可用的工作区最大化。

1.4 AutoCAD 2014 文件的创建与保存

在 AutoCAD 2014 绘图环境中,对绘图文件的创建、打开、保存和关闭操作是进行 AutoCAD 2014绘制图形的基础。本节具体介绍如何使用 AutoCAD 2014 实现这些功能。

1.4.1 新建文件

在 AutoCAD 2014 中有 3 种方法来创建一个新的图形文件, 具体如下: 选择【文件】→【新建】命令;单击【标准注释】工具栏中的【新建】按钮;在命令行中输入 NEW 命令。使用上述任一种方法, 都会弹出如图 1-30 所示的【选择样板】对话框, 接下来可以在名称栏的列表中选择一种样板。

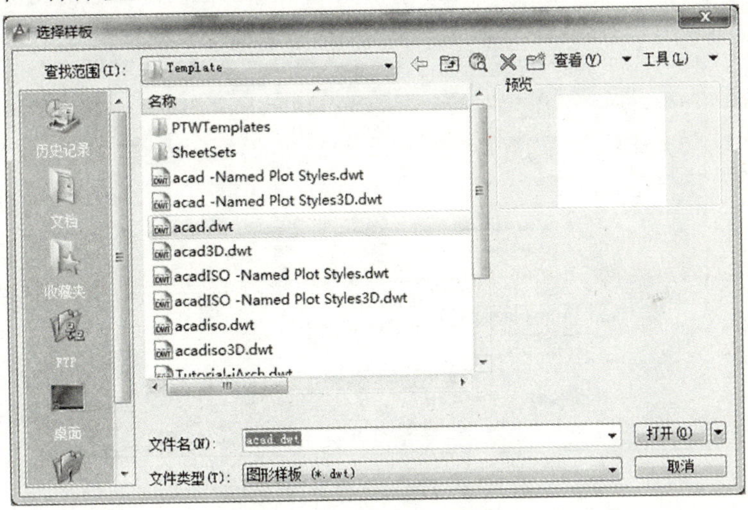

图 1-30 【选择样板】对话框

打开【选择样板】对话框之后,系统自动定位到样板文件所在的文件夹,用户无需做更多设置,在样板列表中选择合适的样板,单击【打开】按钮即可。单击【打开】按钮右侧的下三角按钮,弹出下拉菜单,用户可以采用英制或公制的无样板菜单创建新图形。执行【无样板打开】命令后,新建的图形不以任何样板为基础。

1.4.2 打开文件

选择【文件】→【打开】命令, 弹出如图 1-31 所示的【选择文件】对话框, 在【搜索】下拉列表框中选择所要打开的图形文件,单击【打开】按钮,便可以打开已有文件。

1.4.3 保存文件

选择【文件】→【保存】命令,或单击【标准注释】工具栏中的【保存】按钮,或在命令行

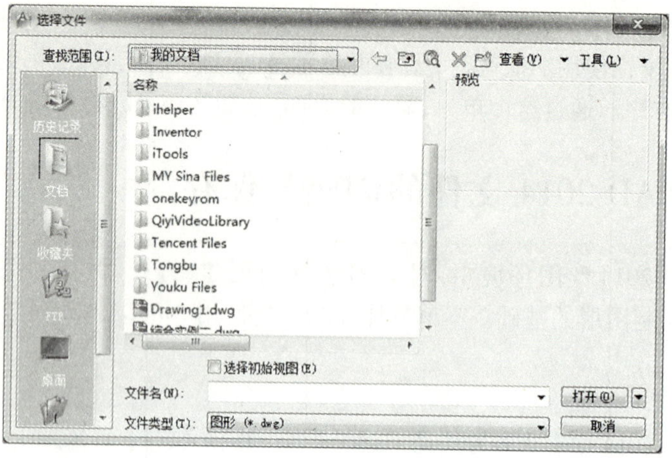

图 1-31 【选择文件】对话框

中输入 SAVE,都可以对图形文件进行保存。若当前的图形文件未命名,则弹出如图 1-32 所示的【图形另存为】对话框,该对话框用于保存已经创建但尚未命名的图形文件。

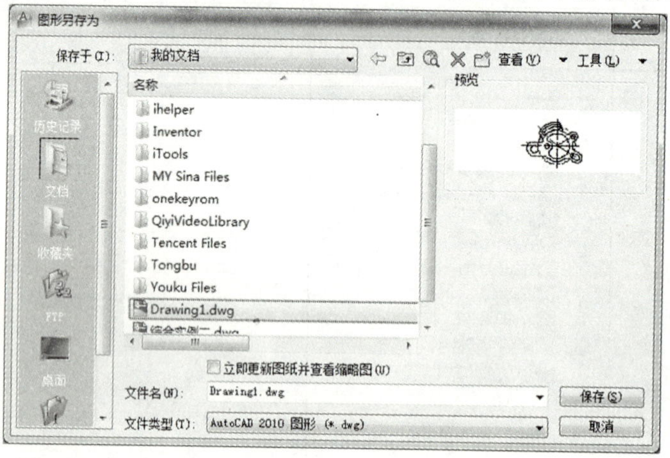

图 1-32 【图形另存为】对话框

在【图形另存为】对话框中,【保存于】下拉列表框用于设置图形文件保存的路径,【文件名】文本框用于输入图形文件的名称,【文件类型】下拉列表框用于选择文件保存的格式。在保存格式中,dwg 和 dwt 是 AutoCAD 2014 的样板文件,这两种格式最常用。

1.4.4 关闭文件

在完成一幅图形的绘制后要关闭 AutoCAD 2014,此时可以单击右上角的【关闭】按钮,也可以选择【文件】→【退出】命令。

当用户想退出一个已经修改的图形文件时,会弹出如图 1-33 所示对话框。单击【是】按钮,AutoCAD 2014 将退出并保存所做的修改;单击

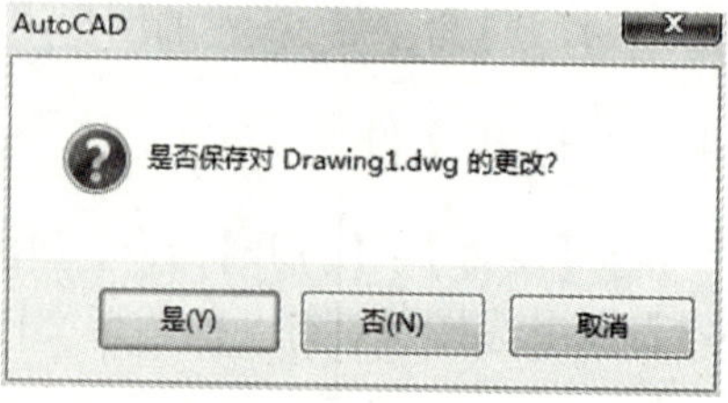

图 1-33 【退出】对话框

【否】按钮，AutoCAD 2014 将退出并不保存所做的修改；单击【取消】按钮，AutoCAD 2014 将取消退出。这个对话框可以给用户一个机会确认自己的选择，以免误操作。

1.5　视图管理

在绘制比较复杂的图形时，为了更好地查看细节和全局对象，需要在保证图形实际大小、形状不变的情况下调整视图的显示方式。

1.5.1　平移视图

在编辑图形对象时，如果当前视图不能显示全部图形，可以适当平移视图，以显示被隐藏的部分图形。就像日常生活中使用相机平移一样，执行平移操作不会改变图形中对象的位置和视图比例，它只改变当前视图中显示的内容。下面对具体操作进行介绍。

1.5.1.1　实时平移视图

需要实时平移视图时，可以在菜单栏中选择【视图】→【平移】→【实时】命令；可以调出【标准】工具栏，单击【实时平移】按钮；可以在【视图】选项卡的【导航】面板中单击【平移】按钮；或在命令行中输入 pan 命令后按下 Enter 键，当十字光标变为【手形标志】后，再按住鼠标左键进行拖动，以显示需要查看的区域，图形显示将随光标向同一方向移动，如图 1-34 所示。

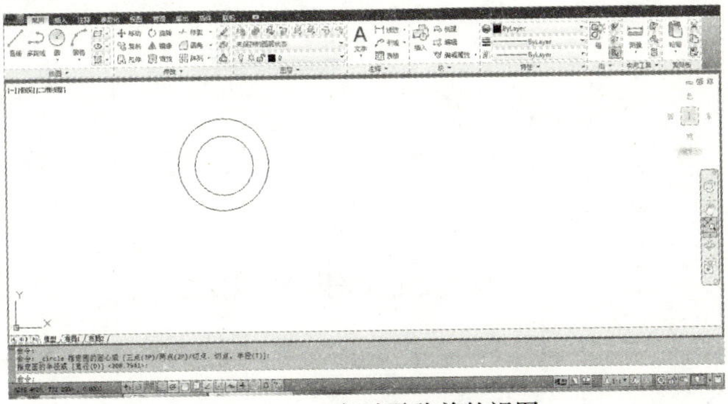

(a) 实时平移前的视图

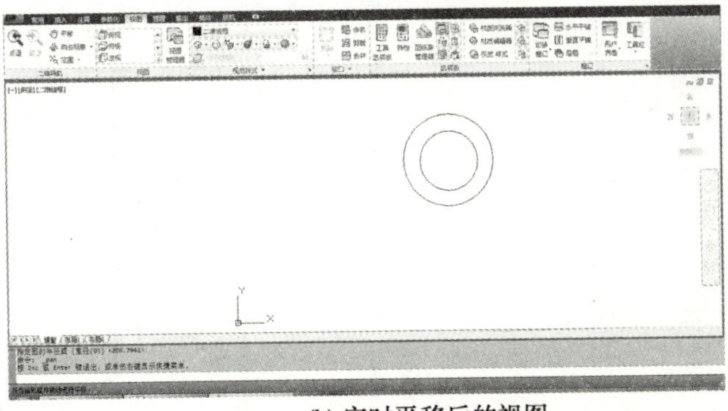

(b) 实时平移后的视图

图 1-34　实时平移视图

当释放鼠标按键之后将停止平移操作。如果要结束平移视图的任务,可按下 Esc 键或按下 Enter 键,或者单击鼠标右键执行快捷菜单中的【退出】命令,光标即可恢复至原来的状态。

1.5.1.2 定点平移视图

需要通过指定点平移视图时,可以在菜单栏中选择【视图】→【平移】→【定点】命令,当十字光标中间的正方形消失之后,在绘图区中单击鼠标可指定平移基点位置,再次单击鼠标可指定第二点的位置,即刚才指定的变更点移动后的位置,此时 AutoCAD 将会计算出从第一点至第二点的位移,如图 1-35 所示。

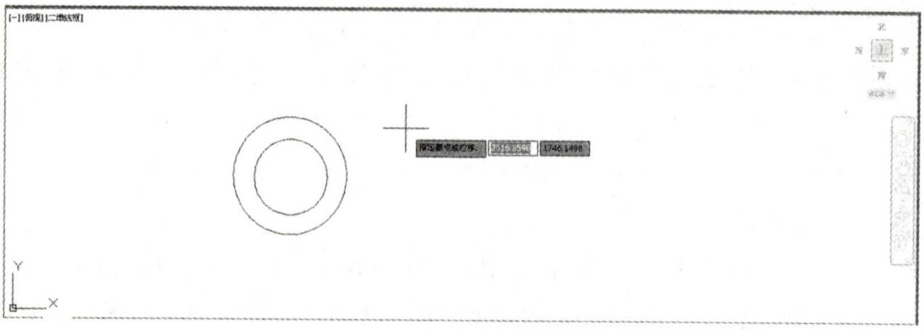

(a) 指定定点平移基点位置

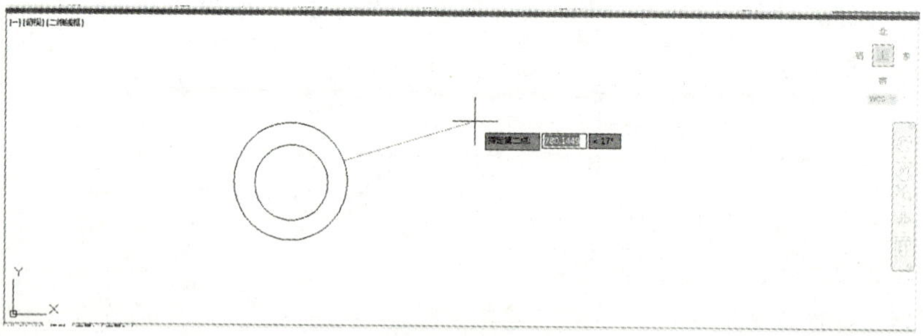

(b) 指定定点平移第二点位置

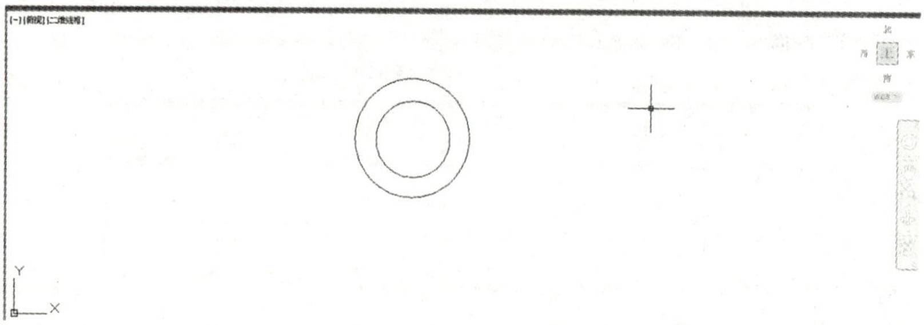

(c) 定点平移后的位置

图 1-35　指定定点平移视图

另外,在菜单栏中选择【视图】→【平移】中的【左】、【右】、【上】或【下】命令,可使视图向左(或右、上、下)移动固定的距离。

1.5.2 缩放视图

在绘图时,有时需要放大或缩小视图的显示比例。对视图进行缩放不会改变对象的绝对大小,改变的只是视图的显示比例。下面介绍具体内容。

1.5.2.1 实时缩放视图

实时缩放视图是指向上或向下移动鼠标对视图进行动态缩放。在菜单栏中选择【视图】→【缩放】→【实时】命令,或在【标准】工具栏中单击【实时缩放】按钮,或在【视图】选项卡的【导航】面板中单击【实时】按钮,当十字光标变成放大镜标志之后,按住鼠标左键垂直进行拖动,即可放大或缩小视图,如图 1-36 所示。当缩放到适合的尺寸后,按下 Esc 键或 Enter 键,或者单击鼠标右键执行快捷菜单中的【退出】命令,光标即可恢复至原来的状态,结束该操作。

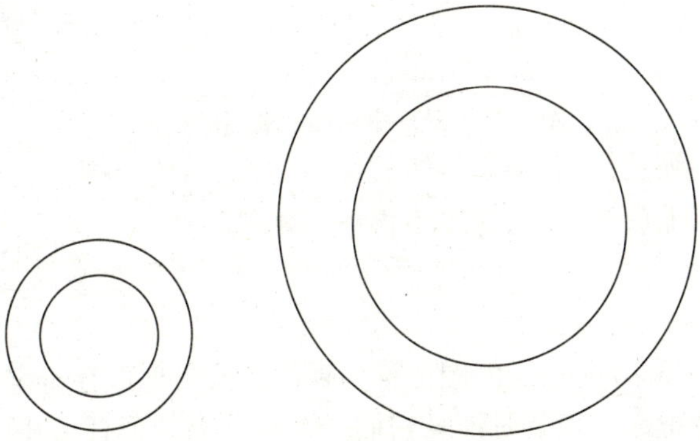

图 1-36 实时缩放前后的视图

1.5.2.2 缩放上一个

当需要恢复到上一个设置的视图比例和位置时,在菜单栏中选择【视图】→【缩放】→【上一步】命令,在【标准】工具栏中单击【缩放上一个】按钮 ,或在【视图】选项卡的【导航】面板中单击【上一个】按钮,但它不能恢复到以前编辑图形的内容。

1.5.2.3 窗口缩放视图

当需要查看特定区域的图形时,可采用窗口缩放的方式,在菜单栏中选择【视图】→【缩放】→【窗口】命令,或在【标准】工具栏中单击【窗口缩放】按钮,或在【视图】选项卡的【导航】面板中单击【窗口】按钮,用鼠标在图形中圈定要查看的区域,释放鼠标后在整个绘图区就会显示要查看的内容,如图 1-37 所示。

1.5.2.4 动态缩放视图

当进行动态缩放时,在菜单栏中选择【视图】→【缩放】→【动态】命令,或在【视图】选项卡的【导航】面板中单击【动态】按钮,这时绘图区将出现颜色不同的线框,蓝色的虚线框表示图纸的范围,即图形实际占用的区域,黑色的实线框为选取视图框,在未执行缩放操作前,中间有一个“×”符号,在其中按住鼠标左键进行拖动,视图框右侧会出现一个箭头,用户可根据需要调整该框,至合适的位置后单击鼠标,重新出现“×”符号后按下 Enter 键,则绘图区只显示视图框的内容。

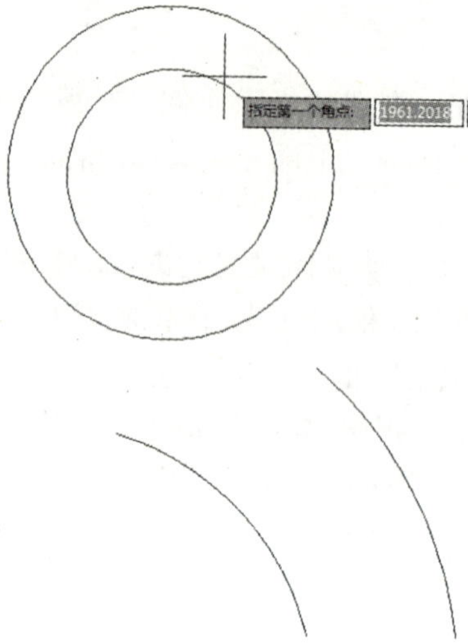

图 1-37　采用窗口缩放前后的视图

其他的还有比例缩放视图、中心点缩放视图、对象缩放视图、放大视图、缩小视图、全部缩放视图以及范围缩放视图等,这里不再一一介绍。

1.5.3　命名视图

按一定比例、位置和方向显示的图形称为视图。按名称保存特定视图后,可以在布局和打印或者需要参考特定的细节时恢复它们。在每一个图形任务中,可以恢复每个视口中显示的最后一个视图,最多可恢复前 10 个视图。命名视图随图形一起保存并可以随时使用。在构造布局时,可以将命名视图恢复到布局的视口中。下面具体介绍保存、恢复、删除命名视图的步骤。

1.5.3.1　保存命名视图

(1)在菜单栏中选择【视图】→【命名视图】命令,或者调出【视图】工具栏,在其中单击【命名视图】按钮,打开【视图管理器】对话框,如图 1-38 所示。

(2)在【视图管理器】对话框中单击【新建】按钮,打开如图 1-39 所示的【新建视图/快照特性】对话框。在该对话框中为该视图输入名称,输入视图类别(可选)。

(3)选择以下单选按钮之一来定义视图区域。

【当前显示】:包括当前可见的所有图形。

【定义窗口】:保存部分当前显示。使用定点设备指定视图的对角点时,该对话框将关闭。单击【定义视图窗口】按钮 ,可以重新定义该窗口。

(4)单击【确定】按钮,保存新视图并返回【视图管理器】对话框,再单击【确定】按钮。

1.5.3.2　恢复命名视图

(1)在菜单栏中选择【视图】→【命名视图】命令,或者在【视图】工具栏中单击【命名视图】按钮,打开保存过的【视图管理器】对话框,如图 1-40 所示。

(2)在【视图管理器】对话框中,选择想要恢复的视图后,单击【置为当前】按钮,如图 1-41 所示。

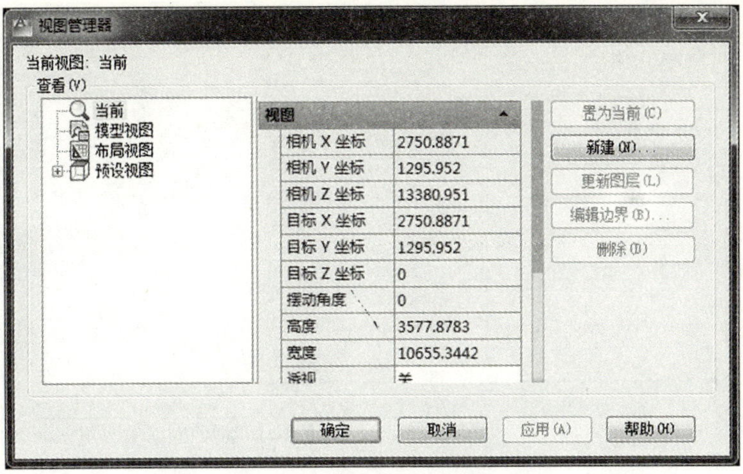

图 1-38 【视图管理器】对话框

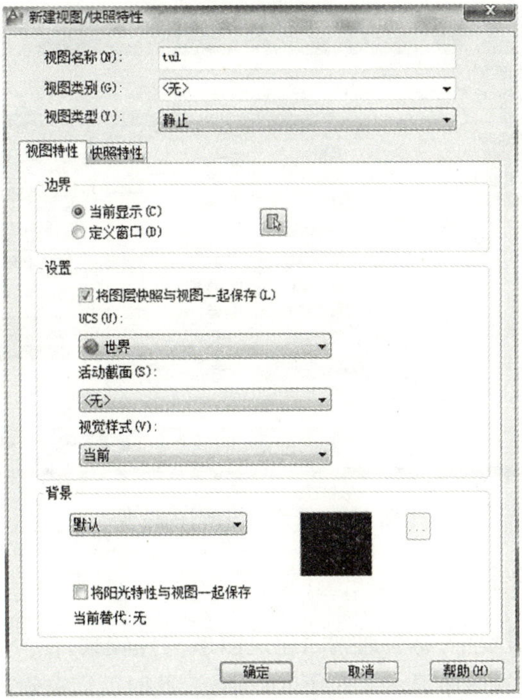

图 1-39 【新建视图/快照特性】对话框

(3)单击【确定】按钮,恢复视图并退出所有对话框。

1.5.3.3 删除命名视图

(1)在菜单栏中选择【视图】→【命名视图】命令,或者在【视图】工具栏中单击【命名视图】按钮,打开保存过的【视图管理器】对话框。

(2)在【视图管理器】对话框中选择想要删除的视图后,单击【删除】按钮。

(3)单击【确定】按钮,删除视图并退出所有对话框。

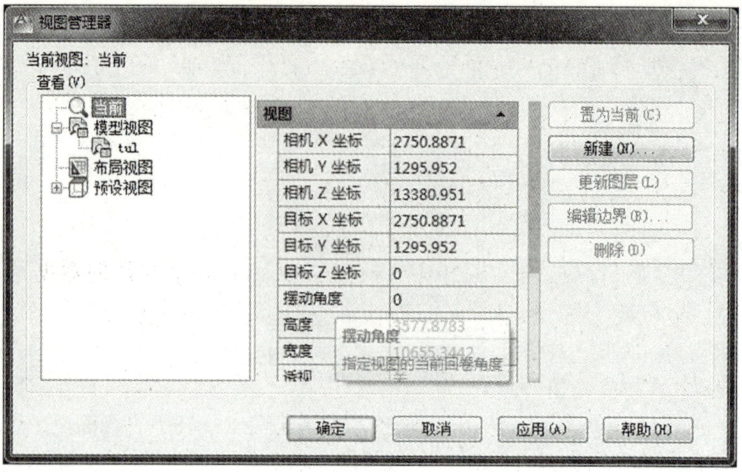

图 1-40　保存过的【视图管理器】对话框

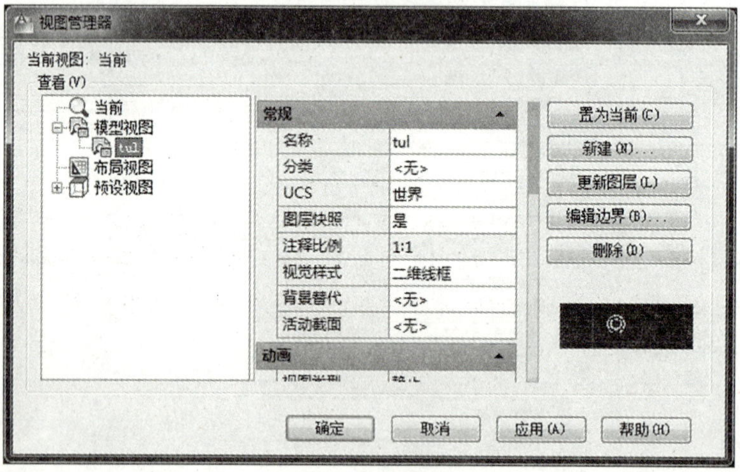

图 1-41　【置为当前】的设置

1.5.4　视图窗口的重画

在进行建筑制图过程中,常会遇到因建筑图形文件较大,部分操作完成后,其结果并未及时显示出来,或在视图中显示了残留的点痕迹,此时就需要重画或重新生成图形。

1.5.4.1　视图形重画

使用重画命令将重新显示当前视窗中的图形,消除残留的标记点痕迹,使图形变得清晰。视图重画的显示速度很快。它是将虚拟屏幕上的图形传送到实际屏幕,并不需要重新计算图形。

视图重画首先需要执行重画命令,其方法有如下两种:

◆在菜单栏中选择【视图】→【重画】命令。

◆在命令行中输入 redrawall 命令。

执行重画命令后,视图中图形将重新显示。

1.5.4.2 图形重生成

图形重生成又称为刷新,图形重生成会重新计算当前图形的尺寸,并将计算的图形存储在虚拟屏幕上。当图形较复杂时,图形重生成过程需要占用较长的时间。

执行重生成命令的方法有如下两种:

◆在菜单栏中选择【视图】→【重生成】命令。

◆在命令行中输入 regen 命令。

当执行重生成命令后,开始重新计算当前激活视窗中对象的几何数据及其属性,并重绘当前视窗图形,在计算过程中,用户可以按下 Esc 键将操作中断。

1.5.5 全屏显示

全屏显示是指将视图中显示的工具栏和可固定的窗口隐藏,以扩大绘图区的命令。

执行全屏显示命令的方法有如下两种:

◆在菜单栏中选择【视图】→【全屏显示】命令。

◆在命令行中输入 CleanScreenON 命令。

在清除屏幕命令显示模式下,再次在菜单栏中选择【视图】→【全屏显示】命令,或执行 CleanScreenON 命令,可恢复原设置。

小 结

本章主要介绍了启动 AutoCAD 2014 的方法、AutoCAD 2014 工作界面的结构、图形不同的显示方法、图形文件管理的相关操作以及视图管理知识,使读者对 AutoCAD 2014 有基本的认识,以便于以后的学习。

习 题

1. AutoCAD 2014 的界面主要由哪些部分组成?
2. 创建新图形文件时,使用的样板有哪几种类型?
3. AutoCAD 2014 中最常见的菜单栏包括哪些?
4. 打开文件的方式有哪几种?
5. SAVEAS 命令和【文件(F)】→【保存(S)】菜单命令有什么区别?
6. 在 AutoCAD 2014 中,若菜单中某一命令后有【…】,代表什么意思?
7. AutoCAD 2014 默认工具栏有哪些?
8. 状态栏位于屏幕底部,其主要作用是什么?
9. 视图主要有哪几种视图模式?
10. 平移视图、缩放视图的操作步骤是什么?

第 2 章　AutoCAD 2014 绘图基础

2.1　绘图设置

使用 AutoCAD 绘制图形时，需要先定义图形符号要求的绘图环境，如设置绘图测量单位、图层以及坐标系统、对象捕捉、极轴跟踪等，这样不仅可以方便修改，而且可以实现与绘图团队的沟通和协作，本节将对设置绘图环境做具体的介绍。

2.1.1　设置参数选项

要想提高绘图的速度和质量，必须有一个合理的、适合自己绘图习惯的参数设置。

在菜单栏中选择【工具】→【选项】命令，或在命令行中输入 option 命令后按下 Enter 键，打开【选项】对话框，在该对话框中包括【文件】、【显示】、【打开和保存】、【打印和发布】、【系统】、【用户系统配置】、【绘图】、【三维建模】、【选择集】和【配置】10 个选项卡，如图 2-1 所示。可以从中进行参数选项的设置。

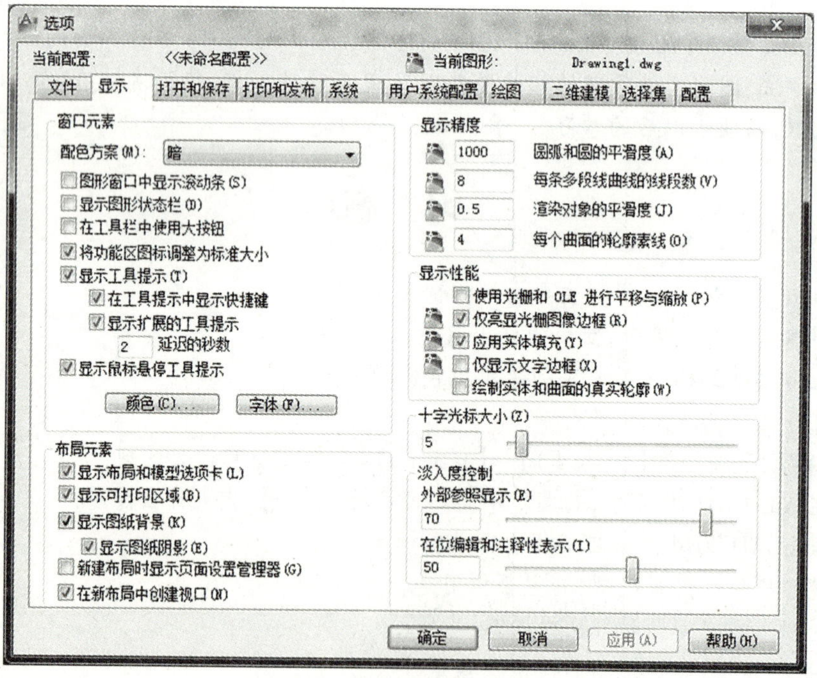

图 2-1　【选项】对话框

2.1.2 鼠标的设置

在绘制图形时，灵活使用鼠标的右键将使操作方便快捷，在【选项】对话框中可以自定义鼠标右键的功能。

在【选项】对话框中单击【用户系统配置】标签，切换到【用户系统配置】选项卡，如图 2-2所示。

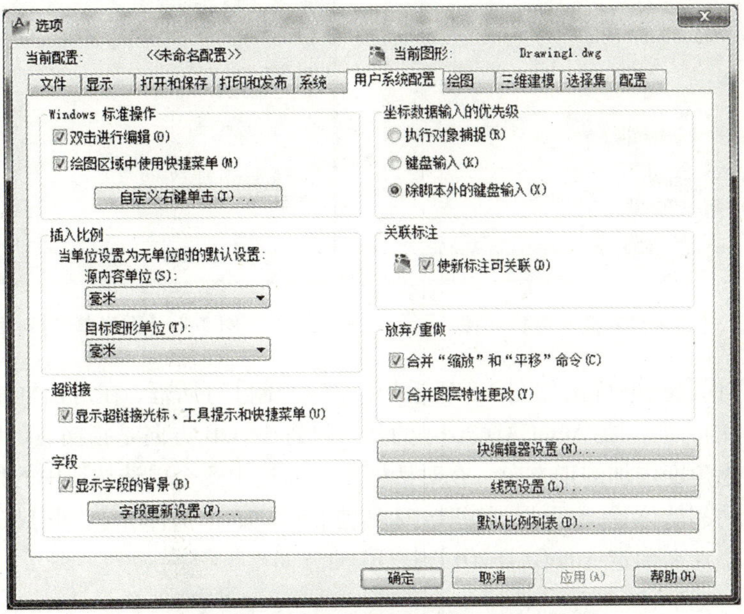

图 2-2 【选项】对话框中的【用户系统配置】选项卡

单击【Windows 标准操作】选项组中的【自定义右键单击】按钮，弹出【自定义右键单击】对话框，如图 2-3 所示。用户可以在该对话框中根据需要进行设置。

2.1.3 设定绘图单位

选择【格式】→【单位】命令，或在命令行中输入 DDUNITS 命令，弹出如图 2-4 所示的【图形单位】对话框，在该对话框中可以对图形单位进行设置。

【长度】选项组中的【类型】下拉列表框用于设置长度单位的格式类型，其下的【精度】下拉列表框用于设置长度单位的显示精度；【角度】选项组中的【类型(T)】下拉列表框用于设置角度单位的格式类型；其下的【精度】下拉列表框用于设置角度单位的显示精度。选中【顺时针】复选框，表明角度测量方向是顺时针方向；未选中此复选框，则表明角度测量方向默认为逆时针方向。【光源】选项组用于设置当前图形中光源强度的测量单位，下拉列表框中提供了【国际】、【美国】和【常规】3 种测量单位。

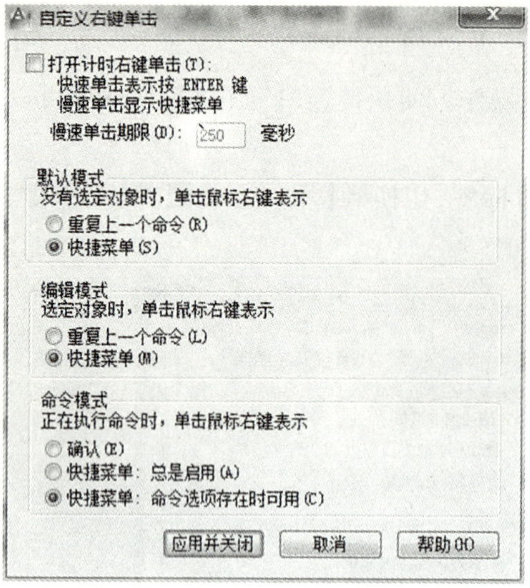

图 2-3 【自定义右键单击】对话框

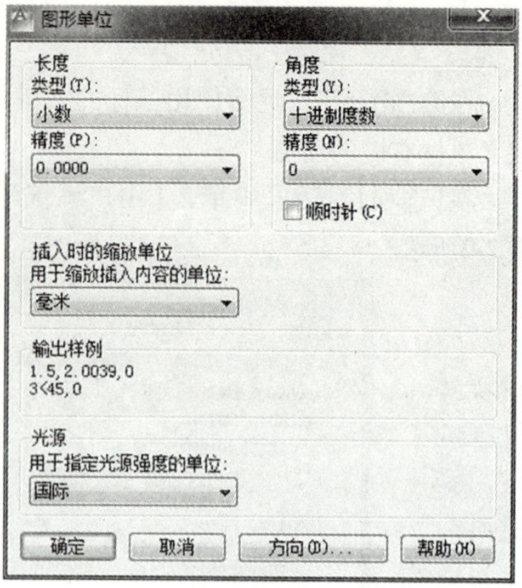

图 2-4 【图形单位】对话框

单击【方向】按钮，弹出如图 2-5 所示的【方向控制】对话框，在对话框中可以设置起始角度(OB)的方向。在 AutoCAD 2014 的默认设置中，OB 方向是指向右(正东)的方向，逆时针方向为角度增加的正方向。在对话框中可以选中 5 个单选按钮中的任意一个来改变角度测量的起始位置，也可以通过选中【其他】单选按钮，并单击【拾取】按钮，在图形窗口中拾取两个点来确定 AutoCAD 2014 中 OB 的方向。

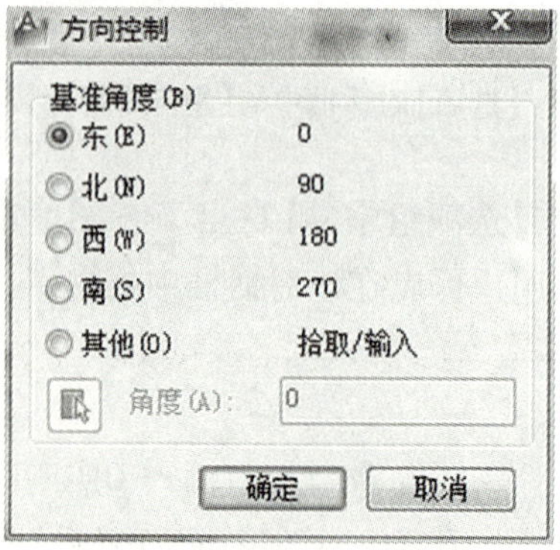

图 2-5 【方向控制】对话框

2.1.4 设置绘图界限

默认情况下，AutoCAD 2014 对绘图范围是没有限制的，可以将绘图区看作是一幅无穷大的图纸。选择【格式】→【图形界限】命令，命令行操作如下：

命令：LIMITS

重新设置模型空间界限：

指定左下角点或[开(ON)/关(OFF)]<0.0000,0.0000>：

指定右上角点<420.0000,297.0000>：

命令行提示区中的【开】表示打开绘图界限检查,如果所绘图形超出了图限,则系统不绘制出此图形并给出提示信息,从而保证了绘图的正确性;【关】表示关闭绘图界限检查;【指定左下角点】表示设置绘图界限左下角坐标;【指定右上角点】表示设置绘图界限右上角坐标。

2.2 坐标系和动态坐标系

在图形系统中,图形的输入、输出都是在一定坐标系下进行的,为准确描绘出图形的形状大小和位置,在其输入、输出的不同阶段需要采用不同的坐标系,在 AutoCAD 2014 二维绘图中常用的坐标系为世界坐标系(WCS)。世界坐标系是在实体物体所处的空间(二维、三维)中,用以协助用户表达物体的几何尺寸和位置的坐标系,也称为用户坐标系或者绝对坐标系,世界坐标系的定义域为实数域($-\infty$,$+\infty$)。启动 AutoCAD 2014,屏幕左下角出现的坐标系就是世界坐标系,其中包括如下几种坐标系:

(1)直角坐标系。直角坐标系是绘图工程中最常用的基本坐标系。

(2)极坐标系。用极径和夹角来表示直角坐标系中任一点位置的坐标系称为极坐标系。平面直角坐标系中任意一点 $P(x,y)$ 的极坐标形式为(ρ,θ)。

在 AutoCAD 中,相对坐标的表示方法通常有以下两种方式:

(1)已知 x,y 方向增量值的表达方式,即@ $\Delta x,\Delta y$;

(2)已知长度和角度的表达方式,即@ $\rho<\theta$。

在 AutoCAD 2014 中绘制工程图时,可以按工程形体的实际尺寸来绘图,也可以按一定的比例来绘图,这些都是通过在 AutoCAD 2014 的绘图命令提示中给出点的位置来实现的。

2.2.1 关于坐标系

AuotoCAD 中的坐标系按定制对象的不同,可分为世界坐标系(World Coordinate System,简称 WCS)和用户坐标系(User Coordinate System,简称 UCS)。

2.2.2 世界坐标系

根据笛卡儿坐标系的习惯,沿 X 轴正方向向右为水平距离增加的方向,沿 Y 轴正方向向上为竖直距离增加的方向,垂直于 XY 平面,沿 Z 轴正方向从所视图方向向外为距离增加的方向。这一套坐标轴确定了世界坐标系。该坐标系的特点是:它总是存在于一个设计图形之中,并且不可更改。

2.2.3 用户坐标系

相对于世界坐标系,可以创建无限多的坐标系,这些坐标系通常称为用户坐标系,并且可以通过调用 UCS 命令去创建用户坐标系。尽管世界坐标系是固定不变的,但可以从任意角度、任意方向来观察或旋转世界坐标系,而不用改变其他坐标系。AutoCAD 提供的坐标系图标,可以在同一图纸不同坐标系中保持同样的视觉效果。这种图标将通过指定

X、Y 轴的正方向来显示当前 UCS 的方位。

调用用户坐标首先需要执行用户坐标命令，其方法有以下几种：

◆在菜单栏中选择【工具】→【新建 UCS】→【三点】命令，执行用户坐标命令。

◆调出 UCS 工具栏，单击其中的【三点】按钮，执行用户坐标命令。

◆在命令行中输入 ucs 命令，执行用户坐标命令。

2.3 基本输入操作

在 AutoCAD 2014 中，菜单命令、工具栏按钮、命令和系统变量大都是相互对应的，可以选择某一菜单命令，或单击某个工具栏按钮，或在命令行中输入命令和系统变量来执行相应命令。可以说，命令是 AutoCAD 2014 绘制与编辑图形的核心。

2.3.1 命令输入方式

AutoCAD 交互绘图必须输入必要的指令和参数。命令输入方式包括键盘输入、菜单输入及按钮（工具栏）输入、菜单输入、屏幕菜单输入等，下面详细讲解 CAD 中命令输入的 4 种方式。

2.3.1.1 键盘输入

所有的命令均可以通过键盘输入（不分大小写）。在“命令：”提示下，可以通过键盘输入命令名，并按下 Enter 键或空格键予以确认。对命令提示中必须输入的参数，也需要通过键盘输入。大部分命令通过键盘输入时可以缩写，此时可以只键入很少的字母即可执行该命令。如“Circle”命令的缩写为“C”（不分大小写）。用户可以定义自己的命令缩写。

在大多数情况下，直接输入命令会打开相应的对话框。如果不想使用对话框，可以在命令前加上“-”，如“-Layer”。此时不打开“图层特性管理器”对话框，而是显示等价的命令提示信息，同样可以对图层特性进行设定。

2.3.1.2 菜单输入及按钮（工具栏）输入

工具栏由表示各个命令的图标组成。单击工具栏中的图标可以调用相应的命令，并根据对话框中的选项或命令行中的命令提示执行该命令。

2.3.1.3 菜单输入

通过鼠标左键在主菜单中单击下拉菜单，再移动到相应的菜单条上单击对应的命令。如果有下一级子菜单，则移动到菜单条后略停顿，自动弹出下一级子菜单，移动光标到对应的命令上单击即可。

如果使用快捷菜单，右击鼠标弹出快捷菜单，移动鼠标到对应的菜单项上单击即可。通过快捷键输入菜单命令，可用【Alt】键和菜单中带下划线的字母或光标移动键选择菜单条和命令回车即可。

2.3.1.4 屏幕菜单输入

屏幕菜单是另一种输入 AutoCAD 命令的方法。在 AutoCAD 2014 中，屏幕菜单的默认设置是关闭的。可以通过命令行打开屏幕菜单，命令行操作如下：

命令：REDEFINE
输入命令名：SCREENMENU
命令：SCREENMENU
输入 SCREENMENU 的新值 <0>：1

屏幕菜单如图 2-1 所示。

使用屏幕菜单输入命令时，将鼠标移到绘图窗口的右侧，在屏幕菜单区中上下移动光标，可使被选菜单项目高亮。当需要的菜单项目高亮时，单击定点设备的拾取键，可以选取该高亮菜单。如果该菜单项目是一个命令，那么该命令将被输入到命令行中，同时在屏幕菜单处列出该命令的选项。屏幕菜单由菜单及其子菜单组成。在屏幕菜单的顶部出现的是一个 AutoCAD 的英文标识。当点取这个标识时，屏幕菜单将返回到主菜单中，即回到打开屏幕菜单时首次显示的菜单。

除以上输入方式外，我们还可以通过直接使用鼠标完成一些简单的和不精确的命令的输入，如用鼠标左键选择命令或移动滑块或选择命令提示区中的文字等。在绘图区，当光标呈十字形时，可以在屏幕绘图区按下左键，相当于输入该点的坐标；当光标呈小方块时，可以用鼠标左键选取实体。在不同的区域右击，弹出不同的快捷菜单（直接利用软件演示）。如 Shift + 鼠标右键，打开【对象捕捉】快捷菜单。

2.3.2 命令执行方式

在 AutoCAD 2014 中，默认情况下命令行是一个可固定的窗口，可以在当前命令行提示下输入命令、对象参数等内容。对大多数命令，命令行中可以显示执行完的两条命令提示（也叫命令历史），而对于一些输出命令，如 Time、List 命令，需要在放大的命令行或 AutoCAD 文本窗口中才能完全显示。

2.3.2.1 **透明命令**

在 AutoCAD 中，透明命令是指在执行其他命令的过程中可以执行的命令。常使用的透明命令多为修改图形设置的命令、绘图辅助工具命令，如 Snap、Grid、Zoom 等。

要以透明方式使用命令，应在输入命令之前输入单引号（‘）。命令行中，透明命令的提示前有一个双折号（ > > ）。完成透明命令后，将继续执行原命令。

2.3.2.2 **重复命令**

无论使用何种方法，输入一个命令后，都可以在一个“命令：”提示符出现以后，通过按空格键或回车键（Enter 键）来重复这个命令。

2.3.3 实例——绘制线段

直线是基本的图形对象之一。AutoCAD 2014 中的直线其实为几何学中的线段。AutoCAD 2014用一系列的直线连接各指定点。Line 命令是为数不多的可以自动重复的命令之一。它可以将一条直线的终点作为下一条直线的起点，并连续地提示直线的下一个终点。

选择【绘图】→【直线】命令，或在【面板】选项板的【二维绘图】控制台中单击【直线】按钮，激活该命令后，命令行操作如下：

命令:_line 指定第一点:
指定下一点或[放弃(U)]:
指定下一点或[闭合(C)/放弃(U)]:

2.4 图层与图层特性管理

图层是 AutoCAD 的一大特点,也是计算机绘图不可缺少的功能,用户可以使用图层来管理图形的显示和输出。图层像透明的覆盖图,运用它可以很好地组织不同类型的图形信息,图形对象都具有很多图形特性,如颜色、线型、线宽等,对象可以直接使用其所在图层定义的特性,也可以专门给各个对象指定特性,颜色有助于区分图形中相似的元素,线型则可以区分不同的绘图元素,线宽可以表示对象的大小和类型,提高了图形的表达能力和可读性。合理组织图层和图层上的对象能使图形中信息的处理更加容易。

2.4.1 图层特性管理器

2.4.1.1 图层颜色

图层颜色就是为选定图层指定颜色或修改颜色。颜色在图形中具有非常重要的作用,可以用来表示不同的组件、功能和区域。当我们要设置图层颜色时,可以通过以下几种方式:

◆在【视图】选项卡中的【选项卡】面板中单击【特性】按钮,打开【特性】选项板,如图 2-6所示,在【常规】选项组中的【颜色】下拉列表中选择需要的颜色。

◆在【图层特性管理器】选项板中设置。在【图层特性管理器】选项板中选中要指定修改颜色的图层,选择其【颜色】图标,即可打开【选择颜色】对话框,如图 2-7 所示。

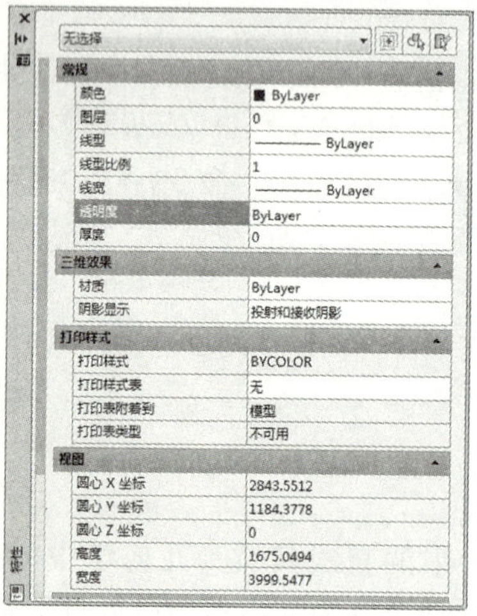

图 2-6 【特性】选项板

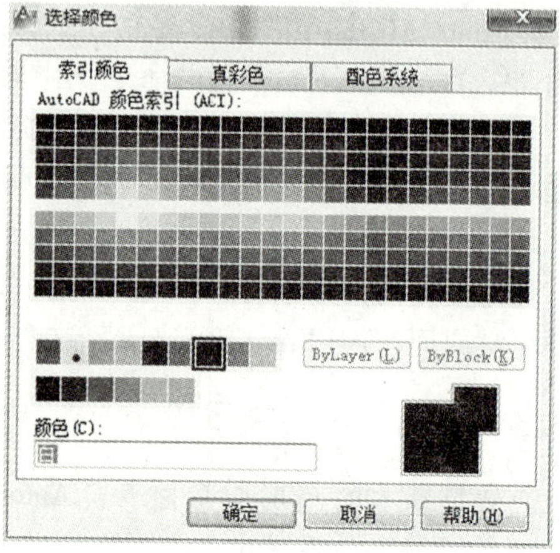

图 2-7 【选择颜色】对话框

改变图层中对象的颜色的操作步骤如下:

(1)在【常用】选项卡中的【图层】面板中单击【图层特性】按钮,将打开【图层特性管理器】选项卡,在"名称"列中单击鼠标右键,选中【新建图层】,并将名称修改为"墙体"。

(2)单击“墙体”图层的颜色特性图标,打开【选择颜色】对话框(见图2-7)。

(3)单击“红色”色块,或在【颜色】文本框中输入“红”,如图2-8所示,此时,右侧的色块变为红色,单击【确定】按钮即可。

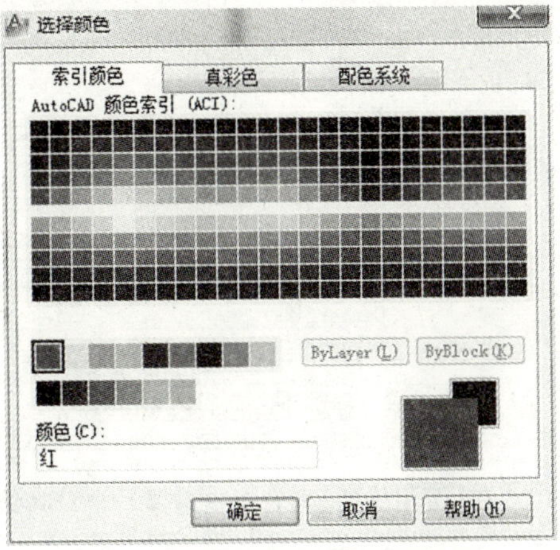

图2-8　单击“红”色块

2.4.1.2　图层线型

线型是指图形基本元素中线条的组成和显示方式,如虚线和实线等。在AutoCAD中既有简单线型,也有一些特殊符号组成的复杂线型,以满足不同国家或行业标准的要求。

如创建并命名一个“中心线”图层,设置其线型为CENTER,其操作步骤如下:

(1)创建好“中心线”图层后,在【图层特性管理器】选项板中选择“中心线”图层,然后在“线型”列单击与该图层相关联的线型,打开【选择线型】对话框,如图2-9所示。

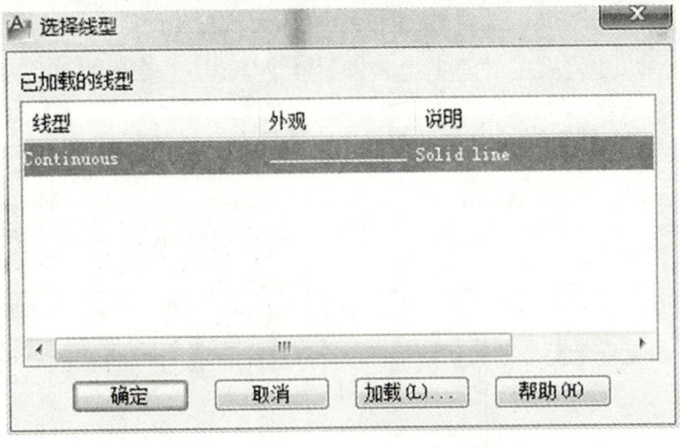

图2-9　【选择线型】对话框

(2)单击【加载】按钮,打开【加载或重载线型】对话框,在【可用线型】列表框中选择CENTER线型,如图2-10所示。

(3)单击【确定】按钮,返回【选择线型】对话框。此时在【选择线型】对话框中即显示了新加载的线型,从中选择CENTER线型,如图2-11所示。

(4)单击【确定】按钮,返回【图层特性管理器】选项板,即可看到【中心线】层的线型已改变,如图2-12所示,再次单击【确定】按钮即可。

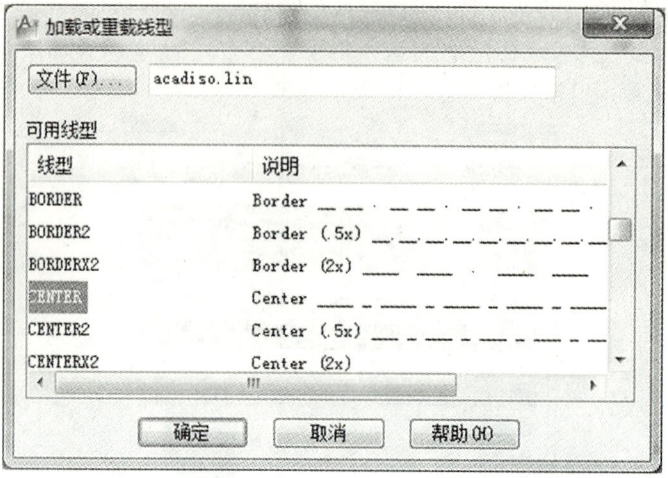

图 2-10　在【可用线型】列表框中选择 CENTER 线型

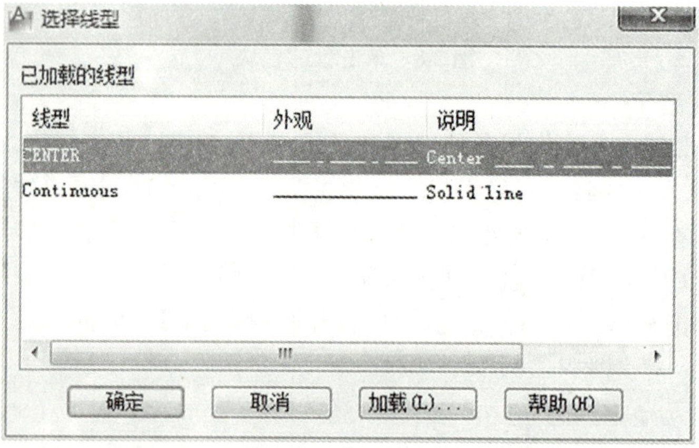

图 2-11　从加载的线型中选择 CENTER 线型

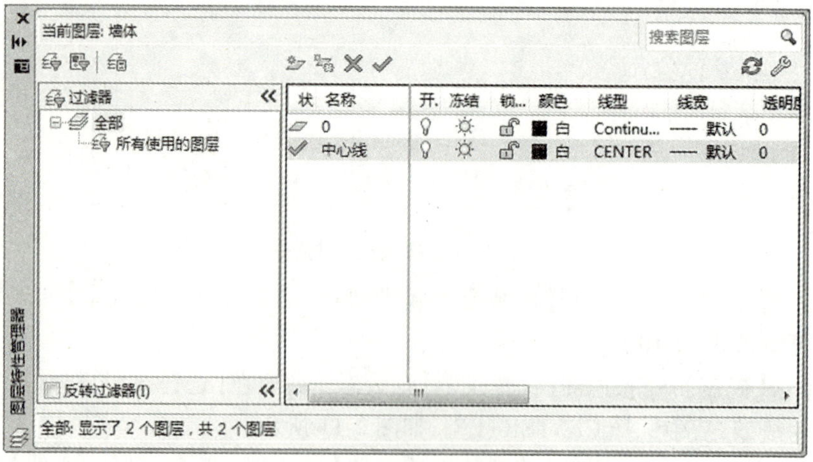

图 2-12　【中心线】层的线型更改为 CENTER 线型

2.4.1.3 图层线宽

线宽设置就是改变线条的宽度，可用于除 TrueType 字体、光栅图像、点和实体填充外的所有图形对象，通过更改图层和对象的线宽设置来更改对象显示于屏幕和纸面上的宽度特性。在 AutoCAD 中，使用不同宽度的线条表现对象的大小和类型，可以提高图形的表达能力和可读性。如果为图形对象指定线宽，则对象将根据此线宽的设置进行显示和打印。

如将“中心线”图层的线宽设置为 0.35 mm，操作步骤如下：

(1)在【图层特性管理器】选项板中选择“中心线”图层，然后在“线宽”列单击与该图层相关联的线宽，打开【线宽】对话框，如图 2-13 所示，在 AutoCAD 中可用的线宽预定义值包括 0.00 mm、0.05 mm、0.09 mm、0.13 mm、0.15 mm、0.18 mm、0.20 mm，一直到 2.11 mm。

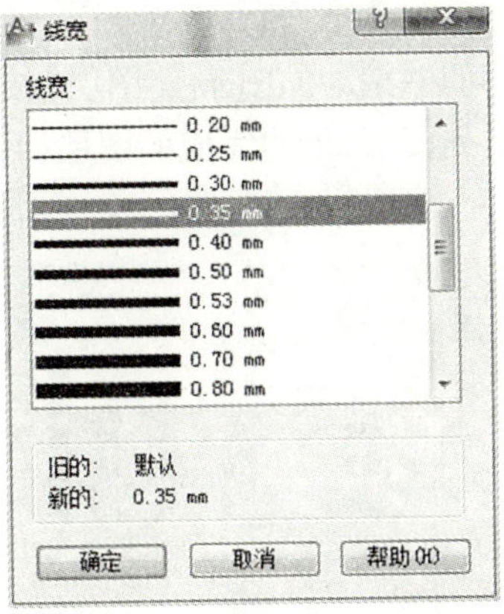

图 2-13 【线宽】对话框

(2)从中选择 0.35 mm 的线宽，单击【确定】按钮，退出【线宽】对话框。“中心线”层的线宽变为 0.35 mm，如图 2-14 所示。

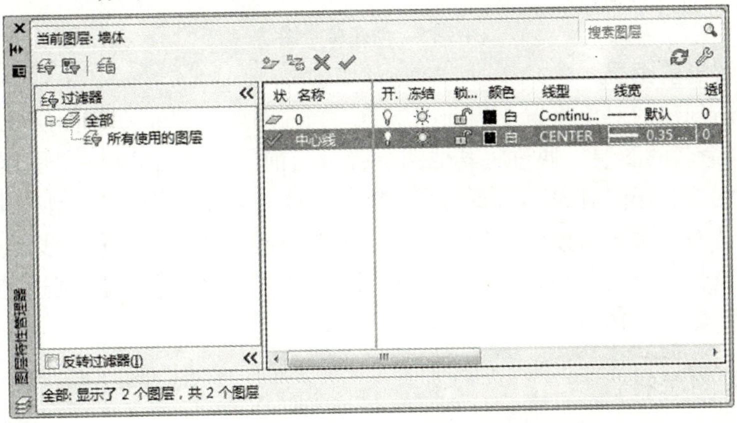

图 2-14 “中心线”层线宽设置为 0.35 mm

2.4.2 创建和设置当前图层

2.4.2.1 **创建图层**

在绘图设计中,用户可以为设计概念相关的一组对象创建和命名图层,并为这些图层指定通用特性。通过创建图层,可以将类型相似的对象指定给同一个图层,使其相关联。例如,可以将构造线、文字、标注和标题栏置于不同的图层上,然后进行控制。

创建图层的步骤如下:

(1)在【常用】选项卡中的【图层】面板中单击【图层特性】按钮,将打开【图层特性管理器】选项板,图层列表中将自动添加名称为“图层 1”的图层,所添加的图层呈被选中即高亮显示状态。

(2)在“名称”列为新建的图层命名。图层名最多可包含 255 个字符,其中包括字母、数字和特殊字符,但图层名中不可包含空格。

(3)如果要创建多个图层,可以多次单击【新建图层】按钮,并以同样的方法为每个图层命名,按名称的字母顺序来排列图层,创建完成的图层如图 2-15 所示。

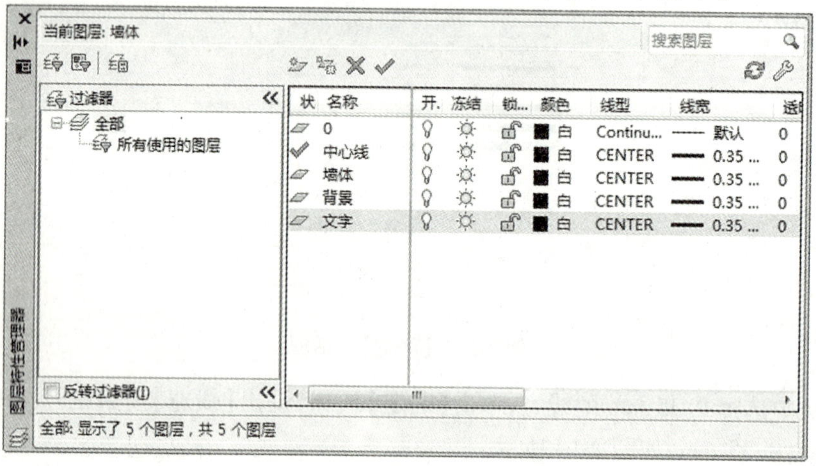

图 2-15 创建多个图层

2.4.2.2 **设置当前图层**

绘图时,新创建的对象将置于当前图层上。当前图层可以是默认图层 0,也可以是用户自己创建并命名的图层。通过将其他图层置为当前图层,可以从一个图层切换到另一个图层;随后创建的任何对象都与新的当前图层关联并采用其颜色、线型和其他特性。但是,不能将冻结的图层或依赖外部参照的图层设置为当前图层。其操作步骤如下:

在【图层特性管理器】选项板中选择图层,单击【置为当前】按钮,则选定的图层被设置为当前图层,如图 2-16 所示。

2.4.3 设置图层特性

图层设置包括图层状态和图层特性。在【图层特性管理器】选项板列表图中显示了图层和图层过滤器状态及其特性和说明。用户可以通过单击状态和特性图标来设置或修改图层的特性和状态。

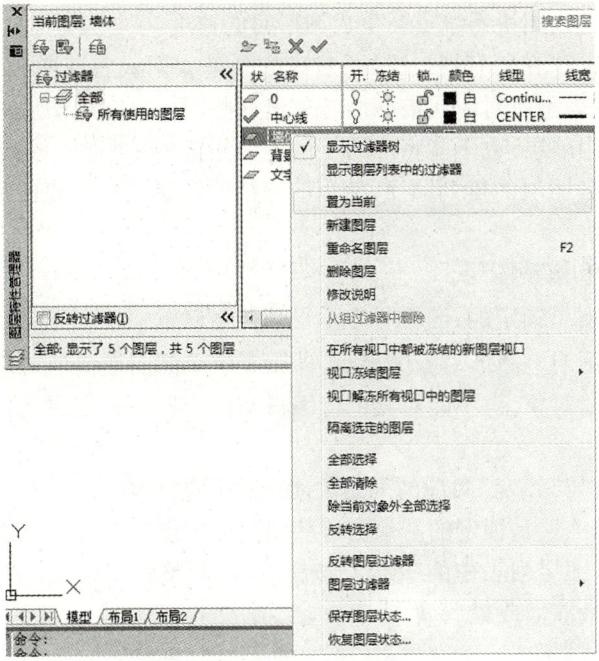

图 2-16 将“墙体”设置为当前图层

2.4.3.1 **“状态”列**

双击“状态”列图标，可以改变图层的使用状态。

✔图标表示该图层正在使用，▱图标表示该图层未被使用。

2.4.3.2 **“名称”列**

“名称”列显示图层名。可以选择图层名后单击并输入新图层名。

2.4.3.3 **“开”列**

“开”列确定图层是打开还是关闭。如果图层被打开，该层上的图形可以在绘图区显示或在绘图区中绘出。被关闭的图层仍然是图的一部分，但关闭图层上的图形不显示，也不能通过绘图区绘制出来。用户可以根据需要，打开或关闭图层。

在图层列表框中，与“开”对应的列是“小灯泡”图标。通过单击“小灯泡”图标可以实现打开或关闭图层的切换。如果灯泡颜色是黄色，表示对应层是打开的；如果是灰色，则表示对应层是关闭的。如果关闭的是当前图层，AutoCAD 会显示出对应的提示信息，警告正在关闭当前图层，但用户可以关闭当前图层。很显然，关闭当前图层后，所绘的图形均不能显示出来。

2.4.3.4 **“冻结”列**

“冻结”列在所有视口中冻结选定的图层。冻结图层可以加快 ZOOM、PAN 和许多其他操作的运行速度，增强对象选择的性能并减少复杂图形的重生成时间。AutoCAD 不显示、打印、隐藏、渲染或重生成冻结图层上的对象。

如果图层被冻结，该层上的图形对象不能被显示或绘制出来，而且也不参与图层之间的运算。被解冻的图层则正好相反。从可见性来说，冻结层与关闭层是相同的，但冻结层上的对象不参与处理过程中的运算，关闭层的对象则要参与运算。所以，在复杂的图形中冻结不需要的图层可以加快系统重新生成图形时的速度。

图层列表框中，与“在所有视口冻结”对应的列是太阳或雪花图标。太阳表示所对应层没有冻结，雪花则表示所对应层被冻结。单击这些图标可实现图层冻结与解冻的切换。

用户不能冻结当前层，也不能将冻结层设置为当前层。另外，依次单击“在所有视口冻结”标题，可调整各图层的排列顺序，使当前冻结的图层放在列表的最前面或最后面。

2.4.3.5 “锁定”列

“锁定”列锁定和解锁图层。

图标表示图层是锁定的，图标表示图层是解锁的。

锁定并不影响图层上图形对象的显示，即锁定层上的图形仍然可以显示出来，但用户不能改变锁定层上的对象，也不能对其进行编辑操作。如果锁定层是当前层，用户仍可在该层上绘图。

图层列表框中，与“锁定”对应的列是关闭或打开的小锁图标。锁打开表示该层是非锁定层；关闭则表示该层是锁定的。单击这些图标可实现图层锁定或解锁的切换。

同样，依次单击图层列表中的“锁定”按钮，可以调整各图层的排列顺序，使当前锁定的图层放在列表的最前面或最后面。

2.4.3.6 “打印样式”列

“打印样式”列修改与选定图层相关联的打印样式。如果正在使用颜色相关打印样式（PSTYLEPOLICY 系统变量设为 1），则不能修改与图层关联的打印样式。单击任意打印样式，均可显示【选择打印样式】对话框。

2.4.3.7 “打印”列

“打印”列控制是否打印选定的图层。即使关闭了图层的打印，该图层上的对象仍会显示出来。关闭图层打印只对图形中的可见图层有效。如果图层设为打印，但该图层在当前图形中是冻结的或关闭的，则 AutoCAD 不打印该图层。如果图层包含了参照信息，则关闭该图层的打印可能有益。

2.4.3.8 “新视口冻结”列

“新视口冻结”列冻结或解冻新创建视口中的图层。

2.4.3.9 “说明”列

“说明”列为所选图层或过滤器添加说明，或修改说明中的文字。过滤器的说明将添加到该过滤器及其中的所有图层。

2.4.4 综合实例——设置工程图中常用图层

本例通过设计机械工程制图中的常用图层及图层的内部特性，以对本章所学知识进行综合练习和巩固应用。

设置工程图中常用图层具体操作步骤如下：

（1）执行【新建】命令，以“acadiso. dwt”作为基础样板，创建空白文件。

（2）设置常用图层。单击【图层】工具栏或面部上的按钮，打开【图层特性管理器】对话框。

（3）单击【图层特性管理器】对话框中的【新建图层】按钮，新图层将以临时名称“图层1”显示在列表中。

(4)用户在反白显示的“图层1”区域输入新图层的名称，如图2-17所示，创建第一个新图层。

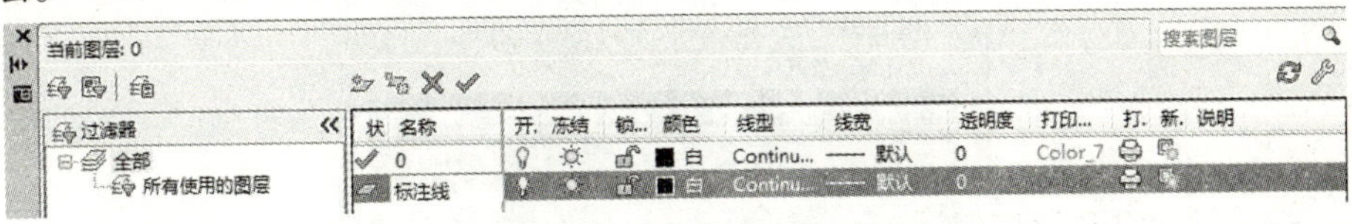

图2-17　输入新图层的名称

(5)按Alt+N组合键，或再次单击【新建图层】按钮，创建第二个图层，结果如图2-18所示。

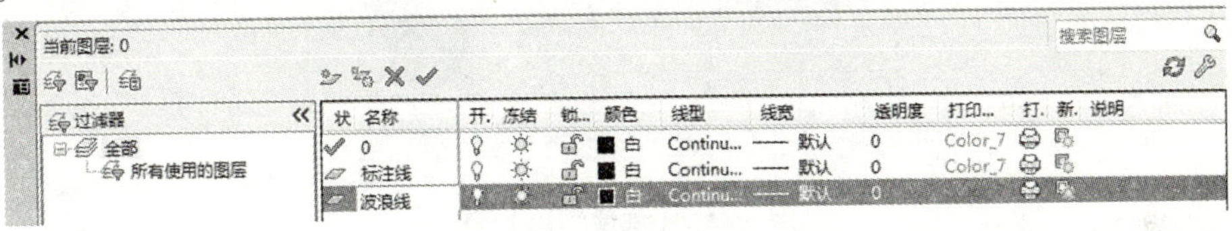

图2-18　创建图层

(6)重复上一操作步骤，或连续按Enter键，快速创建其他新图层，创建结果如图2-19所示。

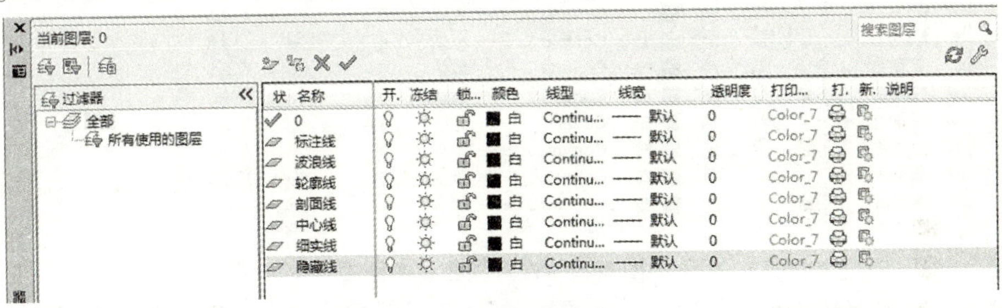

图2-19　创建其他图层

(7)设置图层颜色特性。在【图层特性管理器】对话框中单击名为“标注线”的图层，使其处于激活状态，如图2-20所示。

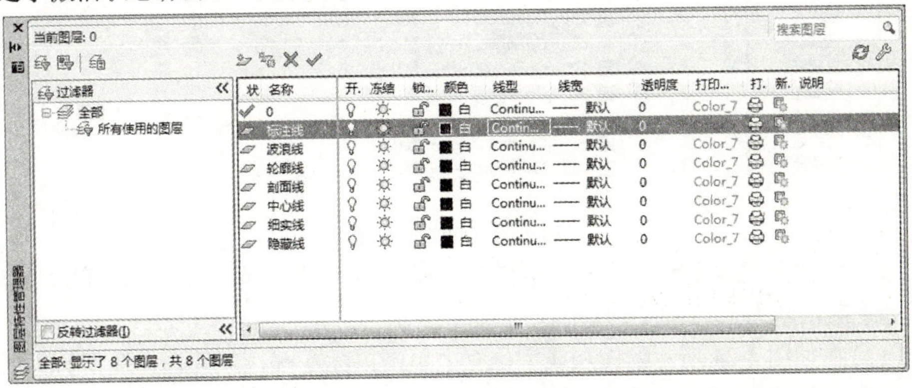

图2-20　修改图层颜色

（8）在如图 2-23 所示的图层颜色区域上单击鼠标左键，打开【选择颜色】对话框，然后设置图层的颜色值为 150，如图 2-21 所示。

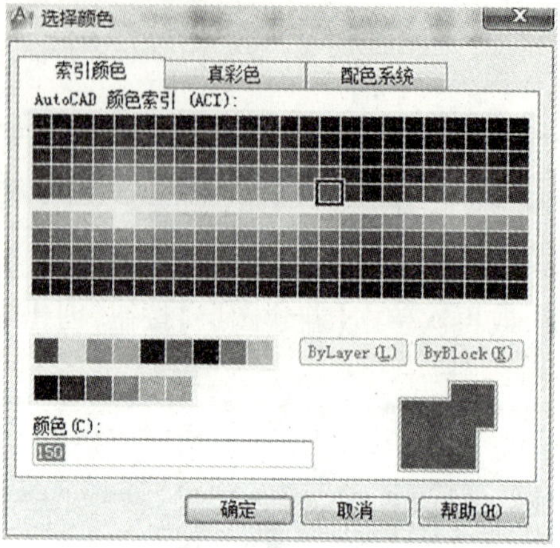

图 2-21 【选择颜色】对话框

（9）单击【选择颜色】对话框中的【确定】按钮，结果图层的颜色被设置为 150 号色，如图 2-22 所示。

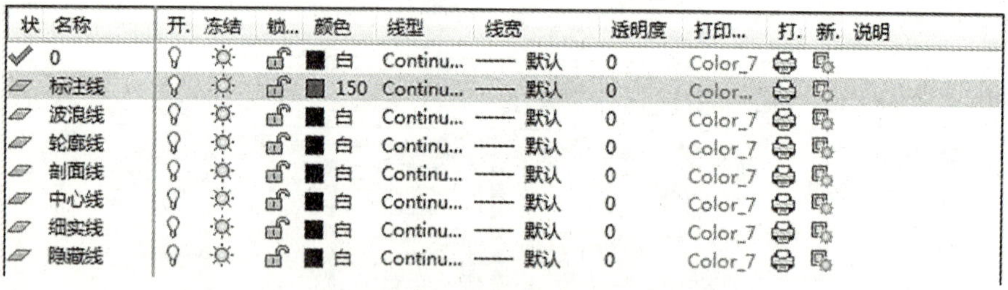

状	名称	开.	冻结	锁...	颜色	线型	线宽	透明度	打印...	打.	新.	说明
	0				白	Continu...	—— 默认	0	Color_7			
	标注线				150	Continu...	—— 默认	0	Color...			
	波浪线				白	Continu...	—— 默认	0	Color_7			
	轮廓线				白	Continu...	—— 默认	0	Color_7			
	剖面线				白	Continu...	—— 默认	0	Color_7			
	中心线				白	Continu...	—— 默认	0	Color_7			
	细实线				白	Continu...	—— 默认	0	Color_7			
	隐藏线				白	Continu...	—— 默认	0	Color_7			

图 2-22 设置颜色后的图层

（10）参照上述操作，分别在其他图层的颜色区域单击鼠标左键，设置其他图层的颜色特性，结果如图 2-23 所示。

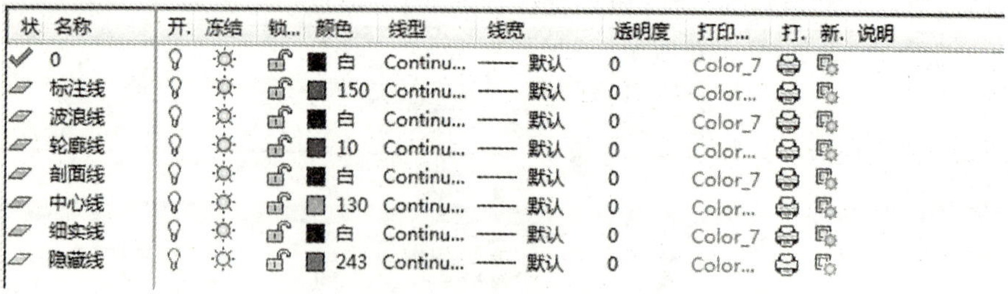

状	名称	开.	冻结	锁...	颜色	线型	线宽	透明度	打印...	打.	新.	说明
	0				白	Continu...	—— 默认	0	Color_7			
	标注线				150	Continu...	—— 默认	0	Color...			
	波浪线				白	Continu...	—— 默认	0	Color_7			
	轮廓线				10	Continu...	—— 默认	0	Color...			
	剖面线				白	Continu...	—— 默认	0	Color_7			
	中心线				130	Continu...	—— 默认	0	Color...			
	细实线				白	Continu...	—— 默认	0	Color_7			
	隐藏线				243	Continu...	—— 默认	0	Color...			

图 2-23 颜色设置结果

（11）设置图层线型特性，在【图层特性管理器】对话框中单击名为“隐藏线”的图层，使其处于激活状态，如图 2-24 所示。

（12）在如图 2-24 所示的图层线型位置上单击鼠标左键，打开【选择线型】对话框。

（13）在【选择线型】对话框中单击【加载】按钮，打开【加载或重载线型】对话框，选择如图 2-25 所示的线型进行加载。

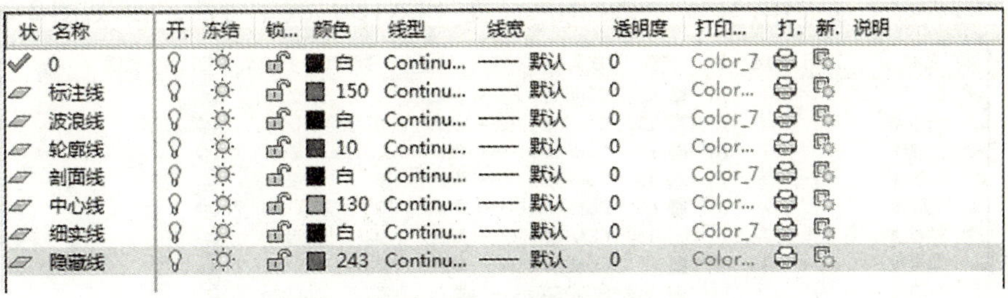

图 2-24 指定单击位置

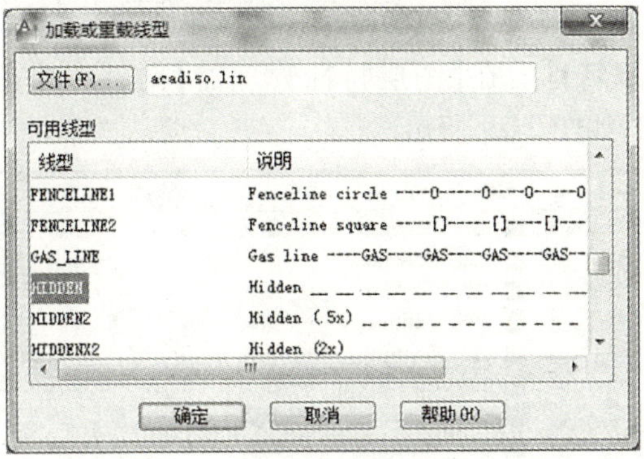

图 2-25 【加载或重载线型】对话框

(14)单击【确定】按钮,选择的线型被加载到【选择线型】对话框内,如图 2-26 所示。

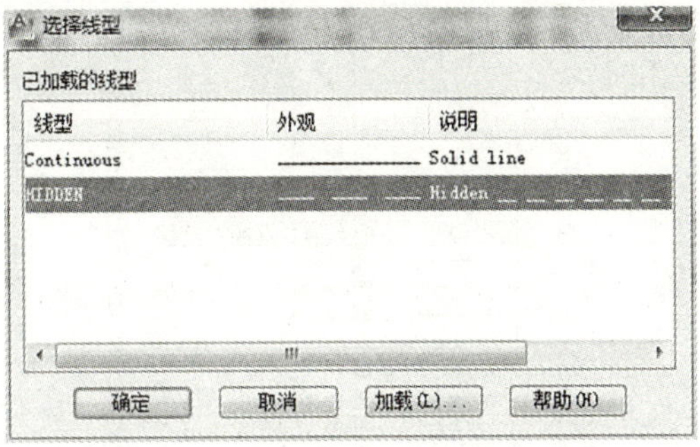

图 2-26 加载线型

(15)选择刚加载的线型,单击【确定】按钮,即将此线型附加给当前被选择的图层,结果如图 2-27 所示。

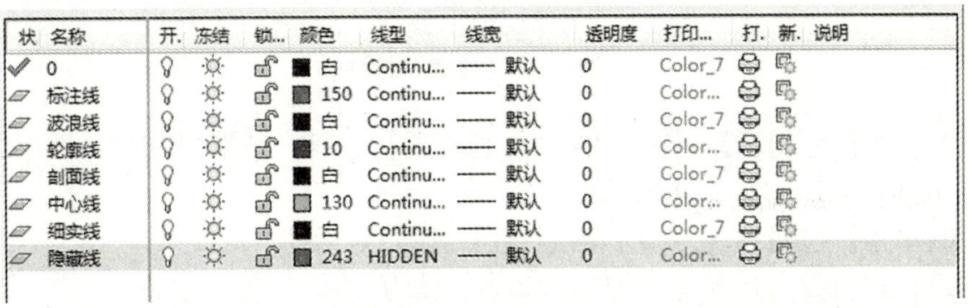

图 2-27 设置线型

（16）参照上述操作，为“中心线”图层设置“CENTER”线型特性，结果如图 2-28 所示。

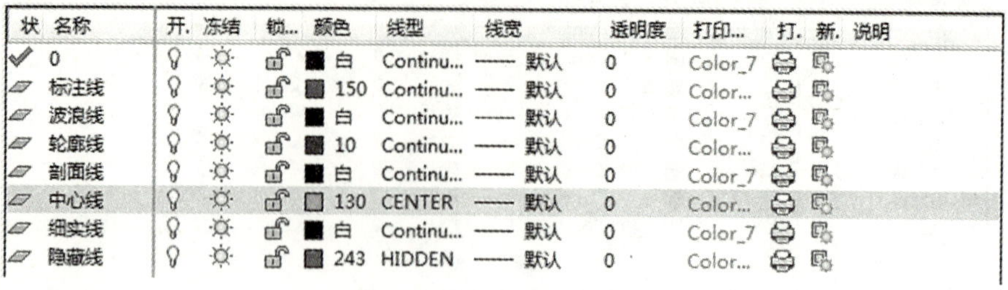

图 2-28　**设置“中心线”线型**

（17）设置图层线框特性。在【图层特性管理器】对话框中单击名为“轮廓线”的图层，使其处于激活状态，如图 2-29 所示。

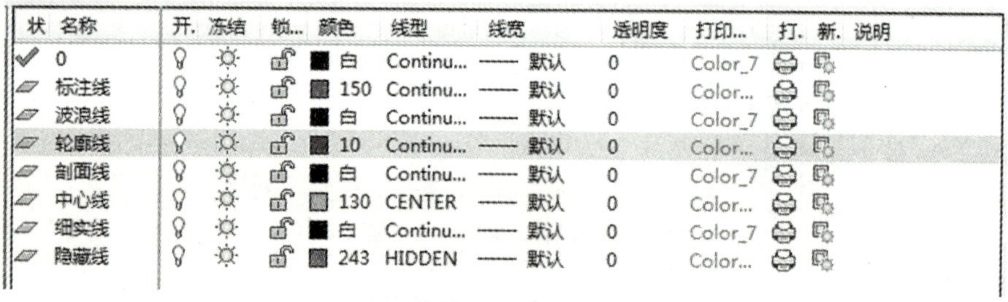

图 2-29　**设置线宽**

（18）在“轮廓线”【线宽】列单击鼠标左键，在打开的【线宽】对话框中选择如图 2-30 所示的线宽。

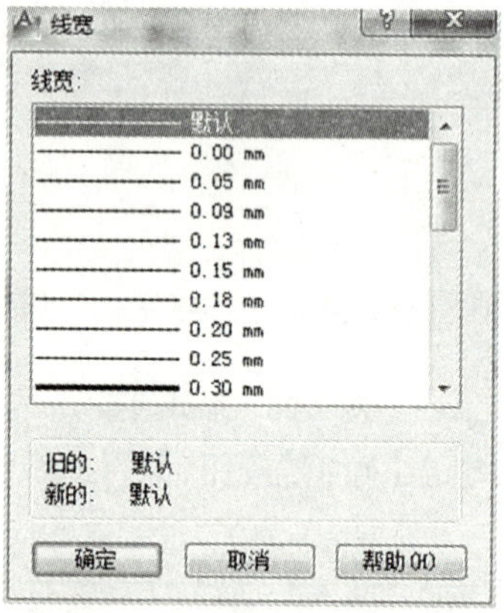

图 2-30　**【线宽】对话框**

（19）单击【确定】按钮返回【图层特性管理器】对话框，结果“轮廓线”图层的线宽被设置为“0. 30 mm”，如图 2-31 所示。

（20）单击【确定】按钮，关闭【图层特性管理器】对话框。

（21）执行【保存】命令，将当前文件命名存储为“综合实例一 . dwg”。

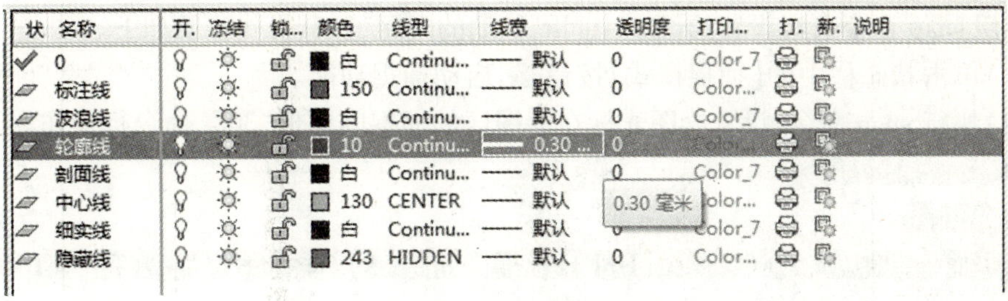

图 2-31　线宽设置结果

2.5　草图设置

鼠标右击状态栏中的【捕捉模式】或【栅格显示】按钮，在弹出的快捷菜单中单击设置就可以弹出【草图设置】对话框，如图 2-32 所示，可以在其中对捕捉模式和栅格显示进行打开和关闭以及其他的参数设置。

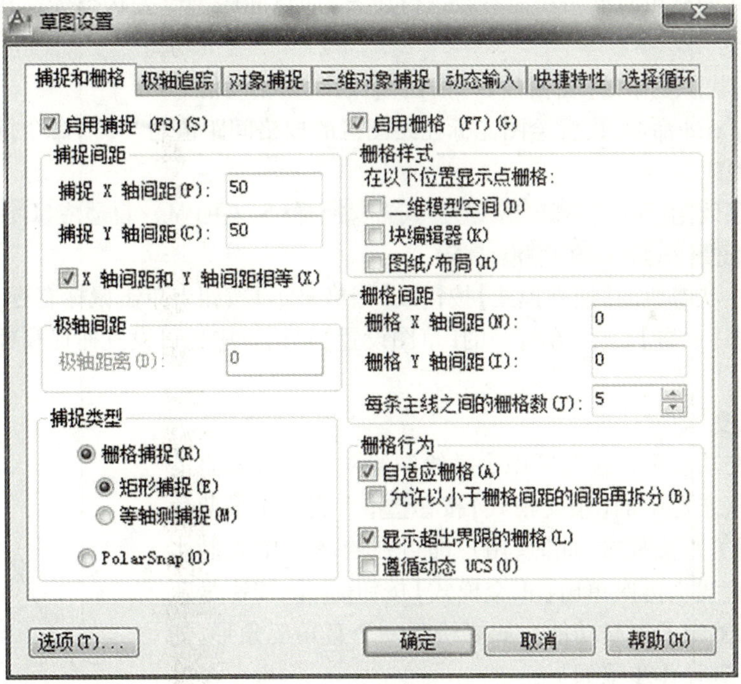

图 2-32　【草图设置】对话框

2.5.1　捕捉、栅格与正交

2.5.1.1　捕捉

使用捕捉功能可以快速在绘图区中拾取固定的点，从而方便绘制需要的图形。

单击状态栏中的【捕捉模式】按钮，当该按钮显示为“蓝色”时，表示启用了捕捉功能。此时若启动绘图命令，绘图光标在绘图中将会按一定的间隔移动。再次单击【捕捉模式】按钮，当该按钮显示为“灰色”时，则表示关闭捕捉功能。

使用 snap 命令可以设置绘图区中间隔移动的间距值，其操作步骤如下。

（1）单击状态栏中的【捕捉模式】按钮，启动捕捉功能。

（2）执行 snap 命令，设置绘图光标在绘图区的捕捉间距值“30”，命令行操作如下：

命令：<捕捉 开>

命令：snap

指定捕捉间距或［开（ON）/关（OFF）/纵横向间距（A）/样式（S）/类型（T）］<10.0000>:30

2.5.1.2 栅格

通过状态栏中的【栅格显示】工具可按用户指定的 X、Y 方向间距在绘图界限内显示栅格点阵。使用栅格功能是为了让用户在绘图时有一个直观的定位参照。单击状态栏中的【栅格显示】按钮，当该按钮显示为蓝色时，即表示启用了栅格功能，此时在绘图区中就会显示出栅格阵列。再次单击【栅格显示】按钮，按钮显示为灰色时，则表示关闭栅格功能。

使用 grid 命令可对栅格功能参数进行设置，如点间距、开/关状态等。其操作步骤如下。

（1）单击状态栏中的【栅格显示】按钮，启动栅格功能。

（2）执行 grid 命令，设置绘图光标在绘图区的栅格间距值为“50”，命令行操作如下：

命令 GRID

指定栅格间距（X）或［开（ON）/关（OFF）/捕捉（S）/主（M）/自适应（D）/界限（L）/跟随（F）/纵横向间距（A）］<10.0000>:50

若用户在状态栏的【捕捉模式】按钮或【栅格显示】按钮上单击鼠标右键，在弹出的快捷菜单中选择【设置】命令，在打开的【草图设置】对话框中也可设置捕捉和栅格的间距及开关状态。

2.5.1.3 正交

使用正交功能可在绘图区中手动绘制绝对水平或垂直的直线。单击状态栏中的【正交模式】按钮，当该按钮呈蓝色时，表示启用了正交模式，此时，用户即可在绘图区中绘制水平或垂直的直线。再次单击【正交模式】按钮，该按钮呈灰色时，即表示关闭了正交功能。如要绘制一个直角三角形，如图 2-33所示，其操作步骤如下：

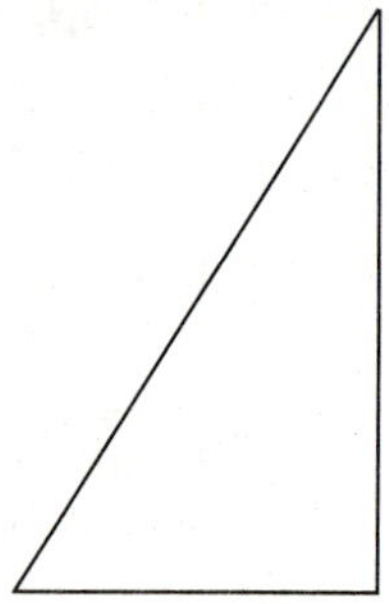

图 2-33　直角三角形效果图

（1）单击状态栏中的【正交模式】按钮，启动正交功能。

（2）执行【直线】命令绘制矩形，命令行操作如下。

命令：LINE

指定第一点：

指定下一点或［放弃（U）］：

指定下一点或［放弃（U）］：

指定下一点或［闭合（C）/放弃（U）］：

指定下一点或［闭合（C）/放弃（U）］：

2.5.2 对象捕捉和对象追踪

2.5.2.1 使用对象捕捉功能

AutoCAD 为用户提供了多种对象捕捉类型，使用对象捕捉方式，可以快速、准确地捕捉到实体，从而提高了工作效率。

单击状态栏中的【对象捕捉】按钮□，当该按钮呈蓝色时，表示启用了对象捕捉模式。再次单击【对象捕捉】按钮□，该按钮呈灰色时，即表示关闭了对象捕捉功能。

对象捕捉是一种特殊点的输入方法，该操作不能单独进行，只有在执行某个命令需要指定点时才能调用。

启用对象捕捉方式的常用方法有以下几种：

(1)调出【对象捕捉】工具栏，在工具栏中选择相应的捕捉方式即可。

(2)在命令行中直接输入所需对象捕捉命令的英文缩写。

(3)在绘图区中按住 Shift 键，再单击鼠标右键，在弹出的快捷菜单中选择【对象捕捉设置】命令，设置相应的捕捉方式。

在使用对象捕捉功能时，应先设置要启用的对象捕捉方式，其方法如下：

(1)在状态栏中的【对象捕捉】按钮□上单击鼠标右键，在弹出的快捷键菜单中选择【设置】命令，打开【草图设置】对话框。

(2)选中【启用对象捕捉】复选框即启用了对象捕捉功能。在【对象捕捉模式】选项组中选中相应的复选框，即表示启用相应的对象捕捉方式。

2.5.2.2 使用对象捕捉追踪功能

启用对象捕捉追踪功能后，当自动捕捉到图形中某个特征点时，系统将以这个点为基准点沿正交或某个极坐标方向寻找另一特征点，此时在追踪方向上显示一条辅助线。

对象捕捉追踪的特征点也可在【草图设置】对话框的【对象捕捉】选项卡中设置，其设置方法与对象捕捉特征点的设置方法相同。

单击状态栏中的【对象捕捉追踪】按钮∠，该按钮呈蓝色时，表示启用了对象捕捉功能。再次单击【对象捕捉追踪】按钮∠，该按钮呈灰色时，即表示关闭了对象捕捉功能。

2.5.3 综合实例——使用点的追踪功能绘图

本例通过绘制图 2-34 所示的楼梯图形，主要对“极轴追踪”、“对象追踪”、“对象捕捉”、“正交模式”以及“视图缩放”等多种功能进行综合练习和巩固应用。

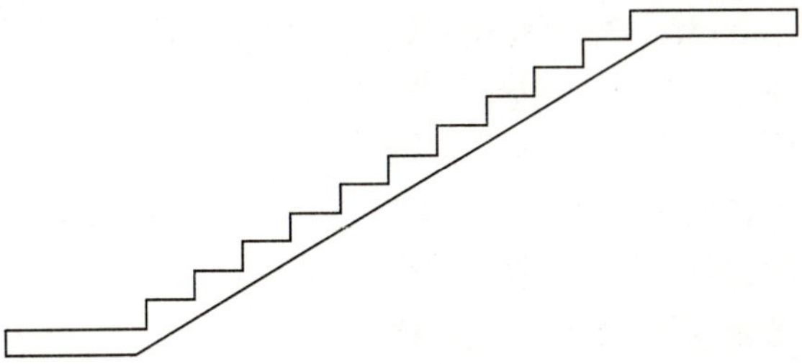

图 2-34 实例效果

(1)执行【新建】命令,新建一个公制单位的绘图文件。

(2)执行菜单栏中的【视图】→【缩放】→【圆心】命令,将视图高度调整为 3000 个单位,命令行操作如下:

命令:'_zoom

指定窗口的角点,输入比例因子(nX 或 nXP),或者

[全部(A)/中心(C)/动态(D)/范围(E)/上一个(P)/比例(S)/窗口(W)/对象(O)] <实时>:_c

指定中心点:

输入比例或高度 <41.4137>:3000

正在重生成模型

(3)单击状态栏上的按钮,打开【正交模式】功能。

(4)执行菜单栏中的【绘图】→【直线】命令,配合【正交模式】功能绘制楼梯右侧平台板及楼梯台阶轮廓线,命令行操作如下。

命令:_line 指定第一点:

指定下一点或[放弃(U)]:150

指定下一点或[放弃(U)]:1000

指定下一点或[闭合(C)/放弃(U)]:165

指定下一点或[闭合(C)/放弃(U)]:290

指定下一点或[闭合(C)/放弃(U)]:165

指定下一点或[闭合(C)/放弃(U)]:290

指定下一点或[闭合(C)/放弃(U)]:165

指定下一点或[闭合(C)/放弃(U)]:290

指定下一点或[闭合(C)/放弃(U)]:165

指定下一点或[闭合(C)/放弃(U)]:290

指定下一点或[闭合(C)/放弃(U)]:165

指定下一点或[闭合(C)/放弃(U)]:290

指定下一点或[闭合(C)/放弃(U)]:165

指定下一点或[闭合(C)/放弃(U)]:290

指定下一点或[闭合(C)/放弃(U)]:165

指定下一点或[闭合(C)/放弃(U)]:290

指定下一点或[闭合(C)/放弃(U)]:165

指定下一点或[闭合(C)/放弃(U)]:290

指定下一点或[闭合(C)/放弃(U)]:165

指定下一点或[闭合(C)/放弃(U)]:290

指定下一点或[闭合(C)/放弃(U)]:165

指定下一点或[闭合(C)/放弃(U)]:290

指定下一点或[闭合(C)/放弃(U)]:165

指定下一点或[闭合(C)/放弃(U)]:*取消*

绘制结果如图 2-35 所示。

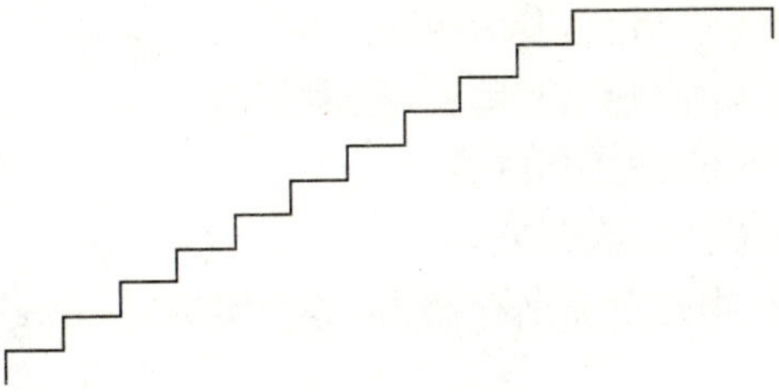

图 2-35　绘制结果

(5)执行菜单栏中的【工具】→【草图设置】命令,在打开的对话框中启用并设置捕捉和追踪模式,如图 2-36 所示。

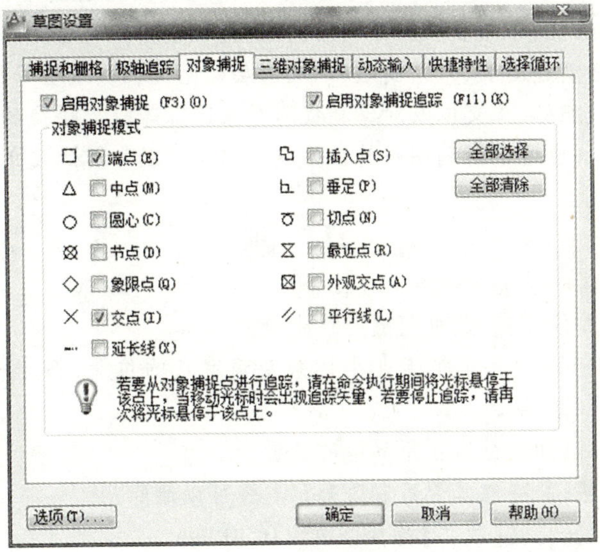

图 2-36　设置捕捉追踪

(6)展开【极轴追踪】选项卡,设置极轴角并启用【极轴追踪】功能,如图 2-37 所示。

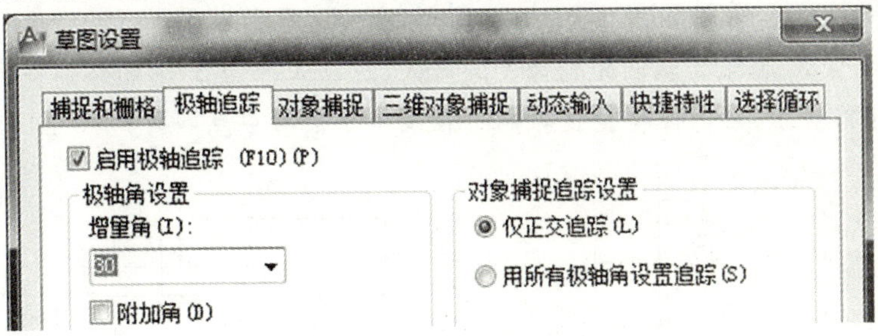

图 2-37　设置极轴追踪

(7)执行菜单中的【绘图】→【直线】命令,配合【极轴追踪】、【对象捕捉】和【对象追踪】功能绘制左侧平台及其他轮廓线,命令行操作如下:

命令:_line 指定第一点:

指定下一点或[放弃(U)]:850

指定下一点或[放弃(U)]:150
指定下一点或[闭合(C)/放弃(U)]:790
指定下一点或[闭合(C)/放弃(U)]:<极轴 开>
指定下一点或[闭合(C)/放弃(U)]:
指定下一点或[闭合(C)/放弃(U)]:

(8)执行【保存】命令,将图形命名存储为“综合实例二.dwg”。

小　结

本章讲解了绘图环境的设置方法,包括鼠标的设置、设定绘图单位、设置绘图界限以及精确绘图的辅助功能;介绍了坐标系和动态坐标系、基本输入操作,重点讲解了图层与图层特性管理,包括创建图层、命名图层,以及图层颜色、线宽、线型等特性的设置;随后较详细地讲解了捕捉、栅格、正交以及对象捕捉和对象追踪等较为快捷的辅助工具。通过综合实例让读者能够快速地了解到图层特性的设置以及辅助工具的使用。

习　题

1. 如果正在进行绘图操作,如何随时终止命令?

2. AutoCAD 2014 采用三维笛卡儿坐标系来确定点的位置,按坐标系的原点是否可变,坐标系分为哪两种?

3. 在绘制新图时,如何进行图形界限的设置?

4. 默认图层0层,其特性是否可以改变?是否可以删除?

5. 新建一个图层,将其【线宽】特性修改为0.30 mm。

6. 被加锁的层上的图形是否能进行编辑?

7. 绘制边长为90如图2-38所示的五角星。

图2-38　五角星

8. 利用栅格捕捉绘制如图2-39所示图形(提示:图形中需要计算的各端点X轴与Y轴间距均为5的倍数,所以X轴与Y轴栅格捕捉间距均应设置为5。启用栅格显示,启用栅格捕捉。调用直线命令拾取各点即可)。

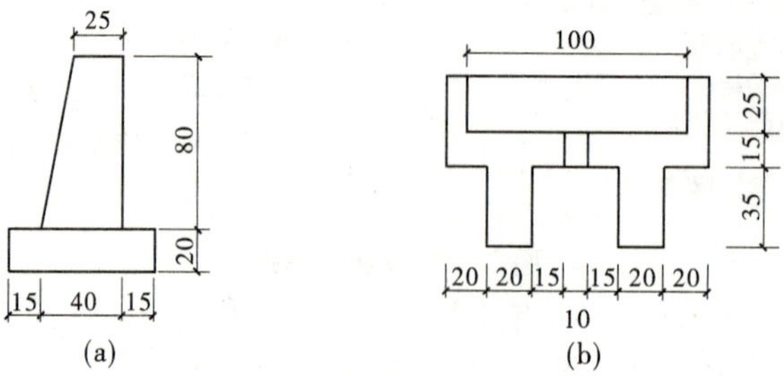

图2-39

9. 利用正交与对象追踪绘制图2-40所示图形。

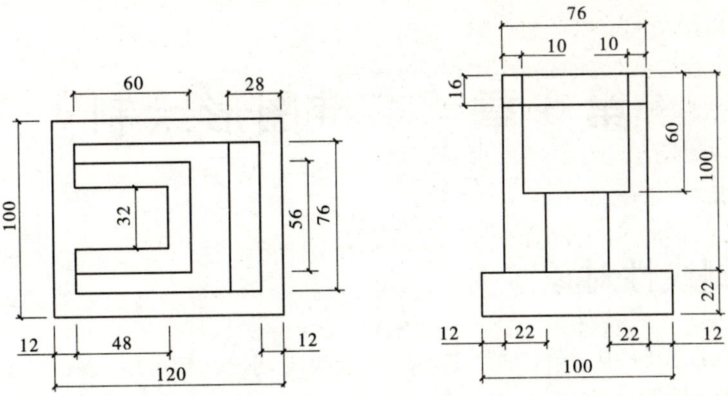

(a) (b)

图 2-40

10. 利用极轴追踪绘制如图 2-41 所示门栓。

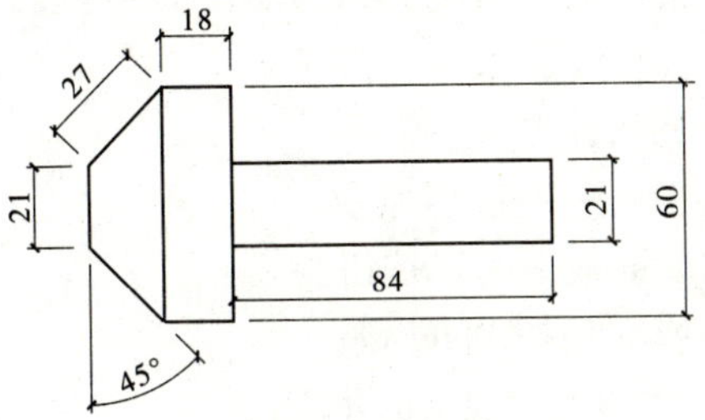

图 2-41　门栓

第 3 章　二维图形绘制

3.1　绘制线性对象

在 AutoCAD 2014 中，线性对象主要包括直线段、射线、构造线、多段线、多线、云线、样条曲线等。具体绘制方法如下。

3.1.1　绘制直线段

“直线”命令是一个最常用的画线工具，使用此命令可以绘制一条或多条直线段，每条直线都被看作是一个独立的对象。

执行“直线”命令有以下几种方式。

◆执行菜单栏中的“绘图”→“直线”命令。

◆单击“绘图”工具栏或面板上的按钮。

◆在命令行输入 Line 或 L 后按 Enter 键。

下面介绍绘制边长为 80 的正三角形的步骤。

(1)单击“绘图”工具栏或面板上的按钮，激活【直线】命令。

(2)激活该命令后，根据命令行的提示精确画图。命令行操作如下。

```
命令：_line
指定第一个点：                              //在绘图区单击，拾取一点作为起点
指定下一点或[放弃(U)]：80                   //向右追踪 80，定位第二点
指定下一点或[放弃(U)]：                     //@80<120，定位第三点
指定下一点或[闭合(C)/放弃(U)]：             //c，闭合图形，绘制结果如图 3-1 所示
```

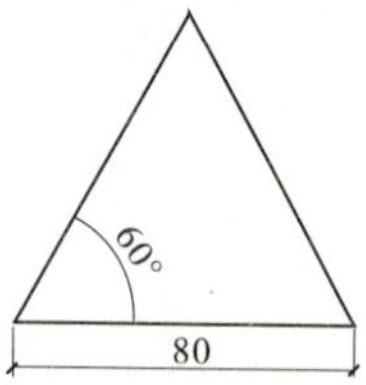

图 3-1　正三角形绘制结果

3.1.2　绘制射线

“射线”命令用于绘制向一端无限延伸的作图辅助线，射线示例如图 3-2 所示。

执行“射线”命令有以下几种方式。

◆执行菜单栏中的“绘图”→“射线”命令。

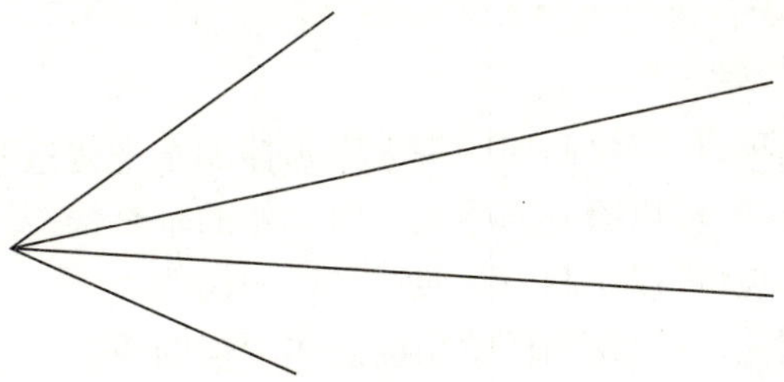

图 3-2　射线示例

◆单击“绘图”工具栏或面板上的 按钮。

◆在命令行输入 Ray 后按 Enter 键。

执行“射线”命令,命令行操作如下。

```
命令: _ray 指定起点:
指定通过点:                    //指定射线的起点
指定通过点:                    //指定射线的通过点
指定通过点:                    //指定射线的通过点
…
指定通过点:                    //Enter,结束命令
```

3.1.3　绘制构造线

“构造线”命令用于绘制向两端无限延伸的作图辅助线,构造线示例如图 3-3 所示。

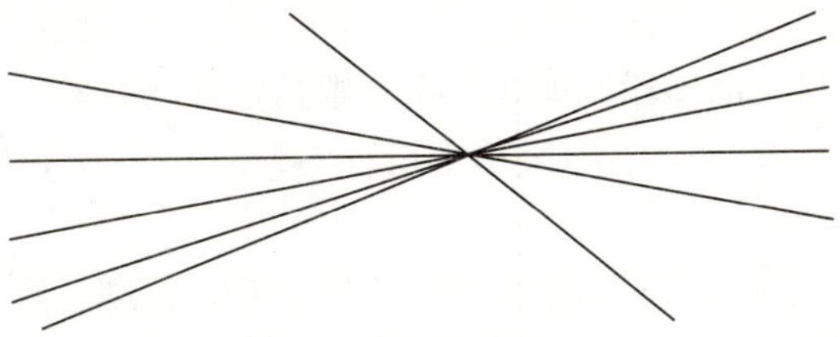

图 3-3　构造线示例

执行“构造线”命令有以下几种方式。

◆执行菜单栏中的“绘图”→“构造线”命令。

◆单击“绘图”工具栏或面板上的 按钮。

◆在命令行输入 Xline 或 XL 后按 Enter 键。

执行一次该命令后,可以绘制多条构造线,直到结束命令为止。执行“构造线”命令,具体命令行操作如下。

```
命令: _xline
指定点或[水平(H)/垂直(V)/角度(A)/二等分(B)/偏移(O)]://定位构造线上的点
指定通过点:                    //定位构造线上的通过点
指定通过点:                    //定位构造线上的通过点
…
指定通过点:                    //Enter,结束命令
```

使用构造线命令，不仅可以绘制水平构造线和垂直构造线，还可以绘制具有一定角度的辅助线以及绘制角的等分线。

（1）使用“水平”选项，可以绘制向两端无限延伸的水平构造线。

（2）使用“垂直”选项，可以绘制向两端无限延伸的垂直构造线。

（3）使用“偏移”选项，可以绘制与参照线平行的构造线。

（4）使用“角度”选项，可以绘制任意角度的作图辅助线。

3.1.4 绘制多段线

多段线是指由一系列直线段或弧线段连接而成的一种特殊几何图元，此图元无论包括多少条直线元素或弧线元素，系统都将其看作单个对象。使用该命令，所绘制的多段线可以具有宽度，可以闭合或不闭合。多段线示例如图 3-4 所示。

图 3-4 多段线示例

执行“多段线”命令有以下几种方式。

◆执行菜单栏中的“绘图”→“多段线”命令。

◆单击“绘图”工具栏或面板上的按钮。

◆在命令行输入 Pline 或 PL 后按 Enter 键。

多段线选项设置如下。

（1）“圆弧”选项。

“圆弧”选项用于将当前多段线模式切换为画弧模式，以绘制由弧线组合而成的多段线。在命令提示下输入 A，或在绘图区单击鼠标右键，选择“圆弧”，都可激活该命令，命令行操作如下。

指定圆弧的端点或[角度(A)/圆心(CE)/闭合(CL)/方向(D)/半宽(H)/直线(L)/半径(R)/第二个点(S)/放弃(U)/宽度(W)]:

各次级选项功能如下：

①使用“角度”选项，可以指定要绘制的圆弧的圆心角。

②使用“圆心”选项，可以指定圆弧的圆心。

③使用“闭合”选项，可以用圆弧线封闭多段线。

④使用“方向”选项，可以取消直线与圆弧的相切关系，改变圆弧的起始方向。

⑤使用“半宽”选项，可以指定圆弧的半宽值，系统会提示用户输入起点与终点半宽值。

⑥使用“直线”选项，可以切换直线模式。

⑦使用“半径”选项，可以指定圆弧半径。

⑧使用“第二个点”选项，可以绘制三点画弧的第二点。

⑨使用“宽度”选项，可以设置弧线的宽度值。

（2）其他选项。

①使用“闭合”选项,可以直接用直线段封闭多段线。

②使用“长度”选项,可以定义下一段多段线的长度。

3.1.5 绘制多线

多线命令可以绘制由两条或两条以上的平行元素构成的复合线对象。每条平行线元素的线型、颜色以及间距都可以设置。多线示例如图 3-5 所示。多线常用于绘制建筑图中的墙体等图形。

图 3-5 多线示例

执行“多线”命令有以下几种方式。

◆执行菜单栏中的“绘图”→“多线”命令。

◆单击“绘图”工具栏或面板上的按钮。

◆在命令行输入 Mline 或 ML 后按 Enter 键。

注:默认设置下,所绘制的多线是由两条平行元素构成的。

(1)“比例”选项用于绘制任意宽度的多线。默认的比例为 20。

(2)“对正”选项用于设置多线的对正方式,AutoCAD 提供了 3 种对正方式,即上对正、无对正和下对正,如图 3-6 所示。

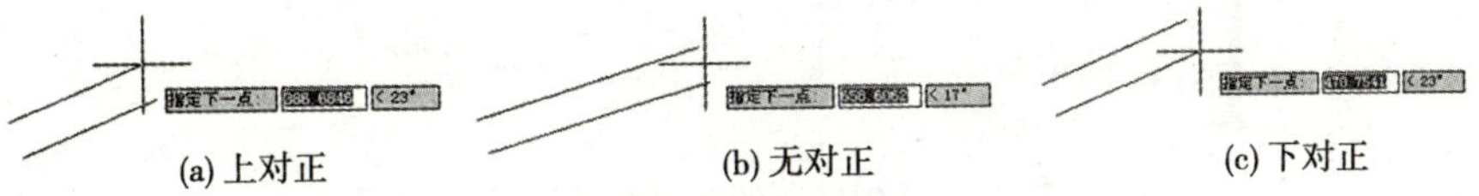

(a) 上对正　(b) 无对正　(c) 下对正

图 3-6 三种对正方式

(3)“样式”选项用于选择一种已保存的多线样式。

多线在绘制之前,通常需要根据实际情况对其封口、偏移等样式进行设置,其命令调用的方法有:

(1)执行菜单栏中的“格式”→“多线样式”命令。

(2)命令行:mlstyle + enter。

执行“多线”命令后,系统弹出如图 3-7 所示的【多线样式】对话框,点击“新建”,命名“24 墙线”,如图 3-8 所示。

点击“继续”,进行如图 3-9 所示设置。

点击“确定”,弹出【多线样式】对话框,选中“24 墙线”样式,让它作为当前线型,如图 3-10所示。

3.1.6 绘制云线

“修订云线”命令用于绘制由连续圆弧所构成的图线,所绘制的图线被看作是一条多段线,此种图线可以是闭合的,也可以是断开的。修订云线示例如图 3-11 所示。

执行“修订云线”命令有以下几种方式。

◆执行菜单栏中的“绘图”→“修订云线”命令。

◆单击“绘图”工具栏或面板上的按钮。

◆在命令行输入 Revcloud 后按 Enter 键。

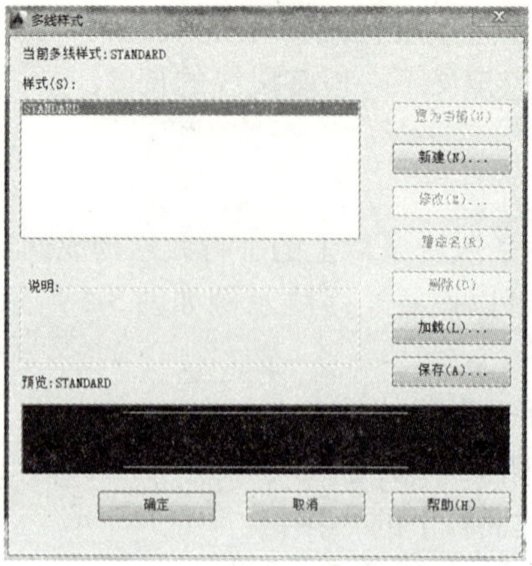

图 3-7 【多线样式】对话框

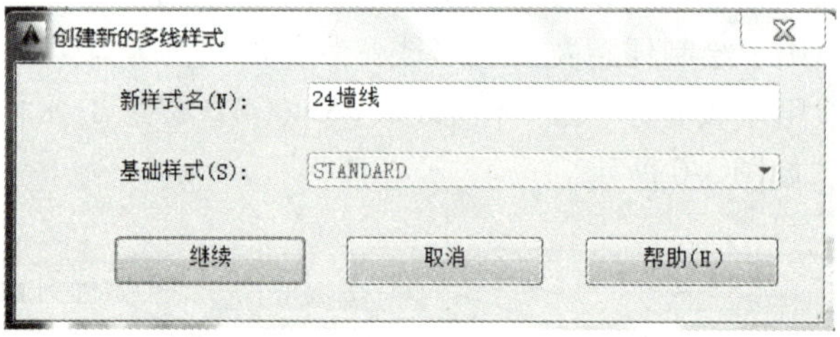

图 3-8 【创建新的多线样式】对话框

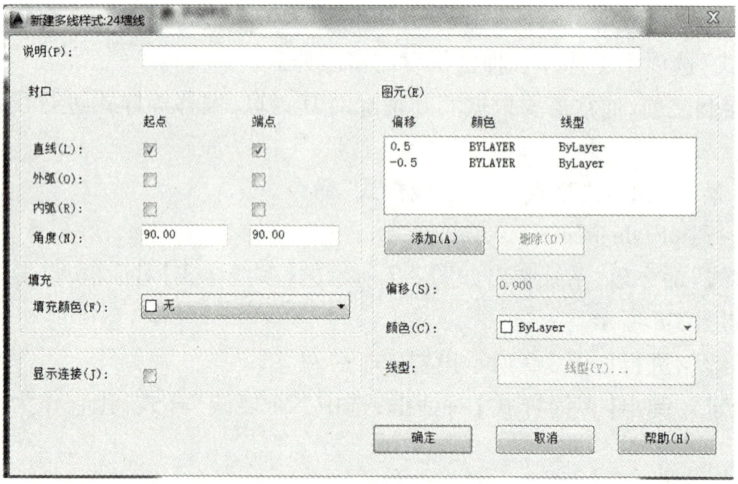

图 3-9 【新建多线样式】对话框

3.1.7 绘制样条曲线

“样条曲线”命令用于绘制通过某些拟合点(接近控制点)的光滑曲线,所绘制的曲线可以是二维曲线,也可以是三维曲线。

执行“样条曲线”命令有以下几种方式。

◆执行菜单栏中的“绘图”→“样条曲线”命令。

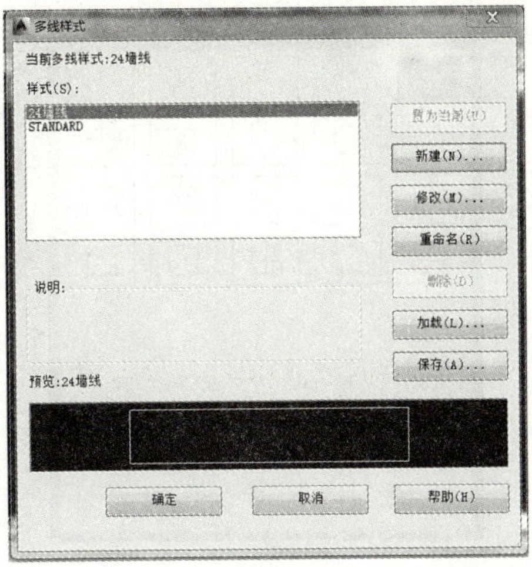

图 3-10　在【多线样式】对话框选中“24 墙线”

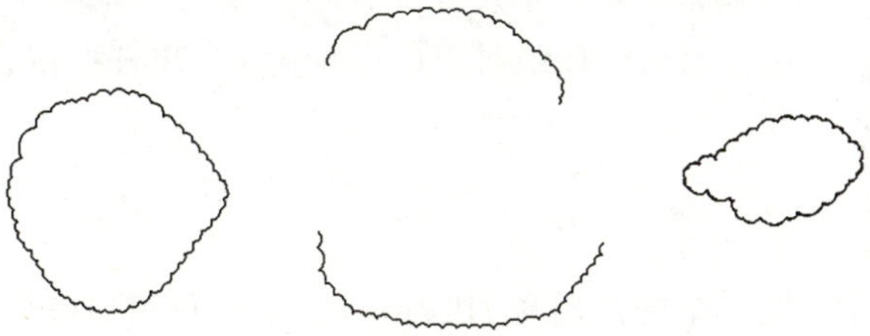

图 3-11　修订云线示例

◆单击“绘图”工具栏或面板上的（拟合点）按钮或（控制点）按钮。

◆在命令行输入 Spline 或 SPL 后按 Enter 键。

3.2　绘制点

点元素是最基本、最简单的一种几何图元，点对象可以用作捕捉和偏移对象等的节点或参考点。

3.2.1　设置点样式

由于默认模式下的点是以一个小点显示的，如果该点处于某些轮廓线上，那么将会看不到点，为此，AutoCAD 为用户提供了点的显示样式，用户可以根据需要进行设置。

执行“点样式”的设置命令有以下几种方式。

◆执行菜单栏中的“格式”→“点样式”命令。

◆在命令行输入 Ddptype 后按 Enter 键。

执行“点样式”命令可以打开如图 3-12 所示的“点样式”对话框。

注：在“点样式”对话框中共有 20 种点样式，在所需样式上单击，即可将此样式设置为当前样式。

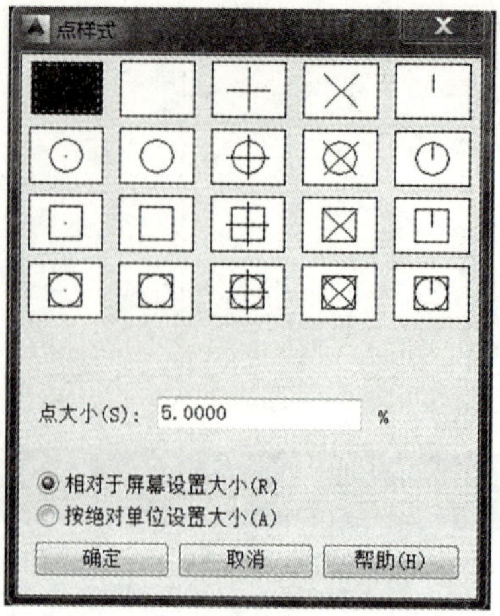

图 3-12 “点样式”对话框

“点大小”文本框内可输入点的大小尺寸。其中,“相对于屏幕设置大小”单选按钮表示按照屏幕尺寸的百分比显示点;“按绝对单位设置大小”单选按钮表示按照点的实际尺寸来显示点。

3.2.2 绘制单点

“单点”命令用于绘制单个的点对象,执行一次命令,仅可以绘制一个点。默认设置下,所绘制的点以一个小点进行显示。为了表示清楚,设置点样式如图 3-13 所示。

图 3-13 单点

执行“单点”命令有以下几种方式。

◆执行菜单栏中的“绘图”→“点”→“单点”命令。

◆在命令行输入 Point 或 PO 后按 Enter 键。

执行该命令后,命令行操作如下:

```
命令: _point
当前点模式:  PDMODE = 97   PDSIZE = 5000.0000
指定点:                                   //绘图区拾取点或输入点坐标
```

3.2.3 绘制多点

“多点”命令用于连续绘制多个点对象,执行一次命令,可绘制多个点,直到用 Esc 键结束当前命令。绘制多点示例如图 3-14 所示。

执行“多点”命令有以下几种方式。

◆执行菜单栏中的“绘图”→“点”→“多点”命令。

◆单击“绘图”工具栏或面板上的 ▫ 按钮。

执行“多点”命令后,命令行操作如下:

```
命令: _point
```

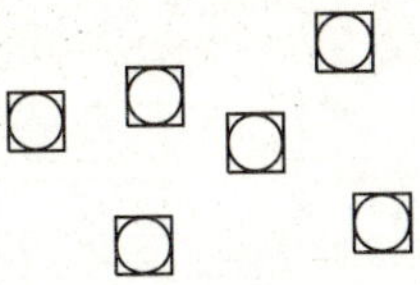

图 3-14　绘制多点

当前点模式：　PDMODE = 97　PDSIZE = 5000.0000

指定点：　　　　　　　　　　　　　　　//在绘图区给定点的位置

3.2.4　绘制定数等分点

"定数等分"用于按照指定的等分数目等分对象，对象被等分的结果仅仅是在等分点处放置了点的标记符号，而源对象并没有被分为多个对象。

执行"定数等分"命令有以下方式：

◆执行菜单"绘图"→"点"→"定数等分"。

◆在命令行输入 Divide 或 Div 后按 Enter 键。

示例：绘制一条长 500 的水平线段，等分为 5 段。

命令行操作如下：

命令：_line

指定第一个点：　　　　　　　　　　//在界面上随便选一点作为第一点

指定下一点或[放弃(U)]：500　　　　　　//向右水平追踪 500 个单位

指定下一点或[放弃(U)]：　　　　　　　//Enter，结束当前命令

命令：DIVIDE

选择要定数等分的对象：　　　　　　//选择刚刚绘制的直线

输入线段数目或[块(B)]：　　// 5Enter，设置等分数目，绘制结果如图 3-15 所示

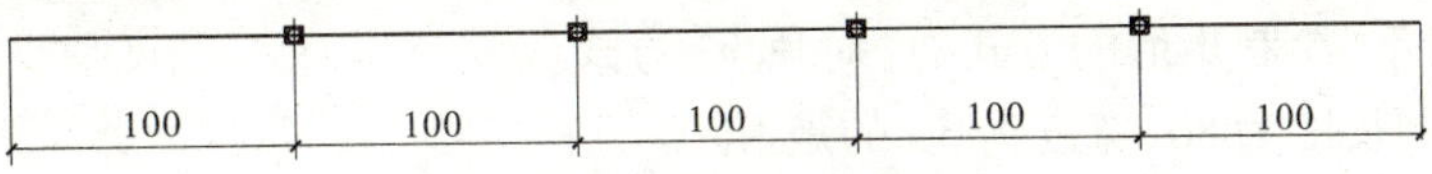

图 3-15　定数等分绘制结果

3.2.5　绘制定距等分点

"定距等分"是指按照指定的等分距离等分对象。

执行"定距等分"命令的方式如下：

◆执行菜单"绘图"→"点"→"定距等分"。

◆在命令行输入 Measure 或 Me 后按 Enter 键。

示例：将 500 的水平线段，按照 49 个绘图单位的距离放置点标记。

命令行操作如下：

命令：_line

指定第一个点：　　　　　　　　　　　//在界面上随便选一点作为第一点

指定下一点或［放弃(U)］：500　　　　　//向右水平追踪 500 个单位

指定下一点或［放弃(U)］：　　　　　　　//Enter，结束当前命令

命令：MEASURE

选择要定距等分的对象：　　　　　　　　//选择刚刚绘制的直线

指定线段长度或［块(B)］：　　　　　　//49，Enter，定距等分绘制结果如图 3-16 所示

注：在进行定距等分时，选取对象后，鼠标靠近哪一端单击，那么系统就从哪一端开始等距离等分，所以鼠标单击对象的位置，决定了等分点的放置次序。

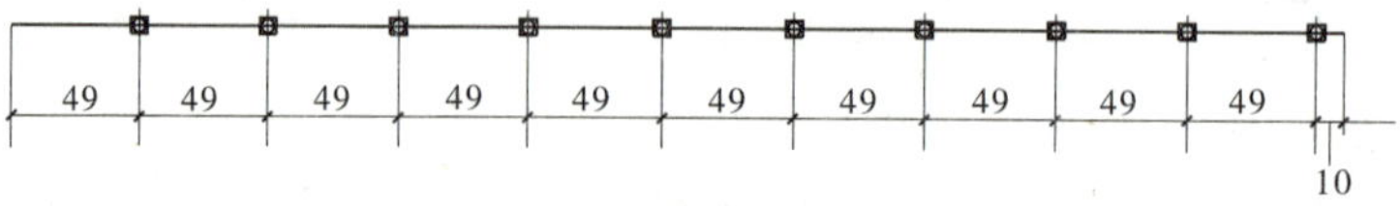

图 3-16　定距等分绘制结果

3.3　绘制矩形与多边形

3.3.1　绘制矩形

矩形是一种非常常见的几何图元，它由 4 条首尾相连的直线组成。在 AutoCAD 中，将矩形看作是一条闭合的多段线，是一个单独的图形对象。

执行“矩形”命令有以下几种方式：

◆执行菜单栏中的“绘图”→“矩形”命令。

◆单击“绘图”工具栏或面板上的按钮。

◆在命令行输入 Rectang 或 Rec 后按 Enter 键。

默认设置下，绘制矩形的方式为“对角点”方式。

示例：绘制长度为 80，宽度为 30 的矩形。

命令行操作如下：

命令：_rectang

指定第一个角点或［倒角(C)/标高(E)/圆角(F)/厚度(T)/宽度(W)］：//在适当位置拾取一点作为矩形角点

指定另一个角点或［面积(A)/尺寸(D)/旋转(R)］：// @80，30，Enter，指定对角点，矩形绘制结果如图 3-17 所示

3.3.1.1　绘制倒角矩形

使用“矩形”命令中的“倒角”选项，可以绘制具有一定倒角特征的矩形。

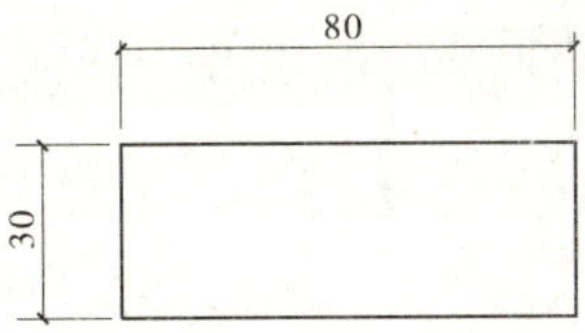

图 3-17　矩形绘制结果

示例:绘制长度为 240,宽度为 120 的倒角矩形。其命令行操作如下:

命令:REC

RECTANG

指定第一个角点或[倒角(C)/标高(E)/圆角(F)/厚度(T)/宽度(W)]:// c,Enter

指定矩形的第一个倒角距离 <0.0000>://10,Enter,设置第一倒角距离

指定矩形的第二个倒角距离 <10.0000>://8,Enter,设置第一倒角距离

指定第一个角点或[倒角(C)/标高(E)/圆角(F)/厚度(T)/宽度(W)]://在适当位置拾取一点

指定另一个角点或[面积(A)/尺寸(D)/旋转(R)]://输入@240,120,Enter,倒角矩形绘制结果如图 3-18 所示

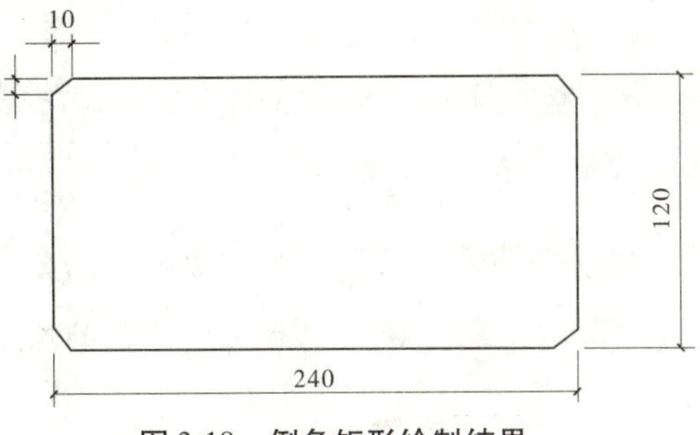

图 3-18　倒角矩形绘制结果

3.3.1.2　绘制圆角矩形

使用"矩形"命令中的"圆角"选项,可以绘制具有一定圆角特征的矩形。绘制如图 3-19 所示图形,其命令行操作如下:

命令:REC

RECTANG

指定第一个角点或[倒角(C)/标高(E)/圆角(F)/厚度(T)/宽度(W)]://f,Enter

指定矩形的圆角半径 <0.0000>:// 6,Enter,设置圆角半径

指定第一个角点或[倒角(C)/标高(E)/圆角(F)/厚度(T)/宽度(W)]://拾取一点作为起点

指定另一个角点或［面积(A)/尺寸(D)/旋转(R)］：//输入@100,60,Enter,绘制结果如图3-19所示

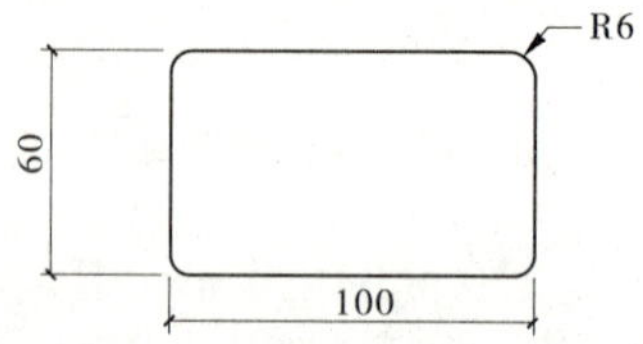

图3-19　圆角矩形绘制结果

3.3.2　绘制多边形

“正多边形”命令用于绘制相等的边角组成的闭合图形,不管内部包含多少边,系统将之视为一个对象。

执行“正多边形”命令有以下几种方式。

◆执行菜单栏中的“绘图”→“正多边形”命令。

◆单击“绘图”工具栏或面板上的⬠按钮。

◆在命令行输入Polygon或Pol后按Enter键。

3.3.2.1　“内接于圆”方式绘制多边形

“内接于圆”方式为系统默认方式,在指定了正多边形的边数和中心点后,直接输入正多边形外接圆的半径,即可精确地绘制正多边形。绘制如图3-20所示图形,其命令行操作如下。

命令：_polygon 输入侧面数 <4>：//6,Enter,设置正多边形的边数

指定正多边形的中心点或［边(E)］://在绘图区拾取一点作为中心点

输入选项［内接于圆(I)/外切于圆(C)］:// <I>,Enter,激活“内接于圆”选项

指定圆的半径:// 指定圆的半径：60,值必须为正且非零,绘制结果如图3-20所示

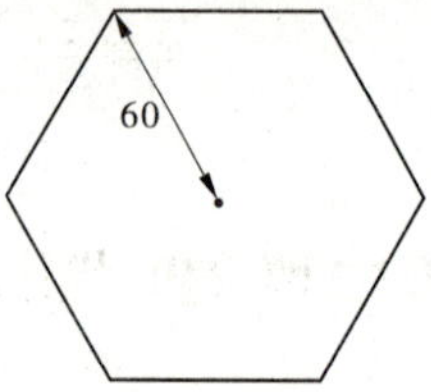

图3-20　“内接于圆”方式绘制多边形示例

3.3.2.2　“外切于圆”方式绘制多边形

在指定了正多边形的边数和中心点后,直接输入正多边形内切圆的半径,即可精确地绘制正多边形,绘制如图3-21所示图形,其命令行操作如下。

命令：_polygon 输入侧面数 <5>：//6,Enter,设置正多边形的边数

指定正多边形的中心点或［边(E)］：//在绘图区拾取一点作为中心点

输入选项［内接于圆(I)/外切于圆(C)］://<C>,Enter,激活"外切于圆"选项C

指定圆的半径：指定圆的半径:60,值必须为正且非零,绘制结果如图3-21所示

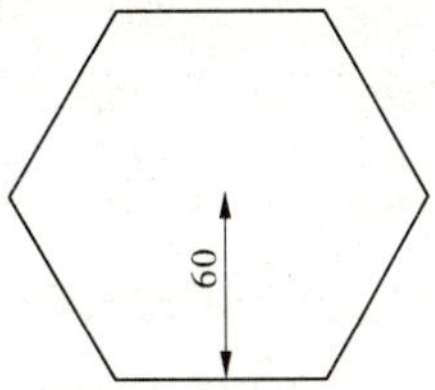

图3-21 "外切于圆"方式绘制多边形示例

3.3.2.3 "边"方式绘制多边形

当确定了正多边形的边数和中心点后,使用"边"方式输入正多边形内切圆的半径,即可精确地绘制出正多边形。绘制如图3-22所示图形,其命令行操作如下。

命令：_polygon 输入侧面数://6,Enter,设置正多边形的边数

指定正多边形的中心点或［边(E)］：//e,Enter,激活"边"选项

指定边的第一个端点：//拾取一点作为边的一个端点

指定边的第二个端点:// @80,0,Enter,定位第二个端点,绘制结果如图3-22所示

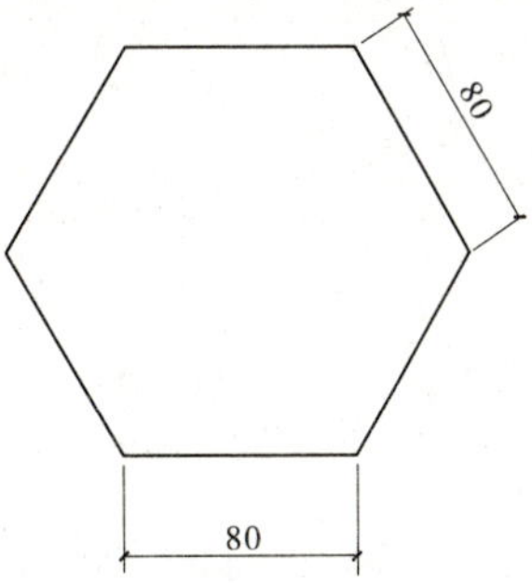

图3-22 "边"方式绘制多边形示例

3.4 绘制圆、圆弧、圆环与椭圆、椭圆弧

3.4.1 绘制圆

AutoCAD为用户提供了6种画圆方式,如图3-23所示。执行"圆"命令有以下几种方式。

◆执行菜单栏中的"绘图"→"圆"级联菜单中的各种命令。

◆单击"绘图"工具栏或面板上的⊙按钮。

◆在命令行输入Circle或C后按Enter键。

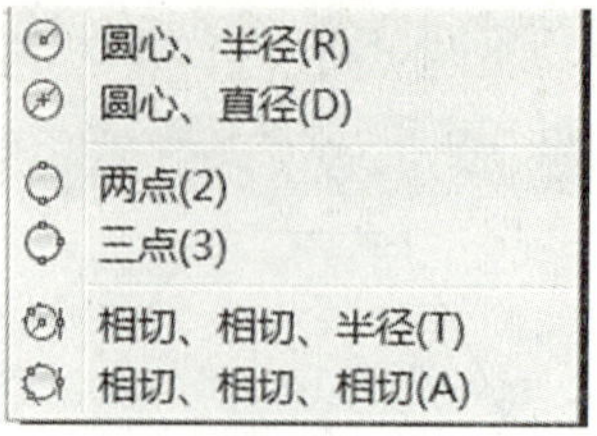

图 3-23 “圆”级联菜单

3.4.1.1 定距画圆

定距画圆分为“半径画圆”和“直径画圆”,默认方式为“半径画圆”。当用户定位出圆的圆心之后,只要输入圆的半径或直径,即可精确画圆。其命令行操作如下。

命令: _circle

指定圆的圆心或[三点(3P)/两点(2P)/切点、切点、半径(T)]://在绘图区拾取一点作为圆的圆心

指定圆的半径或[直径(D)]: //100,Enter,输入半径,半径画圆绘制结果如图 3-24 所示

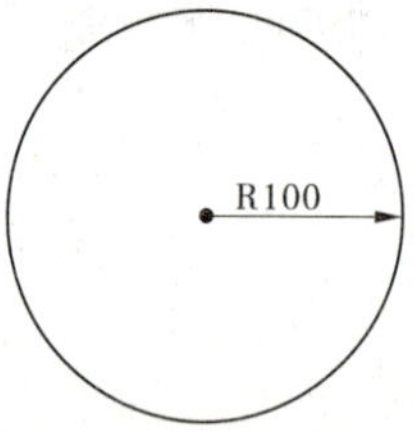

图 3-24 半径画圆绘制结果

3.4.1.2 定点画圆

定点画圆分为“两点画圆”和“三点画圆”两种,是指定位出两点或三点,即可精确画圆。所给定的两点被看作圆直径的两个端点,所给定的三点都位于圆周上。

“两点画圆”命令行操作如下:

命令: _circle

指定圆的圆心或[三点(3P)/两点(2P)/切点、切点、半径(T)]: //2p

指定圆直径的第一个端点://指定圆直径第一端点 A

指定圆直径的第二个端点://指定圆直径另一端点 B,绘图结果如图 3-25(a)所示

“三点画圆”命令行操作如下。

命令: _circle

指定圆的圆心或[三点(3P)/两点(2P)/切点、切点、半径(T)]://3p

指定圆上的第一个点://指定圆上第一个点 1

指定圆上的第二个点:// 指定圆上第二个点 2

指定圆上的第三个点:// 指定圆上第三个点 3,绘制结果如图 3-25(b)所示

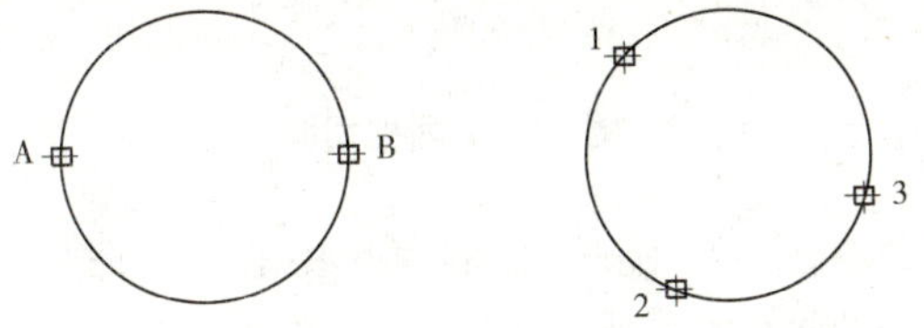

(a)两点画圆　　(b)三点画圆

图 3-25　定点画圆绘制结果

3.4.1.3　画相切圆

相切圆有两种绘制方式,即“相切、相切、半径”(分别拾取两个相切对象后,再输入相切圆的半径)和“相切、相切、相切”(直接拾取三个相切对象,系统自动定位相切圆的位置和大小)。

首先绘制如图 3-26(a)所示的圆和直线。

执行“相切、相切、半径”命令,根据命令行提示绘制与已知直线和圆相切的圆,命令行操作如下。

命令: _circle

指定圆的圆心或[三点(3P)/两点(2P)/切点、切点、半径(T)]: _ttr

指定对象与圆的第一个切点://在直线左下端单击鼠标左键,拾取第一个相切对象

指定对象与圆的第二个切点://在圆的下侧边缘上单击鼠标左键,拾取第二个相切对象

指定圆的半径 <50.0000>: //60,Enter,输入相切圆半径,绘制结果如图 3-26(b)所示

执行“相切、相切、相切”命令,根据命令行提示绘制与三个已知对象相切的圆,命令行操作如下。

命令: _circle

指定圆的圆心或[三点(3P)/两点(2P)/切点、切点、半径(T)]: _3p 指定圆上的第一个点: _tan 到//拾取直线作为第一相切对象

指定圆上的第二个点: _tan 到　//拾取小圆作为第二相切对象

指定圆上的第三个点: _tan 到　//拾取大圆作为第三相切对象,绘制结果如图 3-26(c)所示

3.4.2　绘制圆弧

“圆弧”命令用于绘制圆弧,AutoCAD 为用户提供了 5 类共 11 种画圆弧的方式。

执行“圆弧”命令有以下几种方式。

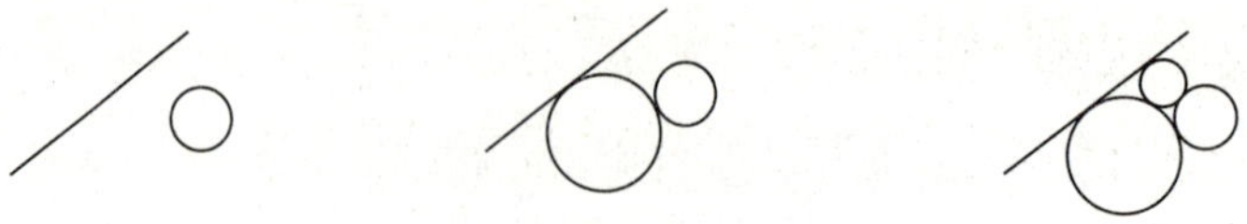

(a)圆、直线　　(b)相切、相切、半径方式　　(c)相切、相切、半径方式

图 3-26　画相切圆

◆执行菜单栏中的“绘图”→“圆弧”级联菜单中的各种命令(见图 3-27)。

◆单击“绘图”工具栏或面板上的按钮。

◆在命令行输入 Arc 或 A 后按 Enter 键。

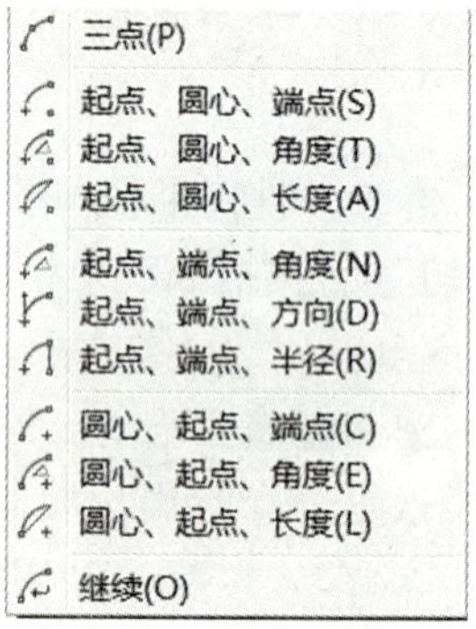

图 3-27　“圆弧”级联菜单

3.4.2.1　“三点”方式绘制圆弧

“三点”方式绘制圆弧是指直接拾取三点即可定位出圆弧,所拾取的第一点和第三点分别作为弧的起点和端点。

“三点”方式绘制圆弧命令行操作如下。

命令: _arc 指定圆弧的起点或[圆心(C)]://拾取一点作为圆弧的起点

指定圆弧的第二个点或[圆心(C)/端点(E)]://在适当位置拾取圆弧上的第二点

指定圆弧的端点://拾取第三点作为圆弧的端点,绘制结果如图 3-28 所示

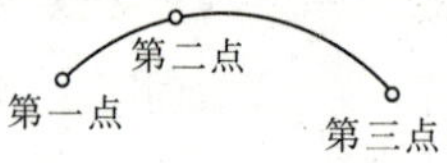

图 3-28　“三点”绘制圆弧

3.4.2.2　“起点、圆心”方式绘制圆弧

“起点、圆心”方式绘制圆弧有“起点、圆心、端点”,“起点、圆心、角度”,“起点、圆心、长度”三种。

当用户确定了圆弧的起点和圆心,只要再指定圆弧的端点或角度或弧长等参数,即可精确绘制圆弧。

“起点、圆心、端点”命令行操作如下:

命令: _arc 指定圆弧的起点或[圆心(C)]:// 拾取一点作为圆弧的起点

指定圆弧的第二个点或［圆心(C)/端点(E)］: //c,Enter

指定圆弧的圆心://在适当位置指定一点作为圆心

指定圆弧的端点或［角度(A)/弦长(L)］://拾取一点作为圆弧的端点,绘制结果如图 3-29 所示

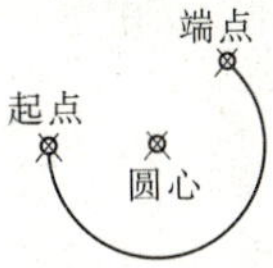

图 3-29 “起点、圆心、端点”绘制圆弧

注:“起点、圆心、角度”,“起点、圆心、长度”也可以在指定起点和圆心之后进行绘制,如图 3-30、图 3-31 所示。

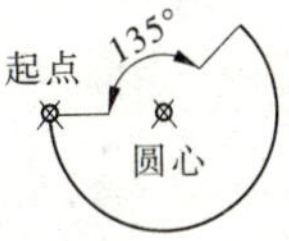

图 3-30 “起点、圆心、角度”绘制圆弧

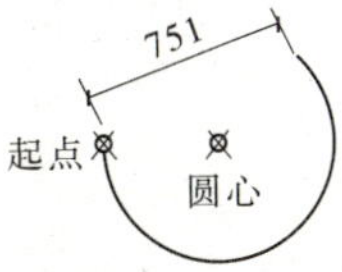

图 3-31 “起点、圆心、长度”绘制圆弧

3.4.2.3 “起点、端点”方式绘制圆弧

“起点、端点”方式绘制圆弧有“起点、端点、角度”,“起点、端点、方向”,“起点、端点、半径”三种。

当用户确定了圆弧的起点和端点,只要再指定圆弧的角度或方向或半径等参数,即可精确绘制圆弧。

3.4.2.4 “圆心、起点”方式绘制圆弧

“圆心、起点”方式绘制圆弧有“圆心、起点、端点”,“圆心、起点、角度”,“圆心、起点、长度”三种。

当用户确定了圆弧的起点和圆心点,只要再指定圆弧的端点或角度或弧长等参数,即可精确绘制圆弧。

3.4.2.5 “连续”方式绘制圆弧

“连续”方式绘制圆弧,执行菜单栏中的“绘图”→“圆弧”→“继续”命令,可进入连续画弧状态,所绘制的圆弧与上一个弧自动相切。在结束画弧命令后,连续两次按 Enter 键,也可进入“相切画弧”绘制模式,所绘制的圆弧与前一个圆弧的终点连接,并与之相切。

3.4.3 绘制圆环

圆环是一种常见的几何图元，此种图元由两条圆弧多段线组成。圆环的宽度是由圆环的内径和外径决定的。如果需要创建实心圆环，则可以将内径设置为0。

执行“圆环”命令有以下几种方式。

◆执行菜单栏中的“绘图”→“圆环”级联菜单中的各种命令。

◆单击“绘图”面板上的◎按钮。

◆在命令行输入 Donut 后按 Enter 键。

“圆环”命令行操作如下：

命令：_donut

指定圆环的内径 <0.5000>：//输入200

指定圆环的外径 <1.0000>：//输入300

指定圆环的中心点或 <退出>：//在界面上选取一点作为圆环中心点，绘制结果如图3-32所示

图3-32 圆环绘制结果

3.4.4 绘制椭圆

“椭圆”是一种闭合的曲线。它是由两条不等的椭圆轴所控制的闭合曲线。椭圆包括中心点、长轴、短轴等几何特征。

执行“椭圆”命令有以下几种方式。

◆执行菜单栏中的“绘图”→“椭圆”级联菜单中的各种命令。

◆单击“绘图”工具栏或面板上的⬭按钮。

◆在命令行输入 Ellipse 或 EL 后按 Enter 键。

3.4.4.1 **“轴端点”方式绘图**

“轴端点”方式绘图即指定一条轴的两个端点和另一条轴的半长，精确绘制椭圆。其命令行操作如下。

命令：_ellipse

指定椭圆的轴端点或［圆弧(A)/中心点(C)］：//在界面选择一点

指定轴的另一个端点：//水平向右追踪1000个单位

指定另一条半轴长度或［旋转(R)］：//300，回车，绘制结果如图3-33所示

3.4.4.2 **“中心点”方式绘制椭圆**

“中心点”方式绘制椭圆首先确定椭圆的中心点，然后再确定椭圆轴的一个端点和椭圆另一个半轴的长度，即可精确绘制椭圆。其命令行操作如下。

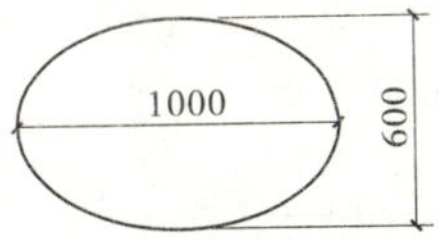

图 3-33 “轴端点”方式绘制椭圆

命令: _ellipse

指定椭圆的轴端点或［圆弧(A)/中心点(C)］: //c

指定椭圆的中心点://捕捉刚绘制的椭圆的中心点

指定轴的端点: //捕捉刚绘制的椭圆的短轴端点

指定另一条半轴长度或［旋转(R)］: //@0,200,回车,绘制结果如图 3-34 所示

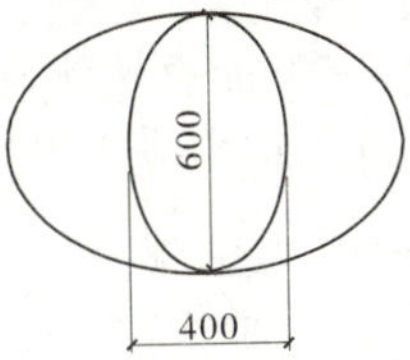

图 3-34 “中心点”方式绘制椭圆

3.4.5 绘制椭圆弧

椭圆弧是一种基本的构图元素,它除包含中心点、长轴和短轴等几何特征外,还具有角度的特征。

执行“椭圆弧”命令有以下几种方式。

◆执行菜单栏中的“绘图”→“椭圆弧”级联菜单中的各种命令。

◆单击“绘图”工具栏或面板上的按钮。

注:椭圆弧的角度是终止角度和起始角度的差值。

下面绘制长轴为 300,短轴为 100,角度为 150°的椭圆弧,其命令行操作如下。

命令: _ellipse

指定椭圆的轴端点或［圆弧(A)/中心点(C)］: //a,Enter,激活椭圆弧命令

指定椭圆弧的轴端点或［中心点(C)］://拾取一点,定位弧端点

指定轴的另一个端点: //水平向右追踪 150

指定另一条半轴长度或［旋转(R)］://50,Enter

指定起始角度或［参数(P)］://0

指定终止角度或［参数(P)/包含角度(I)］: //150,绘制结果如图 3-35 所示

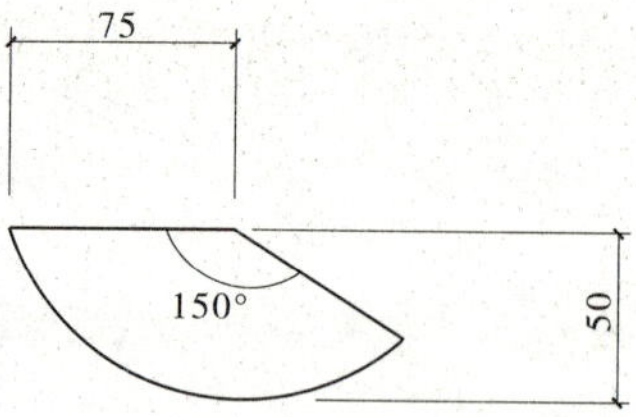

图 3-35　椭圆弧绘制结果

3.5　创建边界与面域

3.5.1　创建边界

边界实际是一条闭合的多段线，它不能直接绘制，需要使用“边界”，从多个相交对象中进行提取或者将多个首尾相连的对象转化成边界。

执行“边界”命令有以下几种方式。

◆执行菜单栏中的“绘图”→“边界”命令。

◆单击“常用”选项卡或“绘图”面板上的按钮。

◆在命令行输入 Boundary 或 BO 后按 Enter 键。

下边通过从多个对象中提取边界，学习创建边界命令，具体操作如下：

（1）新建文件，并绘制如图 3-36 所示的图形。

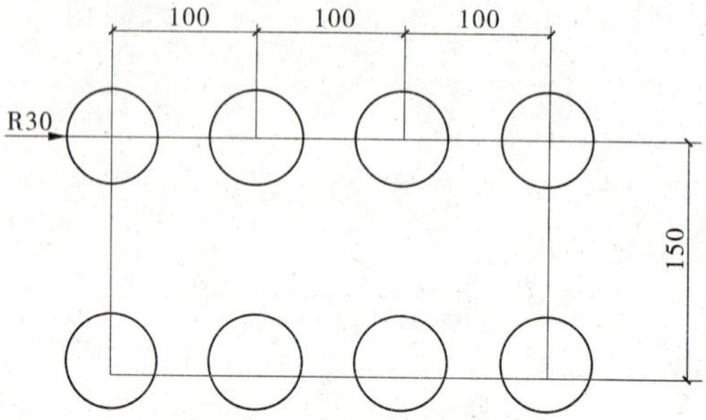

图 3-36　图形示例

（2）执行菜单栏中的“绘图”→“边界”命令，显示如图 3-37 所示的“边界创建”对话框。

（3）单击对话框左上角的拾取点按钮，返回绘图区，根据命令行“拾取内部点”提示，在矩形内部空白区域任意拾取一点，系统自动搜索出一个封闭区域，并以虚线的边界形式显示出来，如图 3-38 所示。

（4）继续在命令行“拾取内部点”提示下，按回车键，结束命令。创建出一个闭合的多段线边界。

（5）从表面上看图形仿佛没有任何变化，这时使用“点选”的方式选中刚才显示的闭合区域，显示如图 3-39 所示的点选的多段线。

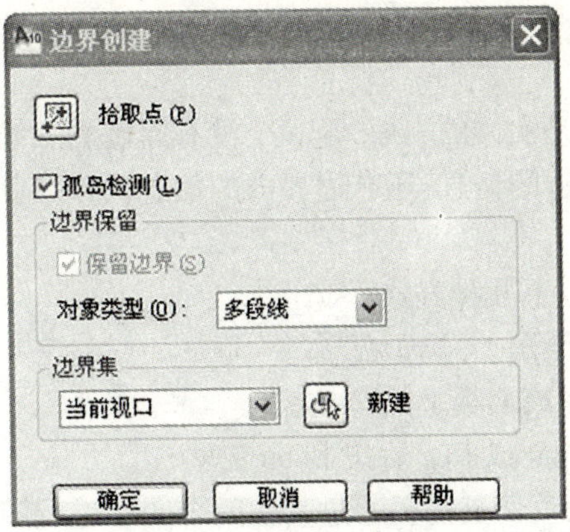

图 3-37 “边界创建”对话框

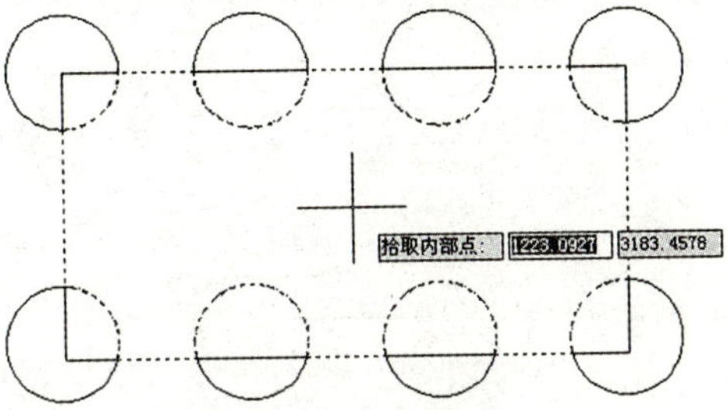

图 3-38 创建虚线边界

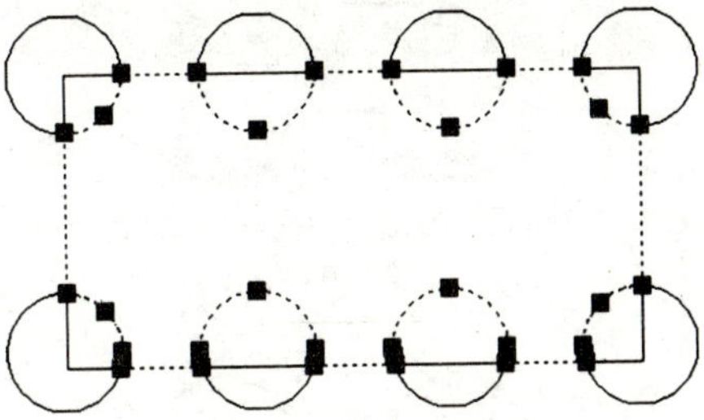

图 3-39 点选的多段线

(6)使用移动命令 M,将该多段线移动出来,如图 3-40 所示。

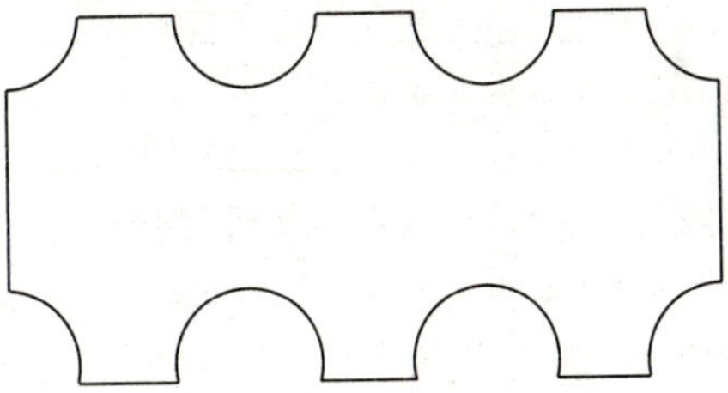

图 3-40 移出边界结果

3.5.2 创建基本面域

所谓面域，其实质就是实体的表面，是一个没有厚度的二维实心区域。它具备实体模型的一切特性，不但含有边的信息，还有边界内的信息，可以利用这些信息计算工程属性，如面积、重心、惯性矩等。

执行“面域”命令有以下几种方式。

◆执行菜单栏中的“绘图”→“面域”命令。

◆单击“绘图”工具栏或面板上的◎按钮。

◆在命令行输入 Region 或 Reg 后按 Enter 键。

注：面域不能直接创建，而是需要通过其他闭合图形进行转换。闭合对象被转换成面域后，看上去并没有什么变化，如果着色可以区分开。

例如：将图 3-40 绘制好的多段线通过“面域”命令直接转化成面域，具体命令行操作如下：

命令：_region

选择对象：找到 1 个

选择对象：

已提取 1 个环。

已创建 1 个面域。如图 3-41 所示，从表面上看没有任何变化，但图形性质已经从多段线变为面域了。

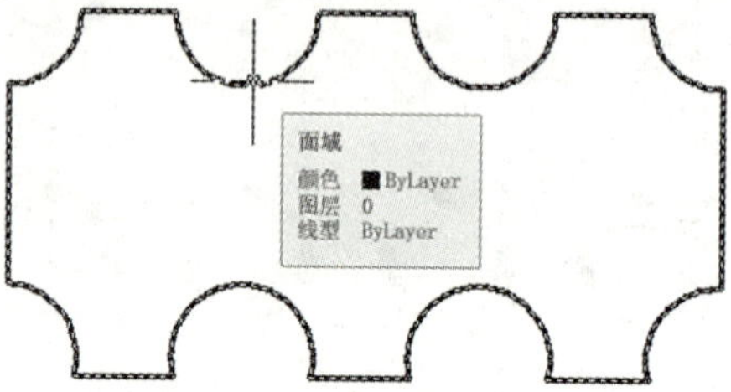

图 3-41　面域

3.6 基本图案填充

所谓图案，是指使用各种图线进行不同的排列组合而构成的图形元素。此类图形元素作为一个独立的整体被填充到各种封闭的图形区域内，以表达各自的图形信息。图案填充实例如图 3-42 所示。

3.6.1 图案填充

执行“图案填充”命令有以下几种方式。

图 3-42　图案填充实例

◆执行菜单栏中的“绘图”→“图案填充”命令。

◆单击“绘图”工具栏或面板上的按钮。

◆在命令行输入 Bhatch 或 H 或 BH 后按 Enter 键。

3.6.2　渐变色填充

所谓渐变色填充，是指以选中的渐变单色或渐变双色填充到封闭图形内，具体操作类似于上述“图案填充”。

3.6.3　孤岛填充

孤岛是指在一个边界包围的区域内又定义了另外一个边界，它可以实现对两个边界之间的区域进行填充，而内边界包围的内区域不能填充。具体分为“普通”、“外部”、“忽略”三种情况，如图 3-43 所示。“普通”方式是从最外层的边界向内边界填充，第一层填充，第二层不填充，如此交替进行；“外部”方式只填充从最外边界向内第一边界之间的区域；“忽略”方式忽略最外层边界以内的其他任何边界，以最外层边界向内填充全部图形。

图 3-43　孤岛填充

小　结

本章主要介绍了在二维绘图环境下基本图元的操作，通过本章的学习，要求学生能够熟练地掌握各个图元绘制的工具、菜单及命令，同时能够熟练地掌握操作各个命令的过程。

习　题

1. 练习使用直线命令，绘制图 3-44。
2. 使用圆命令绘制哈哈猪（见图 3-45）。

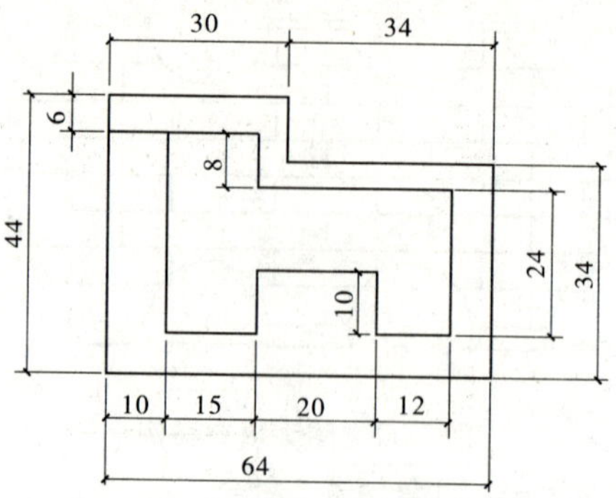

图 3-44

图 3-45　哈哈猪

3. 利用直线和圆弧命令绘制椅子(见图 3-46)。

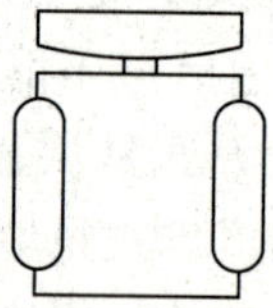

图 3-46　椅子

第 4 章　图形的编辑

4.1　对象选择常用方式

图形的选择通常用在对图形进行编辑之前，主要有点选、窗口、窗交。

4.1.1　点选

点选是最简单的一种对象选择方式，一次只能选择一个对象，在命令行"选择对象"提示下，系统自动进入点选模式，此时鼠标指针切换为矩形选择框状，将选择框放在对象的边沿上单击鼠标左键，即可选择该对象，被选图像以虚线表示。如图 4-1 所示为点选示例。

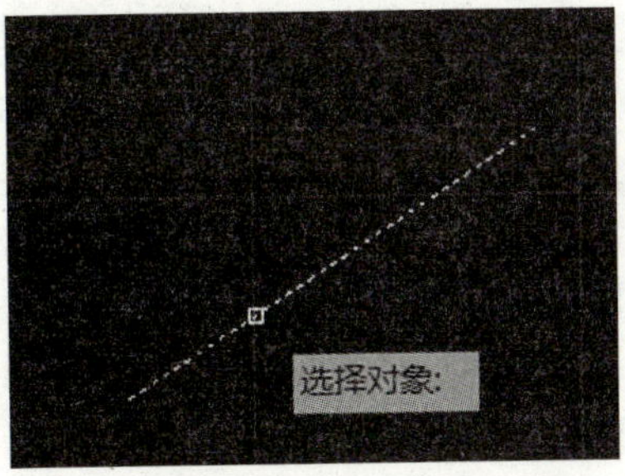

图 4-1　点选示例

4.1.2　窗口

窗口是一种常用的选择方式，使用此方法一次可以选择多个对象。在命令行"选择对象"提示下，从左向右拉出一个矩形选择框，此选择框即为窗口选择框，选择框以实线显示，内部以浅蓝色填充，只有完全被框进该矩形的图形对象才能被选中。如图 4-2 所示为窗口选择示例。

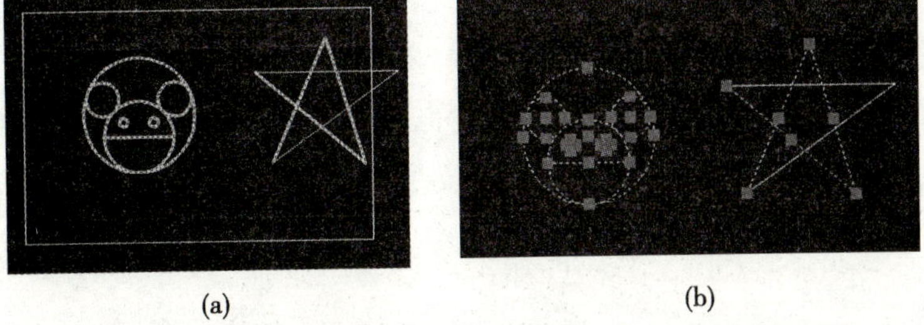

(a)　　　　(b)

图 4-2　窗口选择示例

4.1.3 窗交

窗交是一种使用非常频繁的选择方式，使用此方法一次可以选择多个对象。在命令行“选择对象”提示下，从右向左拉出一个矩形选择框，此选择框即为窗交选择框，选择框以虚线显示，内部以绿色填充，所有与选择框相交和完全位于选择框内的对象都可以被选中。如图 4-3 所示为窗交选择示例。

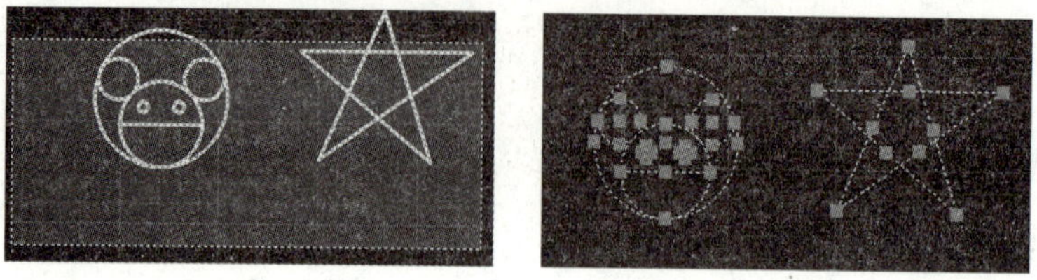

(a) (b)

图 4-3 窗交选择示例

4.2 对象位置改变

4.2.1 移动

“移动”命令用于将目标对象从一个位置移动到另一个位置，源对象的尺寸及形状均不发生变化，改变的仅仅是图像的位置。

执行“移动”命令有以下几种方式。

◆执行菜单栏中的“修改”→“移动”命令。

◆单击“修改”工具栏或面板上的按钮。

◆在命令行输入 Move 或 M 后按 Enter 键。

在移动对象时，一般需要配合点的捕捉功能或坐标的输入功能精确地移动对象。下面通过一个简单操作，学习使用“移动”命令移动对象的方法：

(1)绘制如图 4-4 所示的图形。

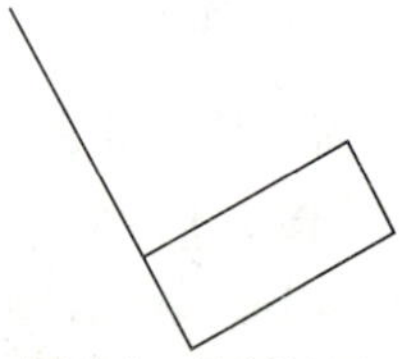

图 4-4 绘制结果

(2)激活“移动”命令，对矩形开始进行移位，具体命令行操作如下：

命令：_move

选择对象：通过点选选中素材 4-1 中的矩形，显示找到 1 个目标

指定基点或［位移(D)］ <位移>：//如图 4-5 所示，以倾斜的直线的底端作为基点

指定第二个点或 <使用第一个点作为位移>：//以倾斜的直线的顶端作为定位目标点，移动绘制结果如图 4-6 所示

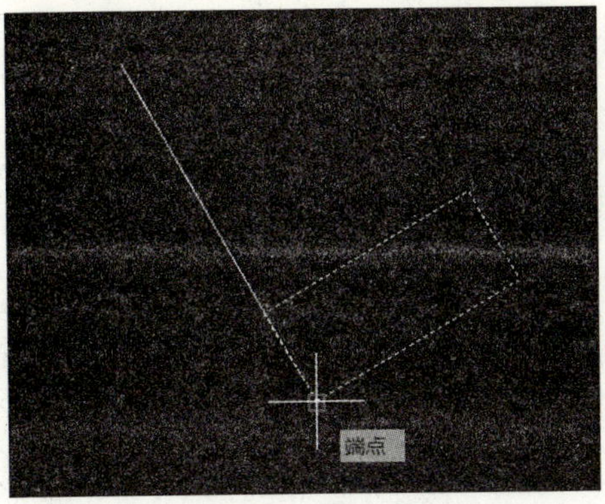

图 4-5　基点位置

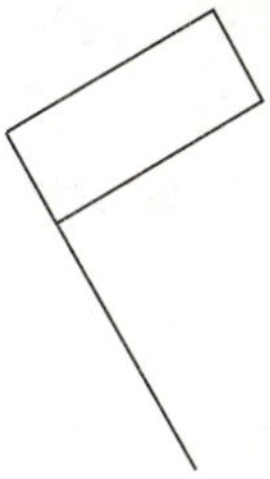

图 4-6　移动绘制结果

4.2.2　旋转

"旋转"命令用于将所选对象围绕指定的基点旋转一定的角度。系统默认输入的角度为正值,逆时针旋转;输入角度为负值,顺时针旋转。

执行"旋转"命令有以下几种方式。

◆执行菜单栏中的"修改"→"旋转"命令。

◆单击"修改"工具栏或面板上的按钮。

◆在命令行输入 Rotate 或 RO 后按 Enter 键。

执行"旋转"命令操作如下。

(1)打开绘图效果文件夹中的哈哈猪,如图 4-7 所示。

图 4-7　打开效果

(2)通过"旋转"命令将图 4-7 中的哈哈猪旋转 180°,变为图 4-8,具体命令行操作如下:

命令：_rotate

UCS 当前的正角方向： ANGDIR = 逆时针   ANGBASE = 0

选择对象：//选择图 4-7 打开的效果图，选定 7 个对象，Enter

指定基点：//以图 4-7 的最外围的那个圆的圆心作为基点

指定旋转角度，或［复制(C)/参照(R)］ <0>：//180，Enter，绘制结果如图 4-8 所示

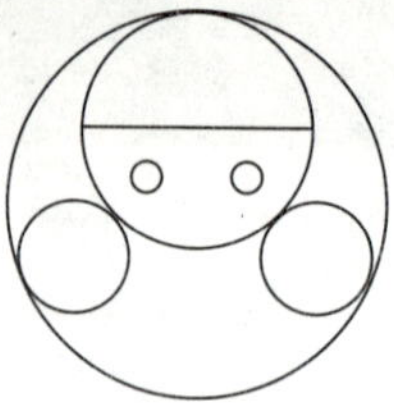

图 4-8 旋转过的哈哈猪

4.3 对象修改

4.3.1 修剪

"修剪"命令用于修剪对象上指定的部分，在修剪时，需要事先指定一个边界。

执行"修剪"命令有以下几种方式。

◆执行菜单栏中的"修改"→"修剪"命令。

◆单击"修改"工具栏或面板上的按钮。

◆在命令行输入 Trim 或 TR 后按 Enter 键。

在修剪对象时，边界的选择是关键，而边界必须与修剪对象相交或与其延长线相交，才能成为修剪对象。

4.3.1.1 常规修剪

大多数情况下，需要修剪的图线都有相交处，即修剪界与修剪图线相交，这种修剪称为常规修剪。

下面学习常规"修剪"命令的使用方法和操作技巧（注：首先要选择边界，电脑才会识别）。

（1）绘制如图 4-9 所示的相交直线。

（2）单击"修改"工具栏或面板上的按钮，激活"修剪"命令，命令行操作如下：

命令：_trim

当前设置：投影 = UCS，边 = 无

选择剪切边...

选择对象或 <全部选择>：//选中如图 4-9 中的修切边界，系统显示找到 1 个

选择对象：//回车结束修切边的选择

选择要修剪的对象，或按住 Shift 键选择要延伸的对象，或[栏选(F)/窗交(C)/投影(P)/边(E)/删除(R)/放弃(U)]://在图 4-9 中选中水平直线的右端，则该部分被修剪掉

选择要修剪的对象，或按住 Shift 键选择要延伸的对象，或

[栏选(F)/窗交(C)/投影(P)/边(E)/删除(R)/放弃(U)]://回车结束命令，修剪结果如图 4-10 所示

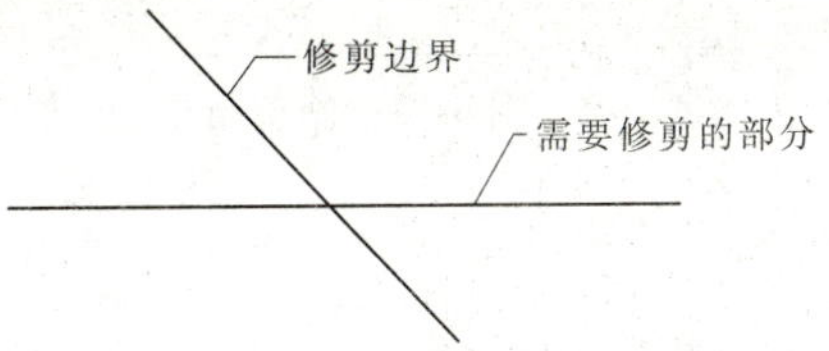

图 4-9　修剪示例

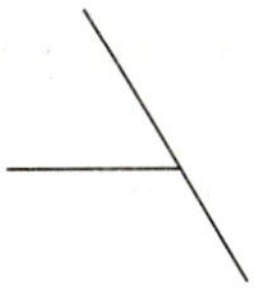

图 4-10　修剪结果

4.3.1.2 “隐含交点”下的修剪

“隐含交点”是指边界与对象没有实际的交点，在边界被延长之后，与对象才存在一个隐含交点。

执行“隐含交点”命令，命令行操作如下。

命令：_trim

当前设置:投影 = UCS，边 = 无

选择剪切边...

选择对象或 <全部选择>://选中如图 4-11 中的修切边界，系统显示找到 1 个

选择对象://回车

选择要修剪的对象，或按住 Shift 键选择要延伸的对象，或

[栏选(F)/窗交(C)/投影(P)/边(E)/删除(R)/放弃(U)]：//e，Enter

输入隐含边延伸模式[延伸(E)/不延伸(N)]<不延伸>：//e，Enter

选择要修剪的对象，或按住 Shift 键选择要延伸的对象，或

[栏选(F)/窗交(C)/投影(P)/边(E)/删除(R)/放弃(U)]://选中图 4-11 水平线的右端回车

选择要修剪的对象，或按住 Shift 键选择要延伸的对象，或

[栏选(F)/窗交(C)/投影(P)/边(E)/删除(R)/放弃(U)]:// Enter，修剪结果如图 4-12 所示

注：“边”选项，用于确定修剪边的隐含延伸模式，其中：“延伸”选项表示剪切边界可

以被无限延长，边界与被剪实体不必相交；“不延伸”选项表示修剪边界只有与被剪实体相交时才有效。

当修剪多个对象时，可以用“栏选”和“窗交”两种选项功能，其中“栏选”方式需要绘制一条或多条栅栏线，所有与栅栏线相交的对象都会被选择，如图 4-13 所示。“窗交”如图 4-14 所示。

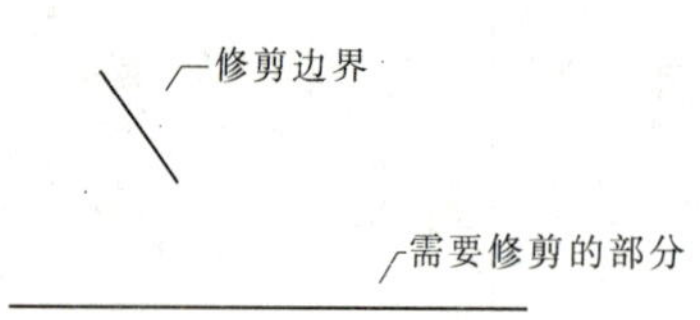

图 4-11 绘制结果

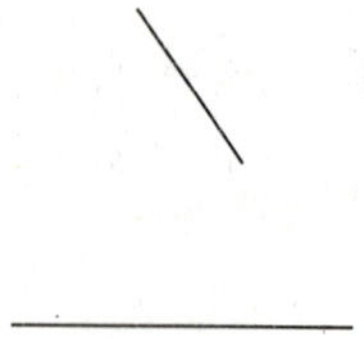

图 4-12 修剪结果

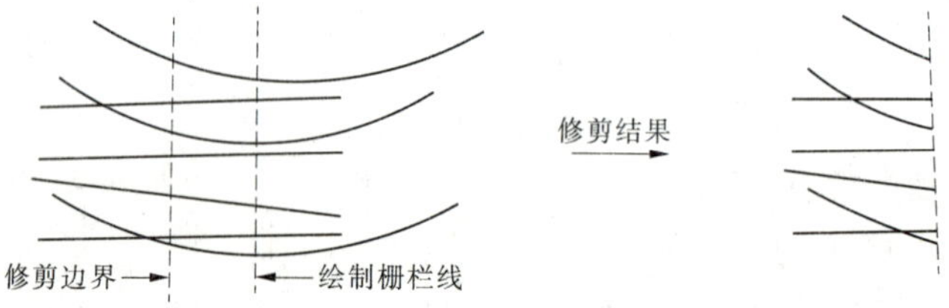

图 4-13 栏选示意

图 4-14 窗交示意

4.3.1.3 “投影”选项

“投影”选项是用于设置三维空间剪切实体的不同投影方法，选择该选项后，命令行出现“输入投影选项【无(N)/UCS(U)/视图(V)】<无>:”操作提示，其中各选项含义如下。

(1)“无(N)”表示不考虑投影方式，按实际三维空间的相互关系修剪。

(2)“UCS(U)”表示在当前 UCS 的 XOY 平面上修剪。

(3)“视图(V)”表示在当前视图平面上修剪。

4.3.2 延伸

“延伸”命令用于将对象延伸至指定的边界上，如图 4-15 所示。用于延伸的对象有直线、圆弧、椭圆弧、非闭合的二维多段线和三维多段线以及射线等。

执行“延伸”命令有以下几种方式。

◆执行菜单栏中的“修改”→“延伸”命令。

◆单击“修改”工具栏或面板上的按钮。

◆在命令行输入 Extend 或 EX 后按 Enter 键。

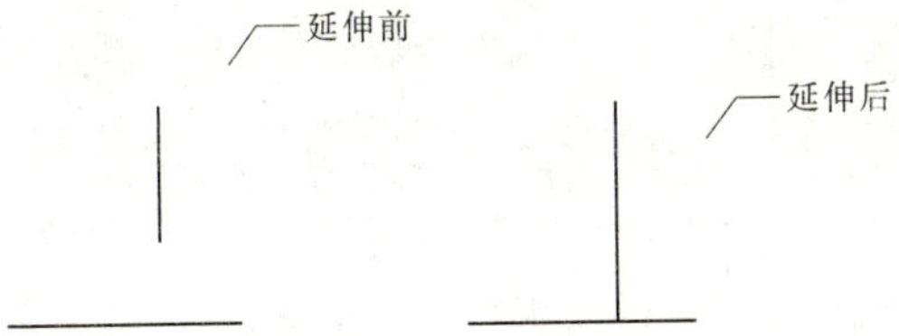

图 4-15　延伸示例

与修剪命令相似,在延伸对象时,需要为对象指定边界。指定边界时,有两种情况。

(1)不延伸模式。

注:在选择延伸对象时,需要在靠近延伸边界的一段选择延伸对象,否则对象将不被延伸。

(2)"隐含交点"下的延伸,如图 4-16 所示。

"隐含交点"下的延伸是指边界与对象延长线没有实际的交点,在边界被延长后,与对象延长线存在隐含的交点。

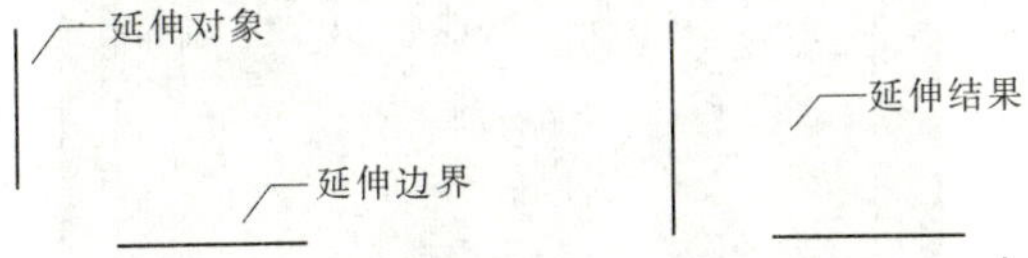

图 4-16　"隐含交点"下的延伸示例

4.3.3　拉伸

"拉伸"命令用于将对象进行不等比缩放,进而改变对象的尺寸或形状。基本几何图形如直线、圆弧、椭圆弧、多段线、样条曲线等都可以被拉伸。

执行"拉伸"命令有以下几种方式。

◆执行菜单栏中的"修改"→"拉伸"命令。

◆单击"修改"工具栏或面板上的按钮。

◆在命令行输入 Stretch 或 S 后按 Enter 键。

下面通过典型实例,学习"拉伸"命令的使用方法和操作技巧。

(1)绘制如图 4-17 所示的马桶。

(2)单击"修改"工具栏或面板上的按钮,激活"拉伸"命令,具体命令行操作如下:

命令: _stretch

以交叉窗口或交叉多边形选择要拉伸的对象...

选择对象: //指定对角点: 找到 12 个(以窗交选择的方式选中要拉伸的对象),窗交选择如图 4-18 所示

选择对象://Enter

指定基点或［位移(D)］<位移>://选中小圆的圆心作为基点,基点选择如图 4-19 所示

指定第二个点或 <使用第一个点作为位移>: //@200,0,Enter,拉伸前后对比如图 4-20 所示

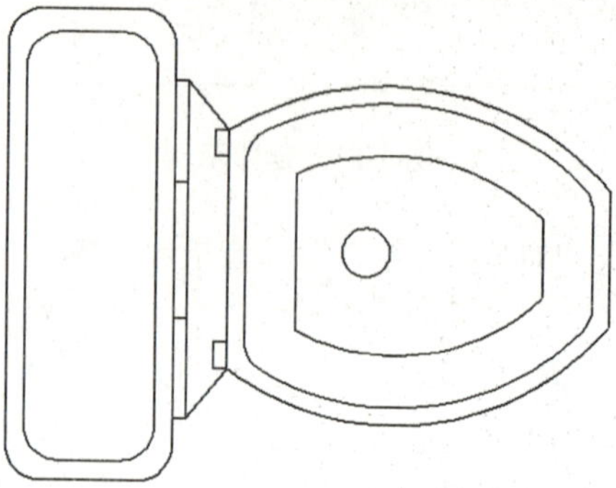

图 4-17　马桶拉伸前

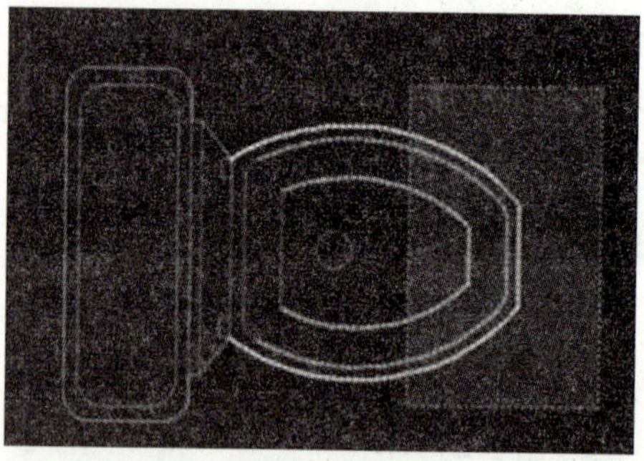

图 4-18　窗交选择

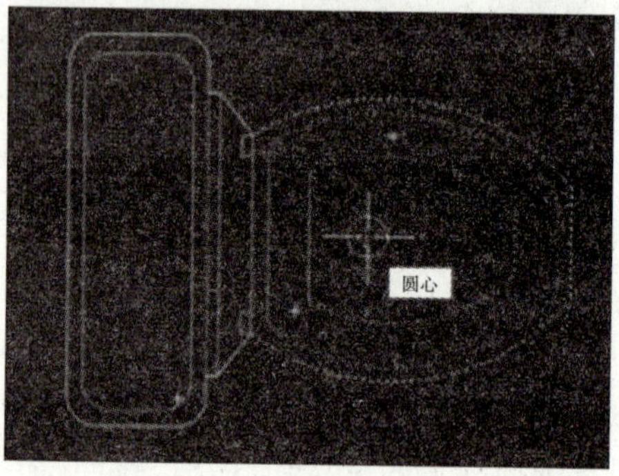

图 4-19　基点选择

4.3.4　拉长

"拉长"命令用于将对象进行拉长或缩放。在拉长的过程中,不仅可以改变线对象的长度,还可以更改弧对象的角度。

执行"拉长"命令有以下几种方式。

◆执行菜单栏中的"修改"→"拉长"命令。

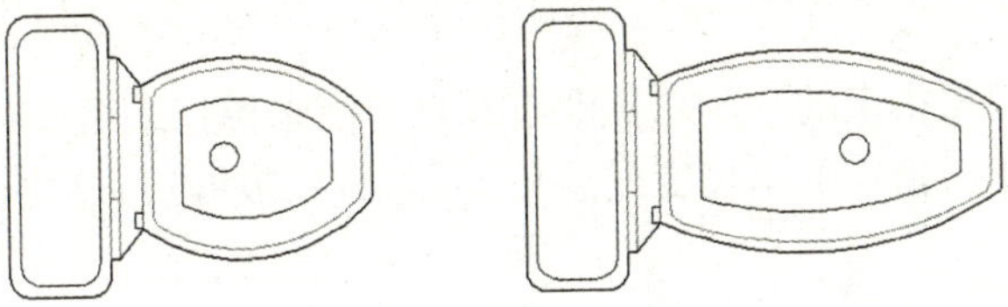

图 4-20 拉伸前后对比

◆单击“修改”工具栏或面板上的 按钮。

◆在命令行输入 Lengthen 或 LEN 后按 Enter 键。

下面通过典型实例，学习“拉长”命令的使用方法和操作技巧。首先绘制长度为 20 的直线 1，然后对直线 1 分别操作如下，如图 4-21 所示。

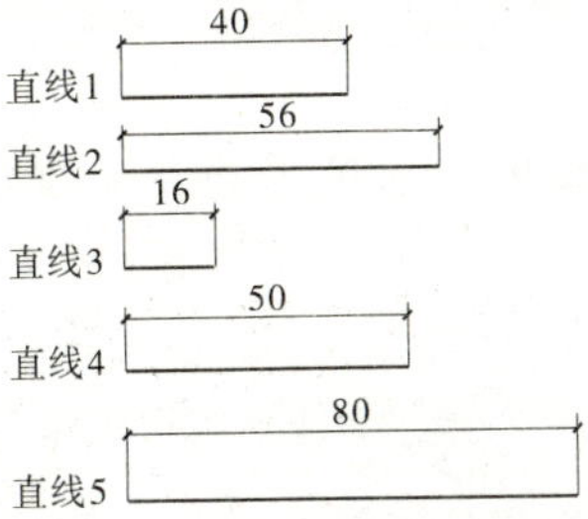

图 4-21 四种拉长方式结果图

(1)增量拉长。

增量拉长是按照事先指定的长度增量或角度增量来拉长或缩短对象。具体命令行操作如下：

命令：_lengthen

选择对象或［增量(DE)/百分数(P)/全部(T)/动态(DY)］:// de

输入长度增量或［角度(A)］ <3.0000 >：//16

选择要修改的对象或［放弃(U)］：//选中直线 1 的右端回车，拉长结果如图 4-21 中直线 2

(2)百分数拉长。

百分数拉长是指以总长的百分比来拉长或缩短对象(百分数必须为正且非零)。具体命令行操作如下：

命令： LENGTHEN

选择对象或［增量(DE)/百分数(P)/全部(T)/动态(DY)］：// p

输入长度百分数 <50.0000 >：//40(代表拉伸到直线 1 的 40% 的长度)

选择要修改的对象或［放弃(U)］：//选中直线 1 的右端回车，拉长结果如图 4-21 中直线 3

(3)全部拉长。

全部拉长是指根据指定的一个总长度或者总角度来拉长或缩放对象。如果源对象的总长度或总角度大于所指定的总长度或总角度,源对象被缩短;反之,对象被拉长。具体命令行操作如下:

命令: LENGTHEN

选择对象或[增量(DE)/百分数(P)/全部(T)/动态(DY)]: // t

指定总长度或[角度(A)] <8.0000)>: //50(代表将直线1的长度直接拉长为25)

选择要修改的对象或[放弃(U)]: //选中直线1的右端回车,拉长结果如图4-21直线4

(4)动态拉长。

动态拉长是指根据图形对象的端点位置动态地改变其长度,当激活"动态"选项之后,系统将端点移动到所需要的长度或角度位置处,另一端保持固定。具体命令行操作如下:

命令: LENGTHEN

选择对象或[增量(DE)/百分数(P)/全部(T)/动态(DY)]: //dy

选择要修改的对象或[放弃(U)]: //选中直线1的右端

指定新端点: // @40,0

选择要修改的对象或[放弃(U)]: //回车,拉长结果如图4-21直线5

注:在拉长的过程中,命令行提示选择对象的时候,鼠标点击线段的左端,则延长动作向左进行;相反,鼠标点击线段右端,则延长动作向右进行。

4.3.5 打断

"打断"命令用于将对象打断为相连的两部分,或打断并删除图形对象上的一部分。

执行"打断"命令有以下几种方式。

◆执行菜单栏中的"修改"→"打断"命令。

◆单击"修改"工具栏或面板上的按钮。

◆在命令行输入 Break 或 BR 后按 Enter 键。

下面通过典型实例,学习"打断"命令的使用方法和操作技巧。

(1)绘制一条长度为100的直线,结果如图4-22(a)所示。

(2)单击"修改"工具栏或面板上的按钮,激活"打断"命令,具体命令行操作如下。

命令: _break

选择对象://选择刚绘制的直线

指定第二个打断点 或[第一点(F)]: //f,Enter,激活【第一点】选项

指定第一个打断点://选中刚绘制的直线的中点作为第一点

指定第二个打断点:// @20,0 回车,定位第二个断点,打断结果如图 4-22(b)所示

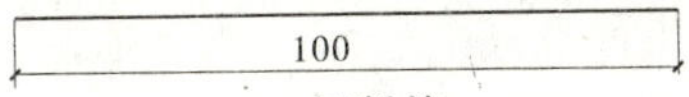

(a)打断前

(b)打断后

图 4-22　打断示例

注:第一点(F):选项用于重新确定哪个是第一个断点。在选择对象时,不可能拾取到准确的第一点,所以需要激活该选项,以重新定位第一点。

如果要将一个对象拆分为二而不删除其中的任何部分,可以在指定第二个断点时输入相对坐标符号“@”,也可以直接单击“修改”工具栏中的“打断于点”按钮。

4.3.6　合并

“合并”命令用于将同角度的两条或多条线段合并为一条线段,还可以将圆弧或椭圆弧合并为一个整圆和椭圆。

执行“合并”命令有以下几种方式。

◆执行菜单栏中的“修改”→“合并”命令。

◆单击“修改”工具栏或面板上的 ⁺⁺ 按钮。

◆在命令行输入 Join 或 J 后按 Enter 键。

下面通过典型实例,学习“合并”命令的使用方法和操作技巧。

(1)绘制图 4-23(a)。

(2)单击“修改”工具栏或面板上的 ⁺⁺ 按钮,激活“合并”命令。具体命令行操作如下。

命令: _join

选择源对象或要一次合并的多个对象://选择左侧的线段作为源对象找到 1 个

选择要合并的对象: //选择右侧的线段作为合并对象找到 1 个,总计 2 个

选择要合并的对象://Enter,合并结果如图 4-23(b)所示,2 条直线已合并为 1 条直线

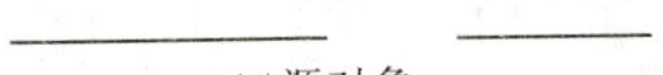

(a)源对象

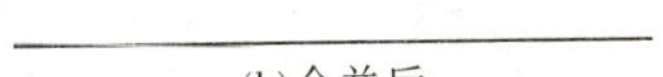

(b)合并后

图 4-23　合并示例

4.3.7 分解

“分解”命令用于将组合对象分解成各自独立的对象，以便对各对象进行编辑。

执行“分解”命令有以下几种方式。

◆执行菜单栏中的“修改”→“分解”命令。

◆单击“修改”工具栏或面板上的按钮。

◆在命令行输入 Explode 或 X 后按 Enter 键。

经常需要分解的组合对象为矩形、正多边形、多段线、边界以及一些图块等。在激活命令后，只需要选择对象并按回车键即可将其分解。

如图 4-24 所示，分解后从表面上看正六边形形状没有改变，只是属性从多段线变为直线了。

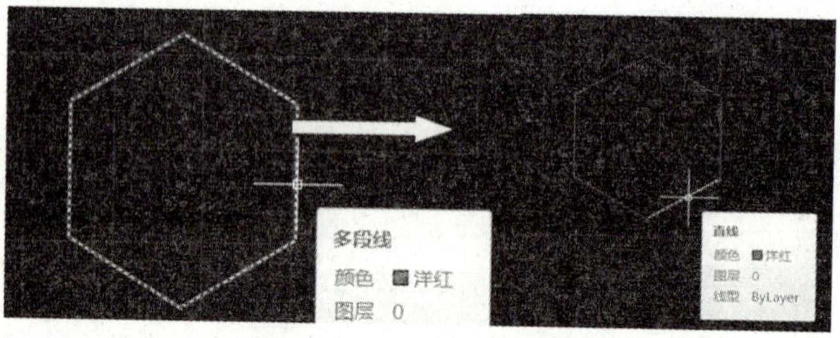

图 4-24 分解示意

4.3.8 倒角

“倒角”命令是指使用一条线段连接两个非平行的图线。用于倒角的图形一般有直线、多线段、矩形、多边形等。不能倒角的图形有圆、圆弧、椭圆和椭圆弧等。

执行“倒角”命令有以下几种方式。

◆执行菜单栏中的“修改”→“倒角”命令。

◆单击“修改”工具栏或面板上的按钮。

◆在命令行输入 Chamfer 或 Cha 后按 Enter 键。

4.3.8.1 距离倒角

距离倒角选项指的是直接输入两条图线上的倒角距离，为图线倒角。

下面通过典型实例，学习距离倒角的使用方法和操作技巧。

(1)绘制如图 4-25(a)所示的两条直线。

(2)单击“修改”工具栏或面板上的按钮。具体命令行操作如下。

命令：_chamfer

(“修剪”模式) 当前倒角距离 1 = 0.0000，距离 2 = 0.0000

选择第一条直线或［放弃(U)/多段线(P)/距离(D)/角度(A)/修剪(T)/方式(E)/多个(M)］：//d，Enter，激活【距离】选项

指定第一个倒角距离 <0.0000>://17,Enter

指定第二个倒角距离 <10.0000>://11,Enter

选择第一条直线或[放弃(U)/多段线(P)/距离(D)/角度(A)/修剪(T)/方式(E)/多个(M)]://选择倾斜直线

选择第二条直线,或按住 Shift 键选择直线以应用角点或[距离(D)/角度(A)/方法(M)]://选择水平直线,距离倒角如图 4-25(b)所示

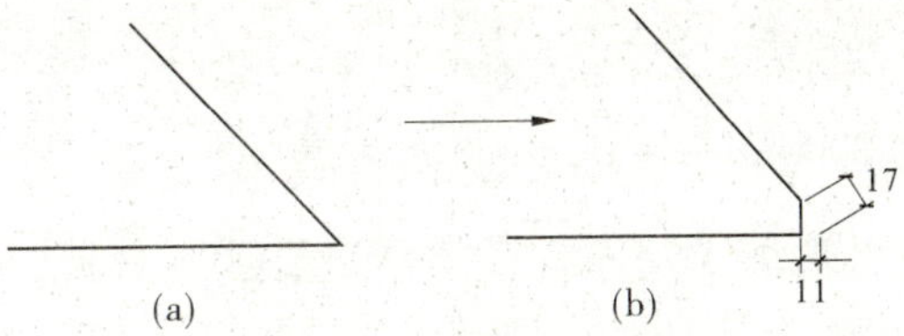

图 4-25 距离倒角

4.3.8.2 **角度倒角**

角度倒角选项是指通过设置一条图形的倒角长度和倒角角度,为图线倒角。

4.3.8.3 **多段线倒角**

多段线倒角选项用于为整条多段线的所有相邻元素同时进行倒角操作。

4.3.8.4 **设置倒角模式**

设置倒角模式选项用于设置倒角的修剪状态。系统分为两种模式,即“修剪”和“不修剪”。系统变量 Trimmode 控制倒角的修剪状态。当 Trimmode =0 时,系统保持对象不被修剪;当 Trimmode =1 时,系统支持倒角的修剪状态,图 4-25 即为修剪状态,图 4-26 为非修剪模式下的倒角。

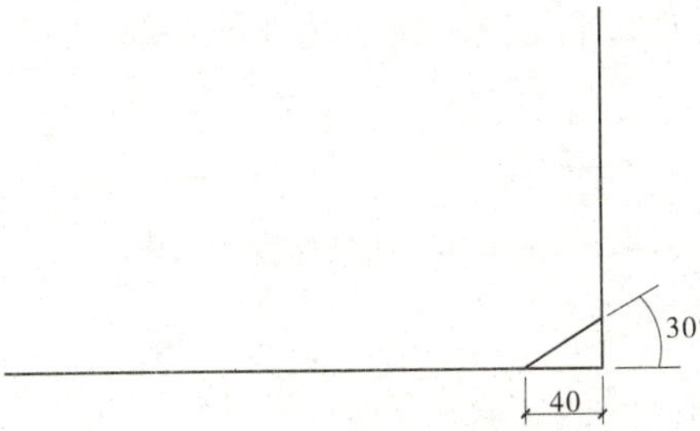

图 4-26 非修剪模式下的倒角

4.3.9 圆角

“圆角”命令是指使用一段给定半径的圆弧光滑连接两条图线。一般情况下,用于圆角的图线有直线、多段线、样条曲线、构造线、射线、圆弧和椭圆弧等。

执行“圆角”命令有以下几种方式。

◆执行菜单栏中的“修改”→“圆角”命令。

◆单击“修改”工具栏或面板上的□按钮。

◆在命令行输入 Fillet 或 F 后按 Enter 键。

下面通过典型实例,学习“圆角”命令的使用方法和操作技巧。

(1)绘制如图 4-27(a)所示直线与弧线相交图。

(2)单击“修改”工具栏或面板上的按钮。具体命令行操作如下。

命令：_fillet

当前设置：模式 = 不修剪,半径 = 0.0000

选择第一个对象或[放弃(U)/多段线(P)/半径(R)/修剪(T)/多个(M)]：//r,Enter,激活【半径】选项

指定圆角半径 <0.0000>：//50,Enter

选择第一个对象或[放弃(U)/多段线(P)/半径(R)/修剪(T)/多个(M)]://选择倾斜直线

选择第二个对象,或按住 Shift 键选择对象以应用角点或[半径(R)]://选择圆弧,圆角绘图结果如图 4-27(b)所示

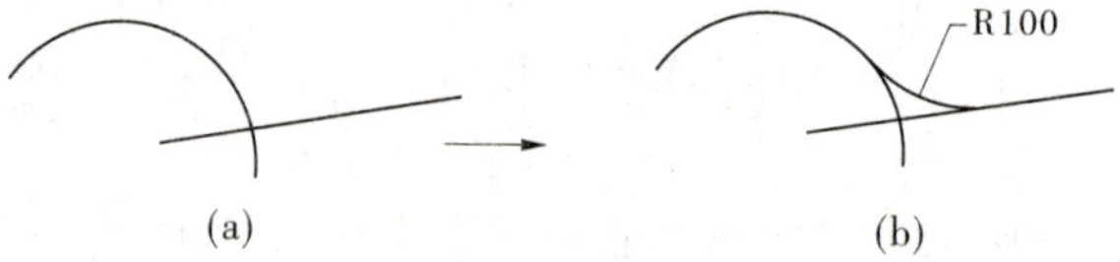

图 4-27　圆角示例

与设置倒角的修剪状态一样,系统将圆角也分为两种模式,即“修剪”和“不修剪”。图 4-27 即为不修剪模式。

注:平行线也可以做圆角,平行线圆角示例如图 4-28 所示。

图 4-28　平行线圆角示例

4.4　对象复制

4.4.1　复制

“复制”命令用于复制所选择的对象,复制出的图形尺寸、形状等保持不变,唯一发生改变的就是图形的位置。

执行“复制”命令有以下几种方式。

◆执行菜单栏中的“修改”→“复制”命令。

◆单击“修改”工具栏或面板上的按钮。

◆在命令行输入 Copy 或 CO 后按 Enter 键。

下面通过典型实例，学习“复制”命令的使用方法和操作技巧。

(1)绘制图 4-29。

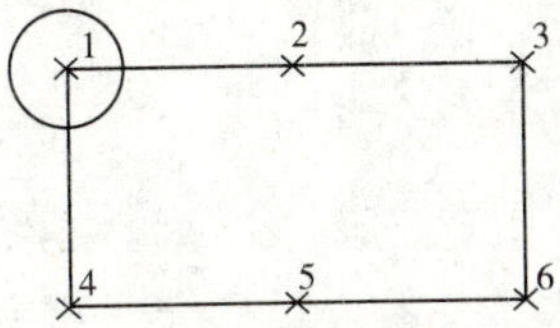

图 4-29　绘图

(2)执行“复制”命令，具体命令行操作如下：

命令：_copy

选择对象：//选中图 4-29 已经绘制好的圆对象，命令行显示找到 1 个，如图 4-30 所示

选择对象：

当前设置：　复制模式 = 多个

指定基点或［位移(D)/模式(O)］<位移>：//选定圆的圆心点 1 作为基点

指定第二个点或［阵列(A)］<使用第一个点作为位移>：//捕捉图 4-29 的矩形长边的中点 2，绘制结果如图 4-31 所示

依次类推

指定第二个点或［阵列(A)/退出(E)/放弃(U)］<退出>：//捕捉图 4-29 的点 3

指定第二个点或［阵列(A)/退出(E)/放弃(U)］<退出>：//捕捉图 4-29 的点 4

指定第二个点或［阵列(A)/退出(E)/放弃(U)］<退出>：//捕捉图 4-29 的点 5

指定第二个点或［阵列(A)/退出(E)/放弃(U)］<退出>：//捕捉图 4-29 的点 6

指定第二个点或［阵列(A)/退出(E)/放弃(U)］<退出>：//Enter，结束命令，复制结果如图 4-32 所示

注：“复制”命令只能在当前文件中使用，如果用户需要在多个文件之间复制对象，需要使用“编辑”菜单中的“复制”命令。

4.4.2　阵列

“阵列”命令用于创建均布结构或聚心结构的复制图形。具体分为矩形阵列、环形阵列、路径阵列。

4.4.2.1　**矩形阵列**

所谓矩形阵列，是指将图形对象按照指定的行数和列数以矩阵排列方式进行大规模复制。

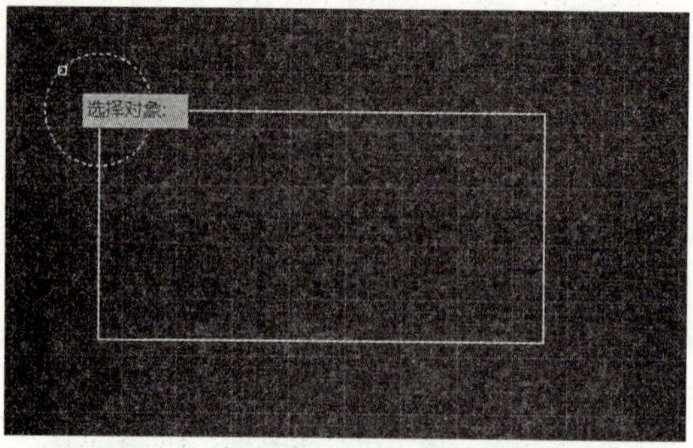

图 4-30　选择对象

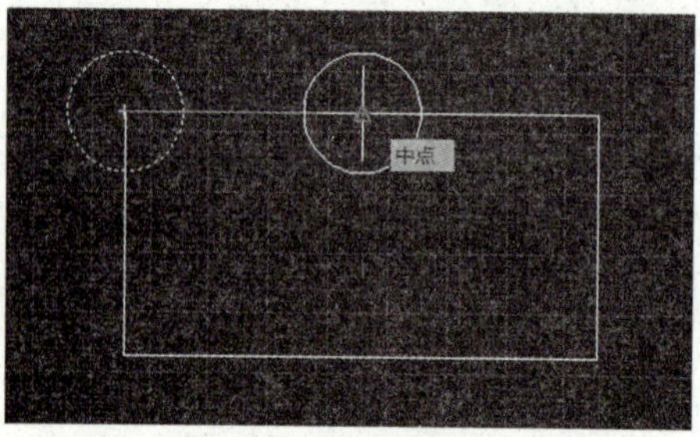

图 4-31　绘制结果

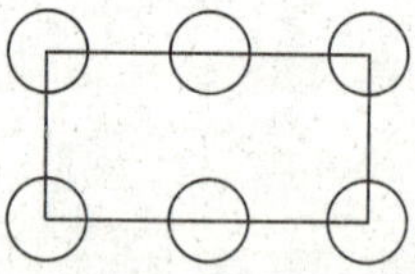

图 4-32　复制结果

执行"矩形阵列"命令有以下几种方式。

◆执行菜单栏中的"修改"→"阵列"→"矩形阵列"命令。

◆单击"修改"工具栏或面板上的▦按钮。

◆在命令行输入 Arrayrect 或 AR 后按 Enter 键。

下面通过典型实例,学习"矩形阵列"命令的使用方法和操作技巧。

(1)绘制橱柜立面图,如图 4-33 所示。

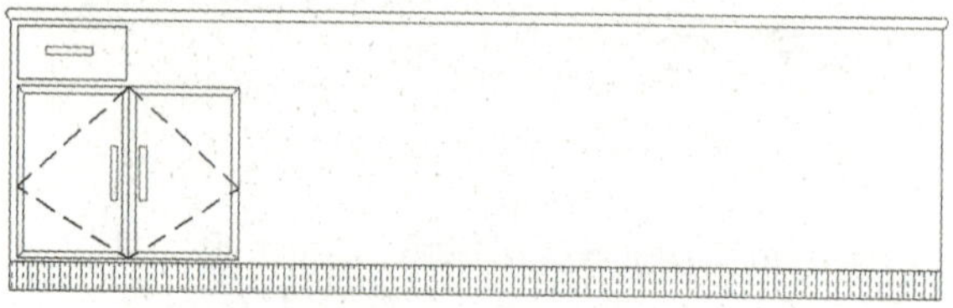

图 4-33　橱柜立面图

(2)单击"修改"工具栏或面板上的▦按钮,配合窗交选择功能对橱柜进行阵列,命令行操作如下。

命令：_arrayrect

选择对象：指定对角点：//选择图 4-34 所示的对象，命令行显示找到 2 个

选择对象：//Enter

类型 = 矩形　关联 = 是

选择夹点以编辑阵列或［关联(AS)/基点(B)/计数(COU)/间距(S)/列数(COL)/行数(R)/层数(L)/退出(X)］<退出>:// cou,Enter

输入列数数或［表达式(E)］<4>：//8,Enter

输入行数数或［表达式(E)］<3>：//1,Enter

选择夹点以编辑阵列或［关联(AS)/基点(B)/计数(COU)/间距(S)/列数(COL)/行数(R)/层数(L)/退出(X)］<退出>:// s,Enter

指定列之间的距离或［单位单元(U)］<479>：//339,Enter

指定行之间的距离 <225>：//1,Enter

选择夹点以编辑阵列或［关联(AS)/基点(B)/计数(COU)/间距(S)/列数(COL)/行数(R)/层数(L)/退出(X)］<退出>://Enter，阵列结果如图 4-35 所示

图 4-34　选择阵列对象

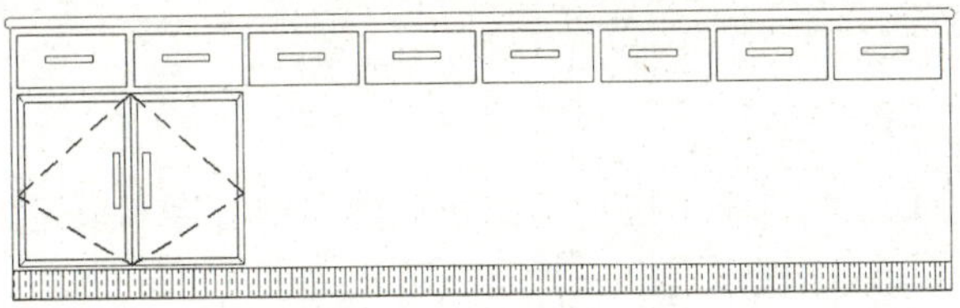

图 4-35　窗阵列结果

(3)重复执行“阵列”命令，这次配合窗口选择功能继续对橱柜立面进行阵列，命令行操作如下。

命令：_arrayrect

选择对象：指定对角点：//找到 31 个，Enter，如图 4-36 所示

选择对象：//Enter

类型 = 矩形 关联 = 是

选择夹点以编辑阵列或［关联(AS)/基点(B)/计数(COU)/间距(S)/列数(COL)/行数(R)/层数(L)/退出(X)］<退出>:// cou,Enter

输入列数数或［表达式(E)］<4>://Enter

输入行数数或［表达式(E)］<3>: //1,Enter

选择夹点以编辑阵列或［关联(AS)/基点(B)/计数(COU)/间距(S)/列数(COL)/行数(R)/层数(L)/退出(X)］<退出>: //s,Enter

指定列之间的距离或［单位单元(U)］<1033>: //679,Enter

指定行之间的距离 <750>: //1,Enter

选择夹点以编辑阵列或［关联(AS)/基点(B)/计数(COU)/间距(S)/列数(COL)/行数(R)/层数(L)/退出(X)］<退出>://Enter,阵列结果如图 4-37 所示

图 4-36 选择阵列对象

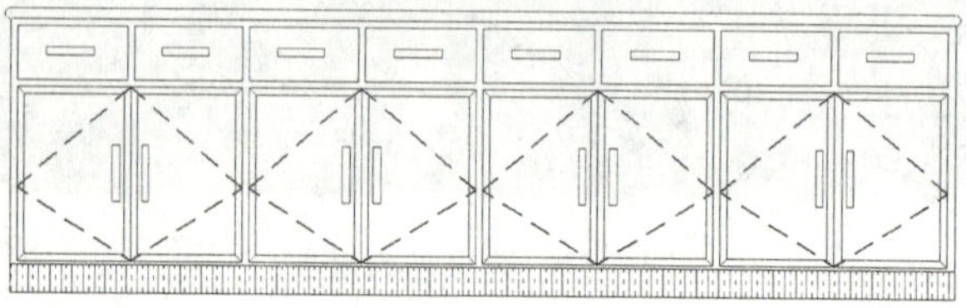

图 4-37 门阵列结果

4.4.2.2 环形阵列

"环形阵列"命令用于将选择的图形对象按照阵列中心点和设定的数目,成环形阵列复制,以快速创建聚心结构图形。

执行"环形阵列"命令有以下几种方式。

◆执行菜单栏中的"修改"→"阵列"→"环形阵列"命令。

◆单击"修改"工具栏或面板上的 按钮。

◆在命令行输入 Arraypolar 或 AR 后按 Enter 键。

下面通过典型实例,学习"环形阵列"命令的使用方法和操作技巧。

(1)打开素材文件"地板花形",如图 4-38 所示。

(2)单击"修改"工具栏或面板上的 按钮,配合窗口选择功能对地板花形进行阵列,命令行操作如下。

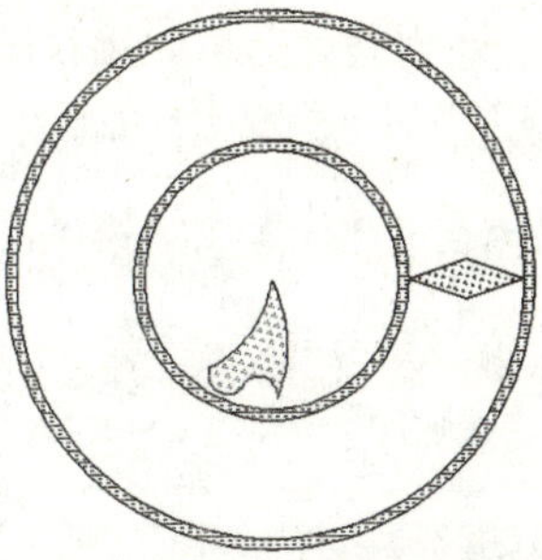

图 4-38　地板花形部分图

命令：_arraypolar

选择对象：指定对角点：//找到 4 个

选择对象：//选择如图 4-39 所示的图形

类型 = 极轴　关联 = 是

选择夹点以编辑阵列或［关联(AS)/基点(B)/项目(I)/项目间角度(A)/填充角度(F)/行(ROW)/层(L)/旋转项目(ROT)/退出(X)］<退出>://i,Enter

输入阵列中的项目数或［表达式(E)］<6>:// 6,Enter

选择夹点以编辑阵列或［关联(AS)/基点(B)/项目(I)/项目间角度(A)/填充角度(F)/行(ROW)/层(L)/旋转项目(ROT)/退出(X)］<退出>:// f,Enter

指定填充角度(+ =逆时针、- =顺时针)或［表达式(EX)］<360>://Enter

选择夹点以编辑阵列或［关联(AS)/基点(B)/项目(I)/项目间角度(A)/填充角度(F)/行(ROW)/层(L)/旋转项目(ROT)/退出(X)］<退出>://Enter,阵列结果如图 4-40 所示

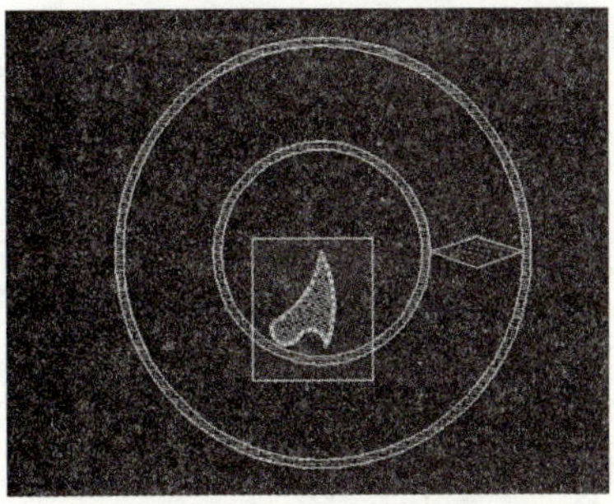

图 4-39　选择阵列对象

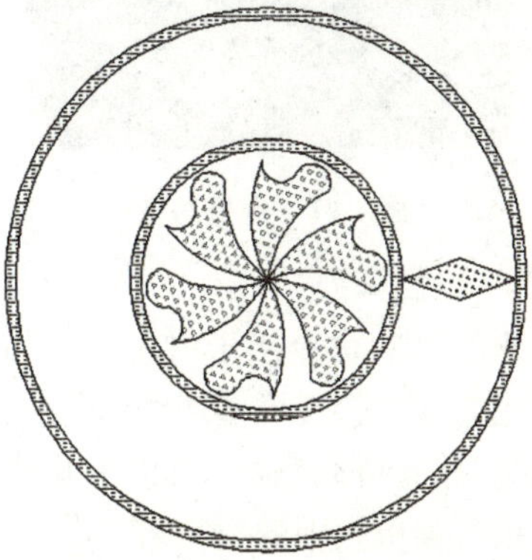

图 4-40　花瓣阵列结果

(3)重复执行“阵列”命令,对外侧的菱形单元进行阵列。命令行操作如下。

命令: _arraypolar

选择对象: 指定对角点: //找到 5 个,Enter,如图 4-41 所示

选择对象:

类型 = 极轴　关联 = 是

指定阵列的中心点或[基点(B)/旋转轴(A)]:

选择夹点以编辑阵列或[关联(AS)/基点(B)/项目(I)/项目间角度(A)/填充角度(F)/行(ROW)/层(L)/旋转项目(ROT)/退出(X)]<退出>://i,Enter

输入阵列中的项目数或[表达式(E)]<6>://24,Enter

选择夹点以编辑阵列或[关联(AS)/基点(B)/项目(I)/项目间角度(A)/填充角度(F)/行(ROW)/层(L)/旋转项目(ROT)/退出(X)]<退出>://f,Enter

指定填充角度(+=逆时针、-=顺时针)或[表达式(EX)]<360>://Enter

选择夹点以编辑阵列或[关联(AS)/基点(B)/项目(I)/项目间角度(A)/填充角度(F)/行(ROW)/层(L)/旋转项目(ROT)/退出(X)]<退出>://Enter,阵列结果如图 4-42 所示

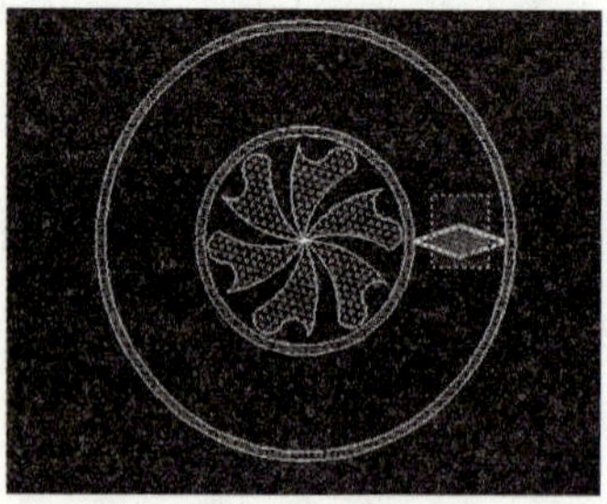

图 4-41　选择对象

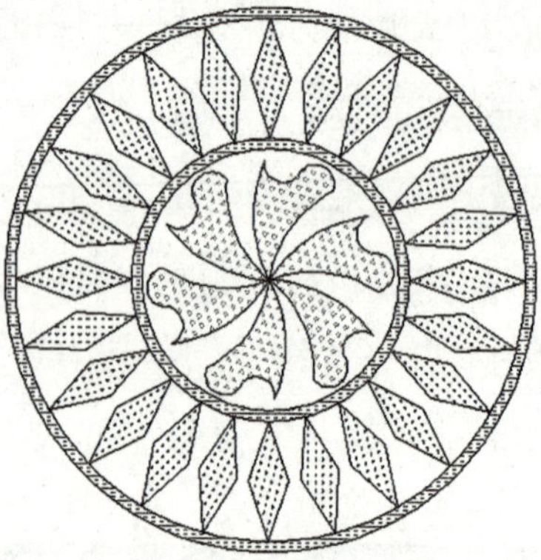

图 4-42　菱形阵列结果

4.4.2.3　路径阵列

“路径阵列”命令用于将对象沿指定的路径或路径的某部分进行等距阵列。路径可以是直线、多段线、三维多段线、样条曲线、螺旋线、圆、椭圆和圆弧等。

执行“路径阵列”命令有以下几种方式。

◆执行菜单栏中的“修改”→“阵列”→“路径阵列”命令。

◆单击“修改”工具栏或面板上的 按钮。

◆在命令行输入 Arraypath 或 AR 后按 Enter 键。

下面通过典型实例，学习“路径阵列”命令的使用方法和操作技巧。

(1)绘制如图 4-43 所示楼梯。

(2)单击“修改”工具栏或面板上的按钮，激活“路径阵列”命令，窗交选择楼梯栏杆进行阵列，命令行操作如下。

命令：_arraypath

选择对象：指定对角点：//找到 2 个，Enter，如图 4-44 所示

选择对象：//回车

类型 = 路径　关联 = 是

选择路径曲线：//选择路径曲线如图 4-45 所示

选择夹点以编辑阵列或［关联(AS)/方法(M)/基点(B)/切向(T)/项目(I)/行(R)/层(L)/对齐项目(A)/Z 方向(Z)/退出(X)］<退出>：//m，Enter

输入路径方法［定数等分(D)/定距等分(M)］<定距等分>：//m，Enter

选择夹点以编辑阵列或［关联(AS)/方法(M)/基点(B)/切向(T)/项目(I)/行(R)/层(L)/对齐项目(A)/Z 方向(Z)/退出(X)］<退出>：//i，Enter

指定沿路径的项目之间的距离或［表达式(E)］<75>：//652

最大项目数 = 11

指定项目数或［填写完整路径(F)/表达式(E)］<11>：//11，Enter

选择夹点以编辑阵列或［关联(AS)/方法(M)/基点(B)/切向(T)/项目(I)/行(R)/层(L)/对齐项目(A)/Z 方向(Z)/退出(X)］<退出>：//a，Enter

是否将阵列项目与路径对齐？［是(Y)/否(N)］<是>：//n，Enter

选择夹点以编辑阵列或［关联(AS)/方法(M)/基点(B)/切向(T)/项目(I)/行(R)/层(L)/对齐项目(A)/Z 方向(Z)/退出(X)］<退出>：//as，Enter

创建关联阵列［是(Y)/否(N)］<是>：//n，Enter

选择夹点以编辑阵列或［关联(AS)/方法(M)/基点(B)/切向(T)/项目(I)/行(R)/层(L)/对齐项目(A)/Z 方向(Z)/退出(X)］<退出>：//Enter，绘图结果如图 4-46 所示

(3)使用“修剪”命令，对上侧的栏杆进行完善修改，完善结果如图 4-47 所示。

4.4.3　镜像

“镜像”命令用于将所选的图形对象沿着指定的两点进行对称复制。在镜像过程中，源对象可以保留，也可以删除。

执行“镜像”命令有以下几种方式。

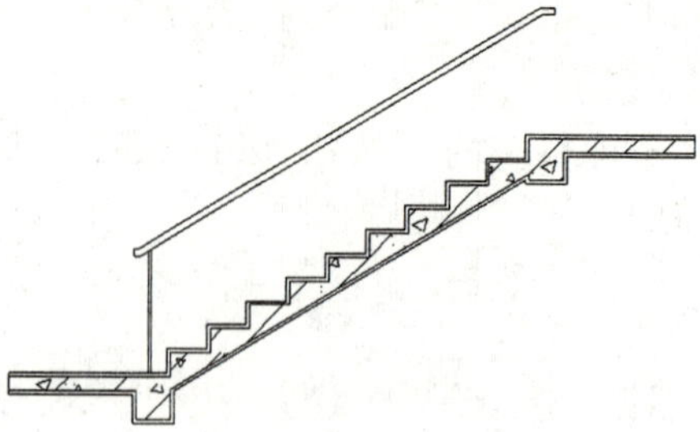

图 4-43　楼梯

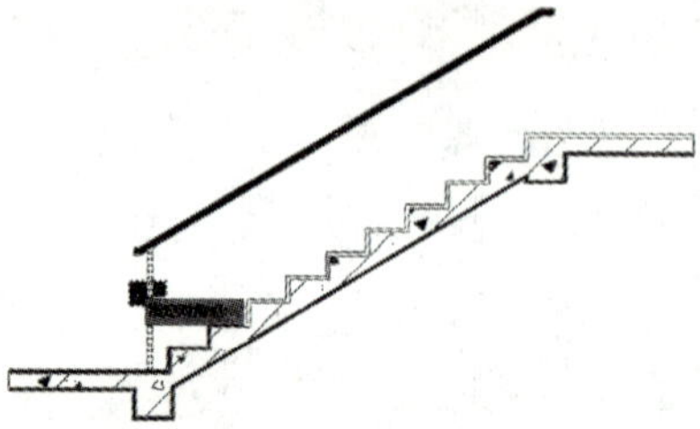

图 4-44　窗交选择阵列对象

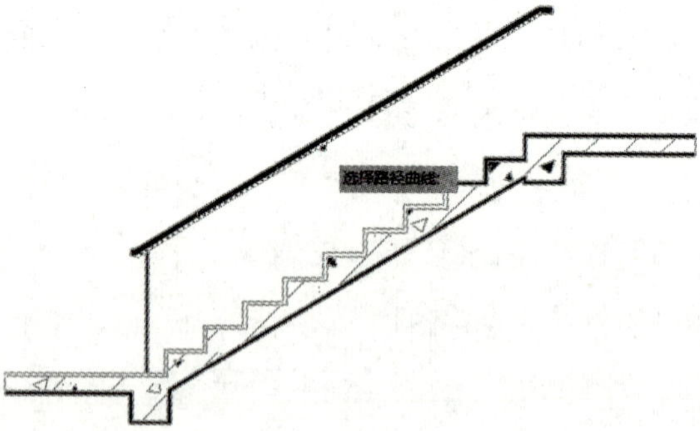

图 4-45　选择路径曲线

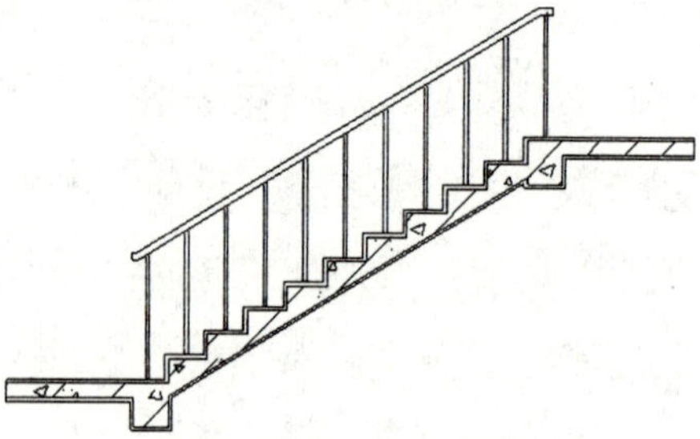

图 4-46　阵列结果

◆执行菜单栏中的“修改”→“镜像”命令。

◆单击“修改”工具栏或面板上的按钮。

◆在命令行输入 Mirror 或 MI 后按 Enter 键。

下面通过典型实例,学习“镜像”命令的使用方法和操作技巧。

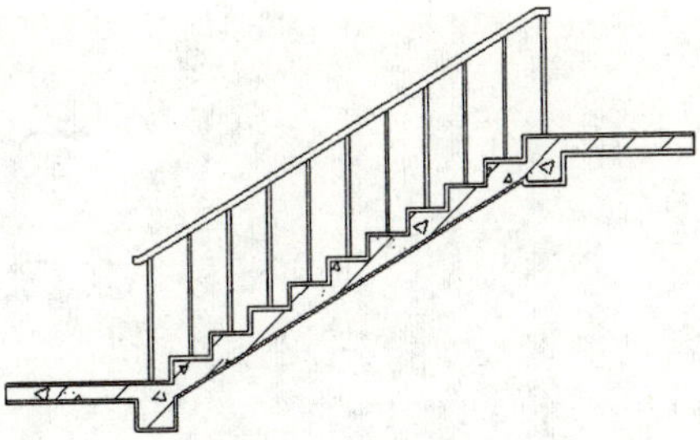

图 4-47　完善结果

(1)绘制如图 4-48 所示塔楼平面图。

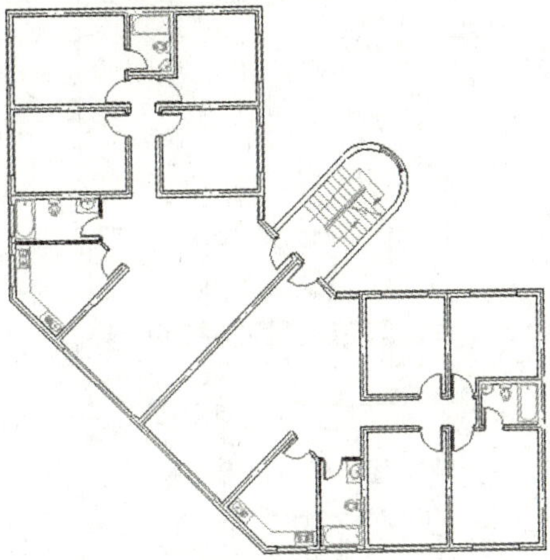

图 4-48　塔楼平面图

(2)单击"修改"工具栏或面板上的按钮,激活"镜像"命令。命令行操作如下。

命令: _mirror

选择对象: //框选图 4-48 所示的平面图,指定对角点: 找到 176 个

选择对象: //Enter

指定镜像线的第一点: //如图 4-49 所示,选中端点作为第一点

指定镜像线的第二点: //@0,100,Enter

要删除源对象吗? [是(Y)/否(N)] <N>://Enter,镜像结果如图 4-50 所示

(3)重复执行"镜像"命令,以最上侧的水平轴线作为对称轴,对图 4-50 中的平面图继续进行镜像,结果如图 4-51 所示。

注:对文字进行镜像时,系统变量 MIRRTEX = 1,文字不具有可读性;系统变量 MIRRTEX = 0,文字具有可读性。

4.4.4　缩放

"缩放"命令用于将对象等比例放大或缩小。此命令用于创建形状相同、大小不同的

图 4-49　镜像线第一点示意

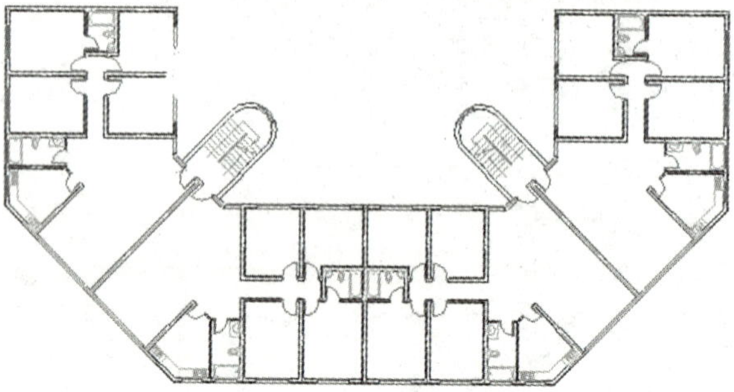

图 4-50　镜像结果

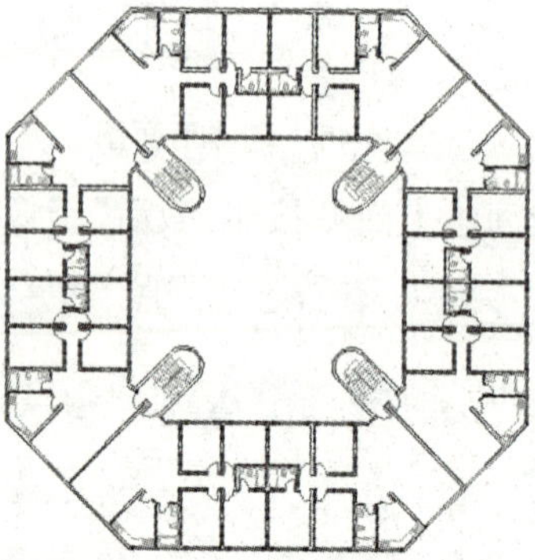

图 4-51　最终镜像结果

图形结构。此功能应用非常广泛,可以缩放字体、图形、图块等。

执行"缩放"命令有以下几种方式。

◆执行菜单栏中的"修改"→"缩放"命令。

◆单击"修改"工具栏或面板上的按钮。

◆在命令行输入 Scale 或 SC 后按 Enter 键。

在等比例缩放的过程中,如果输入的比例因子大于 1,对象将被放大;如果输入的比例因子小于 1,对象将被缩小。

下面通过典型实例,学习"缩放"命令的使用方法和操作技巧。

(1)创建空白文件。

(2)激活“圆”命令(C),绘制直径为 1000 的圆形,如图 4-52(a)所示。

(3)单击“修改”工具栏或面板上的按钮,激活“缩放”命令,将圆形等比例缩小 0.5 倍,命令行操作如下。

命令: _scale

选择对象: //找到 1 个(选中刚才绘制的半径为 1000 的圆)

选择对象://Enter,结束对象的选择

指定基点://捕捉圆的圆心作为基点

指定比例因子或[复制(C)/参照(R)]:// 0.5,Enter,输入缩放比例,缩放结果如图 4-52(b)所示

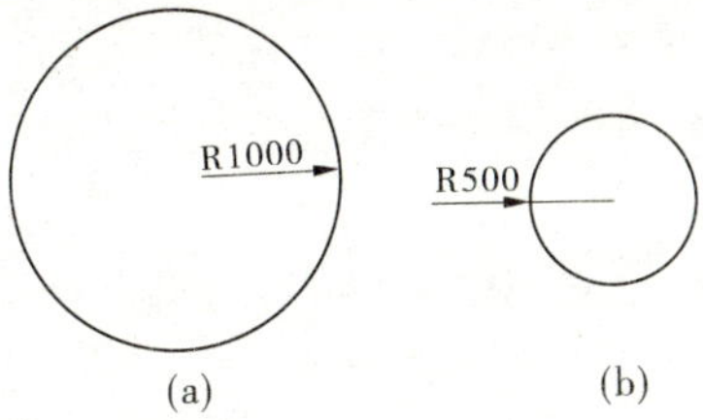

图 4-52 缩放前后对比

注:在缩放的过程中还可以复制对象,命令行操作如下:

命令: _scale

选择对象: //找到 1 个选择圆

选择对象://Enter,结束对象选择

指定基点://捕捉圆心

指定比例因子或[复制(C)/参照(R)]:// c,Enter

缩放一组选定对象

指定比例因子或[复制(C)/参照(R)]:// 0.5,输入缩放比例,缩放复制结果如图 4-53 所示

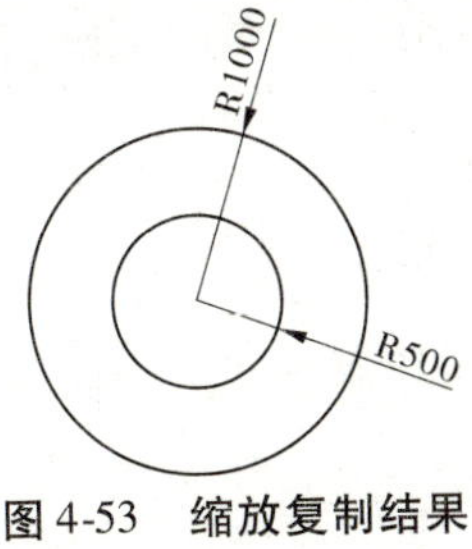

图 4-53 缩放复制结果

4.4.5 偏移

“偏移”命令用于将选择的图线按照一定的距离或指定的通过点进行移动与复制，使之偏离所选对象一定的距离。通过该命令可以创建同尺寸或同形状的复合对象。此命令在 CAD 绘图中非常常见。

执行“偏移”命令有以下几种方式。

◆执行菜单栏中的“修改”→“偏移”命令。

◆单击“修改”工具栏或面板上的按钮。

◆在命令行输入 Offset 或 O 后按 Enter 键。

4.4.5.1 距离偏移

对于不同结构的对象，其偏移结果也不同，比如在对图形、椭圆形等对象进行偏移后，对象的尺寸发生了变化，而对直线偏移后，尺寸保持不变。

以下以偏移圆形、椭圆形、直线等基本图元为例，学习该命令。

(1)新建空白文件。

(2)使用 C、EL、L 等命令，绘制如图 4-54 所示的圆、椭圆、直线。

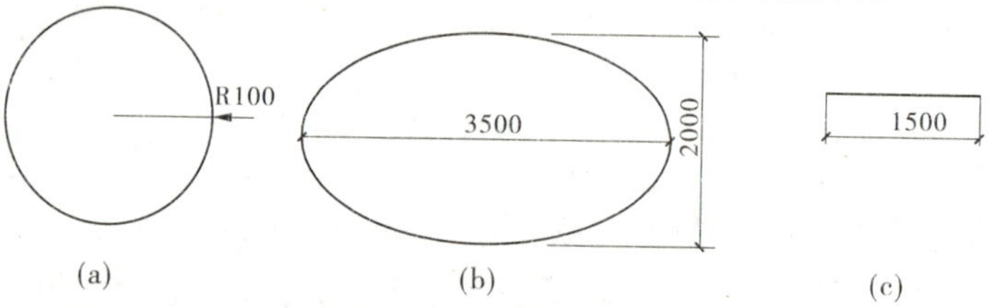

图 4-54 绘制结果

(3)单击“修改”工具栏或面板上的按钮，激活“偏移”命令，对图 4-54(a)、(b)、(c)进行距离偏移，命令行操作如下。

命令：_offset

当前设置：删除源 = 否 图层 = 源 OFFSETGAPTYPE = 0

指定偏移距离或[通过(T)/删除(E)/图层(L)] <通过>：//100，Enter，设置偏移距离

选择要偏移的对象，或[退出(E)/放弃(U)] <退出>：//单击圆形作为偏移对象

指定要偏移的那一侧上的点，或[退出(E)/多个(M)/放弃(U)] <退出>：//在圆形外侧的空白区域任意一点单击

选择要偏移的对象，或[退出(E)/放弃(U)] <退出>：//单击椭圆形作为偏移对象

指定要偏移的那一侧上的点，或[退出(E)/多个(M)/放弃(U)] <退出>：//在椭圆形外侧的空白区域任意一点单击

选择要偏移的对象，或[退出(E)/放弃(U)] <退出>：//单击直线作为偏移对象

指定要偏移的那一侧上的点,或[退出(E)/多个(M)/放弃(U)] <退出>://在直线上侧空白区域任意一点单击

选择要偏移的对象,或[退出(E)/放弃(U)] <退出>: //Enter,结束命令,距离偏移结果如图 4-55 所示

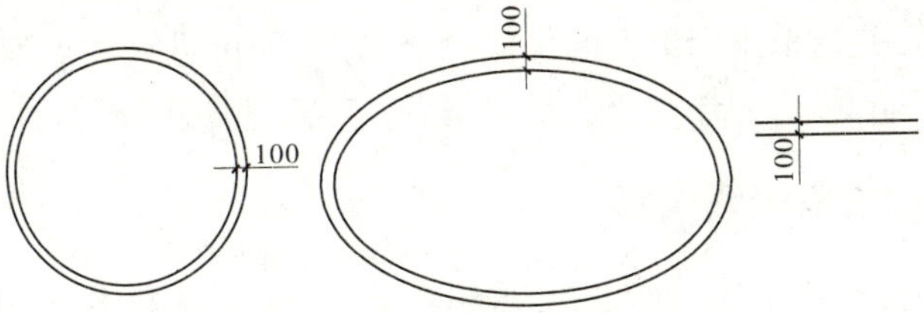

图 4-55　距离偏移结果

4.4.5.2　定点偏移

(1)继续执行上例操作。

(2)单击“修改”工具栏或面板上的按钮,激活“偏移”命令,对图 4-54(a)、(b)、(c)进行定点偏移,命令行操作如下。

命令: _offset

当前设置: 删除源 = 否　图层 = 源　OFFSETGAPTYPE = 0

指定偏移距离或[通过(T)/删除(E)/图层(L)] <100.0000>: //t,Enter,激活通过模式

选择要偏移的对象,或[退出(E)/放弃(U)] <退出>://单击外围圆形作为偏移对象

指定通过点或[退出(E)/多个(M)/放弃(U)] <退出>://选中外围椭圆的左象限点作为通过点

选择要偏移的对象,或[退出(E)/放弃(U)] <退出>://Enter,结束命令, 定点偏移,结果如图 4-56 所示

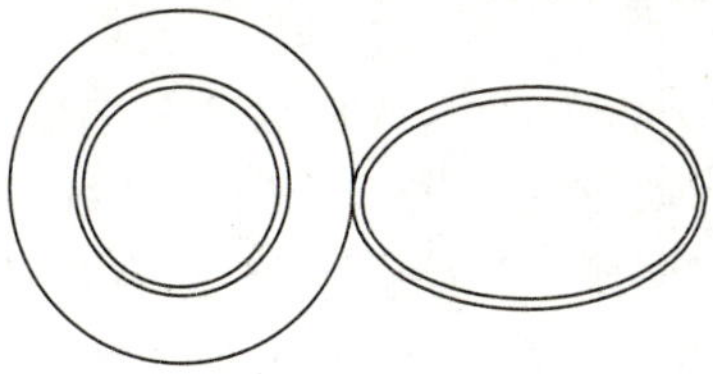

图 4-56　定点偏移结果

4.5　使用夹点编辑对象

AutoCAD 为用户提供了“夹点编辑”功能,使用此功能,可以非常方便地编辑图形。

4.5.1 夹点编辑

在学习“夹点编辑”功能之前，首先需要了解两个概念，即“夹点”和“夹点编辑”。

当选中某些图形对象后，这些图形上会出现一些蓝色实心小方框，这些蓝色小方框即为图形的夹点，不同的图形结构，其夹点个数及位置会不同。各种图形的夹点如图 4-57 所示。

所谓夹点编辑，是指单击图形上的任何一个夹点，即可进入夹点编辑模式，此时被单击的夹点以红色亮显，称之为热点或者是夹基点。热点如图 4-58 所示。

4.5.2 使用夹点菜单编辑图形

当夹点编辑功能被激活后，进入夹点编辑模式，在绘图区右击，即可打开夹点编辑菜单，如图 4-59 所示。

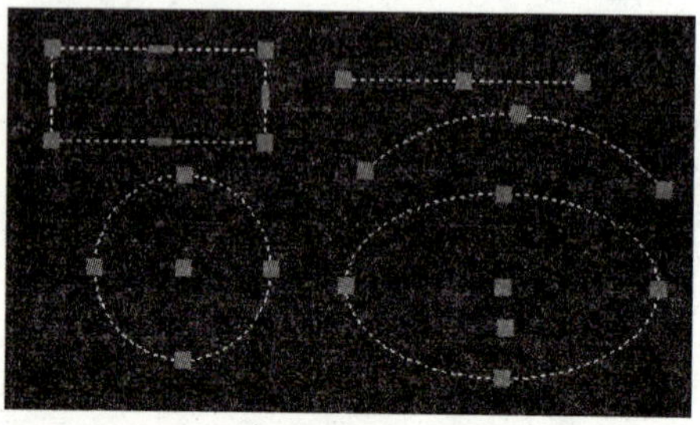

图 4-57 各种图形的夹点

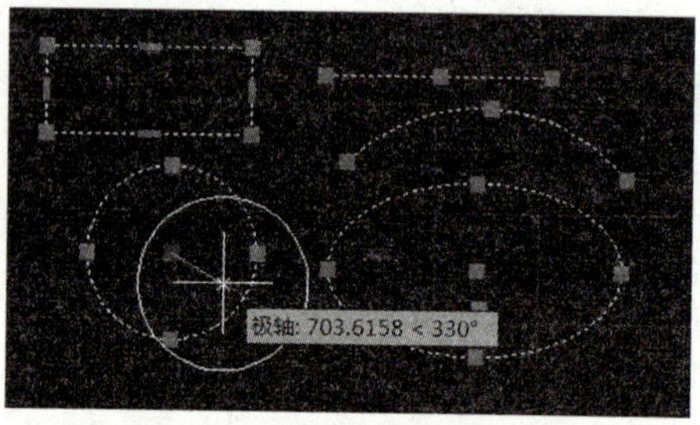

图 4-58 热点

第一类夹点命令为一级修改菜单，包括“拉伸”、“移动”、“旋转”、“缩放”、“镜像”命令，这些命令是平级的，用户可以通过执行菜单中的各修改命令进行编辑。

第二类夹点命令为二级选项菜单，如“基点”、“复制”、“参照”、“放弃”等，这些选项菜单在一级修改命令的前提下才能使用。

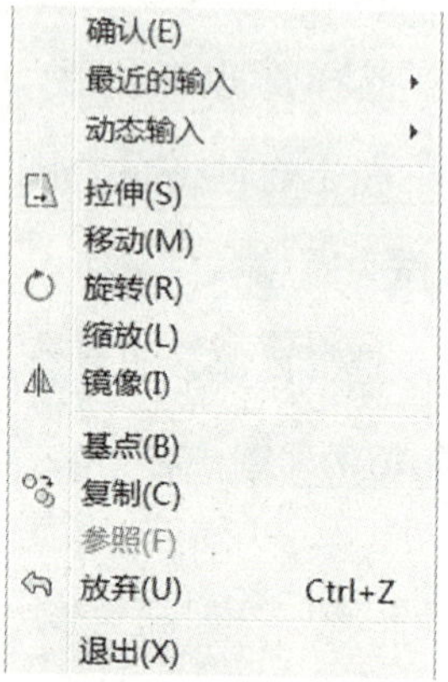

图 4-59 夹点编辑菜单

4.5.3 通过命令行夹点编辑图形

进入夹点编辑模式后，在命令行输入各夹点命令选项，使用夹点编辑图形。另外，用户通过连续按 Enter 键，系统即可在“拉伸”、“移动”、“旋转”、“缩放”、“镜像”这 5 种命令及各命令选项中循环执行，也可以通过命令简写 MI、MO、RO、ST、SC 循环选择这些模式。

4.5.4 案例示范

下面以绘制长为 1000，角度为 40°的菱形为例，学习夹点编辑工具的操作方法和操作技巧。

操作步骤如下:

(1)新建文件,绘制长度为1000的水平直线。

(2)在无命令的前提下,选中刚绘制的直线,显示其夹点,如图4-60所示。

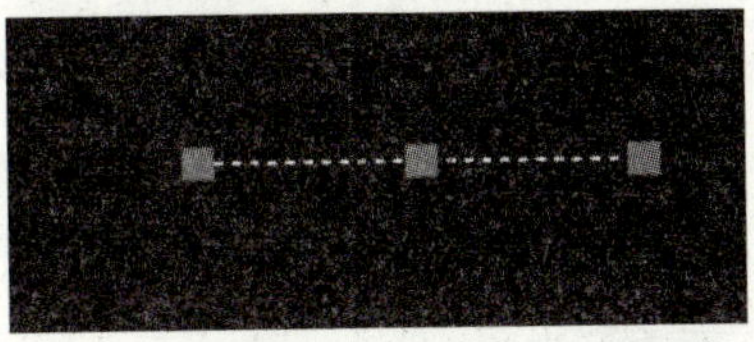

图4-60　夹点显示

(3)单击左侧的夹点,使其变为热点,进入编辑状态,在任意位置右击,在弹出的快捷菜单中选择“旋转”命令,如图4-61所示。

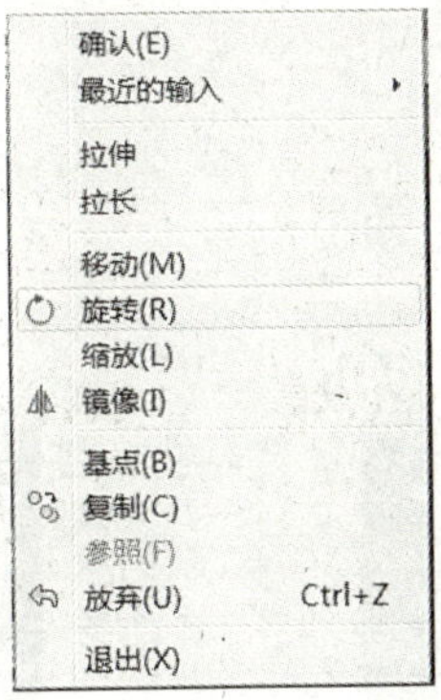

图4-61　激活夹点旋转功能

(4)在命令行输入C,进行复制,具体命令行操作如下。

命令:

* * 拉伸 * *

指定拉伸点或[基点(B)/复制(C)/放弃(U)/退出(X)]:_rotate

* * 旋转 * *

指定旋转角度或[基点(B)/复制(C)/放弃(U)/参照(R)/退出(X)]: //c,Enter

* * 旋转(多重) * *

指定旋转角度或[基点(B)/复制(C)/放弃(U)/参照(R)/退出(X)]:// 20,Enter

* * 旋转(多重) * *

指定旋转角度或[基点(B)/复制(C)/放弃(U)/参照(R)/退出(X)]: // -20,Enter

* * 旋转(多重) * *

指定旋转角度或[基点(B)/复制(C)/放弃(U)/参照(R)/退出(X)]: // *取消*,

按Esc键复制结果如图4-62所示

(5)按 Delete 键,删除夹点显示的水平线段,结果如图 4-63 所示。

(6)选择图 4-63,使其进入夹点显示状态,如图 4-64 所示。

(7)按住 Shift 键,依次选中线段右侧的两个夹点,使其进入热点状态,即变为红色,如图 4-65 所示。

(8)单击其中一个热点,进入编辑模式,然后根据命令行的提示,对夹点图进行镜像和复制,具体命令行操作如下。

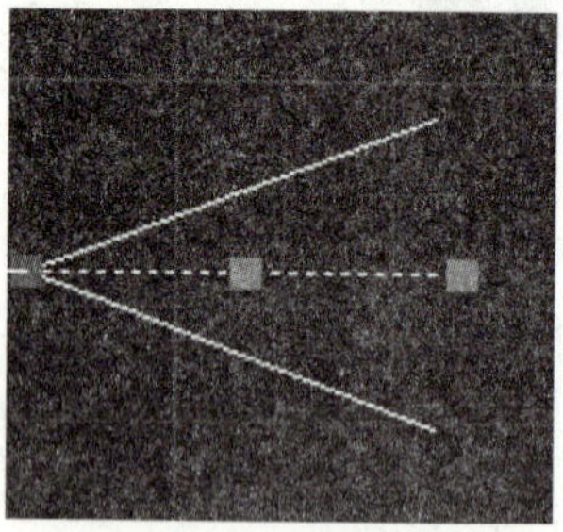

图 4-62 复制结果

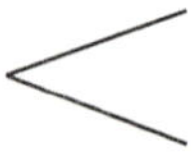

图 4-63 删除水平线段

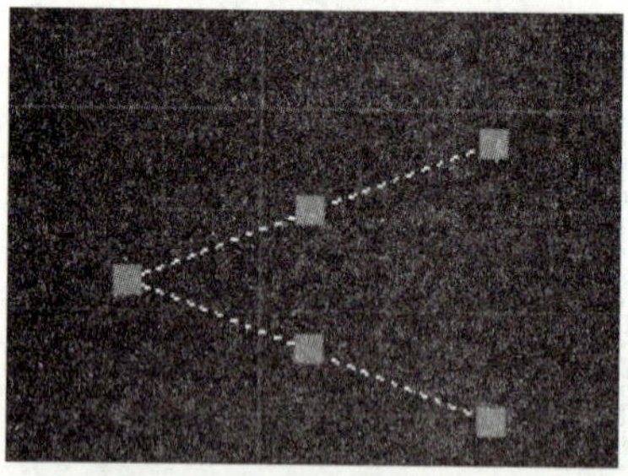

图 4-64 夹点显示线段

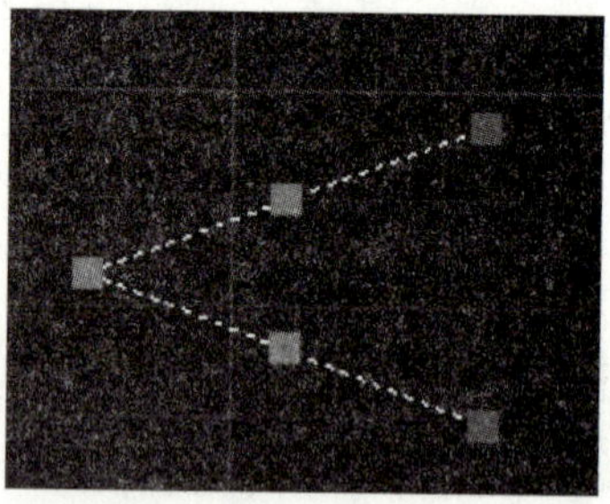

图 4-65 热点显示

```
命令:
* * 拉伸 * *
指定拉伸点或[基点(B)/复制(C)/放弃(U)/退出(X)]://Enter
* * MOVE * *
指定移动点 或[基点(B)/复制(C)/放弃(U)/退出(X)]: //Enter
* * 旋转 * *
指定旋转角度或[基点(B)/复制(C)/放弃(U)/参照(R)/退出(X)]: //Enter
* * 比例缩放 * *
指定比例因子或[基点(B)/复制(C)/放弃(U)/参照(R)/退出(X)]: //Enter
* * 镜像 * *
```

指定第二点或［基点(B)/复制(C)/放弃(U)/退出(X)]：//c,Enter

* * 镜像（多重）* *

指定第二点或［基点(B)/复制(C)/放弃(U)/退出(X)]：//@0,1,Enter

* * 镜像（多重）* *

指定第二点或［基点(B)/复制(C)/放弃(U)/退出(X)]：//Enter,退出夹点编辑模式

命令：*取消*

(9)按 Esc 键取消对象的夹点显示。

镜像结果如图 4-66 所示。

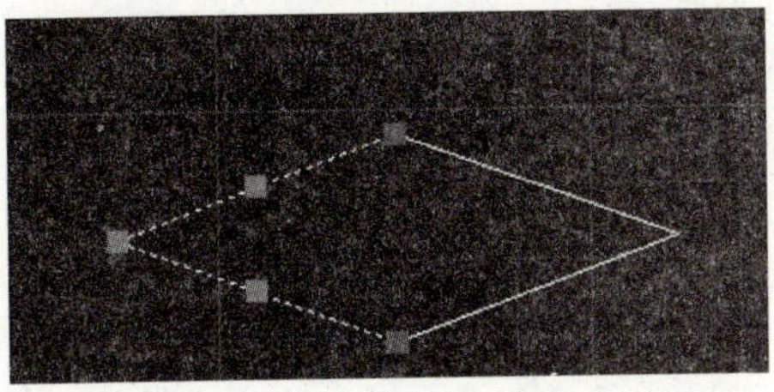

图 4-66　镜像结果

小　结

本章主要介绍了在二维绘图环境下基本图元的编辑，通过本章的学习，要求学生能够熟练地掌握各个图形编辑的工具、菜单及命令，同时能够熟练地掌握操作各个命令的过程。

习　题

1. 绘制方向盘平面图(见图 4-67)。

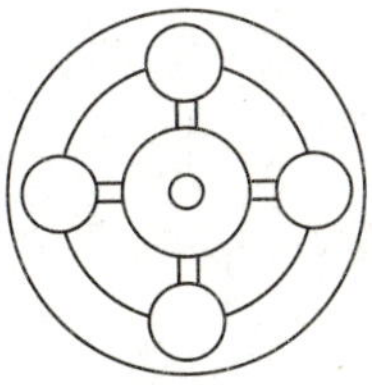

图 4-67

2. 绘制广场地面拼花(见图 4-68)。

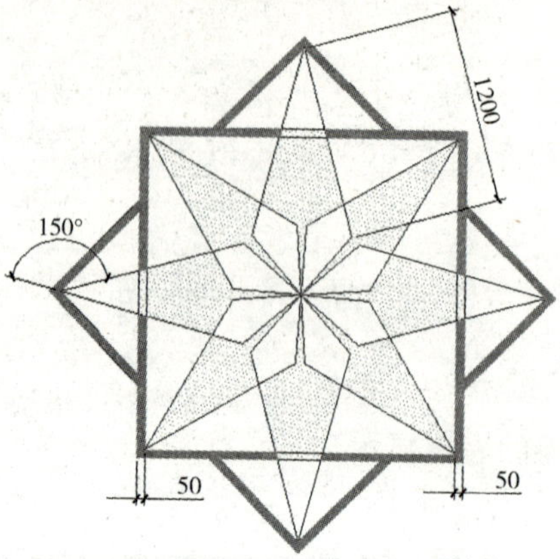

图 4-68

第5章 组合与引用图形资源

在平时绘图过程中，经常会遇到一些重复的图形集合和图例符号等，如果将这些常用的图形集合和图例符号创建为图块，那么在每次绘图时，只需要插入这些图块即可，而不必重复绘制这类对象，这样不仅可以很大程度地提高绘图速度、节省存储空间，而且还可以使绘制的图形更加标准化和规范化。

5.1 组合图块

图块就是将多个图形对象集合起来，形成一个单独的组合对象。

AutoCAD 将其作为单一对象加以处理，用户只需通过选取块内的任何一个对象，就可以对整个块进行移动、删除或复制等编辑。

5.1.1 创建内部块

“创建块”命令用于将单个或多个图形对象集合成一个整体图形单元，保存于当前图形文件内，以供当前文件重复使用，使用此命令创建的图块称为内部块。

执行“创建块”命令有以下几种方式。

◆执行菜单栏中的“绘图”→“块”→“创建”命令。

◆单击“绘图”工具栏或“块”面板上的按钮。

◆在命令行输入 Block 或 B 后按 Enter 键。

下面通过典型实例，学习“创建块”命令的使用方法和操作技巧。

(1)新建空白文件，然后使用 C、L、TR 等命令，绘制如图 5-1 所示图形。

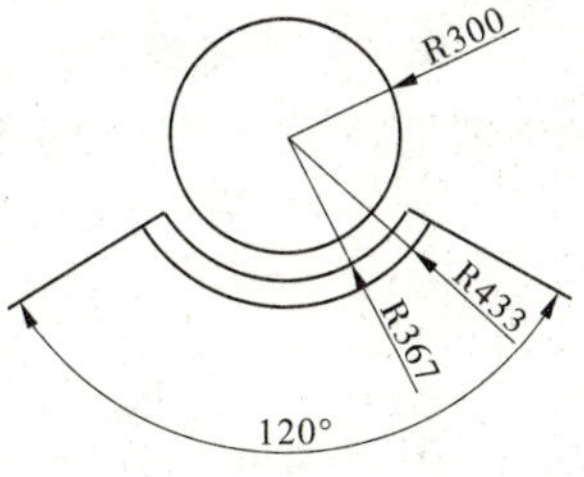

图 5-1 绘制结果

(2)单击“绘图”工具栏或“块”面板上的按钮，打开如图 5-2 所示的对话框。

(3)在名称框中输入“椅子”作为块的名称，对象选择“删除”选项，其他按照默认设置。

(4)在基点选择中，点击拾取点图标，返回绘图区捕捉圆的圆心作为块的基点。

(5)在选择对象中，点击选择对象按钮，返回绘图区选中椅子的平面图形。

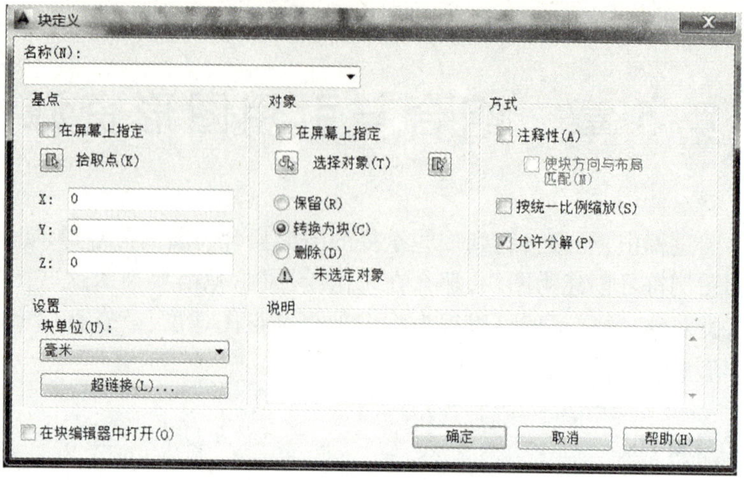

图 5-2 “块定义”对话框

（6）按回车键返回“块定义”对话框，如图 5-3 所示。

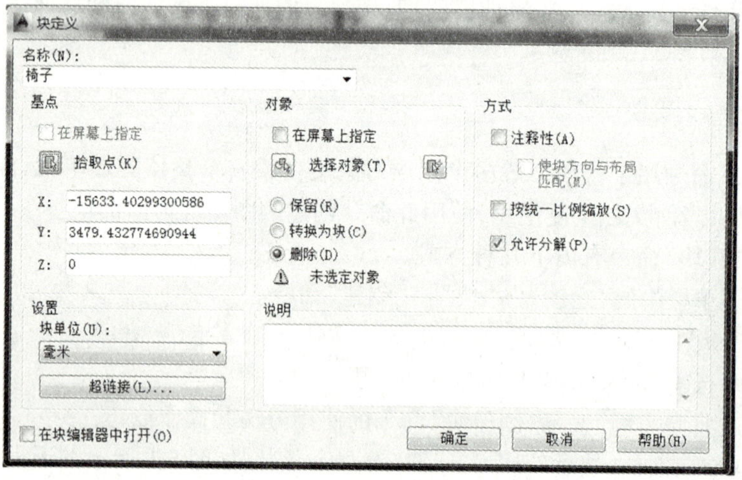

图 5-3 参数设置

（7）单击“确定”按钮关闭该对话框，结果创建的内部块存在于文件内部，将会与文件一起保存。

5.1.2 创建外部块

由于内部块仅供当前文件引用，为了弥补内部块给绘图过程带来的不便，AutoCAD 提供了“写块”命令，使用此命令创建的图块，不但可以被当前文件所使用，还可以供其他文件重复使用。

执行“写块”命令的方式：命令行输入 Wblock 或 W 后按 Enter 键。

下面通过典型实例，学习“写块”命令的使用方法和操作技巧。

（1）继续上节操作。

（2）在命令行输入 Wblock 或 W 后按 Enter 键，激活“写块”命令，打开如图 5-4 所示的“写块”对话框。

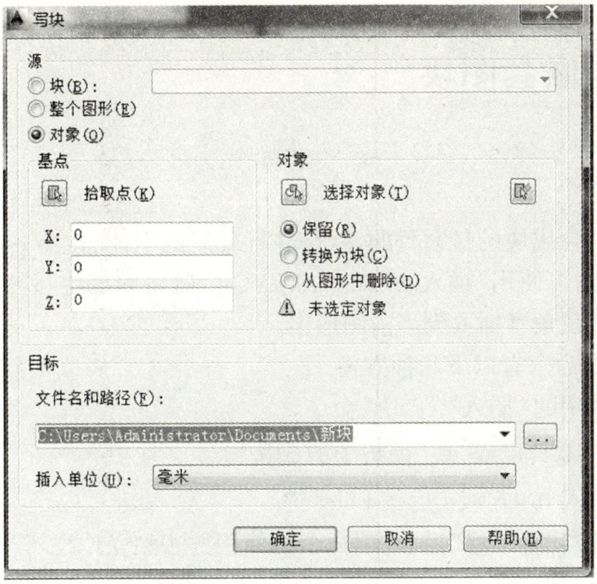

图 5-4 “写块”对话框

(3)在“源”选项组中选择“块”单选按钮,然后在展开“块”下拉列表中,选择“椅子”内部块,如图 5-5 所示。

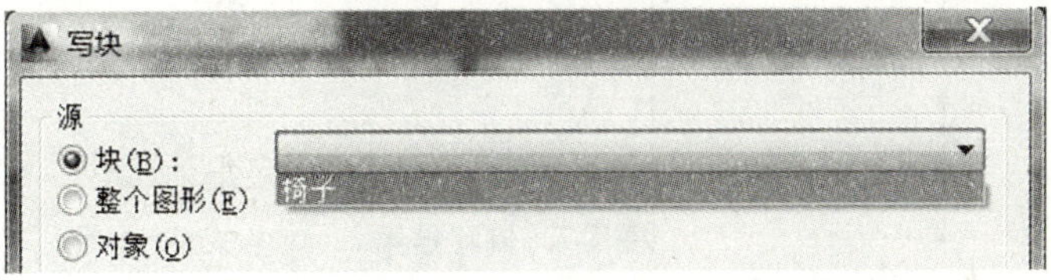

图 5-5 选择“块”

(4)在“文件名和路径(F)”文本框中,设置外部块的保存路径、名称和单位,如图 5-6 所示。

图 5-6 创建外部块

(5)单击“确定”按钮,“椅子”内部块被转换为外部块,以独立文件保存,可以在其他文件中被反复利用。

注:

“块”单选按钮用于将当前文件中的内部块转换为外部块,进行保存。

“整个图形”用于将当前文件中的所有图形对象创建为一个整体图块进行保存。

“对象”系统默认选项,用于有选择性地将当前文件中的部分图形或全部图形创建为一个独立的外部块,具体操作和创建内部块相同。

5.2 引用与嵌套图块

5.2.1 引用图块

将多个图形集合成块的最大目的,就是进行反复的引用,以节省绘图时间,提高绘图效率。应用图块时,可使用“插入块”命令,此命令可以将内部块、外部块以及一些保存的文件以不同的比例及角度插入到当前图形中。

执行“插入块”命令有以下几种方式。

◆执行菜单栏中的“插入”→“块”命令。

◆单击“绘图”工具栏或“块”面板上的按钮。

◆在命令行输入 Insert 或 I 后按 Enter 键。

下面通过典型实例,学习“插入块”命令的使用方法和操作技巧。

(1)继续上节操作。

(2)执行“画圆”命令,绘制半径为 1000 的圆形作为圆桌轮廓线。

(3)执行“修改”→“偏移”命令,将圆形向外偏移 350 个单位,结果如图 5-7 所示。

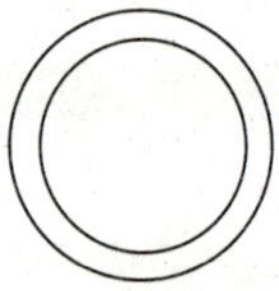

图 5-7　偏移结果

(4)单击“绘图”工具栏或“块”面板上的按钮,打开如图 5-8 所示的“插入”对话框,结果块“椅子”自动出现在“名称”文本框内。

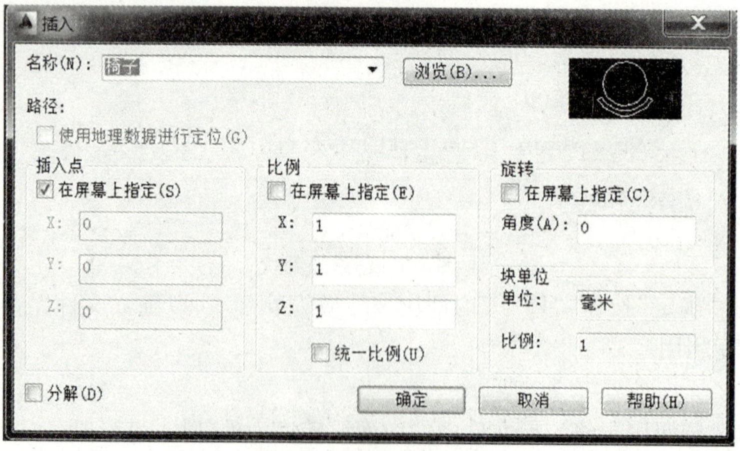

图 5-8　“插入”对话框

(5)按照对话框中的默认设置,点击“确定”返回绘图区,在命令行提示“指定插入点或[基点(B)/比例(S)/X/Y/Z/旋转(R)]:”下,捕捉大圆的下象限点作为插入点,插入结果如图 5-9 所示。

(6)执行“修改”→“阵列”命令,将插入的椅子环形阵列 8 把,中心点为大圆的圆心,并删除外围大圆,绘制结果如图 5-10 所示。

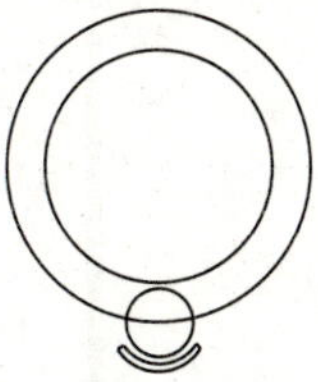

图 5-9　插入结果

图 5-10　绘制结果

5.2.2　嵌套块

用户可以在一个图块中引用其他图块,这些图块称为嵌套块。如可以将厨房作为嵌套块插入到每一个房间的图块,而在厨房块中,又包含水池、冰箱、炉具等其他图块。

使用嵌套块需要注意以下两点:

(1)块的嵌套深度没有限制;

(2)块定义不能嵌套自身,即不能使用嵌套块的名称作为将要定义的新块名称,也就是说不能引用自身。

5.3　块编辑器

使用“块编辑器”命令,可以对当前文件中的图块进行编辑,以更新先前块的定义,还可以向现有块添加动态行为。

执行“块编辑器”命令有以下几种方式。

◆执行菜单栏中的“工具”→“块编辑器”命令。

◆单击“块”面板上的按钮。

◆在命令行输入 Bedit 或 BE 后按 Enter 键。

下面通过典型实例,学习“块编辑器”命令的使用方法和操作技巧。

(1)继续上节操作。

(2)执行“工具”→“块编辑器”命令,打开如图 5-11 所示的对话框。

(3)在“椅子”图块上双击,打开如图 5-12 所示的块编辑窗口。

(4)执行“绘图”→“图案填充”命令,设置填充图案及填充参数,如图 5-13 所示,为椅子平面填充如图 5-14 所示的图案。

(5)单击“保存块定义”按钮,将上述操作进行保存。

(6)单击“关闭块编辑器”按钮,返回绘图区,结果所有“椅子”内部块被更新,结果如图 5-15 所示。

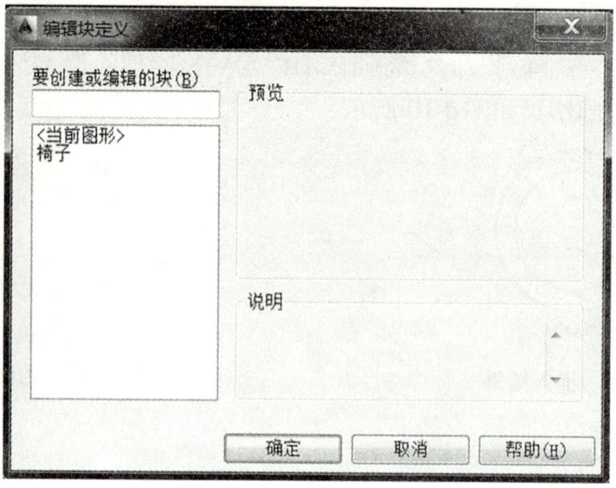

图 5-11 “编辑块定义”对话框

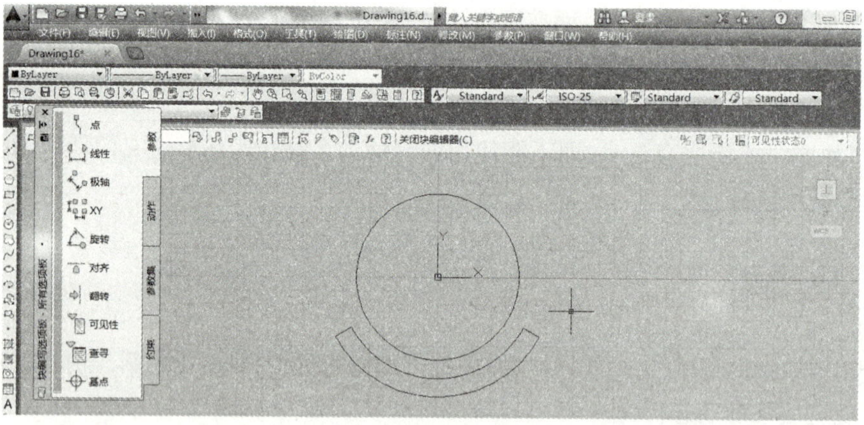

图 5-12 块编辑窗口

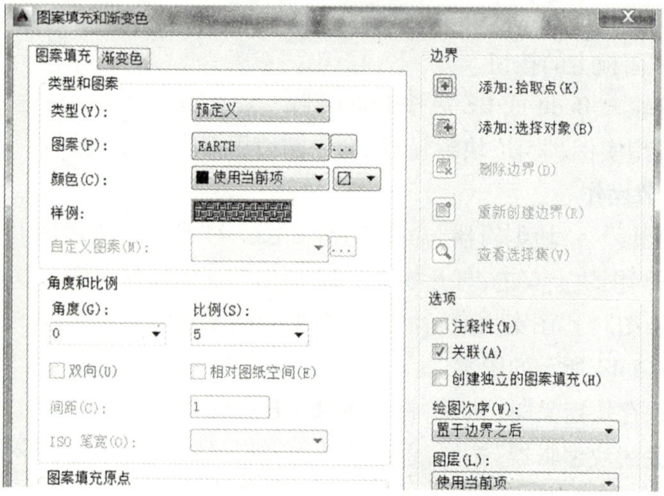

图 5-13 设置填充图案及填充参数

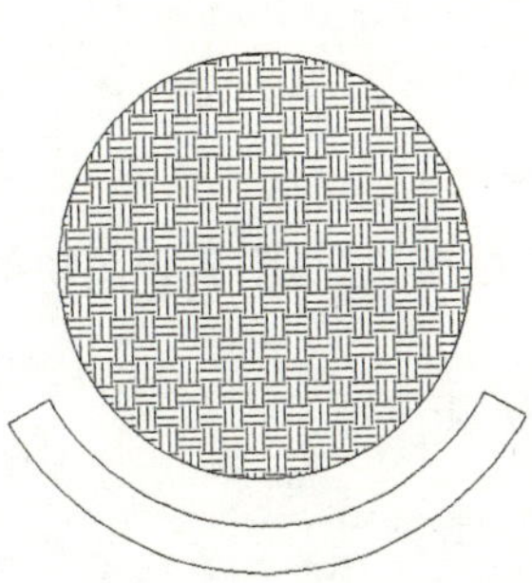

图 5-14　椅子平面填充图案

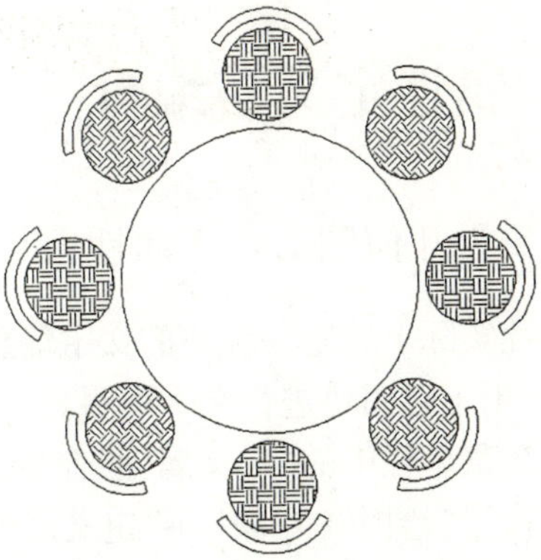

图 5-15　块的编辑与更新

5.4　动态块

5.4.1　概述

所谓动态块，是指建立在块基础之上的，事先预设好数据，在使用时可以随设置的数值进行操作的块。动态块不仅具有块的一切特性，还具有其独特的特性。

通俗地说，动态块就是"会动"的块，所谓"会动"，是指可以根据需要对块的整体或局部进行动态调整。"会动"使动态块不但像块一样有整体操作的优势，而且拥有块所没有的局部调整功能。

例如，在图形中插入一个门的图块，则在编辑时可能需要更改门的大小和朝向，如果该门块是动态的，并且定义为可以调整大小，那么只需要自定义夹点或在"特性"选项板中指定不同的大小就可以修改门的大小。

5.4.2　参数与动作

在块编辑器中通过添加参数和动作等元素，使块升级为动态块。动态块可以轻松实现旋转、翻转、查询等各种各样的动态功能。

5.4.2.1　**参数**

参数的实质是指其关联对象的变化方式，比如，点参数的关联对象可以向任意方向发生变化；线性参数和 XY 参数的关联对象只能沿参数所指定的方向发生改变等。参数添加到动态块定义中后，系统会自动向块中添加自定义夹点和特性，使用这些自定义夹点和特性可以操作图形中的块参照。而夹点将添加到该参数的关键点，关键点是用于操作块参照的参数部分。

5.4.2.2　**动作**

动作定义了图形中操作动态块时，该块参照中的几何图形将如何移动和更改。所有的动作必须与参数配对才能发挥作用，参数只是指定对象变化的方式，而动作则可以指定变化的对象。

5.5 属性定义与编辑

5.5.1 为几何图形定义属性

属性实际上就是一种块的文字信息，属性不能独立存在，它是附属于图块的一种非图形信息，用于对图块进行文字说明。

执行菜单栏中的“定义属性”命令主要有以下几种方式。

◆执行“绘图”→“块”→“定义属性”命令。

◆在命令行输入 Attdef 或 ATT 后按 Enter 键。

下面通过典型实例，学习“定义属性”命令的使用方法和操作技巧。

（1）新建文件。

（2）执行“圆”命令，绘制直径为 8 的圆，如图 5-16 所示。

图 5-16　直径为 8 的圆

（3）执行菜单栏中的“绘图”→“块”→“定义属性”命令，打开如图 5-17 所示的对话框。

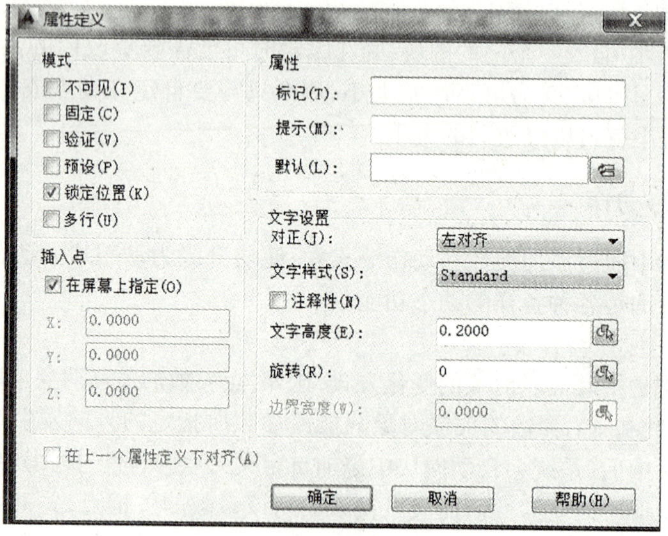

图 5-17　“属性定义”对话框

（4）在对话框中进行设置，如图 5-18 所示。

（5）单击 确定 按钮返回绘图区，在命令行提示下捕捉圆的圆心作为属性插入点，插入结果如图 5-19 所示。

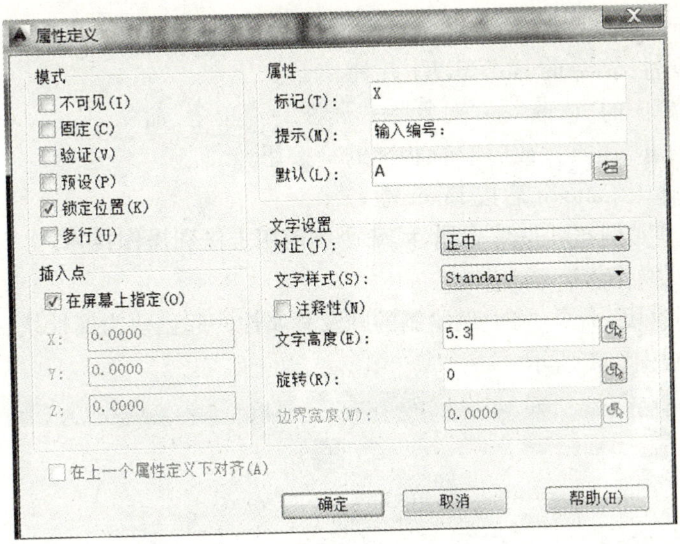

图 5-18 “属性定义”对话框设置

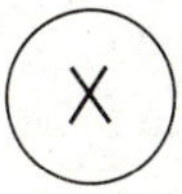

图 5-19 插入属性绘制结果

5.5.2 更改图形属性的定义

当定义属性后，如果需要更改属性的标记、提示或默认值，需要进行更改。

可通过菜单“修改”→“对象”→“文字”→“编辑”执行该命令，在执行该命令时，双击属性，系统会弹出如图 5-20 所示的“编辑属性定义”对话框，通过该对话框，用户可以修改属性定义的标记、提示或默认值等。

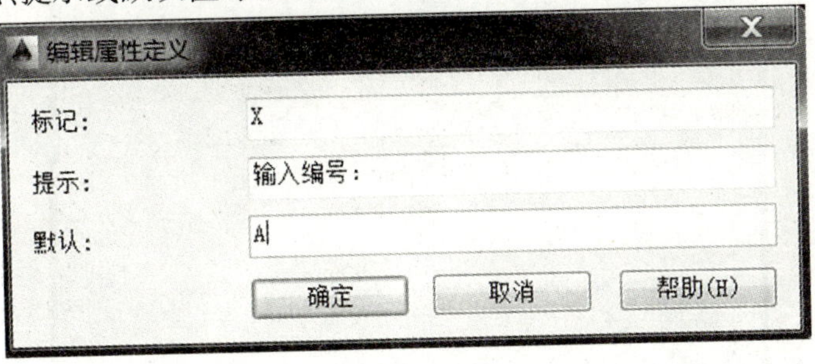

图 5-20 “编辑属性定义”对话框

5.5.3 属性块的实时编辑

当为几何图形定义属性后，并没有真正起到“属性”的作用，还需要将定义的文字属性和几何图形一起创建为“属性块”，然后在应用“属性块”时，才可体现“属性”的作用。

当插入带有属性的图块后，可以使用“编辑属性”命令，对属性值以及属性的文字特征等内容进行修改。

执行"编辑属性"命令的方式有以下几种:

◆执行菜单栏中的"修改"→"对象"→"属性"→"单个"命令。

◆单击"修改Ⅱ"工具栏或"块"面板上的按钮。

◆在命令行输入 Eattedit 后按 Enter 键。

下面通过典型实例,学习"编辑属性"命令的使用方法和操作技巧。

(1)继续上例操作。

(2)执行"创建块"命令,将上例绘制的圆及其属性一起创建为属性块,基点为圆的圆心,其参数设置如图 5-21 所示。

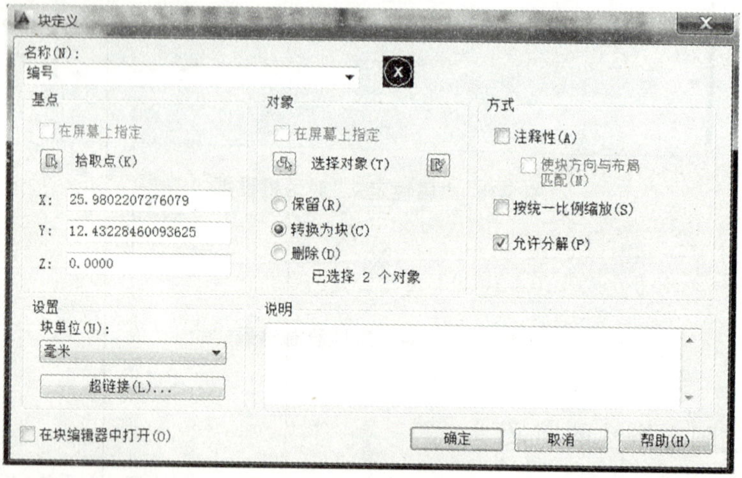

图 5-21 设置块参数

(3)点击 确定 ,打开如图 5-22 所示的"编辑属性"对话框,在此对话框中即可定义正确的文字属性值。

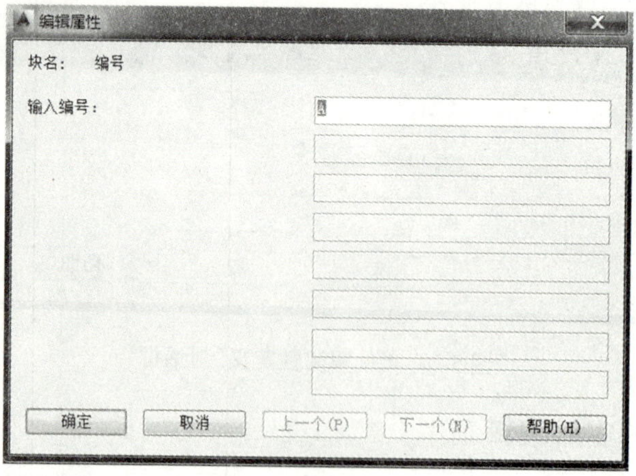

图 5-22 "编辑属性"对话框

(4)将序号属性值设置为"L",然后单击 确定 按钮,结果创建一个属性值为 L 的属性块,如图 5-23 所示。

图 5-23　定义属性块

(5)执行菜单栏中的“修改”→“对象”→“属性”→“单个”命令,在命令行“选择块”提示下,选择属性块,打开“增强属性编辑器”对话框(见图 5-24),然后修改属性值为 R,结果如图 5-25所示。

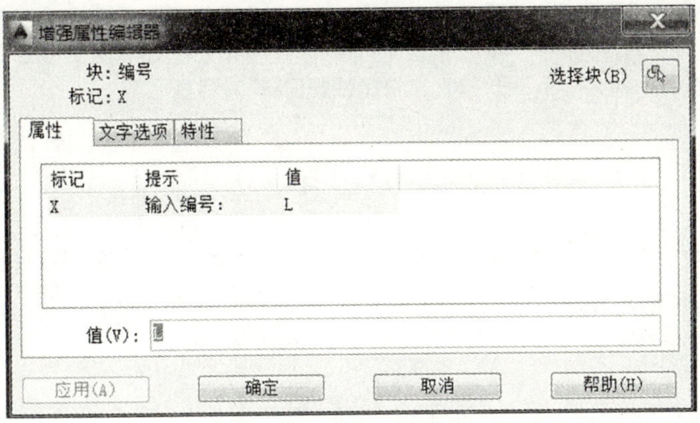

图 5-24　“增强属性编辑器”对话框

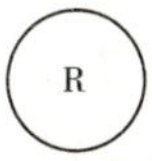

图 5-25　修改结果

注:除上述三种执行“编辑属性”命令的方式外,还可以直接双击具有属性的块,也可以打开如图 5-22 所示的“增强属性编辑器”对话框。

5.6　块属性管理器

“块属性管理器”命令用于对当前文件中众多的属性块进行编辑管理,是一个综合性的属性块管理工具。

执行“块属性管理器”命令主要有以下几种方式:

◆执行菜单栏中“修改”→“对象”→“属性”→“块属性管理器”。

◆单击“修改 II”工具栏或“块”面板上的按钮。

◆在命令行中输入 Battman 后按 Enter 键。

激活该命令后,系统将弹出如图 5-26 所示的“块属性管理器”对话框,用于对当前图形文件中的所有属性块进行管理。

在默认情况下,所做的属性更改将应用到当前图形中现有的所有块参照。如果在对属性进行编辑修改时,当前文件中固定属性或嵌套属性受到一定影响,此时可使用“重生成”命令更新这些块的显示。

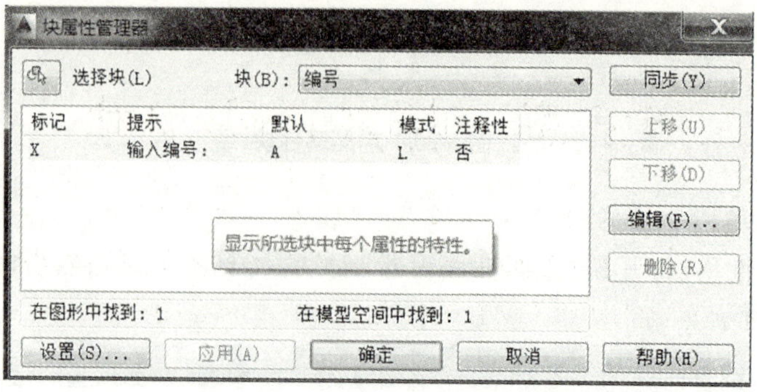

图 5-26 “块属性管理器”对话框

小 结

本节主要学习了图块的引用、块的编辑更新、块的嵌套与分解等知识，以便更有效地组织、使用和管理图块。

习 题

1. 绘制如图 5-27 所示门形块。

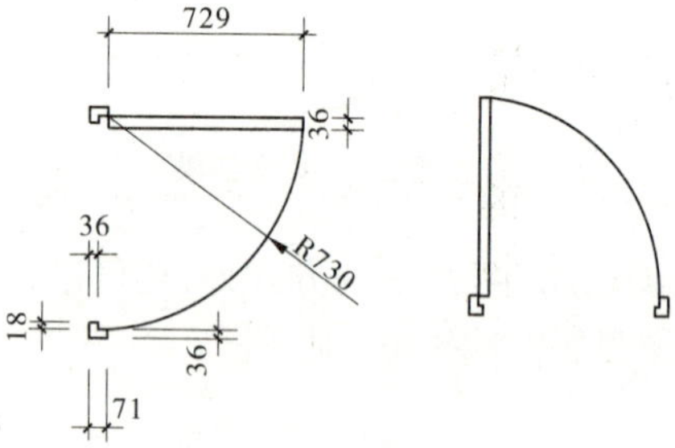

图 5-27 门形块

2. 绘制如图 5-28 所示粗糙度属性块。

图 5-28 粗糙度属性块

第 6 章　标注图形尺寸

尺寸标注是工程制图中的重要内容,它反映了图形对象的真实大小和互相的位置关系,对传达有关设计元素的尺寸和材料等信息有着非常重要的作用,因此尺寸标注具有完整性和准确性。

在 AutoCAD 中,对制图规范中尺寸标注时应遵循的规定如下:

(1)物体的真实大小应以图样上所标注的尺寸数值为依据,与图形的大小及绘图的准确度无关。

(2)图样中的尺寸以 mm 为单位时,不需要标注计量单位的代号或者名称。如果采用其他单位,则必须注明相应计量单位的代号或者名称。

(3)图样中所标注的尺寸为该图样所表示的物体的最后完工尺寸,否则应另加说明。

(4)建筑部件对象每一尺寸一般只标注一次,并标注在最能清晰反映该部件结构特征的视图上。

(5)尺寸的配置要合理,功能尺寸应该直接标注;同一要素的尺寸应尽可能集中标注;数字之间不允许任何图线穿过,必要时可以将图线断开。

6.1　创建尺寸标注样式

在建筑工程制图中,一个完整的尺寸标注由尺寸线、尺寸界线(延伸线)、尺寸箭头(或尺寸起止符号)和尺寸数字四部分组成,如图 6-1 所示。

6.1.1　设置尺寸标注样式

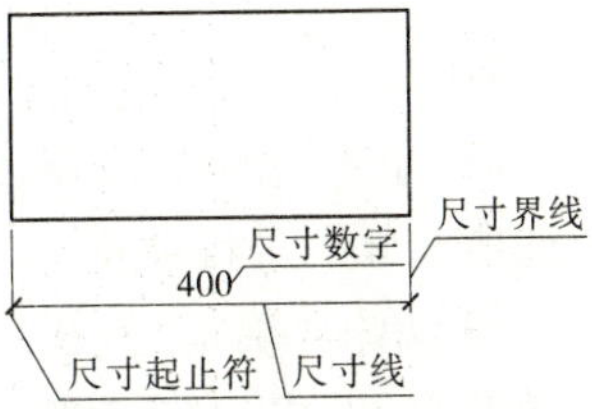

图 6-1　尺寸标注的组成

标注样式是标注设置的集合,可以用来控制标注的外观,如箭头样式、文字位置和尺寸公差等,因此在标注尺寸之前一般要创建好尺寸标注样式,然后再进行尺寸标注。默认情况下,在 AutoCAD 中创建尺寸标注使用的尺寸标注样式是 ISO－25,用户可以根据需要创建一种新的尺寸标注样式。

启动“标注样式”命令有以下三种方式:

◆选择“格式”→“标注样式”命令。

◆单击“样式”工具栏中的“标注样式”按钮。

◆输入命令 DIMSTYLE 后按 Enter 键。

启动“标注样式”命令后,弹出“标注样式管理器”对话框,如图 6-2 所示。

创建尺寸样式的操作步骤如下:

(1)要创建标注样式,在“标注样式管理器”对话框中单击“新建”按钮,弹出“创建新

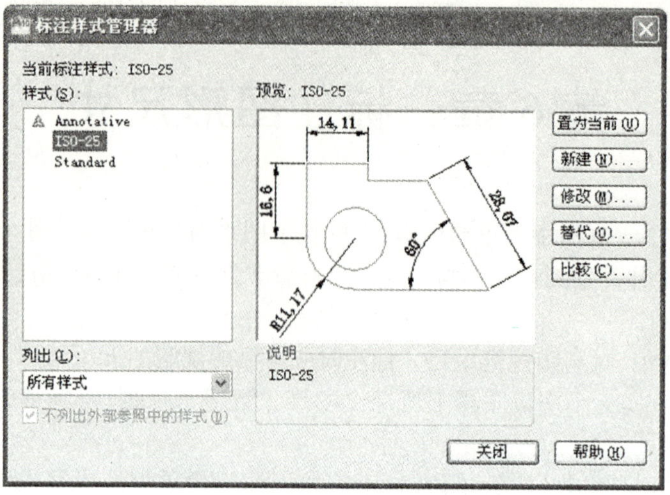

图 6-2　“标注样式管理器”对话框

标注样式”对话框(见图 6-3)，在“新样式名”文本框中输入新的样式名称；在“基础样式”下拉列表框中选择新标注样式是基于哪一种标注样式创建的；在“用于”下拉列表框中选择标注的应用范围，如应用于所有标注、半径标注、线性标注等。

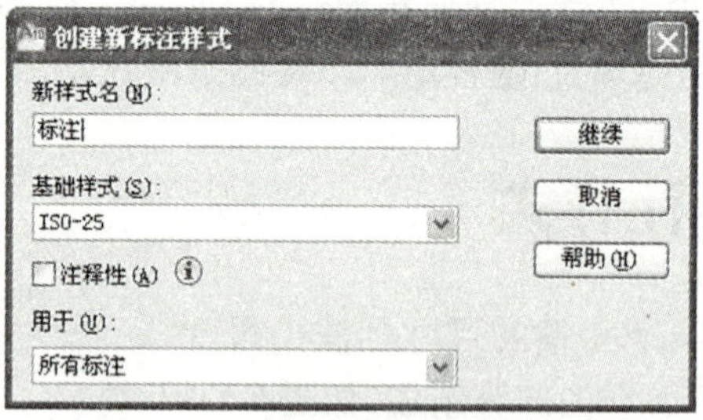

图 6-3　“创建新标注样式”对话框

(2)单击“继续”按钮弹出“新建标注样式：标注”对话框，如图 6-4 所示，在其中可对 7 个选项卡分别进行设置。

(3)单击“确定”按钮，即可建立新的标注样式，其名称将显示在“标注样式管理器”对话框的“样式”列表框中，如图 6-5 所示。

(4)在“样式”列表框中选中刚创建的标注样式，单击“置为当前”按钮，即可将该样式设置为当前使用的标注样式。

(5)单击“关闭”按钮，关闭对话框，返回绘图窗口。

6.1.2　设置“线”参数

在图 6-4 所示的“新建标注样式：标注”对话框中，使用“线”选项卡可以设置尺寸线和尺寸界线的格式和位置。下面介绍“线”选项卡中各选项的主要内容。

6.1.2.1　“尺寸线”选项组

“尺寸线”选项组中各选项的含义如下：

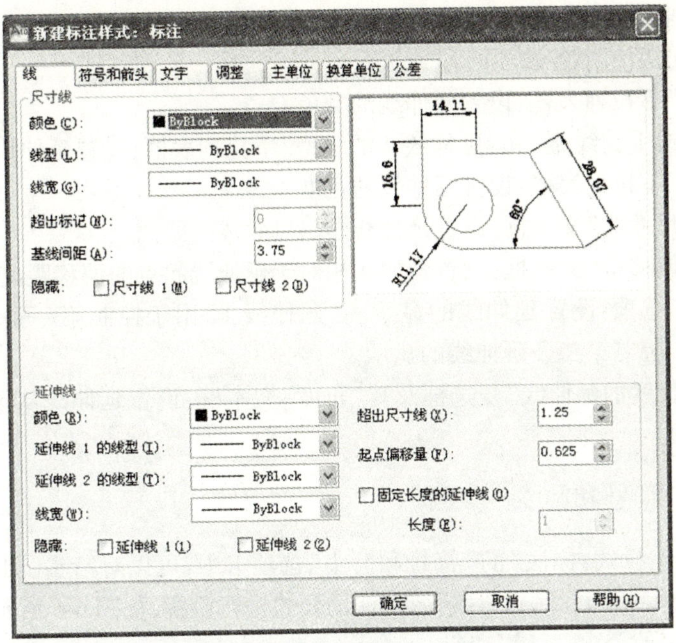

图 6-4 “新建标注样式:标注”对话框

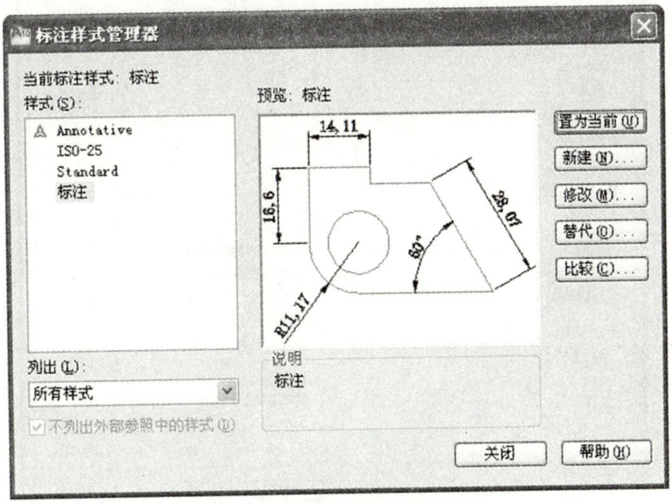

图 6-5 显示新创建的标注样式

(1)“颜色”下拉列表框:设置尺寸线的颜色。

(2)“线型”下拉列表框:设置尺寸线的线型。

(3)“线宽”下拉列表框:设置尺寸线的宽度。

(4)“超出标记”文本框:设置尺寸线超出尺寸界线的距离。

(5)“基线间距”文本框:设置使用基线标注时各尺寸线的距离。

(6)“隐藏”选项:控制尺寸线的显示。“尺寸线 1”复选框用于控制第一条尺寸线的显示。“尺寸线 2”复选框用于控制第二条尺寸线的显示。

6.1.2.2 “延伸线”选项组

“延伸线”选项组中各选项的含义如下：

(1)“颜色”下拉列表框：设置延伸线的颜色。

(2)“延伸线 1 的线型”和“延伸线 2 的线型”下拉列表框：设置延伸线的线型。

(3)“线宽”下拉列表框：设置延伸线的宽度。

(4)“超出尺寸线”文本框：设置延伸线超出尺寸线的距离。

(5)“起点偏移量”文本框：设置延伸线相对于延伸线起点的偏移距离。

(6)“隐藏”选项：设置延伸线的显示。“延伸线 1”用于控制第一条延伸线的显示，“延伸线 2”用于控制第二条延伸线的显示。

(7)“固定长度的延伸线”复选框及其“长度”文本框：设置延伸线从尺寸线开始到标注原点的总长度。

6.1.3 设置“符号和箭头”参数

在“修改标注样式：标注”的“符号和箭头”选项卡中，可以对箭头、圆心标记、折断标注、弧长符号、半径折弯标注、线性折弯标注的样式进行设置，如图 6-6 所示。

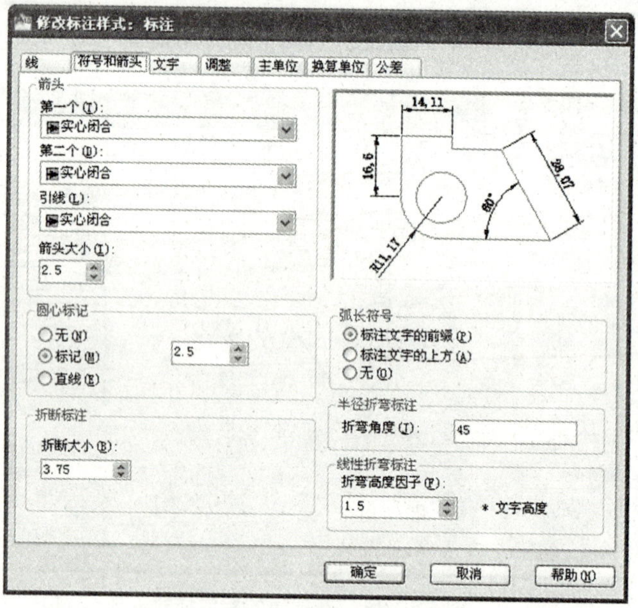

图 6-6 “符号和箭头”选项卡

6.1.3.1 “箭头”选项组

“第一个”和“第二个”下拉列表框：用于设置尺寸线的箭头样式。当改变第一个箭头的类型时，第二个箭头将自动改变，以同第一个箭头相匹配。

“引线”下拉列表框：设置尺寸线引线的形式。

“箭头大小”文本框：设置箭头相对于其他尺寸标注元素的大小。

6.1.3.2 “圆心标记”选项组

“圆心标记”选项组提供了对圆心标记的控制选项，分别是“无”、“标记”和“直线”3

个单选按钮。

大小文本框：设置圆心标记或中心线的大小。

6.1.3.3 “弧长符号”选项组

“弧长符号”选项组控制弧长标注中圆弧符号的显示，分为标注文字的“前”、“上”和“无”三种。

6.1.3.4 半径折弯标注

半径折弯标注提供了折弯半径标注的显示控制选项。

6.1.4 设置“文字”参数

在“新建标注样式”对话框的“文字”选项卡中可以对标注文字的外观、位置和对齐方式进行设置，如图 6-7 所示。

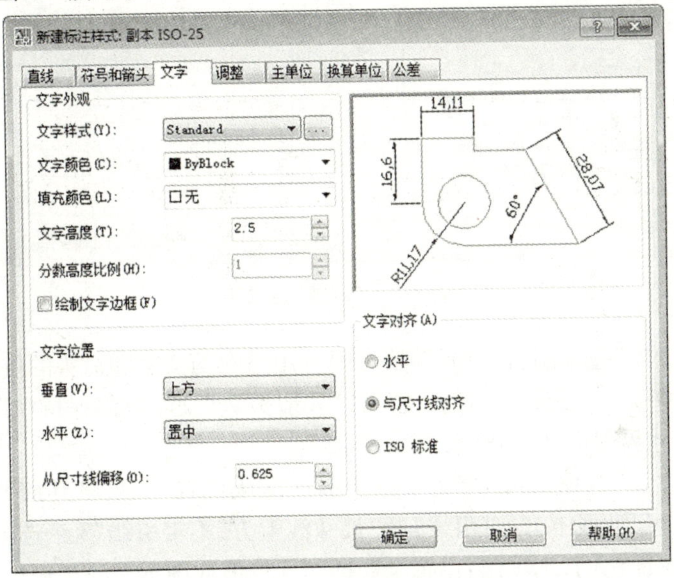

图 6-7 “文字”选项卡

(1)“文字外观”选项组：设置标注文字的格式和大小。包括文字样式、文字颜色、填充颜色、文字高度、分数高度比例和绘制文字边框 6 个选项。

(2)“文字位置”选项组：对标注文字的位置进行设置。

“垂直”下拉列表框：设置标注文字沿尺寸线在垂直方向上的对齐方式。

“水平”下拉列表框：设置标注文字沿尺寸线和尺寸边界线在水平方向上的对齐方式。

“从尺寸线偏移”下拉列表框：设置文字与尺寸线的间距。

(3)“文字对齐”选项组：设置标注文字放在尺寸界线外侧或内侧时的方向。包括以下 3 个选项：水平（标注文字沿水平线放置）、与尺寸线对齐（标注文字沿尺寸线方向放置）、ISO 标准（当文字在尺寸界线内时，文字与尺寸线对齐；当文字在尺寸界线外时，文字水平排列）。

6.1.5 设置“调整”参数

在“新建标注样式”对话框的“调整”选项卡中可以对标注文字、箭头、文字与尺寸线的位置关系等进行设置，如图 6-8 所示。

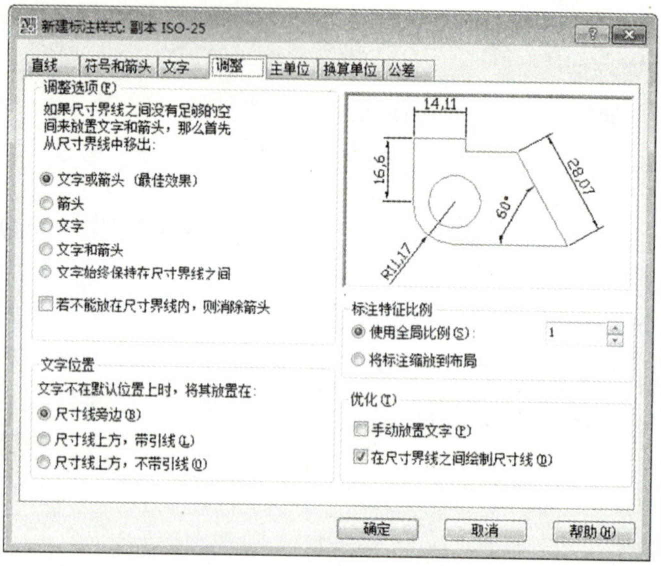

图 6-8 “调整”选项卡

(1)“调整选项”选项组:设置延伸线之间可用空间的文字和箭头的位置。包括“文字或箭头(最佳效果)”、“箭头”、“文字”、“文字和箭头”、“文字始终保持在尺寸界线之间”、“若不能放在尺寸界限内，则消除箭头”6 个选项。

(2)“文字位置”选项组:设置文字标注不在默认位置上时，将其放置的位置。包括“尺寸线旁边”、“尺寸线上方，带引线”及“尺寸线上方，不带引线”3 个选项。

(3)“标注特征比例”选项组:设置全局标注比例值或图纸空间比例。

“使用全局比例”:对所有标注样式设置一个比例，指定大小、距离和间距，包括文字和箭头的大小，但不更改标注的测量值。

“将标注缩放到布局”:根据当前模型空间视口与图纸空间之间的比例确定比例因子。

6.1.6 设置“主单位”参数

在“新建标注样式”对话框的“主单位”选项卡中，可以设置主单位标注的格式和精度，标注文字的前缀和后缀等，如图 6-9 所示。

(1)“线性标注”选项组:设置标注单位的格式和精度。

“单位格式”下拉列表框:设置除角度外的标注类型的当前单位格式。

“精度”下拉列表框:设置标注文字中的小数位数。

“分数格式”下拉列表框:设置分数格式。

“小数分隔符”下拉列表框:设置十进制格式的分隔符。

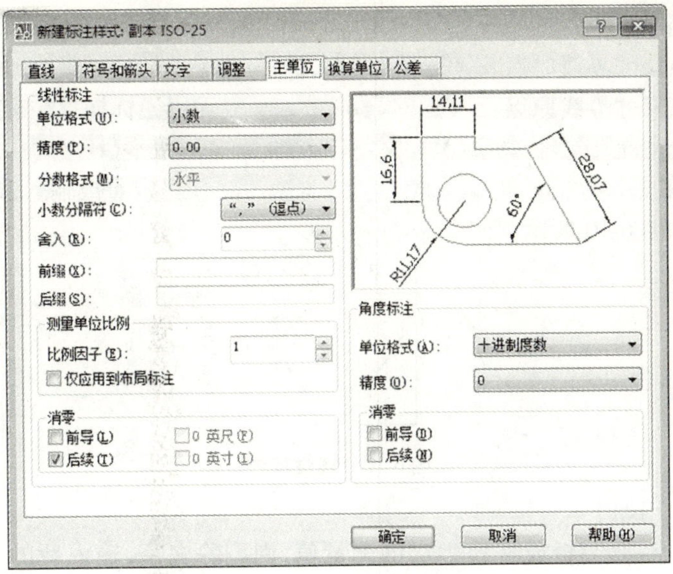

图 6-9 “主单位”选项卡

“舍入”微调框：对除角度外的所有标注类型设置标注测量值的舍入规则。

“前缀”、“后缀”文本框：设置标注文字指示前缀、后缀，可以输入文字或用控制代码显示特殊符号。

(2)“测量单位比例”选项组：设置测量时的缩放系数。

(3)“消零”选项组：设置是否显示前导 0 或后续 0。

(4)“角度标注”选项组：设置角度标注的角度格式。

“单位格式”下拉列表框：设置角度单位格式。

“精度”下拉列表框：设置角度标注的小数位数。

6.2 尺寸标注

通过前面尺寸标注样式创建、设置方法的学习后，以下学习如何对图形标注出精确的尺寸。

6.2.1 长度类型尺寸标注

长度类型尺寸标注主要包括线性标注、对齐标注、连续标注等。

6.2.1.1 线性标注

线性标注只能标注水平和垂直方向上的尺寸(直线的水平长度和竖直长度，不能标注斜长)，执行其命令的常用方法有以下两种：

◆在“标注”面板中单击“线性”按钮。

◆输入命令 DIMLINEAR，并按 Enter 键。

执行该命令后，命令行窗口将依次出现如下提示：

命令：-dimlinear

指定第一条尺寸界线原点或 <选择对象>：　　　（用光标捕捉被标注直线的起点）

指定第二条尺寸界线原点：　　　（用光标捕捉被标注直线的终点）

指定尺寸线位置或[多行文字(M)/文字(T)/角度(A)/水平(H)/垂直(V)/旋转(R)]：　　　（指定点或输入选项）

线性标注如图 6-10 所示。

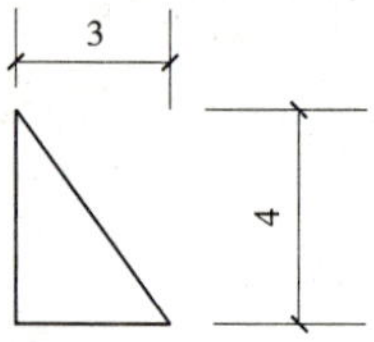

图 6-10　线性标注

各选项的作用如下：

(1)多行文字：要编辑或替换生成的测量值，则删除文字，输入新的文字，然后点击"确定"按钮。

(2)文字：在命令行自定义标注文字。

执行该命令后，命令行窗口出现如下提示：

输入标注文字 <当前>：//输入标注文字，或按 Enter 键接受生成的测量值

(3)角度：修改标注文字的角度。

执行该命令后，命令行窗口出现如下提示：

指定标注文字的角度：//输入角度

(4)水平：创建水平线性标注。

执行该命令后，命令行窗口出现如下提示：

指定尺寸线位置或[多行文字(W)/文字(T)/角度(A)]：//指定点或输入选项

(5)垂直：创建垂直线性标注。

执行该命令后，命令行窗口出现如下提示：

指定尺寸线位置或[多行文字(W)/文字(T)/角度(A)]：//指定点或输入选项

(6)旋转：创建旋转线性标注。

执行该命令后，命令行窗口出现如下提示：

指定尺寸线的角度 <当前>：//指定角度或按 Enter 键

6.2.1.2　对齐标注

对齐标注标注倾斜直线的斜长，执行"对齐标注"命令常用的方法有以下两种：

◆在"标注"面板中单击"对齐"按钮。

◆输入命令 DIMALIGNED，并按 Enter 键。

执行"对齐标注"命令后，命令行窗口将依次出现如下提示：

命令：-dimaligned

指定第一条尺寸界线原点或 <选择对象>：　　　（用光标捕捉被标注直线的起点）

指定第二条尺寸界线原点：　　　（用光标捕捉被标注直线的终点）

指定尺寸线位置或[多行文字(M)/文字(T)/角度(A)/]：

（指定点或输入选项）

对齐标注如图 6-11 所示。

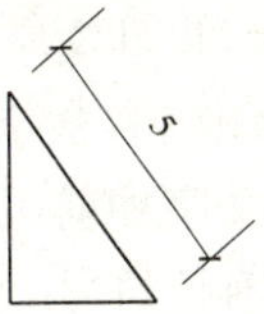

图 6-11　对齐标注

各选项的作用如下：

(1)多行文字：要编辑或替换生成的测量值，则删除文字，输入新的文字，然后点击“确定”按钮。

(2)文字：在命令行自定义标注文字。

执行该命令后，命令行窗口出现如下提示：

输入标注文字 < 当前 > ://输入标注文字，或按 Enter 键接受生成的测量值

(3)角度：修改标注文字的角度。

执行该命令后，命令行窗口出现如下提示：

指定标注文字的角度://输入角度

6.2.1.3　连续标注

如果要标注的第一条延伸线刚好是上一个标注的第二条延伸线时，可以使用连续标注。操作时，主要有以下 3 种方法。

◆选择“标注”→“连续”命令。

◆单击“标注”工具栏中的“连续”按钮。

◆输入命令 DIMCONTINUE，并按 Enter 键。

输入命令后，命令行窗口提示如下。

命令：_dimbaseline

指定第二条延伸线原点或[放弃(U)/选择(S)] < 选择 > :(用鼠标选择第二条延伸线的原点)标注文字 =35

指定第二条延伸线原点或[放弃(U)/选择(S)] < 选择 > :(用鼠标选择另一个第二条延伸线的原点)标注文字 =15

指定第二条延伸线原点或[放弃(U)/选择(S)] < 选择 > :(按 Esc 键或连续两次 Enter 键退出，完成基线标注)

连续标注如图 6-12 所示。

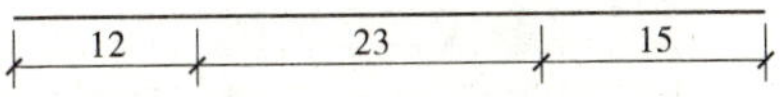

图 6-12　连续标注

6.2.2　半径尺寸标注

如果要标注圆和圆弧的半径，可以用半径标注。操作时，主要有以下 3 种方法。

◆选择“标注”→“半径”命令。

◆单击“标注”工具栏中的“半径”按钮。

◆输入命令 DIMRADIUS，并按 Enter 键。

输入命令后，命令行窗口提示如下。

命令：_dimradius

选择圆弧或圆：

标注文字 =10

指定尺寸线位置或[多行文字(M)/文字(T)/角度(A)]:(用光标指定尺寸线的位置)

半径尺寸标注如图 6-13 所示。

指定了尺寸线位置后，系统将按实际测量值标注圆或圆弧的半径。

也可以利用“多行文字(M)”、“文字(T)”或“角度(A)”选项确定尺寸文字或尺寸文字的旋转角度。其中,当通过“多行文字(M)”和“文字(T)”选项重新确定尺寸文字时,只有给输入的尺寸文字加前缀“R”,才能使标出的半径尺寸有半径符号 R,否则没有该符号。

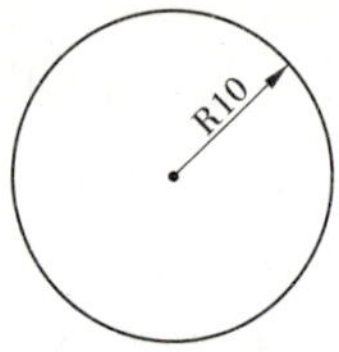

图 6-13　半径尺寸标注

6.2.3　直径尺寸标注

如果要标注圆和圆弧的直径,可以用直径标注。操作时,主要有以下 3 种方法。

◆选择“标注”→“直径”命令。

◆单击“标注”工具栏中的“直径”按钮。

◆输入命令 DIMDIAMETER,并按 Enter 键。

直径标注的方法与半径标注的方法相同,输入命令后,当选择了需要标注直径的圆或圆弧后直接确定尺寸线的位置时,系统将按实际测量值标注出圆或圆弧的直径。并且,当通过“多行文字(M)”和“文字(T)”选项重新确定尺寸文字时,需要在尺寸文字前加前缀“%%C”,才能使标出的直径尺寸有直径符号ϕ,如图 6-14 所示。

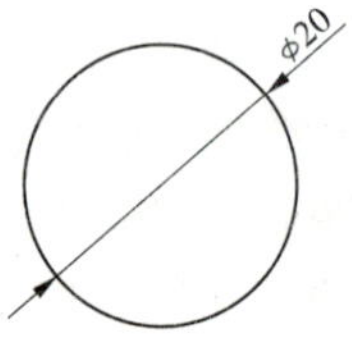

图 6-14　直径尺寸标注

6.2.4　弧长尺寸标注

如果要标注圆弧的长度,可以使用弧长标注。操作时,主要有以下 3 种方法。

◆选择“标注”→“弧长”命令。

◆单击“标注”工具栏中的“弧长”按钮。

◆输入命令 DIMARC,并按 Enter 键。

输入命令后,弧长尺寸标注命令行窗口提示如下。

命令:_dimarc

选择弧线段或多段弧线段:　　　　　　　　　　　　　(选择要标注弧长的圆弧)

指定弧长标注位置或[多行文字(M)/文字(T)/角度(A)/部分(P)/引线(L)]:

　　　　　　　　　　　　　　　　　　　　　　　　(指定标注线的位置)

标注文字 =12.03

弧长尺寸标注如图 6-15 所示。

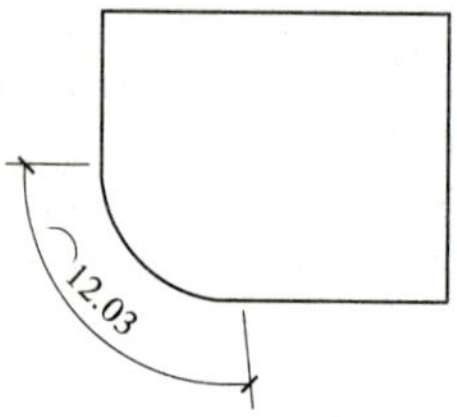

图 6-15　弧长尺寸标注

6.2.5 坐标标注

需要标注图形中相对于坐标原点的某一点的坐标时，可以使用坐标标注。操作时，主要有以下 3 种方法。

◆选择“标注”→“坐标”命令。

◆单击“标注”工具栏中的“坐标”按钮。

◆输入命令 DIMORDINATE，并按 Enter 键。

输入命令后，命令行窗口提示如下。

命令：_dimordinate

指定点坐标：　（用光标显示要标注坐标的点）

指定引线断点或[X 基准(X)/Y 基准(Y)/多行文字(M)/文字(T)/角度(A)]：

（指定标注线的端点或输入选项，这里“X 基准/Y 基准”选项主要是确定标注 X 坐标还是 Y 坐标，其他选项与前面的操作相同）

标注文字 =2173.88

标注文字 =1650.22

注：水平移动鼠标，标注文字 2173.88；垂直移动鼠标，标注文字 1650.22。

坐标标注如图 6-16 所示。

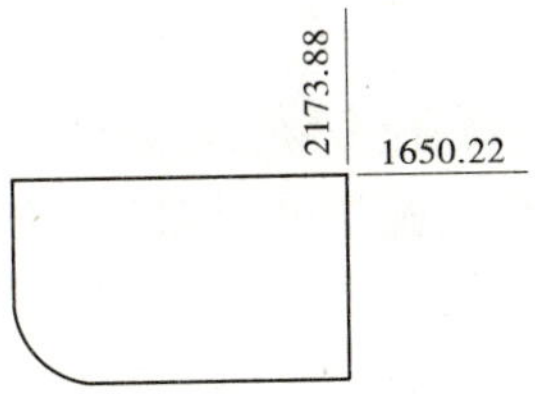

图 6-16　坐标标注

6.3 尺寸标注编辑

在 AutoCAD 2010 中，可以对已标注对象的文字、位置及样式等进行修改，而不必删除所标注的尺寸对象后重新进行标注。

6.3.1 打断标注

在完成尺寸标注后，如果发现标注的尺寸与图形对象相交或标注的尺寸与尺寸相交，影响了对图形或尺寸标注的查看，则可以使用“标注打断”命令将标注打断，在命令行中输入命令 DIMBREAK 或选择“标注”→“标注打断”命令都可以执行“标注打断”命令。

6.3.2 标注间距

标注间距具体操作步骤如下：

打开 CAD，点击“文件”菜单，新建一个文档，滑动光标放大视图到整个屏幕至只显示出四个栅格为止，以方便看到标注的尺寸数据；在CAD中用直线工具画出两条直线，准备用来标注尺寸；界面上方工具栏中，找到并打开“标注”工具栏下拉列表中的线性标注按钮，也可以通过选择菜单命令“标注”→“线性标注”，效果相同；移动光标到第一条直线处，点击标记第一个标注点，然后移动光标到第二条直线上，标注第二个标注点；打开CAD命令行，输入命令DIMSPACE，按Enter键确认执行，然后单击“标注”工具栏下拉菜单中的等距标注按钮，也可以通过选择菜单命令“标注”→“标注间距”，效果相同；这时CAD系统出现如下提示：选择基准标注：（选择作为基准的标注），根据提示使用光标左键单击目标作为基准的标注即可。

命令行提示用户进行选择产生间距的标注，并依次选择要调整间距的尺寸，按提示操作不难。命令行提示，需要输入值或[自动(A)]<自动>：此处假如用户输入距离值后按回车，CAD系统就会自动调整各尺寸线的位置，并使它们之间的距离值变为指定后的值。假如用户是直接就按回车键的话，那么CAD系统会自动调整尺寸线到适合的位置上。最后，点击文件保存按钮，可以把文档命名为“调整标注间距”。

6.3.3 编辑标注文字的位置

如果要修改标注文字的位置，可以选择“标注”→“对齐文字”命令，然后在下拉子菜单中选择所需的选项，或在“标注”工具栏中单击“编辑标注文字”按钮。选择需要修改的尺寸对象后，命令行提示如下。

为标注文字指定新位置或[左对齐(L)/右对齐(R)/居中(C)/默认(H)/角度(A)]：

默认情况下可以通过拖动光标来确定尺寸文字的新位置，也可以通过输入相应的选项指定标注文字的新位置。

命令行各选项的含义如下：

(1)“左对齐(L)”选项：沿尺寸线左对正选择的标注文字。该选项只适用于线性、直径和半径标注。

(2)“右对齐(R)”选项：沿尺寸线右对正选择的标注文字。该选项只适用于线性、直径和半径标注。

(3)“居中(C)”选项：将所选的标注文字放在尺寸线的中间。

(4)“默认(H)”选项：将所选的标注文字移回默认位置。

(5)“角度(A)”选项：修改所选择的标注文字的角度，但文字的中心点不会改变。如果移动了文字或重生成了标注，由文字角度设置的方向将保持不变。

6.3.4 编辑标注文字的精度

如果需要修改标注文字的小数数位，可选定需要修改的标注并右击，在弹出的快捷菜单中选择“精度”命令，然后根据需要在弹出的子菜单中选择相应的精度。

6.3.5 编辑标注

选择“标注”→“代替”命令，可以临时修改尺寸标注的系统变量设置，并按该设置修改尺寸标注。该操作只对指定的尺寸对象作修改,并且修改后不影响原系统的变量设置。执行该命令时,命令行提示如下。

命令:_dimoverride

输入要替代的标注变量名或[清除替代(C)]:

默认情况下输入要修改的系统变量名,并为该变量指定一个新值,然后选择需要修改的对象,这时指定的尺寸对象将按新的变量设置作相应的更改。如果在命令行提示下输入"C",并选择需要修改的对象,则可以取消已做的修改,并将尺寸对象恢复成在当前系统变量设置下的标注形式。

小　结

本章主要介绍了如何创建尺寸标注样式,如何进行线性标注、对齐标注、连续标注、半径标注、直径标注、弧长标注、坐标标注等,以及尺寸标注如何进行编辑等。

习　题

1. 绘制图6-17,并且进行尺寸标注(见图6-17)。

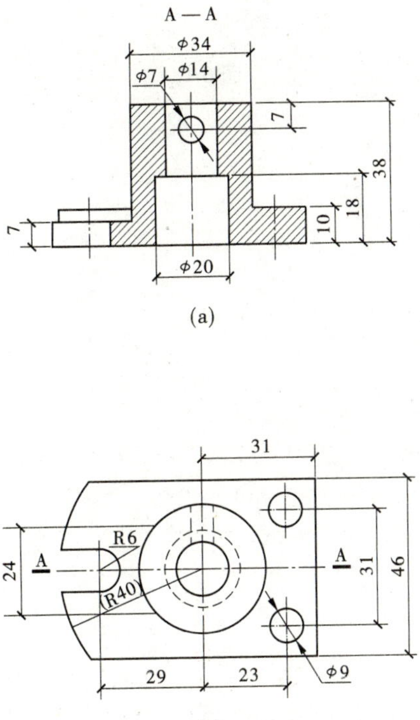

(a)

(b)

图6-17

2. 绘制图 6-18，并进行尺寸标注。

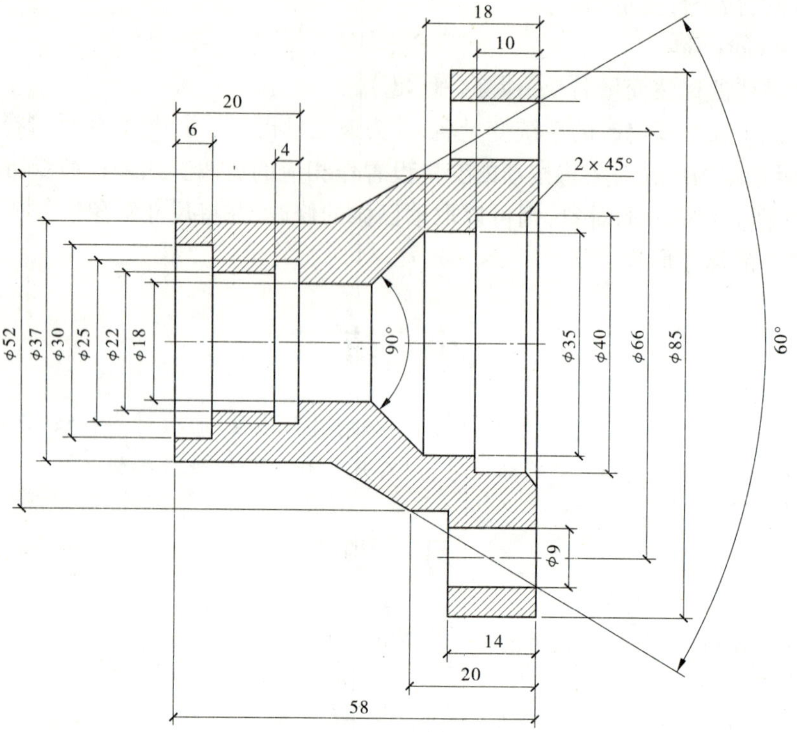

图 6-18

第 7 章　创建文字与表格

在使用 AutoCAD 绘制的图纸中，文字一般用来说明某些特殊信息，例如建筑图纸中的材料、级配及做法；而表格可以根据文字信息内容进行分类组织，便于阅读理解。一些图纸图框也可使用表格来创建，并在其中填写诸如设计单位、施工单位及日期等文字信息。

7.1　创建文字

在 AutoCAD 中，所有文字都有与之相关联的文字样式。在创建文字注释和尺寸标注时，AutoCAD 通常使用当前的文字样式。也可以根据具体要求重新设置文字样式或创建新的样式。

7.1.1　设置文字样式

文字样式用于设置文字说明的具体格式，如字体、大小、是否为注释性、文字效果等，以满足不同行业或不同国家的制图标准要求。在创建文字说明前，应先设置合适的文字样式。文字样式包括字体、字号、角度、方向和其他文本特征，“文字样式”对话框如图 7-1 所示。

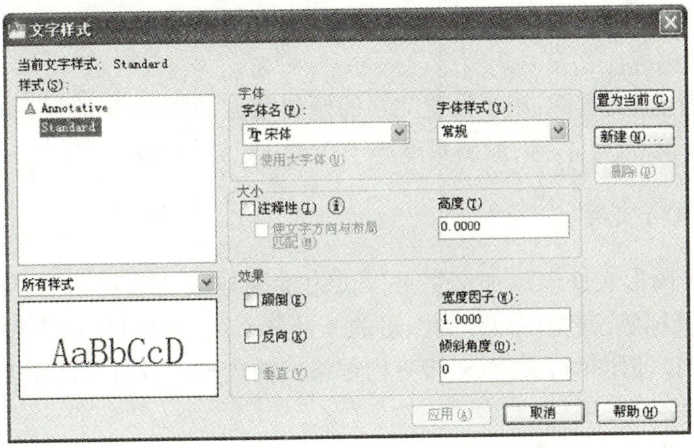

图 7-1　“文字样式”对话框

在“字体”和“大小”选项区域，可以设置文字样式的字体等属性。用户在“字体名”下拉列表框中选择要设置的字体。AutoCAD 中有两类可以用的字体：Windows 自带的 TureType 字体和 AutoCAD 编译的形字体(SHX)。同时，还可用通过“字体样式”下拉列表框中选择文字的样式，如常规、斜体等。

用户可以设置大字体，大字体是指亚洲语音的象形文字大字体文件。但是，只有在“字体名”下拉列表框中选择了形字体（SHX）才能设置大字体。“字体名”下拉列表框中能满足中国制图标准的文字有英文字体（gbenor. shx）、英文斜体（gbetic. shx）和中文字体（gbcbig. shx）。

通过“高度”文本框可以设置文字的高度。如果保持文字高度的默认状态为 0，则每次进行文字标注时，AutoCAD 命令行都会提示“指定高度”。但如果在“高度”文本框输入了文字高度，则 AutoCAD 不会在命令行中提示指定高度。

设置文字效果，在“效果”选项区域可以设置文字的显示特征。各复选框的作用如下：

（1）“颠倒”复选框：用于设置是否将文字倒过来书写。如图 7-2（a）所示的显示效果即为选择该复选框后的效果。

（2）“反向”复选框：用于设置是否将文字反向标注。如图 7-2（b）所示的显示效果即为选择该复选框后的效果。

(a)“颠倒”效果　　(b)“反向”效果

图 7-2　文字效果

（3）“垂直”复选框：用于是否将文字垂直标注，只有选定的文字支持双向选定时，才可以使用该功能。垂直效果对汉字字体无效，TureType 字体对垂直定位不可用。

（4）“宽度因子”文本框：用于设置文字字符的高度和宽度之比。“宽度因子”值大于 1 时，文字字符变宽；“宽度因子”值小于 1 时，文字字符变窄；“宽度因子”值等于 1 时，将按系统定义的比例标注文字。

（5）“倾斜角度”文本框：用于设置文字的倾斜角度。倾斜角度小于 0°时，文字左倾；倾斜角度大于 0°时，文字右倾；倾斜角度等于 0°时，文字不倾斜。

7.1.2　创建单行文字

在 AutoCAD 图形文件中添加文字可以更为准确地表达各种信息，如复杂的技术要求、标题栏信息及标签，甚至可以作为图形的一部分。用户可以使用多种方法创建文字，对简单的内容可以使用单行文字，对带有内部格式的较长内容可以使用多行文字，也可以创建带有引线的多行文字。

在 AutoCAD 中，单行文字的编辑主要作用是编辑单行文字、标注文字、属性定义和特征控制框。

在 AutoCAD 中，调用“单行文字”命令的方法如下。

◆命令：DTEXT。

◆工具栏：选择“注释”选项卡，在“文字”面板中单击“单行文字”按钮。

调用该命令后，AutoCAD 2014 命令行将依次出现如下提示：

当前文字样式：< 当前 >当前文字高度：< 当前 >注释性：< 当前 >

指定文字的起点或[对正(J)/样式(S)]://指定点或输入选项

各选项的作用如下。

(1)指定文字的起点。

指定第一个字符的插入点。如果按 Enter 键,则接着最后创建的文字对象定位新的对象。

指定高度 < 当前 >://指定点、输入值或按 Enter 键

此提示只有文字高度在当前文字样式设置为 0 时才显示。此时会在文字插入点与鼠标之间产生一条托引线,单击,可将文字的高度设置为拖引线的长度,也可直接输入高度值。

指定文字的旋转角度 <0>://指定旋转角度或按 Enter 键

可以直接输入角度值或通过鼠标移动来指定角度。如果要输入水平文字,将角度设置为 0°;如果要输入垂直文字,将角度设置为 90°。

设置完毕即可输入正文。可以在一行结尾处按 Enter 键换行,继续输入,创建多行文字对象,这样的多行文字每一行之间都是相互独立的,AutoCAD 将每一行看作一个文字对象。在此步骤中用户还可以移动鼠标,在需要插入文字的其他位置单击,在该位置继续输入单行文字。

在按 Enter 键换行后,在空格状态下再次按 Enter 键结束单行文字的输入。

在输入文字过程中,无论如何设置文字样式,系统都将以适当的大小在水平方向显示文字,以便用户可以轻松地阅读和编辑文字;否则,文字不便阅读(如果文字很小、很大或被旋转)。只有命令结束后,才会按照设置的样式显示。

(2)对正。

对正决定字符的那一部分与插入点对齐。

输入选项[对齐(A)/布满(F)/居中(C)/中间(M)/右对齐(R)/左上(TL)/中上(TC)/右上(TR)/左中(ML)/正中(MR)/左下(BL)/中下(BC)/右下(BR)/]://输入选项

也可在“指定文字的起点”提示下输入这些选项。

(3)样式。

指定文字样式,文字样式决定文字字符的外观。创建的文字使用当前文字样式。

输入样式名或[?] < 当前 >://输入文字样式名称或输入? 以列出所有文字样式

输入“?”将列出当前文字样式、关联的字体文件、字体高度及其他参数。

7.1.3 创建多行文字

单行文字比较简单,不便于一次输入大量文字说明,此时可以使用“多行文字”命令。多行文字又称为段落文字,是一种更易于管理的文字对象,它由两行以上的文字组成,而且各行文字都是作为一个整体来处理的。在工程制图中,常用多行文字创建较为复杂的文字说明,如图样的技术要求等。

在 AutoCAD 中,调用“多行文字”命令的方法如下。

◆执行菜单栏中的“绘图”→“文字”→“多行文字”命令。

◆单击“绘图”工具栏或面板上的 A 按钮。

◆在命令行输入 MTEXT 或 MT 后按 Enter 键。

调用该命令后，AutoCAD 命令行将依次出现如下提示：

指定第一角点：

在要输入多行文字的位置单击，指定第一个角点。

指定对角点或[高度(H)/对正(J)/行距(L)/旋转(R)/样式(S)/宽度(W)/栏(C)]：

多行文字编辑器如图 7-3 所示。

图 7-3　多行文字编辑器

各选项的作用如下：

(1)对角点：指定边框的对角点定义多行文字对象的宽度。

此时如果功能区处于活动状态，则将显示“文字编辑器”选项卡。

如果功能区处于活动状态，则将显示在位文字编辑器。

(2)高度(H)：指定用于多行文字字符的文字高度。

指定高度 <当前>：//指定点 1、输入值或按 Enter 键

(3)对正(J)：根据文字边界，确定新文字或选定文字的文字对齐方式和文字走向。当前的对正方式(默认是左上)被应用到新文字中。根据对正设置和矩形上的 9 个对正点之一将文字在指定矩形中对正。对正点由用来指定矩形的第一点来决定。文字根据其左右边界居中对正、左对正或右对正。在一行的末尾输入的空格是文字的一部分，并会影响该行的对正。文字走向根据其上下边界控制文字是与段落中央、段落顶部还是与段落底部对齐。

命令行如下：

输入对正方式[左上(TL)/中上(TC)/右上(TR)/左中(ML)/正中(MC)/右中(MR)/左下(BL)/中下(BC)/右下(BR)] <左上>：//输入选项或按 Enter 键

(4)行距(L)：指定多行文字的行距。行距是一行文字的底部(或基线)与下一行文字底部之间的垂直距离。

命令行如下：

输入行距类型[至少(A)/精确(E)] <当前类型>：

①至少。根据行中最大字符的高度自动调整文字行。当选定“至少”时，包含更高字符的文字行会在行之间加大间距。

命令行如下：

输入行距比例或行距 <当前>：

行距比例：将行距设置为单倍行距的倍数。单倍行距是文字字符高度的 1.66 倍。可

以以数字后跟 x 的形式输入行距比例，表示单倍行距的倍数。例如，输入 1x 指定单倍行距，输入 2x 指定双倍行距。

行距：将行距设置为以图形为单位测量的绝对值。有效值必须在 0.0833(0.25x) ~ 1.3333(4x)。

②精确。

强制多行文字对象中所有文字行之间的行距相等。间距由对象的文字高度或文字样式决定。

命令行如下：

输入行距比例或行距 <当前>：

(5)旋转：指定文字边界的旋转角度。

命令行如下：

指定旋转角度 <当前>：//指定点或输入值

如果使用定点设备指定点，则旋转角度通过 x 轴和由最近输入的点（默认情况为 0,0,0）与指定点定义的直线之间的角度来确定。重复上一个提示，直到指定文字边界的对角点为止。

(6)样式(S)：指定用于多行文字的文字样式。

命令行如下：

输入样式名或[?] <当前值>：

样式名：指定文字样式名。文字样式可以使用 STYLE 命令来定义和保存。

(7)宽度(W)：指定文字边界的宽度。

指定宽度：指定点或输入值。

如果用定点设备指定点，那么宽度为指定点与起点之间的距离。多行文字对象每行中的单字可自动换行，以适应文字边界的宽度。

(8)栏(C)：指定多行文字的栏选项。

命令行如下：

输入栏类型[动态(D)/静态(S)/不分栏(N)] <动态(D)>：

动态：指定栏宽、栏间距宽度和栏高。动态栏由文字驱动。调整栏将影响文字流，而文字流将导致添加或删除栏。

静态：指定总栏宽、栏数、栏间距宽度和栏宽。

不分栏：将不分栏模式设置给当前多行文字对象。

7.1.4 创建引线文字

引线对象是一条线或样条曲线，其一端带有箭头，另一端带有多行文字对象或块。在某些情况下，有一条短水平线将文字或块和特征控制框连接到引线上。基线和引线与多行文字对象或块关联，因此当重定位基线时，内容和引线将随其移动。当打开关联标注，并且使用对象捕捉确定引线箭头的位置时，引线则与附着箭头的对象相关联。如果重定位该对象，箭头也随之重定位，并且基线相应拉伸。

在 AutoCAD 中执行命令如下：

◆命令：MLEADERSTYLE。

◆工具栏：选择“注释”选项卡，在“多重引线”面板中单击对话框启动器。

执行该命令后，将打开“多重引线样式管理器”对话框，单击“新建”按钮，弹出“创建新多重引线样式”对话框，在该对话框中可以定义新多重引线样式。主要包括：“引线格式”选项卡、“引线结构”选项卡、“内容”选项卡。

7.2 创建表格

在 AutoCAD 中，可以使用“创建表格”命令创建表格，还可以从 Microsoft Excel 中直接复制表格，并将其作为 AutoCAD 表格对象粘贴到图形中，也可以从外部直接导入表格对象。此外，还可以输出来自 AutoCAD 的表格数据，以供在 Microsoft Excel 或其他应用程序中使用。

7.2.1 设置表格样式

表格样式控制着一个表格的外观，用于保证标准的字体、颜色、文本、高度和行距。可以使用默认的表格样式，也可以根据需要自定义表格样式。

在 AutoCAD 中，调用“表格样式”命令的方法如下。

◆命令：TABLESTYLE。

◆工具栏：选择“注释”选项卡，在“表格”面板中单击对话框启动器。

调用该命令后，打开“表格样式”对话框，如图 7-4 所示。

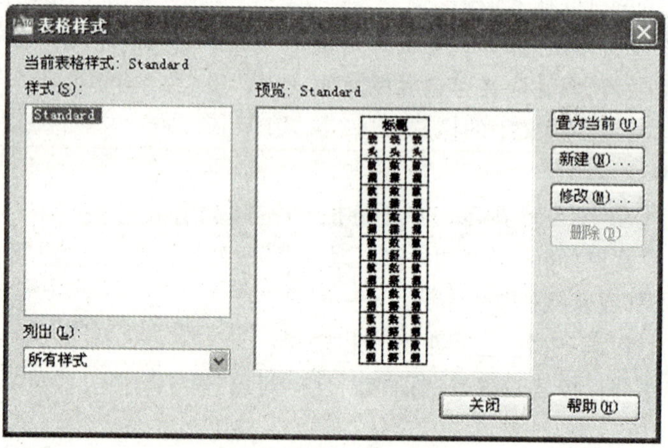

图 7-4 “表格样式”对话框

单击“新建”按钮，可以在打开的“创建新的表格样式”对话框中创建新表格样式。在该对话框中的“新样式名”文本框中输入新的表格样式的名称，如“Standard 副本”，在“基础样式”下拉列表框中选择一个表格样式，为新的表格样式提供默认设置。

单击“继续”按钮,打开“新建表格样式:Standard 副本”对话框,如图 7-5 所示。

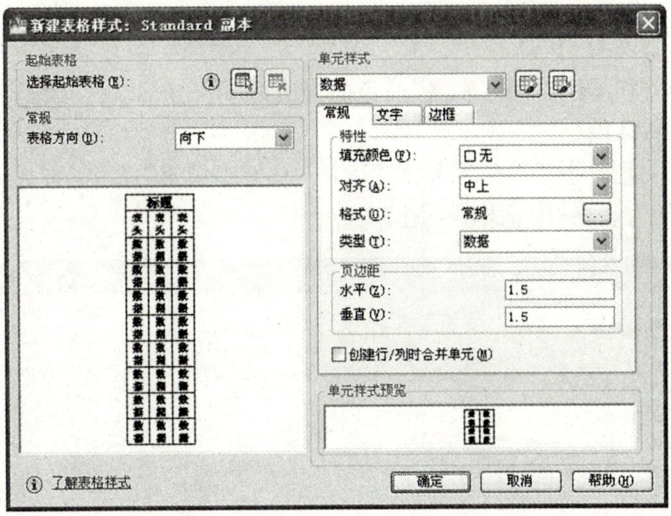

图 7-5 **“新建表格样式:Standard 副本”对话框**

在“新建表格样式:Standard 副本”对话框中,包括“起始表格”、“常规”和“单元样式”3 个选项区域。

在“常规”选项区域中的“表格方向”下拉列表框中,用户可以为表格设置方向。默认为“向下”。如果选择“向上”选项,将创建由下而上读取的表格,标题行和列标题行都在表格的底部。

用户可以在“单元样式”选项区域的下拉列表框中选择“数据”、“标题”和“表头”选项来分别设置表格的数据、标题和表头对应的样式。

对于“数据”、“标题”和“表头”3 个单元样式,可在“常规”、“文字”、“边框”3 个选项卡中进行设置,它们的内容基本相似,分别指定单元基本特性、文字特性和边界特性。

7.2.1.1 **“常规”选项卡**

“填充颜色”下拉列表框:默认为“无”颜色,即不使用填充颜色,用户也可以为表格选择一种背景色。

“对齐”下拉列表框:为单元内容指定一种对齐方式。

“格式”为表格中“数据”、“列表题”或“标题”行设置数据类型和格式。单击右边的按钮,打开“表格单元格式”对话框,在其中可以进一步设置数据类型、格式或其他选项。

“类型”下拉列表框:将单元样式指定为标签或数据。

“水平”和“垂直”文本框:设置单元边框和单元内容之间的水平与垂直间距,默认设置是数据行中文字高度的 1/3,最大高度是数据行中文字的高度。

7.2.1.2 **“文字”选项卡**

“文字”选项卡设置表格单元中的文字样式、高度、颜色和角度等特性。

7.2.1.3 **“边框”选项卡**

单击“边框”设置按钮,可以设置表格的边框是否存在。当表格具有边框时,还可以设置表格的线宽、线型、颜色和间距等特性。

7.2.2　插入表格

在 AutoCAD 中,调用“创建表格”命令的方法如下。

(1)命令:TABLE。

(2)工具栏:选择“注释”选项卡,在“表格”面板中单击“表格”按钮调用“创建表格”命令后,打开“插入表格”对话框(见图 7-6)。

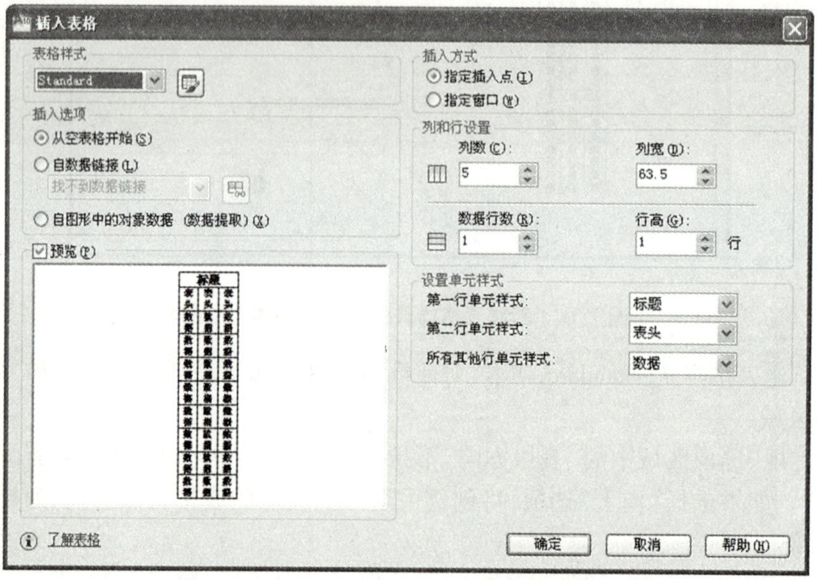

图 7-6　**“插入表格”对话框**

在“表格样式”选项区域,可以在“表格样式”下拉列表框中选择表格样式,或者单击其右侧的按钮,打开“表格样式”对话框,创建新的表格样式。

在“插入选项”选项区域,选择“从空表格开始”单选按钮,可以创建一个空的表格;选择“自数据链接”单选按钮,可以从外部导入数据来创建表格;选择“自图形中的对象数据(数据提取)”单选按钮,可以用于从可输出表格或外部文件的图形提取数据来创建表格。

在“插入方式”选项区域,选择“指定插入点”单选按钮,可以在绘图窗口中的某点插入固定大小的表格;选择“指定窗口”单选按钮,可以在绘图窗口中通过拖拽表格边框来创建任意大小的表格。

在“列和行设置”选项区域,可以通过改变列数、列宽、数据行数和行高文本框中的数据来调整表格的外观大小。

7.2.3　编辑表格

7.2.3.1　编辑表格

表格是在行和列中包含数据的对象。表格创建完成后,用户可以单击该表格上的任意网格线以选中该表格,表格显示夹点,然后通过“特性”选项板或夹点来修改该表格。

通过调整夹点，可以修改表格对象。

选择表格对象后，选择“特性”（PROPERTIES）命令，或在菜单栏选择“修改”命令→“特性”命令，打开“特性”选择板，在其中可根据需要调整表格的各项参数。

7.2.3.2 **向表格中添加数据**

表格单元中的数据可以是文字或块。表格创建完成后，在表格单内单击即开始输入文字。要在单元格中创建换行符，则按 Alt + Enter 组合键。

在表格中插入块，具体请参考下面关于编辑表格的相关内容。

按 Tab 键可以移动到下一个单元格。在表格的最后一个单元格中，按 Tab 键可以添加一个新行；按 Shift + Tab 组合键可以移动到上一个单元格；光标位于单元格中文字的开始或结束的位置，使用箭头键可以将光标移动到相邻的单元格。也可以使用 Ctrl + 箭头组合键；单元格中的文字处于亮显状态时，按箭头键取消选择，并将光标移动到单元格中文字的开始或结束位置；按 Enter 键可以向下移动一个单元格。

要保存并退出，可以按 Ctrl + Enter 组合键。

7.2.3.3 **编辑表格单元**

在某个单元格内单击就可以选中表格单元，选中单元格边框的中央将显示夹点，拖动单元格上的夹点可以使单元格及其列或行更宽或更小。按住 Shift 键并在另一个单元格内单击，可以同时选中这两个单元格以及它们之间的所有单元格。选择多个单元格，还可以单击并在多个单元格上拖动。

如果在功能区处于活动状态时在表格单元格内单击，将显示“表格单元”选项卡。

（1）“行”面板。

从上方插入：在当前选定单元格或行的上方插入行。

从下方插入：在当前选定单元格或行的下方插入行。

删除行：删除当前选定行。

（2）“列”面板。

从左侧插入：在当前选定单元格或行的左侧插入列。

从右侧插入：在当前选定单元格或行的右侧插入列。

（3）“合并”面板。

合并单元：将选定单元合并到一个大单元中。

取消合并单元：对之前合并的单元取消合并。

（4）“单元样式”面板。

匹配单元：将选定单元的特性应用到其他单元。

表格单元样式：列出包含在当前表格样式中的所有表格单元样式。表格单元样式标题、表头和数据通常包含在任意表格样式中，且无法删除或重命名。

单元边框：设置选定表格单元的边界特性。单击该按钮打开“单元边框特性”对话框，在其中可以设置边框的线宽、线性、颜色、是否指定双线，以及双线的间距等。

正中：对单元内的内容指定对齐。内容相对于单元的顶部边框和底部边框进行居中对齐、上对齐或下对齐。内容相对于单元的左侧边框和右侧边框居中对齐、左对齐或右对齐。

表格单元背景色：指定填充颜色。选择“无”或选择一种背景色，或者选择“选择颜色”选项，打开“选择颜色”对话框。

(5)“单元格式”面板。

单元锁定：锁定单元内容和/或格式(无法进行编辑)或对其解锁。

数据格式：显示数据类型列表(“角度”、“日期”、“十进制数”等)，从而可以设置表格行的格式。用户还可以选择“自定义表格单元格式”选项，打开“表格单元格式”对话框，在其中进一步设置其格式和精度。

(6)“插入”面板。

块：单击该按钮，打开“在表格单元中插入块”对话框，从中可将块插入当前选定的表格单元中。在该对话框中，“名称”文本框用于制定需要插入的块；“比例”文本框用于制定块参照的比例，可以输入值或选择“自动调整”复选框以适应选定的单元；“全局单元对齐”下拉列表框用于制定块在表格单元中的对齐方式。

字段：单击该按钮，将打开“字段”对话框。

公式：将公式插入当前选定的表格单元中。公式必须以等号开始。用于求和、求平均值和计数的公式将忽略空单元，以及未解析为数值的单元。

管理单元内容：单击该按钮，将打开“管理单元内容”对话框，显示选定单元的内容。可以更改单元内容的次序，以及单元内容的显示方向。例如，在表格单元中有多个块，就可以用它定义单元内容的显示方式。

(7)“数据”面板。

链接单元：单击该按钮，将打开“选择数据链接”对话框。

从源下载：更新由已监理的数据链接中的已更改数据参照的表格单元中的数据。

选择表格单元对象后，选择“特性”(PROPERTIES)命令，打开“特性”选项板，在其中可根据需要调整表格的各项参数。

在 AutoCAD 中，还可以使用表格的快捷菜单编辑表格。

小 结

文字和注释是工程图样中不可缺少的一部分，如技术要求、注释和标题栏等。它可以对图形中不便于表达的内容加以说明，使图形的含义更加清晰，从而使设计、修改和施工人员对图形的要求一目了然。

习 题

绘制如图 7-7 所示图形。

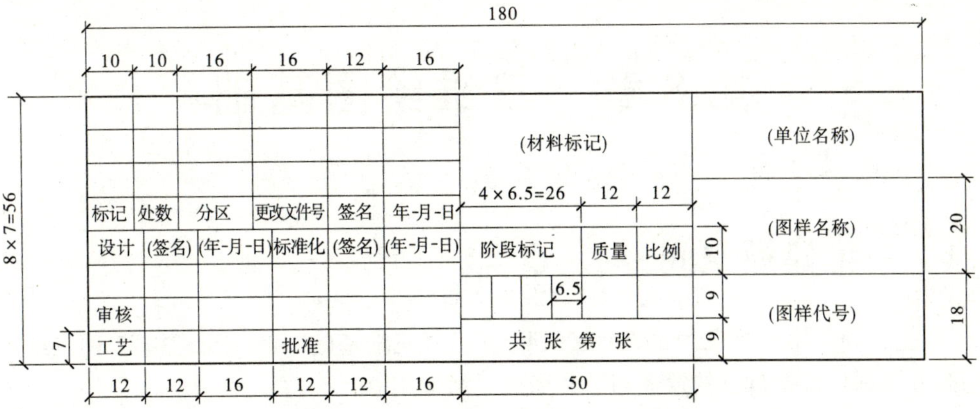
180
10
10
16
16
12
16
8×7=56
标记
处数
分区
更改文件号
签名
年-月-日
设计
(签名)
(年-月-日)
标准化
(签名)
(年-月-日)
审核
工艺
批准
7
12
12
16
12
12
16
(材料标记)
4×6.5=26
12
12
阶段标记
质量
比例
6.5
共 张 第 张
50
10
9
9
(单位名称)
(图样名称)
(图样代号)
20
18

图 7-7

第 8 章　三维绘图基础

8.1　三维建模空间

根据不同的用户要求，AutoCAD 2014 提供了“三维基础”和“三维建模”2 种三维工作空间，方便用户根据自己的绘图习惯和需要灵活选用。

在“三维基础”工作空间中，用户可以方便地创建简单的三维模型，其功能区提供了各种常用的三维建模、布尔运算、三维编辑工具等按钮，如图 8-1 所示。

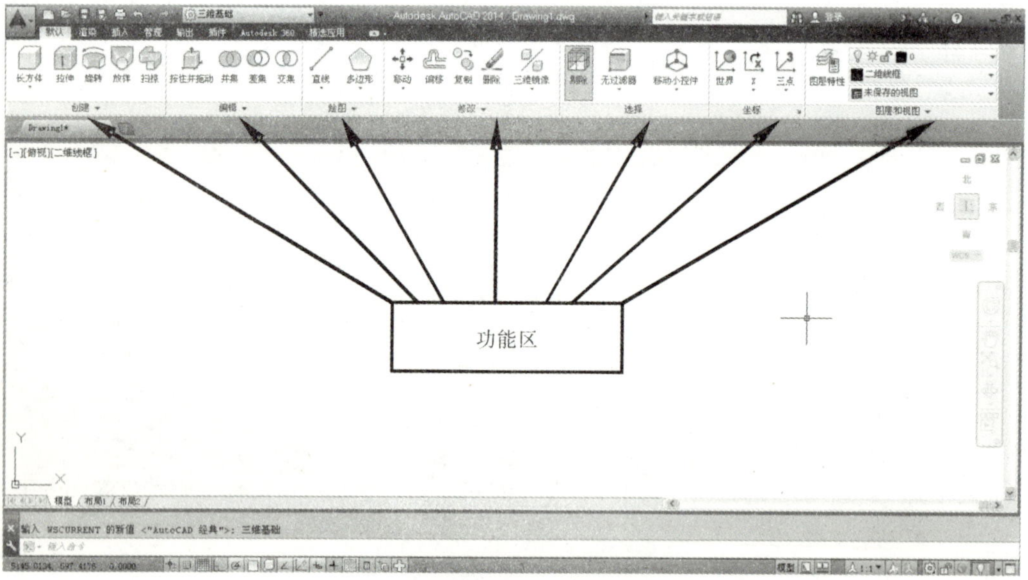

图 8-1　“三维基础”工作空间

“三维建模”工作空间界面与“草图与注释”工作空间界面相似，其功能区集中了三维建模、视觉样式、光源、材质、渲染和导航等面板，为绘制和观察三维图形、附加材质、创建动画、设置光源等操作提供了非常便利的环境。同时，在绘图区也可设置渐变背景色、工作平面以及新的矩形栅格，从而增强三维效果和三维模型的构造。“三维建模”工作空间界面如图 8-2 所示。

8.2　三维模型

AutoCAD 提供了 3 种不同的模型方式来表现三维图形的形态特点，包括实体模型、曲面模型和网格模型。通过这三种模型，可以帮助用户感性认识三维复杂实体的外形，同时

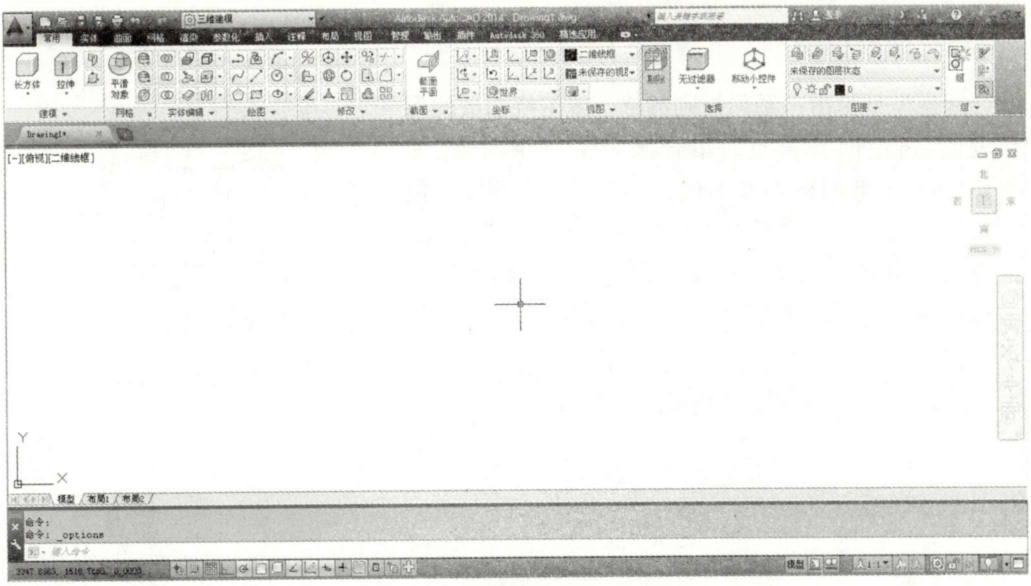

图 8-2 “三维建模”工作空间

降低绘制难度，使无法在二维平面图中清晰表达的内容形象、立体地展现在屏幕上。

8.2.1 实体模型

实体模型是由三维空间中的平面或曲面组合而成的三维空间实体，是实实在在的物体。该模型具备点、线、面、体等实物的一切特性，如质量、体积、重心、惯性矩、回转半径等特征。

AutoCAD 为用户提供了多种三维实体模型，如长方体、楔体、球体、圆柱体、圆锥体等。对这些实体可以进行各种布尔运算，从而创建复杂的三维实体图形。另外，也可以对这些实体模型进行着色和渲染，或检测和分析实体内部的质心、体积和惯性矩等。如图 8-3所示的模型为实体模型。

8.2.2 曲面模型

曲面模型是用面来定义三维对象的边界和表面，如图 8-4 所示，具有点、线、面特征，但不具备体特征，因此不能对其进行布尔运算。曲面的概念较为抽象，可将其理解为实体的面。曲面模型不仅支持着色和渲染等功能，还能对其进行修剪、延伸、圆角、偏移等编辑操作。

图 8-3 实体模型

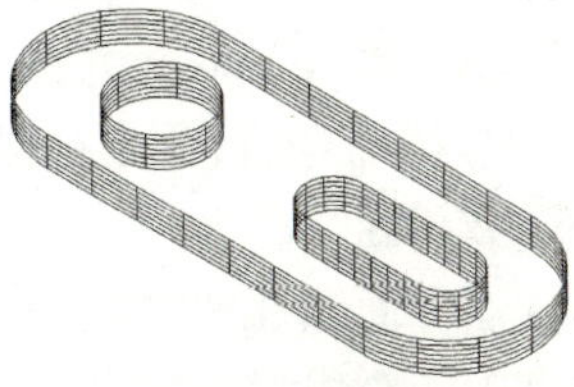

图 8-4 曲面模型

8.2.3 网格模型

网格模型是由一系列规则的格子线围绕而成的网状表面，再由网状表面的集合来定义三维对象，如图8-5所示。此网格模型不仅包括对象的边界，还包括对象的表面。因为具有面的特性，故支持着色、渲染等操作，但不能表达出真实实物的属性。由于使用多边形网格定义，网格模型只能近似于曲面。

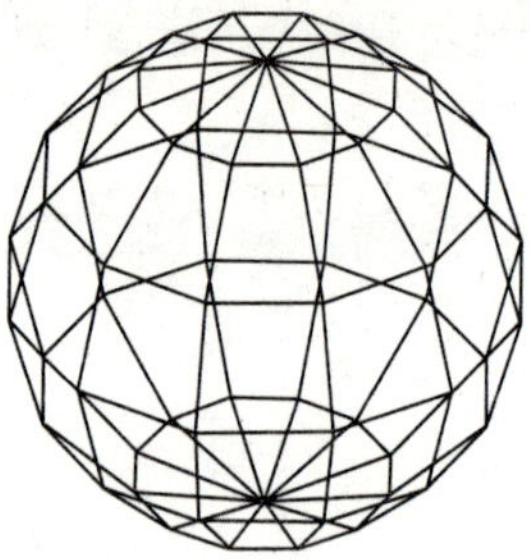

图8-5 网格模型

8.3 三维模型的观察

8.3.1 视点

为了便于三维对象的绘制，用户需要改变视点，以满足从不同角度、不同位置观察图形的要求，这些观察图形的方向即为视点。例如，绘制长方体时，如果使用平面坐标系即Z轴垂直于屏幕观察时，仅能看到长方体在XY平面上的投影，如图8-6所示。如果调整至西南等轴测时，则可以观察到三维的长方体，如图8-7所示。

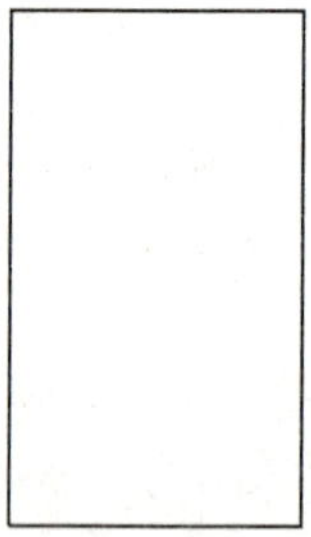

图8-6 XY平面投影

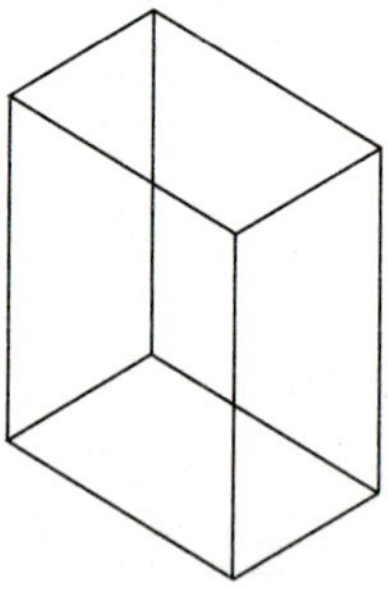

图8-7 西南等轴测图

在AutoACD中，可通过两种方式实现对视点的设置：使用“视点”命令和使用“视点预设”命令。

8.3.1.1 使用“视点”命令设置视点

“视点”命令用于输入观察点的坐标或角度来确定视点。该命令主要有以下两种执行方式：

◆选择菜单栏“视图”|“三维视图”|“视点”命令。

◆在命令行输入Vpoint并按Enter键。

执行“视点”命令后，命令行提示如下：

命令：VPOINT

当前视图方向：VIEWDIR=0.0000,0.0000,1.0000

指定视点或[旋转(R)]<显示指南针和三轴架>：

命令行选项含义如下：

【指定视点】:使用输入的 X、Y、Z 坐标定义视点,创建定义观察视图方向的矢量。坐标值即为视点的位置,定义的视图是从该点向原点(0,0,0)方向观察,如图 8-8 所示。

【旋转】:使用两个角度指定视点,这两个角度分别为所指定的视点与原点的连线在 XY 平面的投影与 X 轴正向的夹角,以及视点与原点的连线与 XY 平面的夹角,如图 8-9 所示。

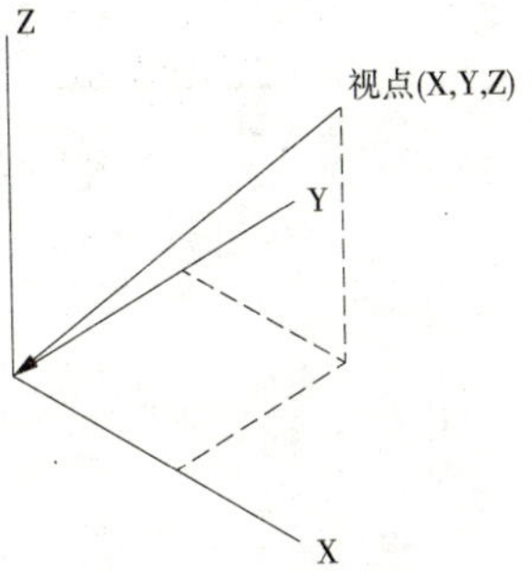

图 8-8 指定视点

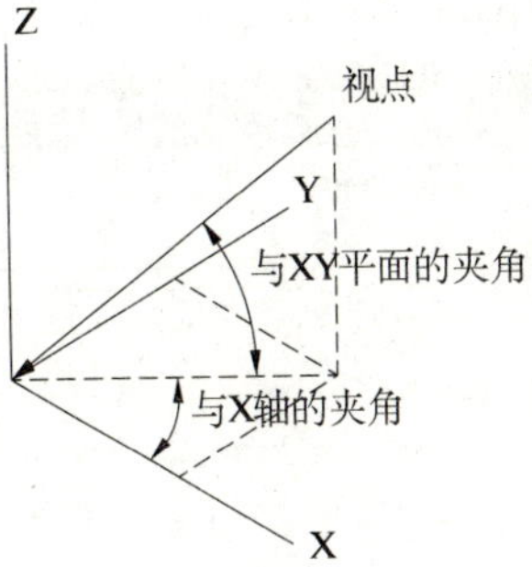

图 8-9 旋转视点

【显示指南针和三轴架】:如果不输入任何坐标而直接按 Enter 键,则系统默认显示指南针和三轴架,用来定义观察方向,如图 8-10 所示。其中,三轴架的三个轴分别代表 X、Y、Z 轴的正方向。位于右上角的罗盘是一个展开的球体,中心点是北极(0,0,n),相当于视点位于 Z 轴正向;内环是赤道(n,n,0);外环是南极(0,0,-n)。十字光标代表视点的位置,移动鼠标,使十字光标在坐标球范围内移动,则三轴架根据坐标球指示的观察方向自动进行调整。选择观察方向时,将十字光标移动到坐标球的某个位置单击即可。

8.3.1.2 使用“视点预设”命令设置视点

“视点预设”命令是使用对话框的形式进行视点设置。该命令主要有以下三种执行方式:

◆选择菜单栏“视图”|“三维视图”|“视点预设”命令。

◆在命令行输入 DDVpoint 并按 Enter 键。

◆使用命令简写 VP 并按 Enter 键。

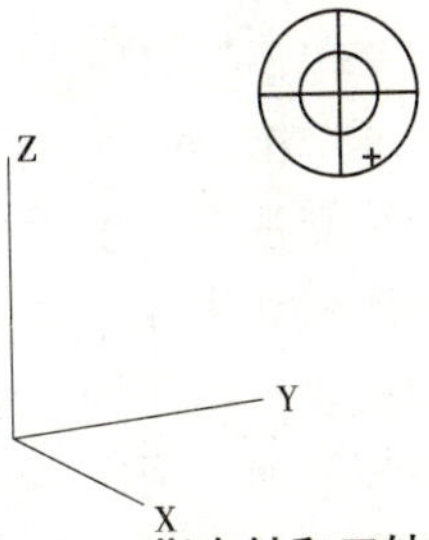

图 8-10 指南针和三轴架

执行“视点预设”命令后,打开如图 8-11 所示的对话框。在该对话框中可以进行如下设置:

◆设置观察角度。系统默认的观察方向是“绝对于 WCS”,如果选择“相对于 UCS”,则观察方向参照当前的 UCS。

◆设置视点与原点的连线在 XY 平面的投影与 X 轴正向的夹角。可在图中左侧方形分度盘上选择相应的角度(共有 8 个角度可选),或直接在“X 轴”文本框中输入 360°以内任意角度值。

◆设置视点与原点的连线与 XY 平面的夹角。可在图中右侧半圆形分度盘上选择相应的角度(共有 11 个角度可选),或直接在“XY 平面”文本框中输入 ±90°以内角度值。

◆设置为平面视图。系统将重新设置成与 X 轴夹角为 270°、与 XY 平面夹角为 90°的平面视图。

8.3.2 视图

在进行三维绘图时，需经常用到一些特殊的视点，若使用“视点”命令输入相应坐标值进行查看，操作非常烦琐。为了便于观察和编辑三维模型，AutoCAD 将这些常用的特殊视点罗列出来，为用户提供了 10 个预设的标准视图：6 个正交视图和 4 个等轴测图，如图 8-12 所示。

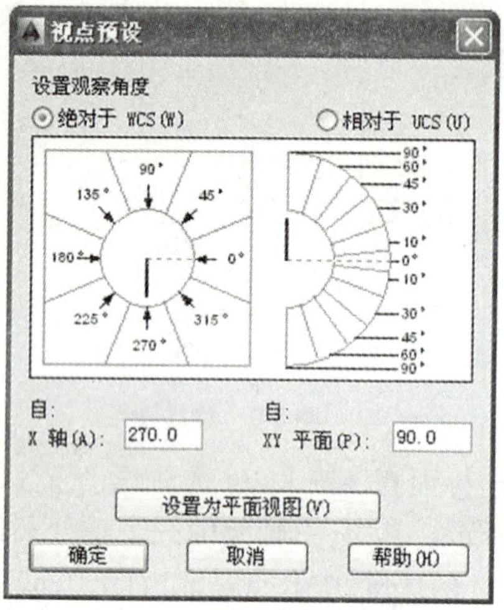

图 8-11 **“视点预设”对话框**

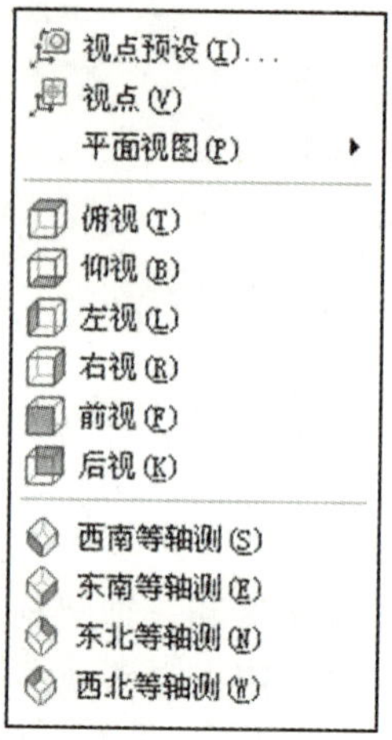

图 8-12 **三维视图**

视图的切换主要有以下几种方式：

◆选择菜单栏“视图”|“三维视图”级联菜单中的各视图命令。

◆单击“视图”选项卡|“视图”面板中相应按钮。

◆单击绘图区左上角的视图控件。

正交视图沿坐标轴方向观察三维实体，是经常使用的基本视图，可以获得三维实体的准确形状和尺寸；等轴测图从不平行于坐标轴的方向观察，是常见的立体图，它用一个投影面来表示物体的三维形状，直观性好，立体感强，但难以准确表达图形的尺寸，故轴测图常作为辅助视图使用。

无论是正交视图还是等轴测图，都可以显示三维实体的主要特征，其中每种视图的视点、与 X 轴夹角和与 XY 平面夹角等内容如表 8-1 所示。

表 8-1 **标准视图及参数设置**

视图	菜单选项	方向矢量	与 X 轴夹角(°)	与 XY 平面夹角(°)
俯视	Tom	(0,0,1)	270	90
仰视	Bottom	(0,0,-1)	270	90
左视	Left	(-1,0,0)	180	0
右视	Right	(1,0,0)	0	0
前视	Front	(0,-1,0)	270	0
后视	Back	(0,1,0)	90	0

续表 8-1

视图	菜单选项	方向矢量	与 X 轴夹角(°)	与 XY 平面夹角(°)
西南等轴测	SW Isometric	(-1,-1,1)	225	45
东南等轴测	SE Isometric	(1,-1,1)	315	45
东北等轴测	NE Isometric	(1,1,1)	45	45
西北等轴测	NW Isometric	(-1,1,1)	135	45

除上述 10 个标准视图外,AutoCAD 还为用户提供了一个“平面视图”工具,使用此命令可以将当前的 UCS、命名保存的 UCS 或 WCS 切换为各坐标系的平面视图,以方便观察和操作,如图 8-13 所示。

“平面视图”的切换主要有以下几种方式:

◆选择菜单栏“视图”|“三维视图”|“平面视图”命令。

◆在命令行输入 Plan 并按 Enter 键。

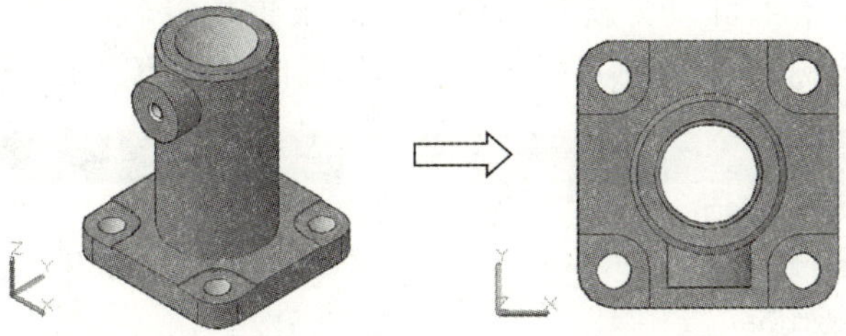

图 8-13　平面视图切换

8.3.3　视口

视口是用于绘制图形、显示图形的特定区域,通常情况下,AutoCAD 默认将整个图形窗口作为一个单一的视口,只能显示一种视图。在实际建模过程中,有时需要从不同视点上观察模型的不同部分,为此 AutoCAD 为用户提供了视口的分割功能,可以将默认的一个视口划分为多个视口,分别在各个视口中显示不同的视图,便于用户从不同的方向观察三维模型的不同部分,如图 8-14 所示。

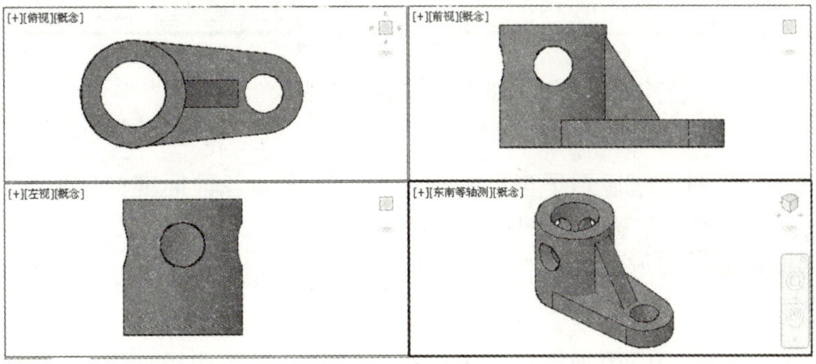

图 8-14　分割视口

在图形窗口中可以分割出多个视口，并可以指定这些视口的数量、排列方式和显示的视图。

视口的分割主要通过两种方式实现。

8.3.3.1 通过菜单分割视口

选择菜单栏“视图”|“视口”级联菜单中的相关命令，即可将当前视口分割为两个、三个或四个，如图8-15所示。

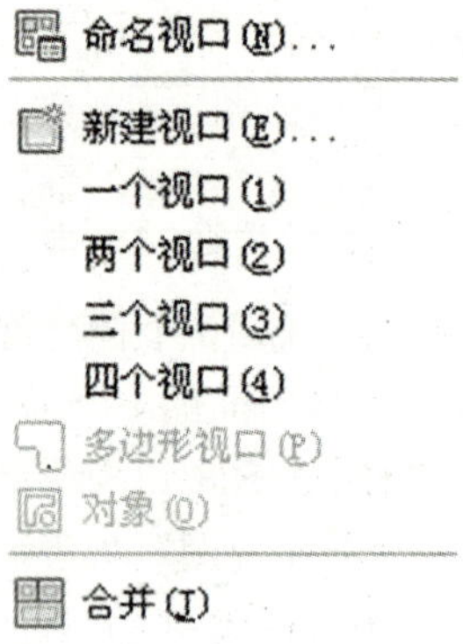

图8-15 “视口”级联菜单

8.3.3.2 通过对话框分割视口

选择菜单栏“视图”|“视口”|“新建视口”命令，或在命令行输入Vports并按Enter键，打开如图8-16所示的“视口”对话框，在此对话框中，可以指定视口的数量和排列方式，并对所分割的视口进行预览。

在“视口”对话框的“新建视口”选项卡中可以设置新的视口配置：

◆“新名称”文本框可以为新建的模型视口配置指定名称，也可以不指定名称，此时仍然可以使用新建的视口配置，但不能将其保存在图形中。

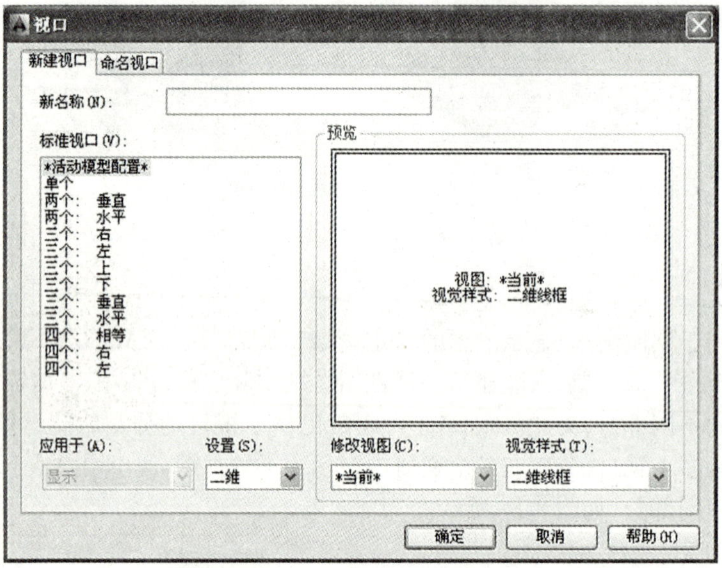

图8-16 “视口”对话框

◆“标准视口”列表框显示了当前的模型视口配置和各种标准视口配置，可以选择其中的标准视口配置并应用到当前图形窗口中。

◆“应用于”下拉列表框可以指定是将所选的标准视口配置应用到整个图形窗口还是当前视口。

◆“设置”下拉列表框用来指定二维或三维设置。如果选择二维，新的视口配置将使用当前视图；如果选择三维，一组标准正交三维视图将被应用到配置的视口中。

◆“预览”框可以显示当前视口配置的预览图像，并在每个视口中给出该视口所显示的视图名称。

◆“修改视图”下拉列表框用来替换选定视口中的视图。

◆“视觉样式”下拉列表框用来更改视口中图像的视觉样式。

8.3.4 动态观察

AutoCAD 为用户提供了动态观察功能，使用此功能用户可以实时地控制或改变当前视口中创建的三维视图，从不同的角度、高度和距离查看三维图形对象的任意部分。

8.3.4.1 受约束的动态观察

受约束的动态观察可在三维空间中旋转视图，但仅限于在水平和垂直方向上进行动态观察。

执行“受约束的动态观察”命令主要有以下几种方式：

◆选择菜单栏“视图”|“动态观察”|“受约束的动态观察”命令。

◆单击“动态观察”工具栏中的按钮。

◆选择“视图”选项卡|“导航”面板上的按钮。

◆在命令行输入 3dorbit 并按 Enter 键。

当执行“受约束的动态观察”命令后，光标会变成形状，如图 8-17 所示。此时按住鼠标左键不放即可手动调整观察点，从各种方位和角度动态地观察对象。当观察完毕后，按 Esc 键或 Enter 键即可退出命令。如果按住鼠标中键进行拖动，则是对视图进行平移。

8.3.4.2 自由动态观察

自由动态观察可以在三维空间中不受滚动约束地旋转视图，即视点不受约束，可在任意方向上进行动态观察。

执行“自由动态观察”命令主要有以下几种方式：

◆选择菜单栏“视图”|“动态观察”|“自由动态观察”命令。

◆单击“动态观察”工具栏中的按钮。

◆选择“视图”选项卡|“导航”面板上的按钮。

◆在命令行输入 3dforbit 并按 Enter 键。

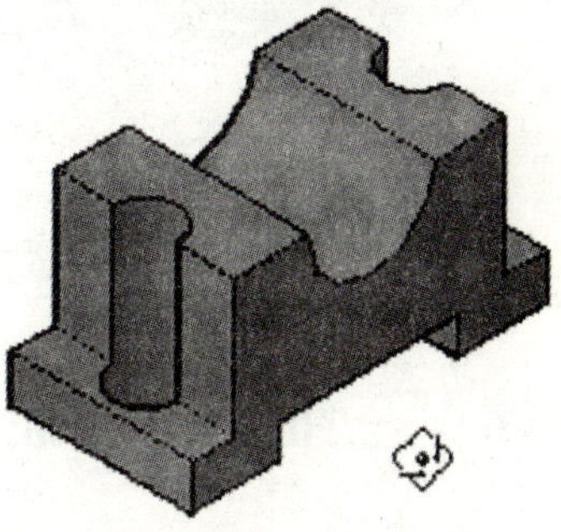

图 8-17 受约束的动态观察

当执行“自由动态观察”命令后，绘图区会出现如图 8-18所示的导航球，它被小圆分成 4 个区域，用户拖动此导航球即可旋转视图，从多个方向自由地观察对象。当观察完毕后，按 Esc 键或 Enter 键即可退出命令。

另外，光标在导航球的不同位置拖动时，视图的旋转效果也不同，具体有以下四种情况：

◆在导航球内部拖动，可使视图任意旋转。

◆在导航球外部拖动，可使视图围绕通过导航球中心且垂直于屏幕的轴旋转。

◆在导航球左、右两侧的小圆内拖动，可使视图围绕通过导航球中心的垂直轴旋转。

◆在导航球上、下两侧的小圆内拖动，可使视图围绕通过导航球中心的水平轴旋转。

8.3.4.3 连续动态观察

连续动态观察是以连续运动的方式在三维空间中旋转视图，可以持续观察三维对象的不同侧面，而不需要手动设置视点。

执行“连续动态观察”命令主要有以下几种方式：

◆选择菜单栏“视图”|“动态观察”|“连续动态观察”命令。

◆单击“动态观察”工具栏中的按钮。

◆选择“视图”选项卡|“导航”面板上的按钮。

◆在命令行输入 3dcorbit 并按 Enter 键。

当执行“连续动态观察”命令后，光标会变成形状，如图 8-19 所示。用户在需要连续动态观察的方向上单击鼠标左键并拖动，使三维对象沿正在拖动的方向开始移动，然后释放鼠标左键，对象即在指定的方向上继续运动，再单击鼠标左键对象可停止运动。光标移动的速度决定了三维对象的旋转速度。当观察完毕后，按 Esc 键或 Enter 键即可退出命令。

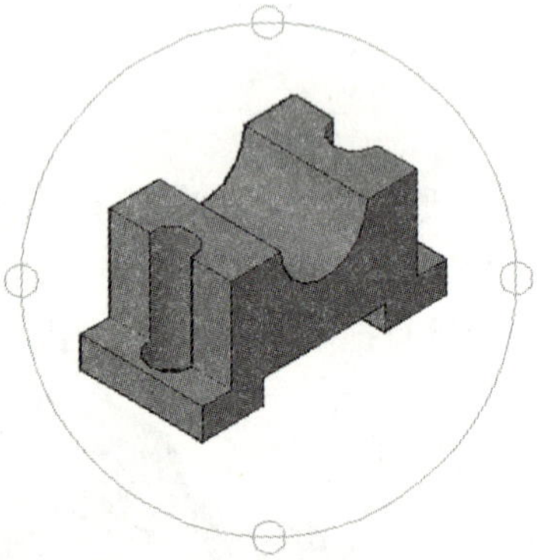

图 8-18 自由动态观察

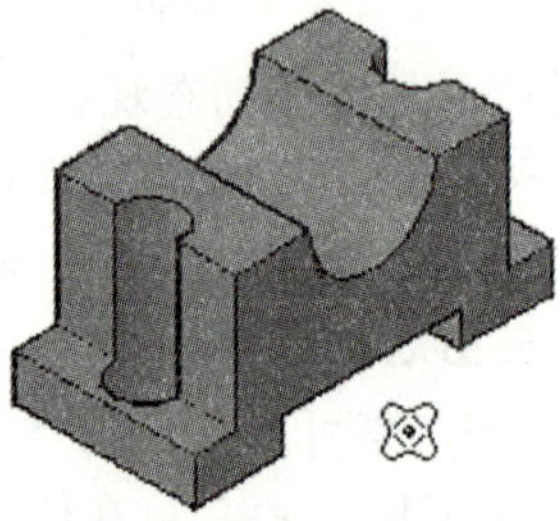

图 8-19 连续动态观察

8.4 三维模型的显示

将三维对象创建好之后，如果需要对模型进行显示和发布，还需要对模型进行必要的效果处理，增加三维对象的可视性和美感。

8.4.1 视觉样式

视觉样式是一组控制三维模型边和着色显示效果的设置，仅更改三维对象的视觉样式特性，而不改变对象的属性。巧妙地运用视觉样式可以快速显示三维模型的逼真形态。

AutoCAD 为用户提供了二维线框、线框、消隐（隐藏）、真实、概念、着色、带边缘着色、灰度、勾画和 X 射线等 10 种默认的视觉样式。视觉样式工具位于如图 8-20 所示的“视图”|“视觉样式”级联菜单下、如图 8-21 所示的“视觉样式”工具栏和如图 8-22 所示的“视觉样式”面板上。

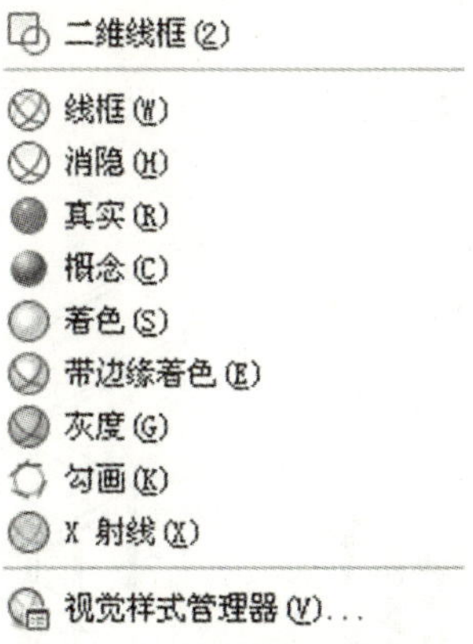

图 8-20 “视觉样式”级联菜单

图 8-21 “视觉样式”工具栏

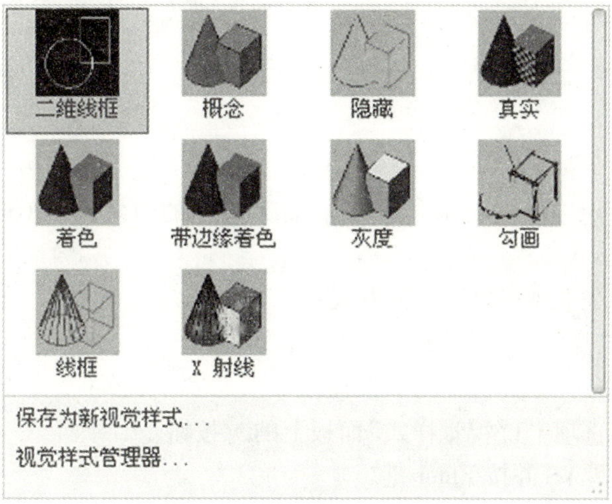

图 8-22 “视觉样式”面板

8.4.1.1 二维线框

“二维线框”命令是用直线和曲线显示对象的边界,此对象的线型和线宽都是可见的,如图 8-23 所示。在该视觉样式下,复杂的三维模型难以分清其结构。

执行“二维线框”命令主要有以下几种方式:

◆选择菜单栏“视图”|“视觉样式”|“二维线框”命令。

◆单击“视觉样式”工具栏中的按钮。

◆选择“视图”选项卡|“视觉样式”面板上的按钮。

◆使用命令简写 VS 并按 Enter 键。

8.4.1.2 线框

“线框”命令即三维线框,也是用直线和曲线显示对象的边界,如图 8-24 所示。与二维线框显示方式不同的是,坐标系显示成三维着色形式,且对象的线型和线宽不可见。

执行“线框”命令主要有以下几种方式:

◆选择菜单栏“视图”|“视觉样式”|“线框”命令。

◆单击“视觉样式”工具栏中的按钮。

◆选择“视图”选项卡|“视觉样式”面板上的按钮。

◆使用命令简写 VS 并按 Enter 键。

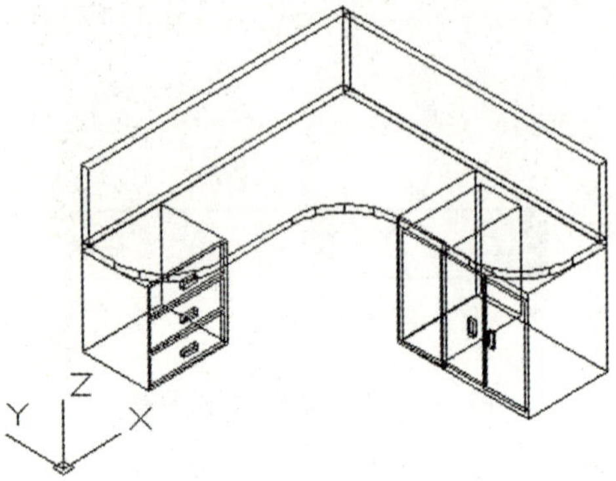

图 8-23　二维线框

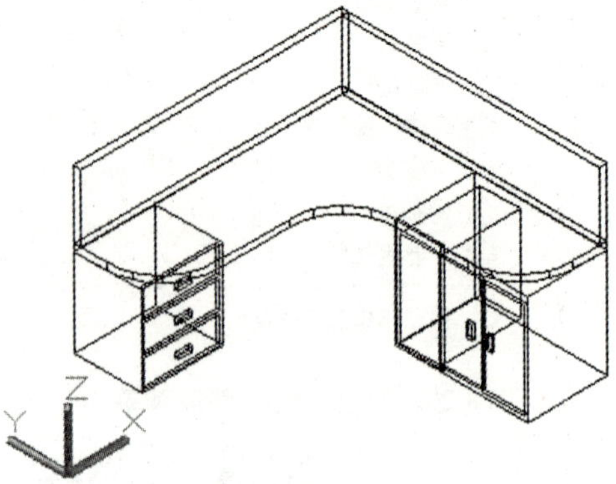

图 8-24　线框

8.4.1.3　消隐

“消隐”命令是用三维线框显示位于前面无遮挡的对象，并隐藏被遮挡的线条，如图 8-25所示。

执行“消隐”命令主要有以下几种方式：

◆选择菜单栏“视图”|“视觉样式”|“消隐”命令。

◆单击“视觉样式”工具栏中的按钮。

◆选择“视图”选项卡|“视觉样式”面板上的按钮。

◆使用命令简写 VS 并按 Enter 键。

8.4.1.4　真实

“真实”命令可使对象实现平面着色，但只对多边形的面着色，不对面边界作光滑处理，如图 8-26 所示。

执行“真实”命令主要有以下几种方式：

◆选择菜单栏“视图”|“视觉样式”|“真实”命令。

◆单击“视觉样式”工具栏中的按钮。

◆选择“视图”选项卡|“视觉样式”面板上的按钮。

◆使用命令简写 VS 并按 Enter 键。

8.4.1.5　概念

“概念”命令也可使对象实现平面着色，不仅可对面着色，还可以对面边界作光滑处理，如图 8-27 所示。

执行“概念”命令主要有以下几种方式：

◆选择菜单栏“视图”|“视觉样式”|“概念”命令。

◆单击“视觉样式”工具栏中的按钮。

◆选择“视图”选项卡|“视觉样式”面板上的按钮。

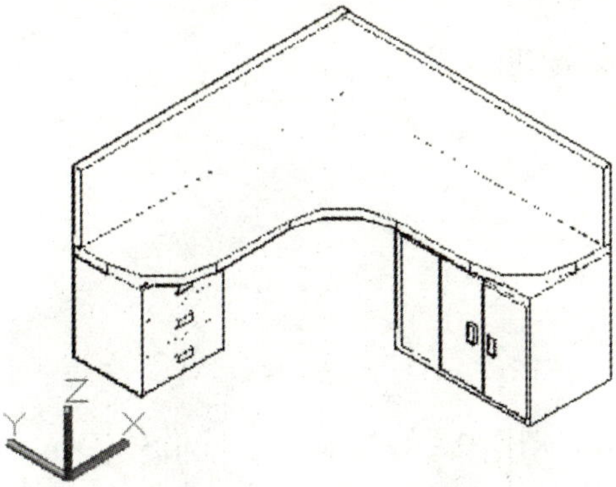

图 8-25　消隐

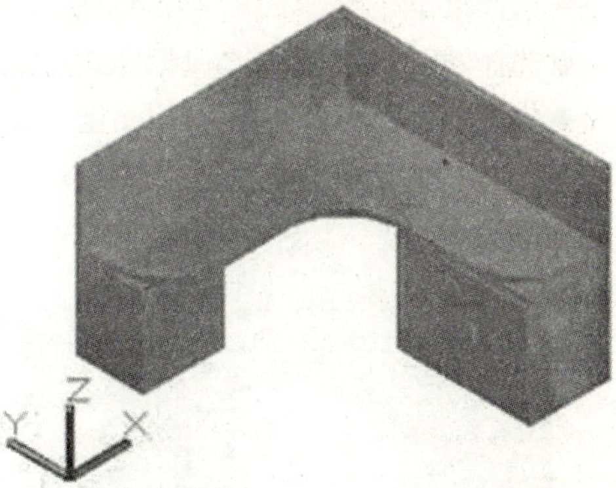

图 8-26　真实

◆使用命令简写 VS 并按 Enter 键。

8.4.1.6　着色

“着色”命令用于将对象进行平滑着色，如图 8-28 所示。

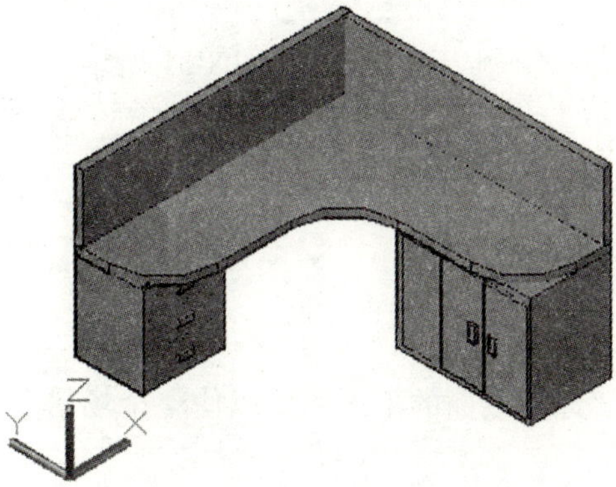

图 8-27　概念

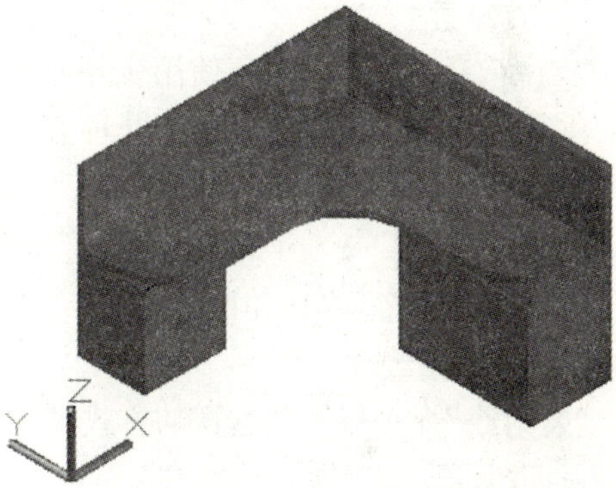

图 8-28　着色

执行“着色”命令主要有以下几种方式：

◆选择菜单栏“视图”|“视觉样式”|“着色”命令。

◆选择“视图”选项卡|“视觉样式”面板上的按钮。

◆使用命令简写 VS 并按 Enter 键。

8.4.1.7　带边缘着色

“带边缘着色”命令用于将对象带有可见边平滑着色，如图 8-29 所示。

执行“带边缘着色”命令主要有以下几种方式：

◆选择菜单栏“视图”|“视觉样式”|“带边缘着色”命令。

◆选择“视图”选项卡|“视觉样式”面板上的按钮。

◆使用命令简写 VS 并按 Enter 键。

8.4.1.8　灰度

“灰度”命令用于将对象以单色面颜色模式着色，以产生灰色效果，如图 8-30 所示。

执行“灰度”命令主要有以下几种方式：

◆选择菜单栏“视图”|“视觉样式”|“灰度”命令。

◆选择“视图”选项卡|“视觉样式”面板上的按钮。

◆使用命令简写 VS 并按 Enter 键。

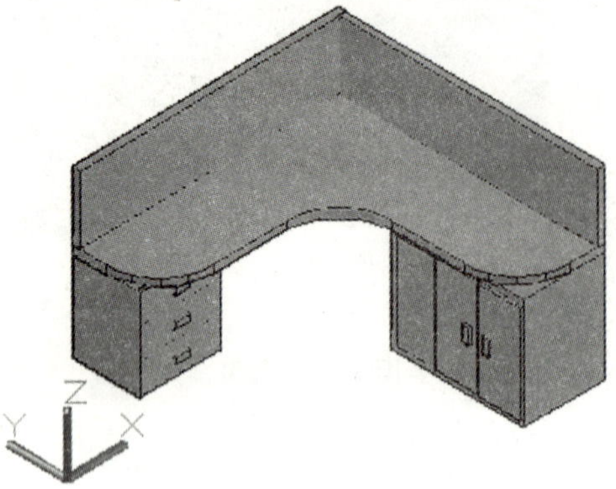

图 8-29　带边缘着色

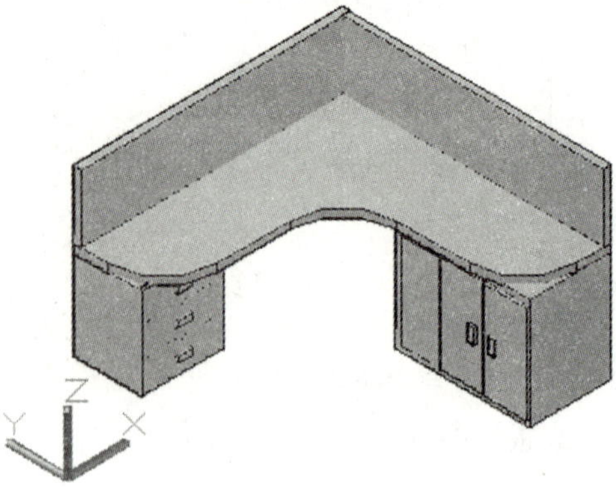

图 8-30　灰度

8.4.1.9　**勾画**

“勾画”命令用于将对象使用线外伸和抖动方式产生手绘效果，如图 8-31 所示。

执行“勾画”命令主要有以下几种方式：

◆选择菜单栏“视图”|“视觉样式”|“勾画”命令。

◆选择“视图”选项卡|“视觉样式”面板上的按钮。

◆使用命令简写 VS 并按 Enter 键。

8.4.1.10　X **射线**

“X 射线”命令以局部透视的方式显示对象，即更改面的不透明度以使整个场景变成部分透明，如图 8-32 所示。

执行“X 射线”命令主要有以下几种方式：

◆选择菜单栏“视图”|“视觉样式”|“X 射线”命令。

◆选择“视图”选项卡|“视觉样式”面板上的按钮。

◆使用命令简写 VS 并按 Enter 键。

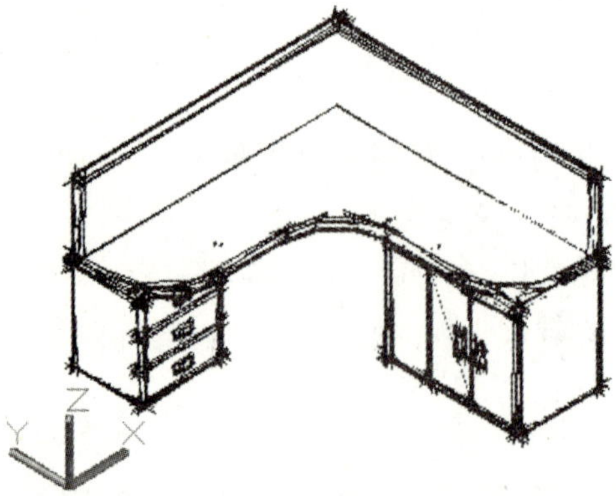

图 8-31　勾画

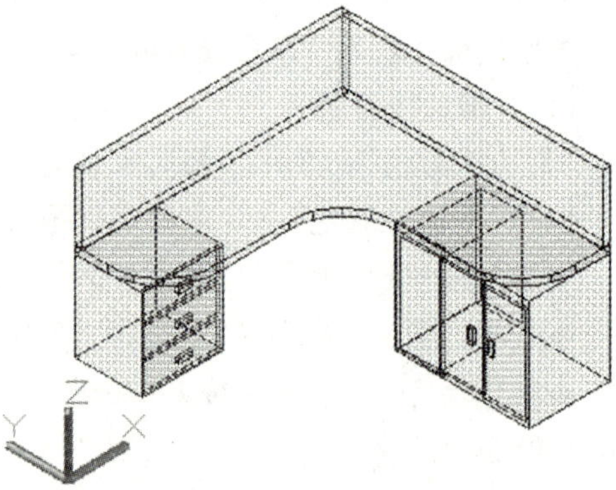

图 8-32　X 射线

8.4.2 视觉样式管理

“视觉样式管理器”用于控制模型的外观显示效果。用户可在“视觉样式管理器”中创建新的视觉样式,或修改参数设置来更改视觉样式。

打开“视觉样式管理器”的方法有以下几种:

◆选择菜单栏“视图”|“视觉样式”|“视觉样式管理器”命令。

◆单击“视觉样式”工具栏中的按钮。

◆选择“视图”选项卡|“视觉样式”面板|“视觉样式管理器”命令。

◆在命令行输入 Visualstyles 并按 Enter 键。

执行“视觉样式管理器”命令后,打开如图 8-33 所示的面板。面板上方显示的是可用视觉样式的样例图像,选中的视觉样式以黄色边框突出显示,下方显示的是所选定视觉样式的参数设置。

8.4.3 材质附着

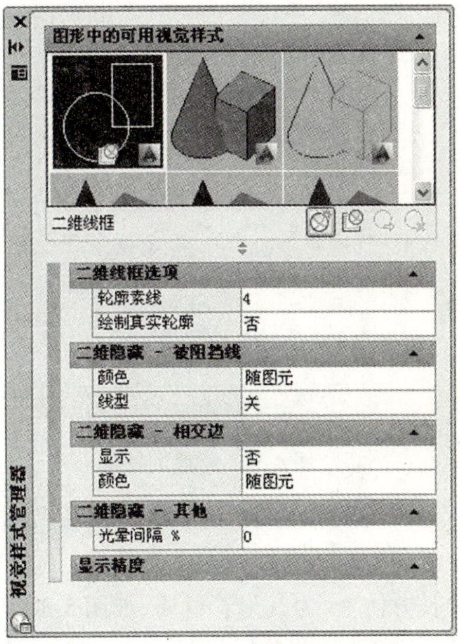

图 8-33 **“视觉样式管理器”面板**

AutoCAD 中提供的材质可以体现三维实体模型表面的颜色、材料、纹理、透明度等显示效果,用户可以给不同的模型赋予不同的材质类型和参数。通过赋予模型材质,并对这些材质进行巧妙的设置,可使三维实体模型的显示效果更加逼真。

8.4.3.1 材质浏览器

“材质浏览器”集中了 AutoCAD 的所有材质,主要包括玻璃、地板、混凝土、木材、砖石等,可让用户方便地将这些材质应用到三维实体模型中。

打开“材质浏览器”的方法主要有以下几种:

◆选择菜单栏“视图”|“渲染”|“材质浏览器”命令。

◆单击“渲染”工具栏中的按钮。

◆选择“渲染”选项卡|“材质”面板|“材质浏览器”。

◆在命令行输入 Matbrowseropen 并按 Enter 键。

执行“材质浏览器”命令后,打开如图 8-34 所示的选项板。用户可以整理、搜索和选择要在图形中使用的材质。

课堂举例:学习材质附着的方法和技巧。

(1)选择菜单栏“视图”|“三维视图”|“西南等轴测”命令,将当前视图切换为西南视图。

(2)选择菜单栏“绘图”|“建模”|“长方体”命令，创建 500×25×100 的长方体，命令行提示如下：

命令：BOX

指定第一个角点或[中心(C)]：　　　　//在绘图区拾取一点

指定其他角点或[立方体(C)/长度(L)]：　　//@500,25,100 按 Enter 键

结果如图 8-35 所示。

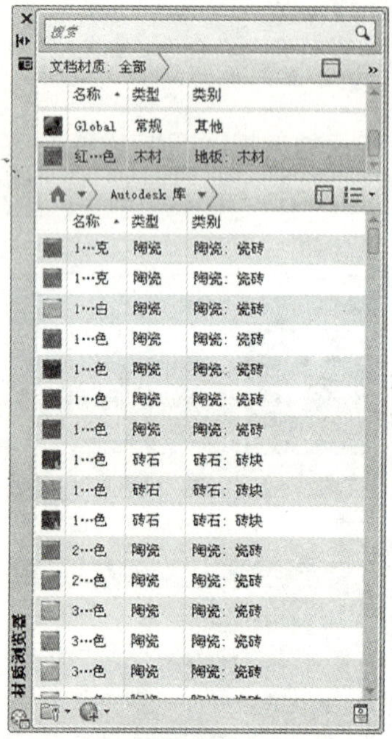

图 8-34　材质浏览器

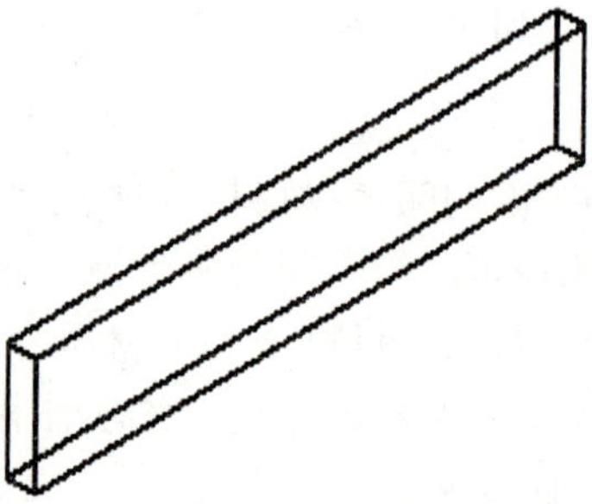

图 8-35　创建长方体

(3)选择“渲染”选项卡|“材质”面板|“材质浏览器”，打开“材质浏览器”选项板。

(4)在“材质浏览器”选项板上选择所需材质，按住鼠标左键不放，将其拖动到所创建的长方体上，为其附着材质，如图 8-36 所示。

(5)选择菜单栏“视图”|“视觉样式”|“真实”命令，即可观察到材质附着后的效果，如图 8-37 所示。

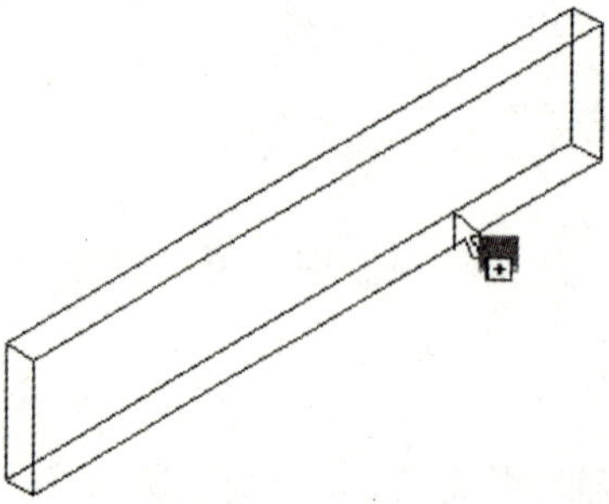

图 8-36　附着材质

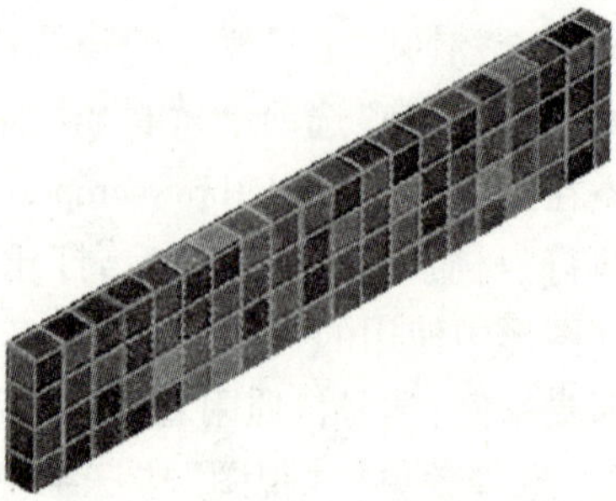

图 8-37　材质附着效果

8.4.3.2 材质编辑器

使用“材质编辑器”可自定义材质的属性。打开“材质编辑器”的方法主要有以下几种：

◆选择菜单栏“视图”|“渲染”|“材质编辑器”命令。

◆单击“渲染”工具栏中的按钮。

◆选择“视图”选项卡|“选项板”面板中的按钮。

◆在命令行输入 Mateditoropen 并按 Enter 键。

执行“材质编辑器”命令后，打开如图 8-38 所示的选项板，用户可以整理、搜索和选择要在图形中使用的材质。单击选项板左下角的按钮，可以打开“材质浏览器”，选择其中的任意一种材质，“材质编辑器”会同步更新为该材质的效果与可调参数，如图 8-39 所示。

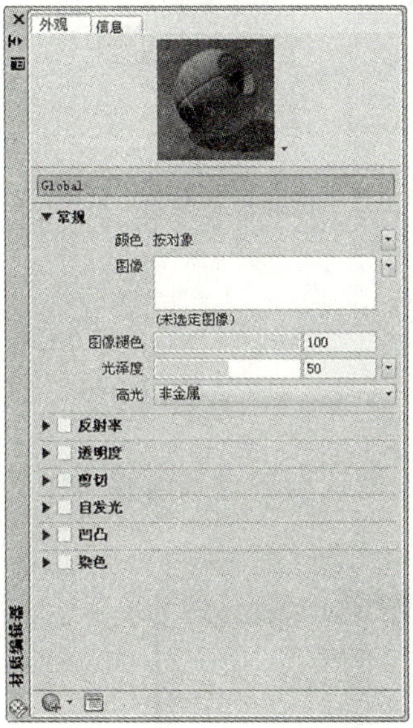

图 8-38　材质编辑器

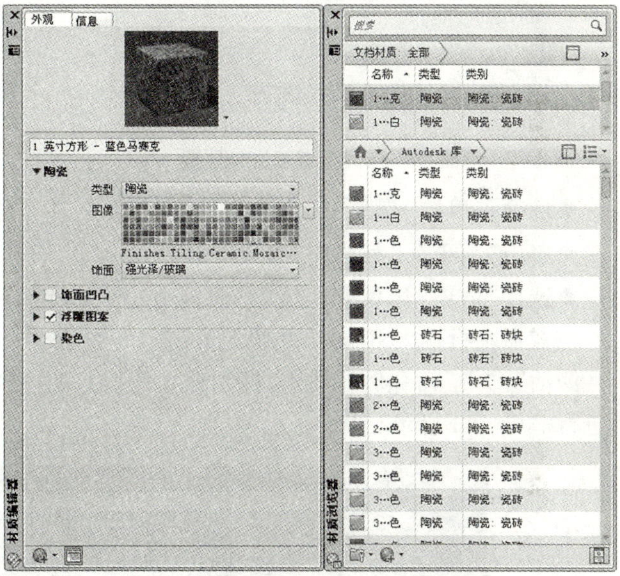

图 8-39　材质编辑器与材质浏览器

通过“材质编辑器”选项板上方的“外观”可以直接查看材质当前的效果，单击其右下角的下拉按钮，可以对材质样例形态与渲染质量进行调整，如图 8-40 所示。

单击选项板左下角的按钮，快速选择对应的材质类型直接应用，或在其基础上进行编辑，如图 8-41 所示。

8.4.4 模型渲染

渲染可以为三维实体对象加上颜色和材质因素，还可以加上灯光因素，能够更真实地表达图形的外观和纹理。渲染是输出图形线的关键步骤，尤其在效果图的设计中，渲染可以表达设计的真实效果。

执行“渲染”命令主要有以下几种方法：

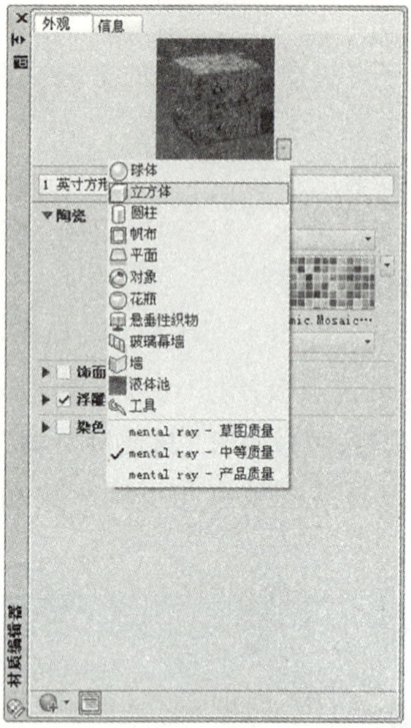

图 8-40　调整材质样例形态与渲染质量

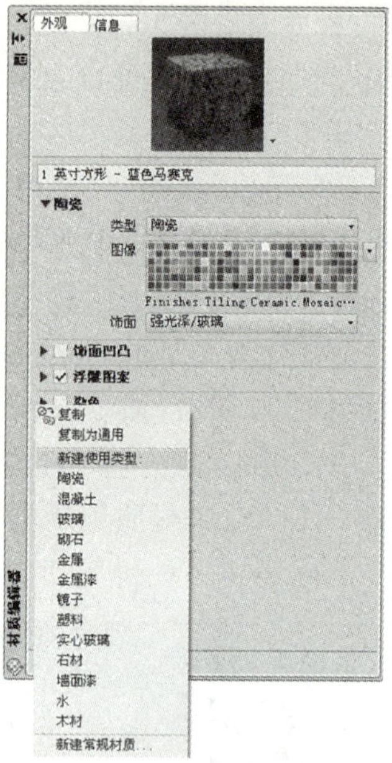

图 8-41　选择材质类型

◆选择菜单栏“视图”|“渲染”|“渲染”命令。

◆单击“渲染”工具栏中的按钮。

◆选择“渲染”选项卡|“渲染”面板中的按钮。

◆在命令行输入 Render 并按 Enter 键。

激活“渲染”命令后，系统会打开独立的“渲染”窗口，按默认设置对当前视口中的图形进行渲染，如图 8-42 所示。

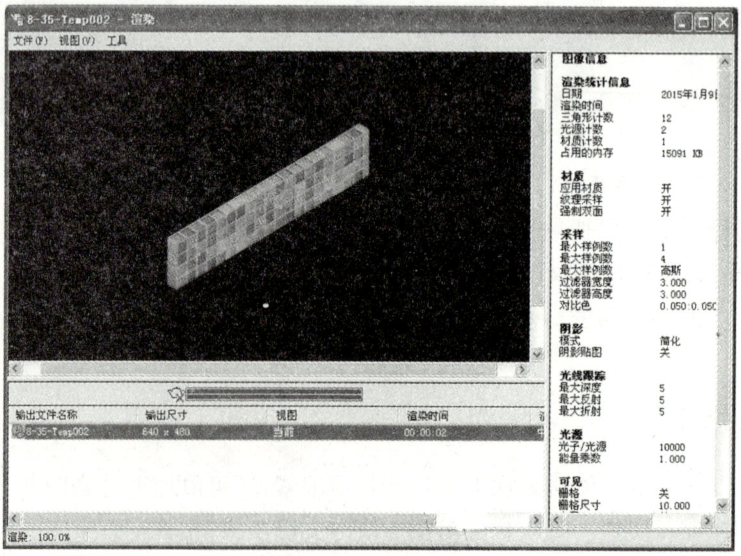

图 8-42　“渲染”窗口

"渲染"窗口中显示了当前视图中图形的渲染效果。右侧列表中显示的是图像的质量、光源和材质等详细信息;左下角列表显示的是当前渲染图形的名称、尺寸、渲染时间等信息,用户可右击当前渲染图形的相关信息,这时将弹出一个快捷菜单,如图 8-43 所示,用户可选择其中的命令进行相关操作。

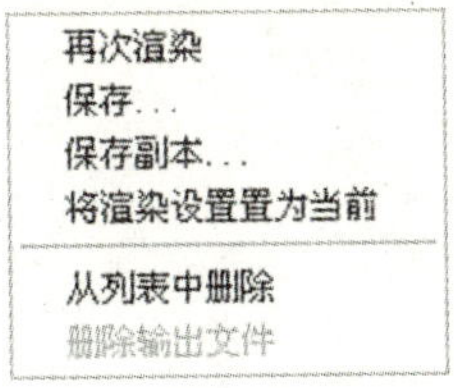

图 8-43 "渲染"快捷菜单

8.5 三维坐标系

进行三维建模时常需要精确的坐标值确定三维点，所以了解并掌握三维坐标系是在 AutoCAD 三维空间中构建三维模型的基础。AutoCAD 为用户提供了两种类型的三维坐标系:固定不变的世界坐标系(World Coordinate System, WCS)和可移动的用户坐标系(User Coordinate System, UCS),用户可通过两种坐标系的转换来精确定位点。

8.5.1 世界坐标系

AutoCAD 三维空间中的任一点可使用直角坐标、柱坐标或球坐标来描述,用户可根据具体情况选择某种坐标形式。

8.5.1.1 **直角坐标**

若以坐标原点(0,0,0)为参照点,三维空间中的点用直角坐标描述时,其表达方式为(X,Y,Z),称为绝对直角坐标。若以某一点为参照点,三维空间中的点相对于参照点的直角坐标为(@X,Y,Z),称为相对直角坐标。

如图 8-44 所示坐标系中,A(4,4,3)表示的是沿 X 轴正向 4 个单位、沿 Y 轴正向 4 个单位、沿 Z 轴正向 3 个单位的三维空间点。若以点 B 作为参照点,则 A 点坐标为(@2,2,2)。

8.5.1.2 **柱坐标**

若以坐标原点(0,0,0)为参照点,三维空间中的点用柱坐标描述时,其表达方式为(L<α,Z),称为绝对柱坐标,其中 L 表示该点在 XOY 平面上的投影到原点的距离,α 表示该点在 XOY 平面上的投影和原点之间的连线与 X 轴的夹角,Z 为该点在 Z 轴上的坐标。若以某一点为参照点,则三维空间中的点相对于参照点的相对柱坐标为(@L<α,Z)。

如图 8-45 所示坐标系中,C(4<30,4)表示的是在 XOY 平面的投影点到原点的距离为 4 个单位、投影点和原点之间的连线与 X 轴的夹角为 30°、沿 Z 轴正向 4 个单位的三维空间点。

8.5.1.3 **球坐标**

以坐标原点(0,0,0)为参照点,三维空间中的点用球坐标描述时的表达方式为(L<α<β),称为绝对球坐标,其中 L 表示该点到原点的距离,α 表示该点和原点的连线在 XOY 平面上的投影与 X 轴之间的夹角,β 表示该点和原点的连线与 XOY 平面的夹角,D(4<30<30)的位置如图 8-46 所示。若以某一点为参照点,则三维空间中的点相对于参照点的相对球坐标为(@L<α<β)。

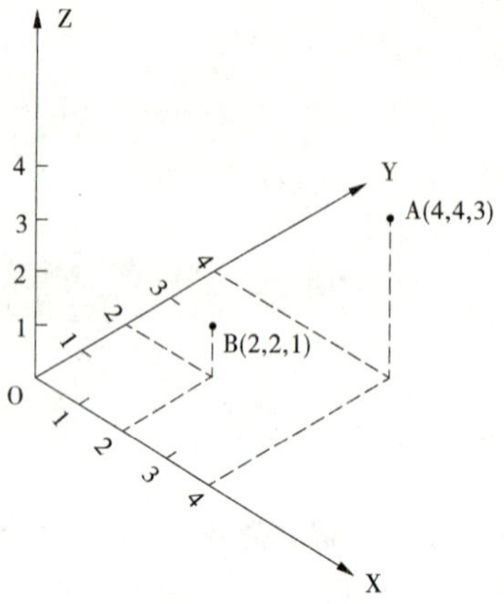

图 8-44　直角坐标

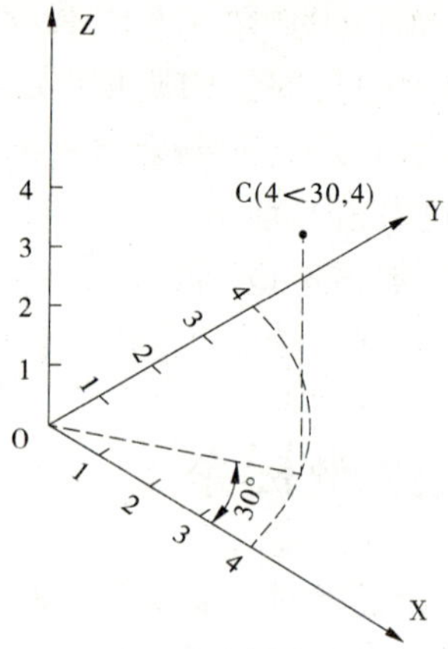

图 8-45　柱坐标

8.5.2　用户坐标系

在默认设置下，AutoCAD 以世界坐标系的 XY 平面作为绘图平面，对二维绘图来说，世界坐标系即可满足绘图需求。但由于世界坐标系是唯一且固定的，所以在绘制三维图形时极为不便。为了便于辅助三维绘图，AutoCAD 允许用户定义自己的坐标系，称为用户坐标系（UCS），这是一种非常灵活、非常实用的坐标系。

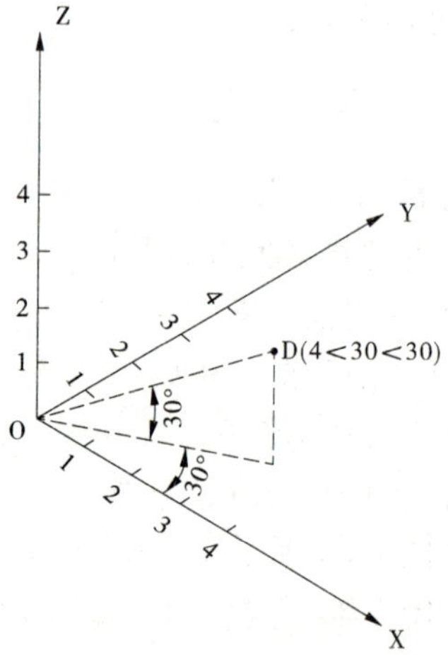

图 8-46　球坐标

执行“UCS”命令主要有以下几种方法：

◆选择菜单栏“工具”|“新建 UCS”级联菜单中的各命令，如图 8-47 所示。

◆单击“UCS”工具栏中的各个按钮，如图 8-48 所示。

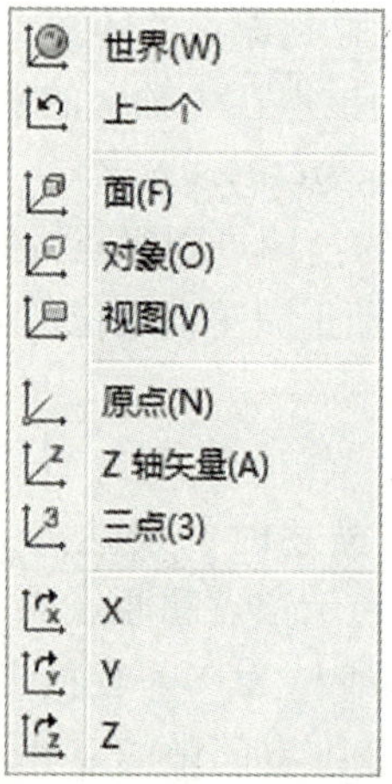

图 8-47　“新建 UCS”级联菜单

图 8-48　“UCS”工具栏

◆选择“视图”选项卡|“坐标”面板上的各个按钮。

◆在命令行输入 UCS 并按 Enter 键。

执行“UCS”命令后,命令行提示如下:

命令:UCS

当前 UCS 名称: * 世界 *

指定 UCS 的原点或[面(F)/命名(NA)/对象(OB)/上一个(P)/视图(V)/世界(W)/X/Y/Z/Z 轴(ZA)]<世界>:

命令行选项含义如下:

【指定 UCS 的原点】:指定三点以分别定位出原点、X 轴正方向和 Y 轴正方向来定义一个新的 UCS。

【面】:通过选定一个三维实体的面来定义新的 UCS,所选的平面将作为新坐标系的 XOY 平面。

【命名】:恢复其他坐标系为当前坐标系、为当前坐标系命名并保存、删除不需要的坐标系以及列出已定义的 UCS。

【对象】:通过选择的对象定义新的坐标系,新的 UCS 将与选定的对象对齐,其 Z 轴与所选对象的 Z 轴具有相同的正方向。

【上一个】:将当前坐标系恢复到上一个 UCS 坐标系。AutoCAD 保留最后 10 个创建的用户坐标系,重复该选项可以恢复到想要的 UCS。

【视图】:将新建坐标系的 XY 平面设置成与屏幕平行,其原点保持不变,但 X、Y 轴分别变为水平和垂直。

【世界】:将世界坐标系置为当前坐标系,用户可以从任何一种 UCS 坐标系返回到世界坐标系。

【X】/【Y】/【Z】:将坐标系平面分别绕 X、Y、Z 轴旋转形成新的用户坐标系。如果在已定义的 UCS 坐标系中进行旋转,则新的 UCS 是由已定义的 UCS 坐标系旋转而成的。

【Z 轴】:指定新原点和 Z 轴方向来定义新的 UCS。

小　结

本章主要介绍了 AutoCAD 2014 在三维绘图方面的基础知识和基本操作。AutoCAD 2014 提供了专门用于三维绘图的工作空间,便于用户创建三维图形;三维图形的形态特点可由实体模型、曲面模型和网格模型这三种不同的模型方式来表现;对三维图形的观察,可通过视点、视图、视口、动态观察等功能来实现;用户可通过视觉样式来控制模型的外观显示效果,也可方便地为模型附着材质或进行渲染,以更加真实、形象地表达三维图形的效果;三维坐标系是在 AutoCAD 三维空间中构建三维模型的基础,掌握 WCS 和 UCS 的转换可方便地绘制各种三维图形。

习 题

1. 填空

(1) 在“视图”工具栏中包含__________、__________、__________和__________4种等轴测图。

(2) 需要对坐标系进行移动或新建时,可以使用__________命令。

(3) __________功能可以将一个图形窗口划分为多个视口,以便在其中显示不同的视图。

2. 判断

(1) 受约束的动态观察仅限于在水平和垂直方向上对三维模型进行观察。 (　　)

(2) “平面视图”工具可以将坐标系切换为当前坐标系的XOY平面。 (　　)

(3) “线框”视觉样式下,对象的线型和线宽是可见的。 (　　)

(4) AutoCAD只为用户提供了一种固定不变的世界坐标系。 (　　)

第 9 章　三维图形绘制与编辑

9.1　三维图形绘制

三维图形的快速绘制可由实体建模、曲面建模和网格建模功能来实现，掌握这三种建模方法和技巧是绘制三维图形的基础。

9.1.1　创建简单三维对象

9.1.1.1　三维点

三维点是最简单的三维对象。创建三维点的方法与二维点类似，但当 AutoCAD 提示用户指定点时，需指定三维空间的点的位置，可使用光标在绘图区域单击来确定一个三维点，也可在命令行直接输入点的三维坐标值来精确定位点。

9.1.1.2　三维直线

三维直线可以是三维空间中任意两点的连线，绘制三维直线的方法与二维直线类似，但其端点是三维点。

与创建三维直线类似，在绘制三维射线、构造线时，都可以直接通过指定三维点的方式来创建。

9.1.1.3　三维多段线

三维多段线的绘制方法主要有以下几种：

◆选择菜单栏“绘图”|“三维多段线”命令。

◆选择功能区“常用”选项卡|“绘图”面板上的按钮。

◆在命令行输入 3dpoly 并按 Enter 键。

与绘制二维多段线不同的是，三维多段线的命令行提示中没有设置线宽的选项，也不能绘制圆弧段。

9.1.1.4　螺旋

“螺旋”命令可以创建二维或三维螺旋线，其命令调用方法主要有以下几种：

◆选择菜单栏“绘图”|“螺旋”命令。

◆选择功能区“常用”选项卡|“绘图”面板上的按钮。

◆在命令行输入 Helix 并按 Enter 键。

在绘制过程中，如果指定的底面半径与顶面半径相同，则创建出圆柱形螺旋；如果不同，则创建的是圆锥形螺旋；如果指定螺旋高度为 0，则创建出二维螺旋。三种类型的螺旋如图 9-1 所示。

另外，也可指定轴端点重新确定螺旋轴，或设置螺旋的圈数、圈高和旋转方向，用户根据命令行的提示执行相应选项即可。

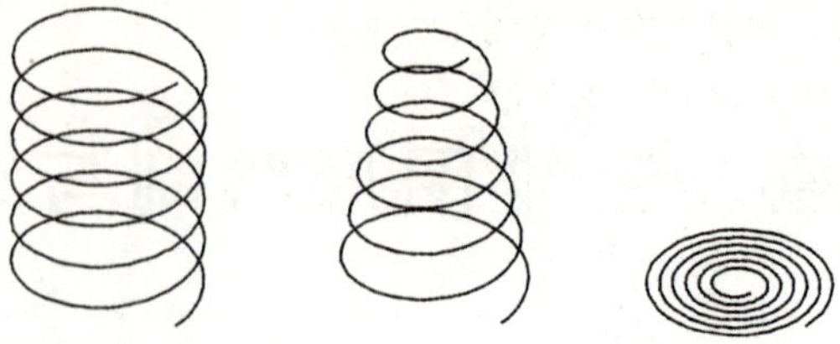

图 9-1　圆柱形螺旋、圆锥形螺旋和二维螺旋

9.1.2　创建三维实体

实体模型是常用的三维模型，在 AutoCAD 中可以方便地绘制多段体、长方体、楔体、圆锥体、球体、圆柱体、圆环体以及棱锥体等基本几何实体，这些基本三维实体是创建复杂三维模型的基础。

9.1.2.1　**多段体**

"多段体"命令可以创建由一系列直线段或弧线段连接而成的三维墙状多段体，类似于具有一定宽度和高度的多段线。

执行"多段体"命令主要有以下几种方式：

◆选择菜单栏"绘图"|"建模"|"多段体"命令。

◆单击"建模"工具栏中的按钮。

◆选择"常用"或"实体"选项卡上的按钮。

◆在命令行输入 Polysolid 并按 Enter 键。

9.1.2.2　**长方体**

"长方体"命令可以创建三维实心长方体或立方体。

执行"长方体"命令主要有以下几种方式：

◆选择菜单栏"绘图"|"建模"|"长方体"命令。

◆单击"建模"工具栏中的按钮。

◆选择"常用"或"实体"选项卡上的按钮。

◆在命令行输入 Box 并按 Enter 键。

9.1.2.3　**楔体**

"楔体"命令主要用于创建三维实心楔形体。楔体是长方体沿对角线剖切成两半后的结果，因此其创建方法与长方体相同。只要确定底面的长、宽、高以及底面绕 Z 轴的旋转角度，即可创建指定尺寸的楔体。

执行"楔体"命令主要有以下几种方式：

◆选择菜单栏"绘图"|"建模"|"楔体"命令。

◆单击"建模"工具栏中的按钮。

◆选择"常用"或"实体"选项卡上的按钮。

◆在命令行输入 Wedge 并按 Enter 键。

9.1.2.4　**圆锥体**

"圆锥体"命令主要用于创建以圆或椭圆为底面的三维实心圆锥体。

执行"圆锥体"命令主要有以下几种方式：

◆选择菜单栏“绘图”|“建模”|“圆锥体”命令。

◆单击“建模”工具栏中的按钮。

◆选择“常用”或“实体”选项卡上的按钮。

◆在命令行输入 Cone 并按 Enter 键。

9.1.2.5 球体

“球体”命令主要用于创建三维实心球体,可以通过指定圆心和半径上的点创建球体。

执行“球体”命令主要有以下几种方式:

◆选择菜单栏“绘图”|“建模”|“球体”命令。

◆单击“建模”工具栏中的按钮。

◆选择“常用”或“实体”选项卡上的按钮。

◆在命令行输入 Sphere 并按 Enter 键。

9.1.2.6 圆柱体

“圆柱体”命令主要用于创建三维实心圆柱体或椭圆柱体,其底面始终位于与工作面平行的平面上。

执行“圆柱体”命令主要有以下几种方式:

◆选择菜单栏“绘图”|“建模”|“圆柱体”命令。

◆单击“建模”工具栏中的按钮。

◆选择“常用”或“实体”选项卡上的按钮。

◆在命令行输入 Cylinder 并按 Enter 键。

9.1.2.7 圆环体

“圆环体”命令用于创建圆环形三维实体,可以通过指定圆环体的圆心、半径或直径以及围绕圆环体的圆管的半径或直径创建圆环体。

执行“圆环体”命令主要有以下几种方式:

◆选择菜单栏“绘图”|“建模”|“圆环体”命令。

◆单击“建模”工具栏中的按钮。

◆选择“常用”或“实体”选项卡上的按钮。

◆在命令行输入 Torus 并按 Enter 键。

9.1.2.8 棱锥体

“棱锥体”命令用于创建三维实体棱锥,默认情况下使用基点的中心、边的中点和可确定高度的另一点来定义棱锥体,可以创建底面为正多边形的多面棱锥。

执行“棱锥体”命令主要有以下几种方式:

◆选择菜单栏“绘图”|“建模”|“棱锥体”命令。

◆单击“建模”工具栏中的按钮。

◆选择“常用”或“实体”选项卡上的按钮。

◆在命令行输入 Pyramid 并按 Enter 键。

9.1.3 由二维图形创建三维实体

基本形状的三维模型可以通过实体图元创建,而非基本形状的实体模型,则可以通过对二维图形拉伸、按住并拖动、旋转、扫掠或放样产生。

9.1.3.1 拉伸

“拉伸”命令可以将二维图形按照指定的高度或路径进行拉伸。当被拉伸时，闭合的二维图形形成三维实体，开放的二维图线形成曲面，如图 9-2 所示。

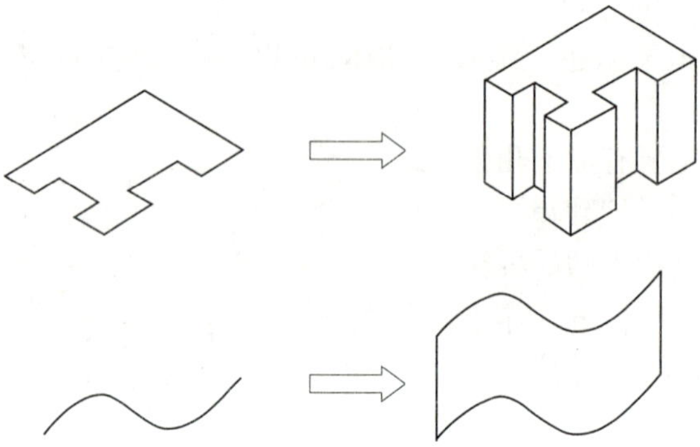

图 9-2 拉伸示例

执行“拉伸”命令主要有以下几种方式：

◆选择菜单栏“绘图”|“建模”|“拉伸”命令。

◆单击“建模”工具栏中的按钮。

◆选择“常用”或“实体”选项卡上的按钮。

◆在命令行输入 Extrude 并按 Enter 键。

◆使用命令简写 EXT 并按 Enter 键。

命令执行过程中出现的选项含义如下：

【模式】：设置通过拉伸生成实体还是曲面，如图 9-3 是在曲面模式下拉伸而成的。

【方向】：以两点间连线方向为拉伸方向、以两点间距离为拉伸高度将对象进行拉伸。

【路径】：按指定的路径将对象进行拉伸，用于拉伸的路径可以是直线、圆、圆弧、椭圆、椭圆弧、多段线、样条曲线等，可以是开放的，也可以是闭合的。若拉伸路径为多条曲线连接而成的曲线，则需使用“编辑多段线”将其转化为一条多段线。

【倾斜角】：按指定角度拉伸对象，角度可以是正值，也可以是负值，但其绝对值不大于 90°。若倾斜角度为正值，将产生内锥度，创建的侧面向里靠；若倾斜角度为负值，将产生外锥度，创建的侧面向外扩，如图 9-4 所示。

图 9-3 曲面模式拉伸

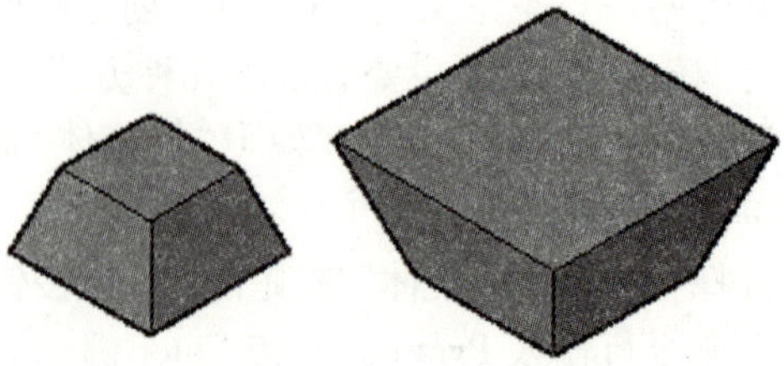

图 9-4 角度拉伸

【表达式】：输入公式或方程式指定拉伸高度。

使用该方法拉伸对象时，作为拉伸对象的二维图形可以是封闭的二维对象，如由圆、椭圆，或由封闭曲线构成的面域，如用“矩形”命令绘制的矩形、用“正多边形”命令绘制的正多边形、封闭的多段线等。利用“直线”、“圆弧”等命令绘制的一般闭合图形不能直接拉伸，需先将其定义为面域或将其转化为多段线。

9.1.3.2 按住并拖动

“按住并拖动”命令可以拖动二维对象或由闭合边界或三维实体面形成的区域进行拉伸。当被拉伸时，有边界区域形成三维实体，开放的二维图线形成曲面，如图 9-5 所示。

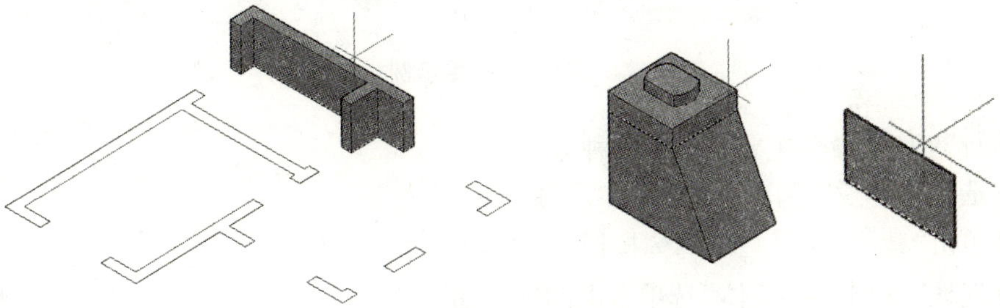

图 9-5 按住并拖动示例

执行“按住并拖动”命令主要有以下几种方式：

◆单击“建模”工具栏中的按钮。

◆选择“常用”或“实体”选项卡上的按钮。

◆在命令行输入 Presspull 并按 Enter 键。

9.1.3.3 旋转

“旋转”命令可以通过绕轴扫掠二维闭合图形来创建三维实体或曲面，如图 9-6 所示。用于旋转的二维对象可以是闭合多段线、多边形、圆、椭圆、闭合样条曲线、圆环或面域，但包含在块内的对象、有交叉或自干涉的多段线不能被旋转。

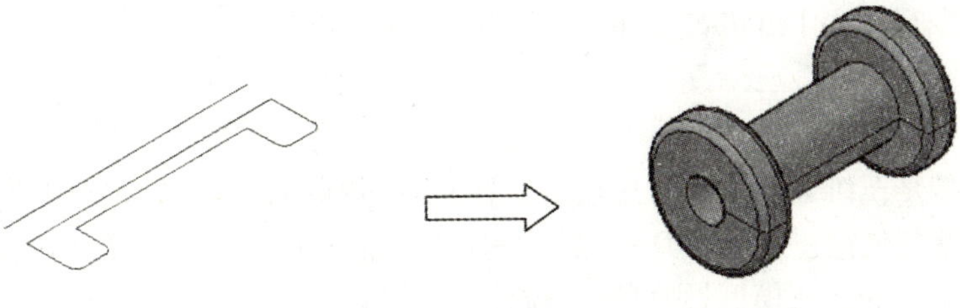

图 9-6 旋转示例

执行“旋转”命令主要有以下几种方式：

◆选择菜单栏“绘图”|“建模”|“旋转”命令。

◆单击“建模”工具栏中的按钮。

◆选择“常用”或“实体”选项卡上的按钮。

◆在命令行输入 Revolve 并按 Enter 键。

◆使用命令简写 REV 并按 Enter 键。

9.1.3.4 扫掠

“扫掠”命令可以通过沿路径扫掠二维或三维曲线来创建三维实体或曲面，如图 9-7 所示。

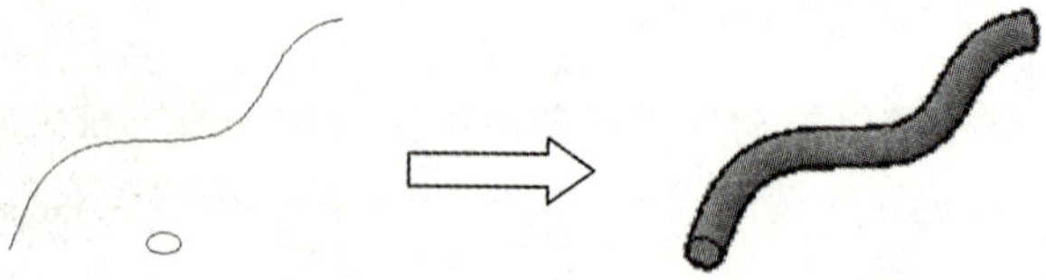

图 9-7　扫掠示例

执行“扫掠”命令主要有以下几种方式：

◆选择菜单栏“绘图”|“建模”|“扫掠”命令。

◆单击“建模”工具栏中的按钮。

◆选择“常用”或“实体”选项卡上的按钮。

◆在命令行输入 Sweep 并按 Enter 键。

9.1.3.5 放样

“放样”命令可以在数个横截面之间的空间中创建三维实体或曲面，如图 9-8 所示。放样的横截面可以是开放或闭合的平面或非平面，也可以是边子对象。开放的横截面创建曲面，闭合的横截面创建实体或曲面。

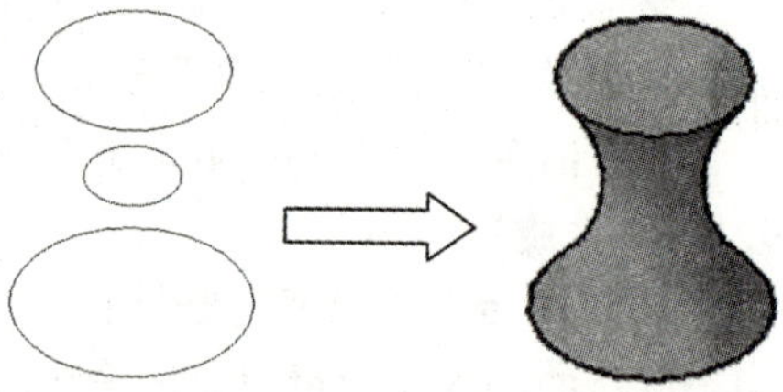

图 9-8　放样示例

执行“放样”命令主要有以下几种方式：

◆选择菜单栏“绘图”|“建模”|“放样”命令。

◆单击“建模”工具栏中的按钮。

◆选择“常用”或“实体”选项卡上的按钮。

◆在命令行输入 Loft 并按 Enter 键。

9.1.4 创建三维曲面

曲面模型是三维建模中的常用模型。在实际过程中，一些工程和工艺造型用曲面模型会更加适合与便捷。AutoCAD 提供了许多可以直接创建基本形状曲面模型的命令，而对于非基本形状的曲面模型，则可通过拉伸、旋转、扫掠、放样等方法生成。

9.1.4.1 平面曲面

“平面”命令可以将闭合对象转换成平面曲面或指定矩形表面的对角点创建平面曲面，如图 9-9 所示。

创建平面曲面主要有以下几种方式：

◆选择菜单栏“绘图”|“建模”|“曲面”|“平面”命令。

◆单击“创建曲面”工具栏中的按钮。

◆选择“曲面”选项卡|“创建”面板上的按钮。

◆在命令行输入 Planesurf 并按 Enter 键。

9.1.4.2 网络曲面

“网络”命令可以在实体的边之间、样条曲线与其他二维和三维曲线之间的空间中创建非平面曲面，如图 9-10 所示。

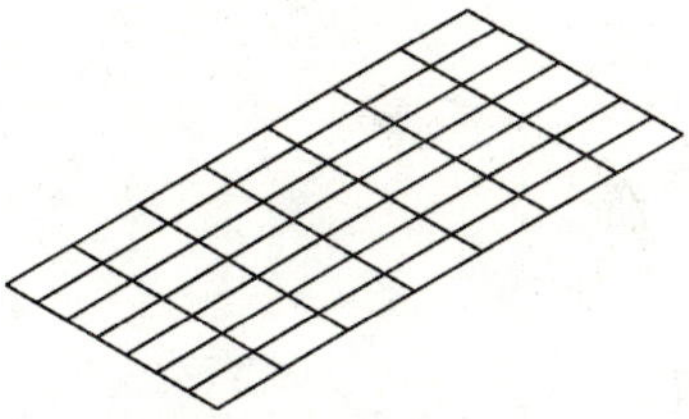

图 9-9 平面曲面

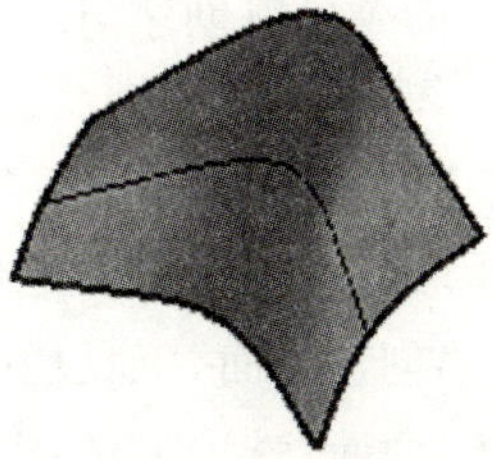

图 9-10 网络曲面

创建网络曲面主要有以下几种方式：

◆选择菜单栏“绘图”|“建模”|“曲面”|“网络”命令。

◆单击“创建曲面”工具栏中的按钮。

◆选择“曲面”选项卡|“创建”面板上的按钮。

◆在命令行输入 Surfnetwork 并按 Enter 键。

9.1.4.3 过渡曲面

“过渡”命令可以在两个现有曲面之间创建连续的过渡曲面，如图 9-11 所示。将两个曲面融合在一起时，可以指定曲面的连续性和凸度幅值。

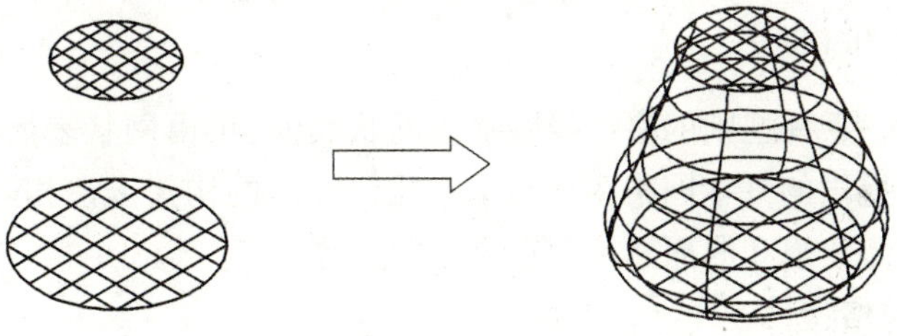

图 9-11 过渡曲面

创建过渡曲面主要有以下几种方式：

◆选择菜单栏“绘图”|“建模”|“曲面”|“过渡”命令。

◆单击“创建曲面”工具栏中的按钮。

◆选择“曲面”选项卡|“创建”面板上的按钮。

◆在命令行输入 Surfblend 并按 Enter 键。

9.1.4.4 修补曲面

“修补”命令通过在形成闭环的曲面边上拟合一个封口来创建新曲面，也可以通过闭环添加其他曲线以约束和引导修补曲面。

创建修补曲面主要有以下几种方式：

◆选择菜单栏“绘图”|“建模”|“曲面”|“修补”命令。

◆单击“创建曲面”工具栏中的按钮。

◆选择“曲面”选项卡|“创建”面板上的按钮。

◆在命令行输入 Surfpatch 并按 Enter 键。

9.1.4.5 偏移曲面

“偏移”命令可以创建与原始曲面相距一定距离的平行曲面，在创建过程中该距离需要指定。

创建偏移曲面主要有以下几种方式：

◆选择菜单栏“绘图”|“建模”|“曲面”|“偏移”命令。

◆单击“创建曲面”工具栏中的按钮。

◆选择“曲面”选项卡|“创建”面板上的按钮。

◆在命令行输入 Surfoffset 并按 Enter 键。

9.1.4.6 圆角曲面

“圆角”命令可以在现有曲面之间的空间中创建新的圆角曲面，会自动修剪原始曲面，以连接圆角曲面的边。圆角曲面具有固定半径轮廓且与原始曲面相切。

创建圆角曲面主要有以下几种方式：

◆选择菜单栏“绘图”|“建模”|“曲面”|“圆角”命令。

◆单击“创建曲面”工具栏中的按钮。

◆选择“曲面”选项卡|“创建”面板上的按钮。

◆在命令行输入 Surffillet 并按 Enter 键。

9.1.5 创建三维网格

网格模型由一系列规则的格子线围绕成网状表面，再由网状表面的集合来定义三维对象。AutoCAD 提供的基本网格图元与基本几何实体的构建方法相同，而复杂几何体网格的创建则与实体建模和曲面建模存在一定的差异。

9.1.5.1 设置网格特性

用户可以在创建网格对象之前或之后设定用于控制各种网格特性的参数。

网格特性的设置主要有以下几种方式：

◆单击“网格”选项卡|“图元”面板右下角的按钮，打开如图 9-12 所示的“网格图元选项”对话框，可为创建的每种类型的网格对象设定每个网格单元的镶嵌密度。

◆单击“常用”选项卡|“网格”面板右下角的按钮，打开如图 9-13 所示的“网格镶嵌选项”对话框，可为转换为网格的三维实体或曲面对象设定默认特性。

◆双击网格对象，打开如图 9-14 所示的“特性”面板，可修改选定网格对象的平滑度。

9.1.5.2 网格图元

AutoCAD 提供了 7 种基本几何体网格图元，包括网格长方体、网格楔体、网格圆锥体、网格球体、网格圆柱体、网格圆环体、网格棱锥体，如图 9-15 所示，与各类基本集合实体的结构一样，只不过网格图元是由网状格子线连接而成的。

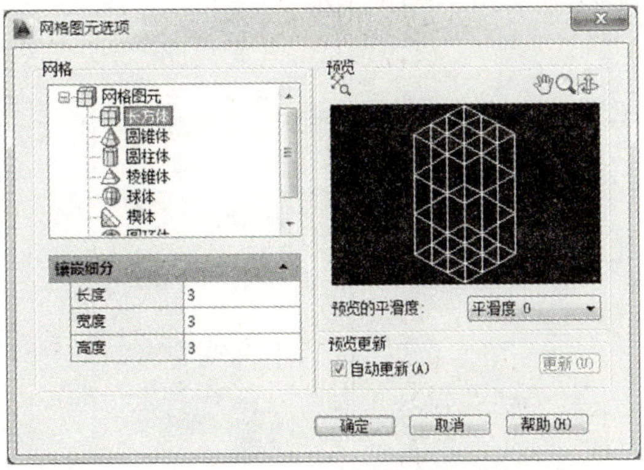

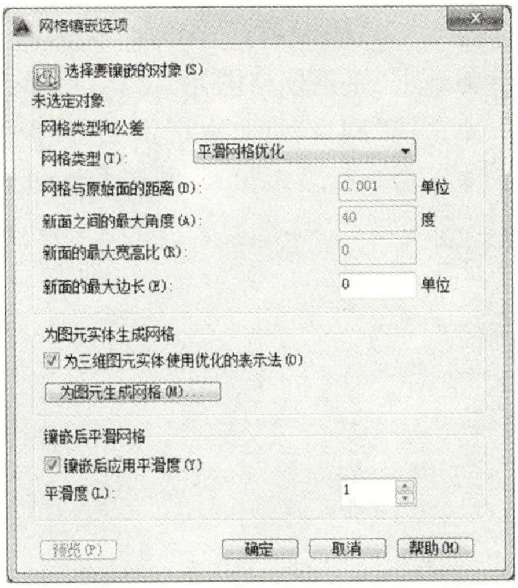

图 9-12 “网格图元选项”对话框　　图 9-13 “网格镶嵌选项”对话框

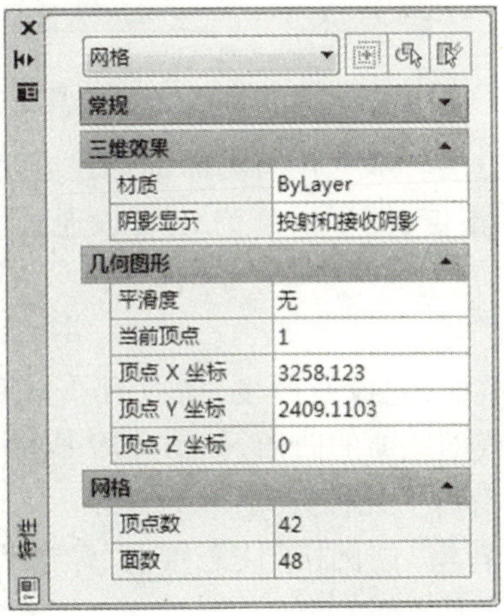

图 9-14 “特性”面板

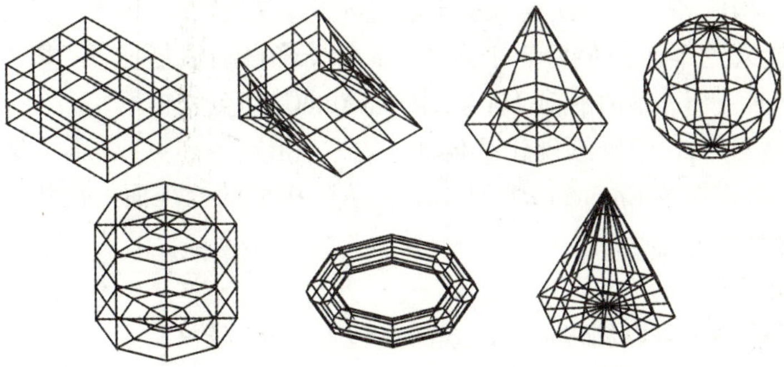

图 9-15 基本几何体网格图元

执行“网格图元”命令主要有以下几种方式:

◆选择菜单栏“绘图”|“建模”|“网格”|“图元”级联菜单中的各命令,如图 9-16

所示。

◆单击“平滑网格图元”工具栏中的各按钮,如图 9-17 所示。

◆选择“网格”选项卡|“图元”面板上的各按钮,如图 9-18 所示。

◆在命令行输入 Mesh 并按 Enter 键。

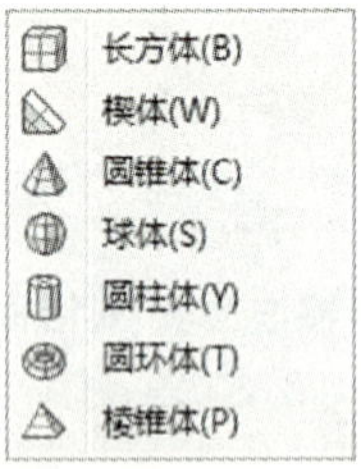

图 9-16 “图元”级联菜单

图 9-17 “平滑网格图元”工具栏

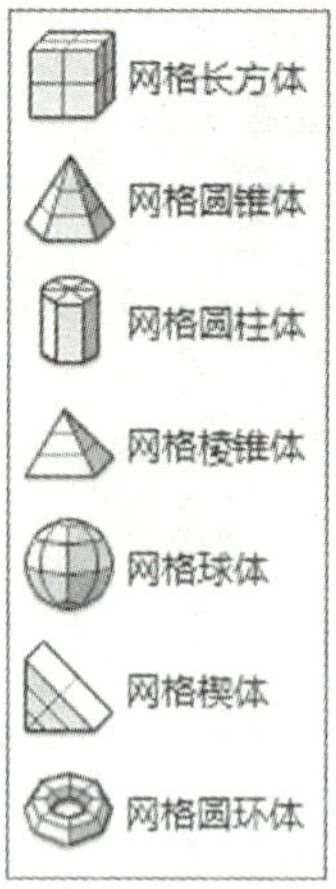

图 9-18 “图元”面板

基本几何体网格的创建方法与基本几何实体的创建方法相同,在此不再赘述。默认情况下,创建的网格图元无平滑度,即平滑度为 0,可以通过增加平滑度来增加网格对象的圆度。

9.1.5.3 三维面

三维空间的表面即为三维面,它没有厚度,也没有质量属性。使用“三维面”命令可以在三维空间中创建三侧面或四侧面的曲面,如图 9-19 所示。

执行“三维面”命令主要有以下几种方式:

◆选择菜单栏“绘图”|“建模”|“网格”|“三维面”命令。

◆在命令行输入 3dface 并按 Enter 键。

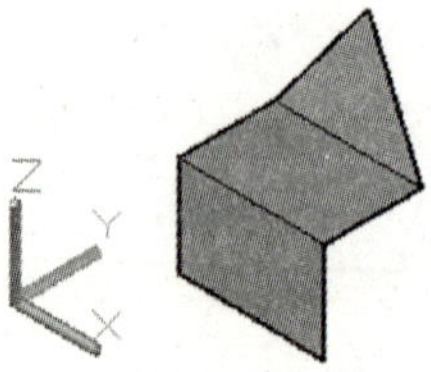

图 9-19 三维面

使用“三维面”命令创建的三维面的各个顶点既可以共面,也可以不共面,且构成各个面的顶点最多不超过 4 个。在创建三维面的过程中,输入三维面的最后 2 个点后,该命令将自动重复把这 2 个点用作下一个三维面的前 2 个点,因此 AutoCAD 重复提示输入第三点、第四点,以便继续创建其他面。若在“指定第四点或[不可见(I)]<创建三侧面>:”提示下直接按 Enter 键,则创建由 3 条边构成的三维面。创建出的各个三维面分别是独立的对象。

9.1.5.4 三维网格

“三维网格”命令可以创建自由形式的多边形网格,是由若干个按行(M 方向)、列(N 方向)排列的微小四边形拟合而成的网格状曲面,如图 9-20 所示。

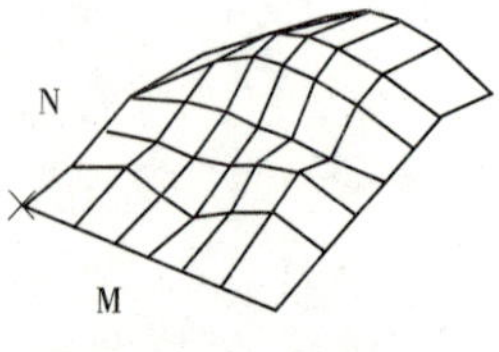

图 9-20 三维网格

执行“三维网格”命令的方法如下:

◆在命令行输入 3dmesh 并按 Enter 键。

在绘制时需指定 M 乘 N 个顶点的位置来生成多边形网格，其中 M 和 N 方向上网格数量介于 2～256 之间。在创建复杂曲面时，因需依次输入每个三维网格顶点的坐标，故需要输入大量的坐标数据。

9.1.5.5　旋转网格

“旋转网格”命令用于将曲线或轮廓绕指定的旋转轴旋转一定的角度，从而形成旋转网格，如图 9-21 所示。该命令常用于创建具有回转体特征的三维对象，如茶杯、酒瓶、花瓶、灯罩、轮、环等。

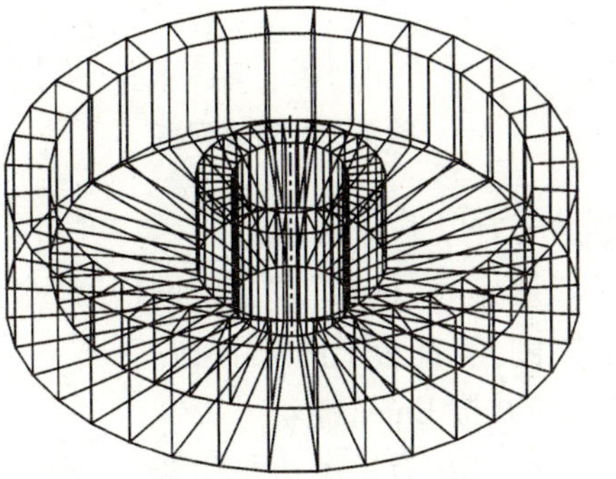

图 9-21　旋转网格

用于旋转的曲线或轮廓可以是直线、圆弧、圆、样条曲线、二维或三维多段线，旋转轴则可以是直线或闭合的多段线。

执行“旋转网格”命令主要有以下几种方式：

◆选择菜单栏“绘图”|“建模”|“网格”|“旋转网格”命令。

◆选择“网格”选项卡|“图元”面板上的按钮。

◆在命令行输入 Revsurf 并按 Enter 键。

9.1.5.6　平移网格

“平移网格”命令用于将轮廓曲线沿指定的方向矢量平移，从而形成平移网格，如图 9-22所示。其中，轮廓曲线可以是直线、圆弧、圆、椭圆、样条曲线、二维或三维多段线，方向矢量用以确定拉伸的方向和长度，可以是直线或多段线，但不能是圆或圆弧。

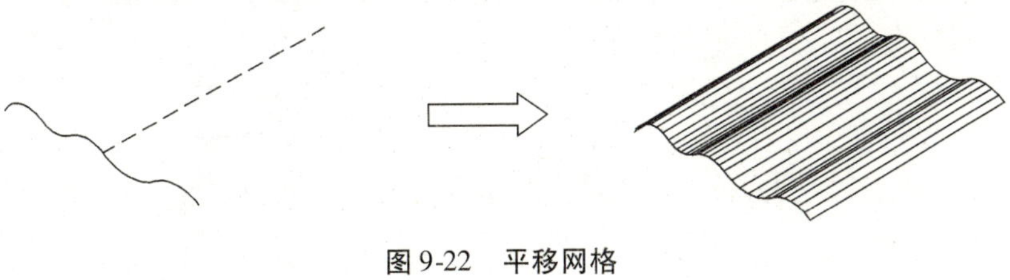

图 9-22　平移网格

执行“平移网格”命令主要有以下几种方式：

◆选择菜单栏“绘图”|“建模”|“网格”|“平移网格”命令。

◆选择“网格”选项卡|“图元”面板上的按钮。

◆在命令行输入 Tabsurf 并按 Enter 键。

9.1.5.7 直纹网格

“直纹网格”命令用于创建两条直线或曲线之间的曲面网格，如图 9-23 所示。定义网格的边可以是直线、圆弧、样条曲线、圆或多段线。

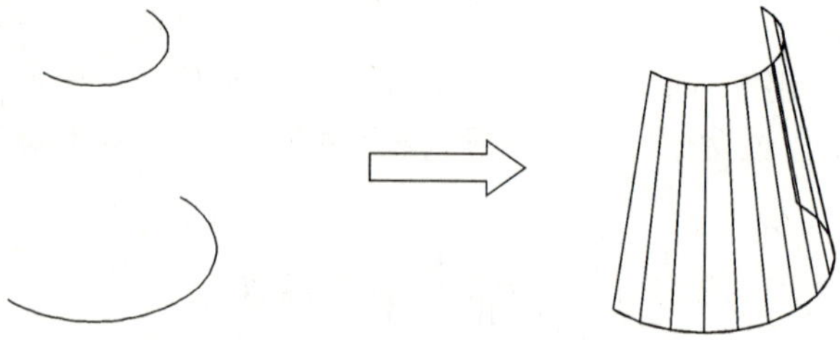

图 9-23　直纹网格

执行“直纹网格”命令主要有以下几种方式：

◆选择菜单栏“绘图”|“建模”|“网格”|“直纹网格”命令。

◆选择“网格”选项卡|“图元”面板上的按钮。

◆在命令行输入 Rulesurf 并按 Enter 键。

在绘制直纹网格的过程中，如果有一条边是闭合的，那么另一条边必须也是闭合的，也可以将点作为开放曲线或闭合曲线的一条边。另外，因选择曲线的点的位置的差别，绘制出的直纹网格会出现以下两种情况：

如果在同一端选择对象，则创建多边形网格，如图 9-24 所示。

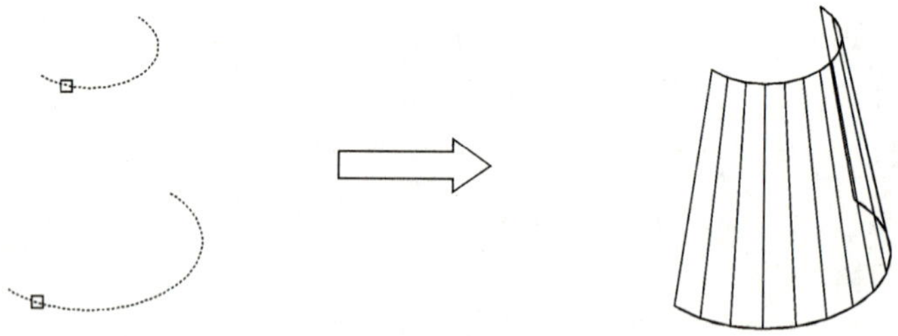

图 9-24　在同一端选择对象

如果在两个对端选择对象，则创建自交的多边形网格，如图 9-25 所示。

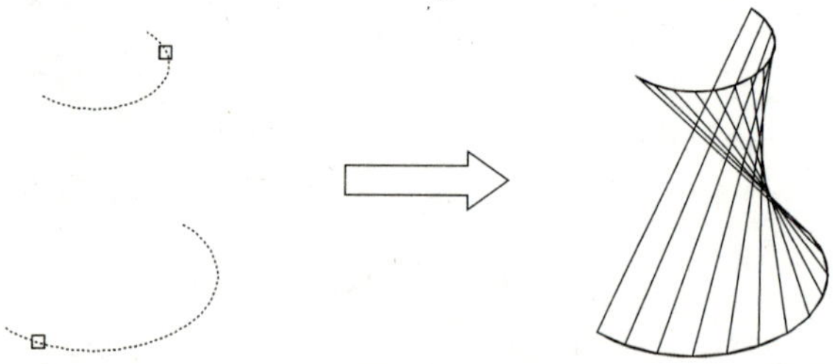

图 9-25　在两个对端选择对象

9.1.5.8 边界网格

“边界网格”命令用于在 4 条相邻的边或曲线之间创建网格，如图 9-26 所示。边可以是直线、圆弧、样条曲线或开放的多段线，但这些边必须在端点处相交以形成一个闭合路径。

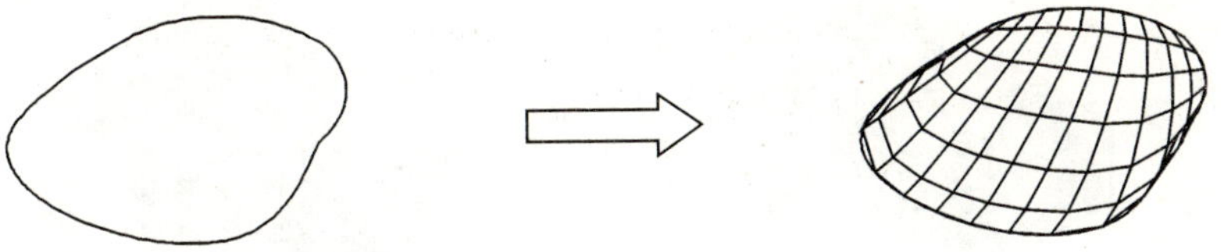

图 9-26　边界网格

执行“边界网格”命令主要有以下几种方式：

◆选择菜单栏“绘图”|“建模”|“网格”|“边界网格”命令。

◆选择“网格”选项卡|“图元”面板上的按钮。

◆在命令行输入 Edgesurf 并按 Enter 键。

9.2　三维图形编辑

使用三维基础建模功能仅能创建一些简单的三维模型，如果要创建结构较为复杂的三维模型，还需配合三维编辑功能以及模型的面边细化等功能。

9.2.1　布尔运算

布尔运算是一种逻辑数学计算法，指的是代数集合中的并集、差集和交集运算，是创建三维模型的过程中使用频率很高的一种方法。通过布尔运算可以确定多个实体或面域之间的组合关系，从而创建形状复杂的三维实体。

9.2.1.1　**并集**

并集运算可以将两个或多个三维实体、曲面或二维面域合并为一个组合三维实体、曲面或面域。

执行“并集”命令主要有以下几种方式：

◆选择菜单栏“修改”|“实体编辑”|“并集”命令。

◆单击“建模”工具栏中的按钮。

◆选择“常用”选项卡|“实体编辑”面板或“实体”选项卡|“布尔值”面板上的按钮。

◆在命令行输入 Union 或命令简写 UN 并按 Enter 键。

调用该命令后，在绘图区选取要合并的对象，按 Enter 键即可完成并集操作，效果如图 9-27 所示，命令行操作如下：

命令：_union
选择对象：　　//选择长方体
选择对象：　　//选择圆柱体
选择对象：　　//按 Enter 键结束命令

并集运算后，原来各实体相互重合的部分变为一体。即使各实体或面域彼此不接触或不重合，并集运算仍有效。

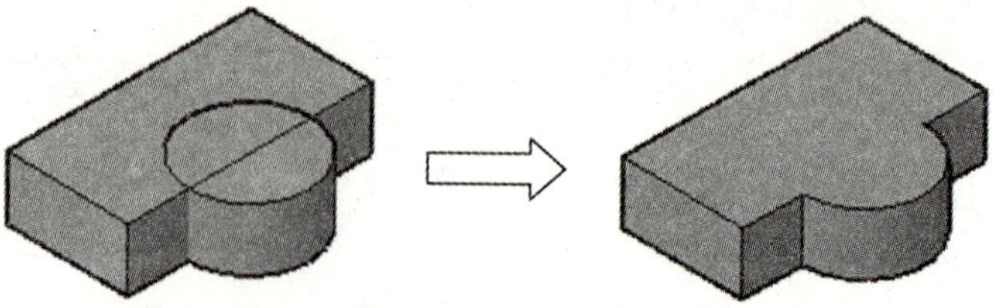

图 9-27　并集运算

9.2.1.2　差集

差集运算可以从一个三维实体或二维面域中减去与之相交的三维实体或面域。

执行“差集”命令主要有以下几种方式：

◆选择菜单栏“修改”|“实体编辑”|“差集”命令。

◆单击“建模”工具栏中的按钮。

◆选择“常用”选项卡|“实体编辑”面板或“实体”选项卡|“布尔值”面板上的按钮。

◆在命令行输入 Subtract 或命令简写 SU 并按 Enter 键。

调用该命令后，在绘图区首先选取要保留的对象，按 Enter 键结束，然后选取要减去的对象，再按 Enter 键即可完成差集操作，效果如图 9-28 所示，命令行操作如下：

```
命令：_subtract 选择要从中减去的实体、曲面和面域...        //选择要保留的对象
选择对象：                                                  //选择长方体
选择对象：选择要减去的实体、曲面和面域...                  //选择要减去的对象
选择对象：                                                  //选择圆柱体
选择对象：                                                  //按 Enter 键结束命令
```

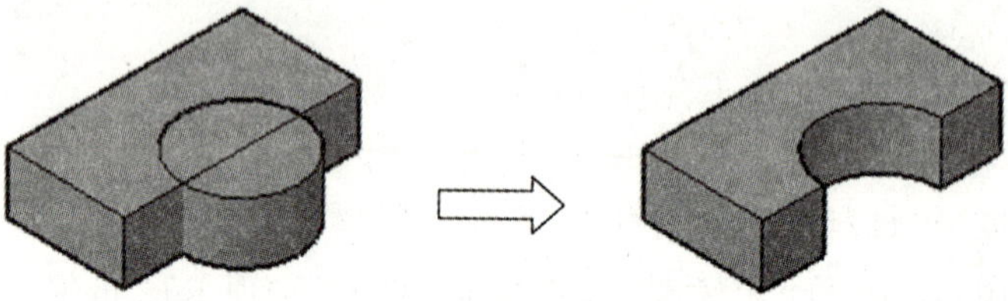

图 9-28　差集运算

差集运算时，如果要减去的对象包含在要保留的对象之内，则差集操作结果是直接移去要减去的对象；如果要减去的对象只有一部分包含在保留的对象之内，则差集操作结果是移去两个对象的公共部分。另外，选取对象的次序不同，产生的运算结果也会有所不同。

9.2.1.3　交集

交集运算可以将两个或多个三维实体、曲面或二维面域的公共部分提取出来形成新的三维实体、曲面或面域，同时删除公共部分以外的部分，可以高效地创建复杂的模型。

执行“交集”命令主要有以下几种方式：

◆选择菜单栏“修改”|“实体编辑”|“交集”命令。

◆单击“建模”工具栏中的按钮。

◆选择“常用”选项卡|“实体编辑”面板或“实体”选项卡|“布尔值”面板上的按钮。

◆在命令行输入 Intersect 或命令简写 IN 并按 Enter 键。

调用该命令后，在绘图区选取具有公共部分的对象，按 Enter 键即可完成交集操作，效果如图 9-29 所示，命令行操作如下：

命令：_intersect

选择对象：　　　　//选择长方体

选择对象：　　　　//选择圆柱体

选择对象：　　　　//按 Enter 键结束命令

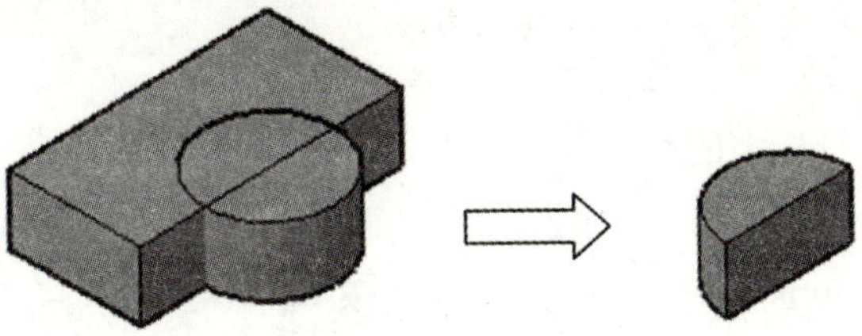

图 9-29　交集运算

9.2.2　基本操作

AutoCAD 提供了一些专门用于三维对象编辑的命令，如三维移动、三维旋转、对齐、三维对齐、三维镜像和三维阵列等，为创建更加复杂的模型提供了便利的条件。

9.2.2.1　三维移动

“三维移动”命令可将三维对象在指定方向上移动指定距离。在三维视图中会显示三维移动小控件，如图 9-30 所示。使用该控件可以自由移动选定的对象，或将移动约束到轴或平面上。

单击某一轴使其变为黄色，拖动鼠标即可将选定的对象沿所约束的轴移动；若将光标停留在两条轴之间的直线会合处的平面上直至变为黄色，单击该区域，拖动鼠标即可将对象沿所约束的平面移动。

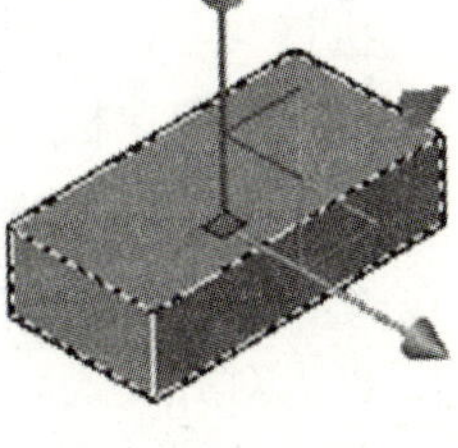

图 9-30　三维移动小控件

执行“三维移动”命令主要有以下几种方式：

◆选择菜单栏“修改”|“三维操作”|“三维移动”命令。

◆单击“建模”工具栏中的按钮。

◆选择“常用”选项卡|“修改”面板上的按钮。

◆在命令行输入 3dmove 或命令简写 3M 并按 Enter 键。

调用该命令后，其命令行操作如下：

命令：_3dmove

选择对象：　　　　//选择要移动的对象

选择对象：　　　　　　　　　　　　　　　　　　　　　　//按 Enter 键

指定基点或[位移(D)] <位移>：　　　　　　　　　　　　　　//指定定位基点

指定第二个点或 <使用第一个点作为位移>：　　　　　　　　　//指定目标点

9.2.2.2　**三维旋转**

“三维旋转”命令可将三维对象按指定的旋转轴围绕基点进行旋转。在三维视图中会显示三维旋转小控件，如图 9-31 所示，以协助绕基点旋转对象。

默认情况下，三维旋转小控件会显示在选定对象的中心，其中红色代表 X 轴，绿色代表 Y 轴，蓝色代表 Z 轴。指定基点后，移动鼠标直至要选择的轴轨迹变为黄色，单击选择此轨迹，再输入角度值，即可获得实体的三维旋转效果。

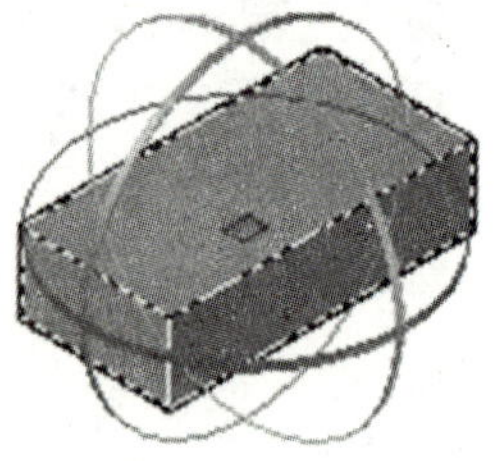

图 9-31　三维旋转小控件

执行“三维旋转”命令主要有以下几种方式：

◆选择菜单栏“修改”|“三维操作”|“三维旋转”命令。

◆单击“建模”工具栏中的按钮。

◆选择“常用”选项卡|“修改”面板上的按钮。

◆在命令行输入 3drotate 或命令简写 3R 并按 Enter 键。

调用该命令后，其命令行操作如下：

命令：_3drotate

UCS 当前的正角方向：　ANGDIR = 逆时针　ANGBASE = 0

选择对象：　　　　　　　　　　　　　　　　　　　　　　//选择要旋转的对象

选择对象：　　　　　　　　　　　　　　　　　　　　　　//按 Enter 键

指定基点：　　　　　　　　　　　　　　　　　　　　　　//指定旋转基点

拾取旋转轴：　　　　　　　　　　　　　　　　　　　　　//指定旋转轴

指定角的起点或键入角度：　　　　　　　　　　　　　　　//输入 90，按 Enter 键

9.2.2.3　**对齐**

“对齐”命令通过指定一对、两对或三对源点和目标点以移动、旋转或倾斜选定的对象，从而将它们与其他对象上的点对齐。

执行“对齐”命令主要有以下几种方式：

◆选择菜单栏“修改”|“三维操作”|“对齐”命令。

◆选择“常用”选项卡|“修改”面板上的按钮。

◆在命令行输入 Align 或命令简写 AL 并按 Enter 键。

进入对齐模式后有 3 种指定点对齐对象的方法。

1. 一对点对齐

该对齐方式是指定一对源点和目标点进行实体对齐。当指定一对点时，所选取的实体对象将从源点沿直线路径移动到目标点，如图 9-32 所示。

2. 两对点对齐

该对齐方式是指定两对源点和目标点进行实体对齐。当指定两对点时，可通过移动、旋转或缩放选定对象，使其与目标对象对齐，如图 9-33 所示。

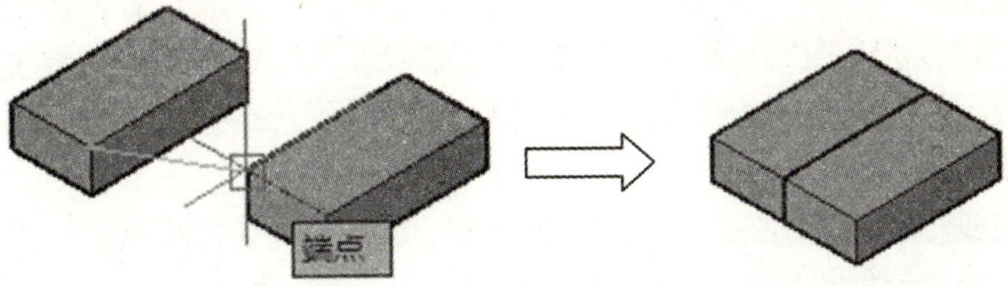

图 9-32　一对点对齐对象

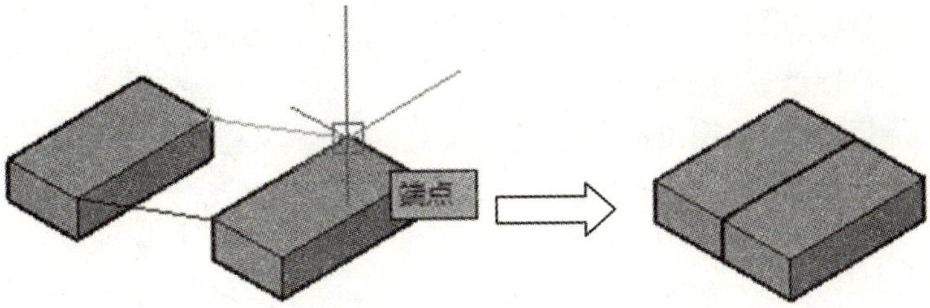

图 9-33　两对点对齐对象

3. 三对点对齐

该对齐方式是指定三对源点和目标点进行实体对齐。当指定三对点时，在源对象和目标对象上连续捕捉三对对应点即可完成对齐操作，如图 9-34 所示。

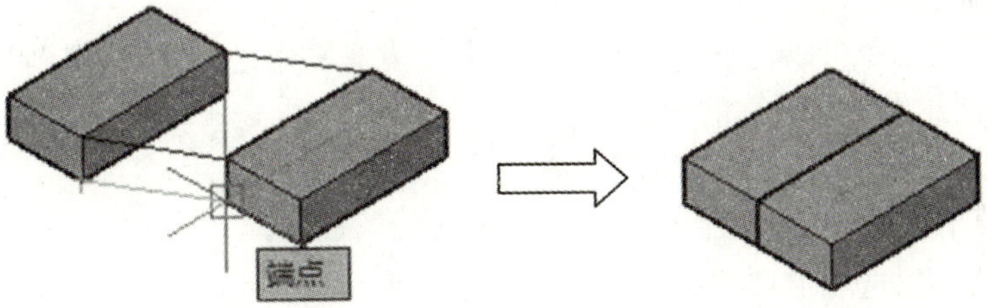

图 9-34　三对点对齐对象

9.2.2.4　三维对齐

“三维对齐”命令通过指定一个、两个或三个点以定义源平面和目标平面，将两个对象在二维或三维空间中对齐。

执行“三维对齐”命令主要有以下几种方式：

◆选择菜单栏“修改”|“三维操作”|“三维对齐”命令。

◆单击“建模”工具栏中的按钮。

◆选择“常用”选项卡|“修改”面板上的按钮。

◆在命令行输入 3dalign 并按 Enter 键。

调用该命令后，首先为源对象指定一个、两个或三个点来确定源平面，再为目标对象指定一个、两个或三个点来确定目标平面，从而使源对象与目标对象对齐，命令行操作如下：

命令:_3dalign
选择对象:　　　　　　　　　　　　　　　　　　　//选择图 9-35 中左侧的长方体
选择对象:　　　　　　　　　　　　　　　　　　　//按 Enter 键
指定源平面和方向...
指定基点或[复制(C)]:　　　　　　　　　　　　　//捕捉端点 1
指定第二个点或[继续(C)]<C>:　　　　　　　　　//捕捉端点 2
指定第三个点或[继续(C)]<C>:　　　　　　　　　//捕捉端点 3
指定目标平面和方向...
指定第一个目标点:　　　　　　　　　　　　　　　//捕捉端点 4
指定第二个目标点或[退出(X)]<X>:　　　　　　　//捕捉端点 5
指定第三个目标点或[退出(X)]<X>:　　　　　　　//捕捉端点 6

结果如图 9-36 所示。

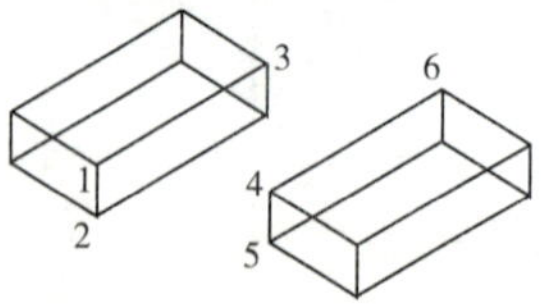

图 9-35　源对象和目标对象

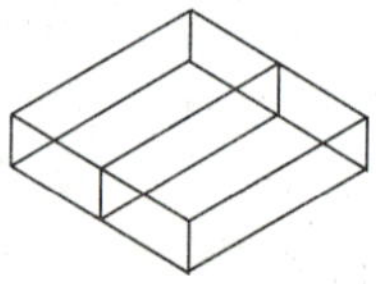

图 9-36　对齐结果

9.2.2.5　三维镜像

"三维镜像"命令可以将三维对象按照指定的镜像平面进行镜像,得到与之完全相同的对象,从而创建出结构对称的三维模型。

执行"三维镜像"命令主要有以下几种方式:

◆选择菜单栏"修改"|"三维操作"|"三维镜像"命令。

◆选择"常用"选项卡|"修改"面板上的%按钮。

◆在命令行输入 Mirror3D 并按 Enter 键。

课堂举例:使用"三维镜像"命令创建结构对称对象。

(1)创建如图 9-37 所示的三维实体。

(2)选择"常用"选项卡|"修改"面板上的%按钮,对零件进行镜像,命令行提示如下:

命令:_mirror3d
选择对象:　　　　　　　　　　　　　　　　　　　//选择零件模型
选择对象:　　　　　　　　　　　　　　　　　　　//按 Enter 键
指定镜像平面(三点)的第一个点或[对象(O)/最近的(L)/Z 轴(Z)/视图(V)/XY 平面(XY)/YZ 平面(YZ)/ZX 平面(ZX)/三点(3)]<三点>: //YZ 按 Enter 键
指定 YZ 平面上的点<0,0,0>:　　　　　　　　　　//捕捉零件底面中心点
是否删除源对象?[是(Y)/否(N)]<否>:　　　　　　//按 Enter 键

结果如图 9-38 所示。

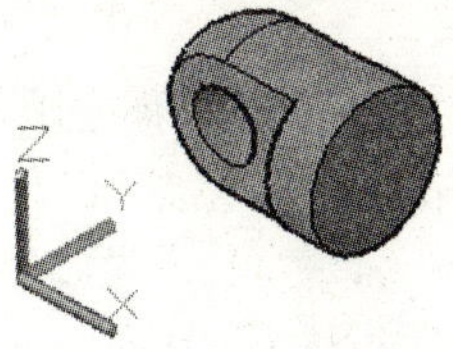

图 9-37　三维实体

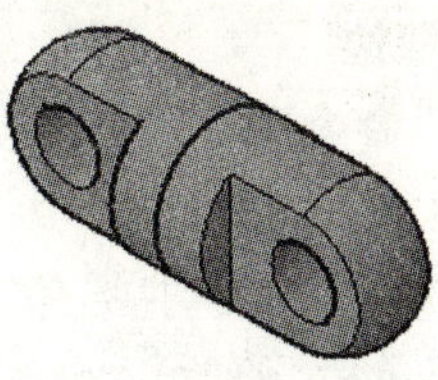

图 9-38　镜像结果

命令执行过程中出现的选项含义如下：

【对象】：指定某一对象所在的平面作为镜像平面。

【最近的】：以最近一次定义使用的镜像平面作为当前镜像平面。

【Z 轴】：通过确定平面上一点和该平面法线上的一点来定义镜像平面。

【视图】：以与当前视图平面平行的面作为镜像面。

【XY 平面】：以当前坐标系的 XY 平面作为镜像平面。

【YZ 平面】：以当前坐标系的 YZ 平面作为镜像平面。

【ZX 平面】：以当前坐标系的 ZX 平面作为镜像平面。

【三点】：通过指定三点来定义镜像平面。

9.2.2.6　三维阵列

"三维阵列"命令可以将三维对象按照矩形或环形的方式在三维空间中进行规则排列。

执行"三维阵列"命令主要有以下几种方式：

◆选择菜单栏"修改"|"三维操作"|"三维阵列"命令。

◆单击"建模"工具栏中的按钮。

◆在命令行输入 3darray 或命令简写 3A 并按 Enter 键。

三维阵列有两种方式：矩形阵列和环形阵列。

1. 矩形阵列

在调用三维矩形阵列时，会在行（X 轴）、列（Y 轴）和层（Z 轴）矩形阵列中复制对象，所以需要指定行数、列数、层数、行间距、列间距和层间距，一个阵列必须具有至少两个行、列或层。

在指定间距值时，可以分别输入相应的间距值或在绘图区域先后选取两点，AutoCAD 自动测量两点之间的距离，并以此作为间距值。若间距值为正，则沿 X、Y、Z 轴的正向生成阵列；若间距值为负，则沿 X、Y、Z 轴的负向生成阵列。

2. 环形阵列

在调用三维环形阵列时，会绕轴复制对象，需要指定阵列的数目、要填充的角度、是否旋转阵列对象以及旋转轴的起点和终点。其中要填充的角度是阵列中第一个和最后一个项目之间的角度，负数值表示沿顺时针方向阵列。

9.2.3　编辑实体边

三维实体由最基本的边和面组成，用户可根据需要提取多个边的特征，然后对其进行压印、圆角、倒角、着色或复制等操作，以查看或创建更为复杂的模型。

9.2.3.1 提取边

“提取边”命令用于从三维实体、曲面、网格或面域等对象中提取所有边来创建线框几何体，也可以通过提取单个边和面来创建，如图 9-39 所示。

执行“提取边”命令主要有以下几种方式：

◆选择菜单栏“修改”|“三维操作”|“提取边”命令。

◆选择“常用”选项卡或“实体”选项卡|“实体编辑”面板上的按钮。

◆在命令行输入 Xedges 并按 Enter 键。

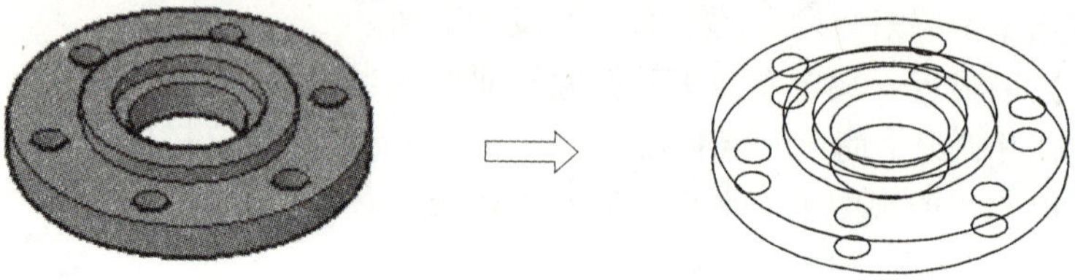

图 9-39 提取边

9.2.3.2 压印边

“压印边”命令主要用于将圆弧、圆、直线、二维和三维多段线、椭圆、样条曲线、面域或三维实体等对象压印到三维实体上，使其成为实体的一部分，如图 9-40 所示。为了使压印操作成功，被压印的对象必须与选定对象的一个或多个面相交。

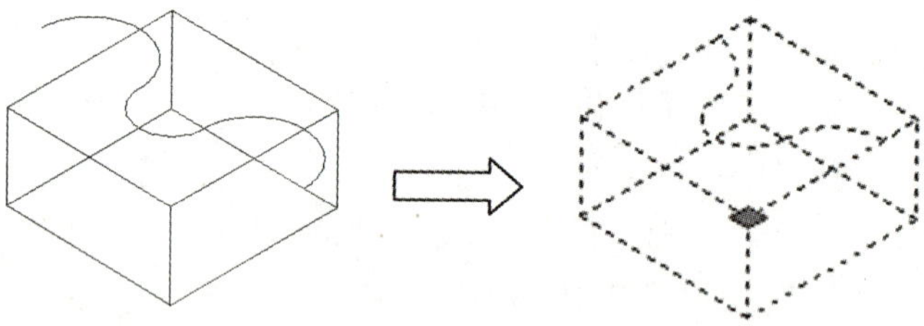

图 9-40 压印边

执行“压印边”命令主要有以下几种方式：

◆选择菜单栏“修改”|“实体编辑”|“压印边”命令。

◆单击“实体编辑”工具栏上的按钮。

◆选择“常用”选项卡或“实体”选项卡|“实体编辑”面板上的按钮。

◆在命令行输入 Imprint 并按 Enter 键。

9.2.3.3 圆角边

“圆角边”命令主要用于将三维实体的凸边或凹边按照指定的半径进行圆角编辑，如图 9-41 所示。

执行“圆角边”命令主要有以下几种方式：

◆选择菜单栏“修改”|“实体编辑”|“圆角边”命令。

◆单击“实体编辑”工具栏上的按钮。

◆选择“实体”选项卡|“实体编辑”面板上的按钮。

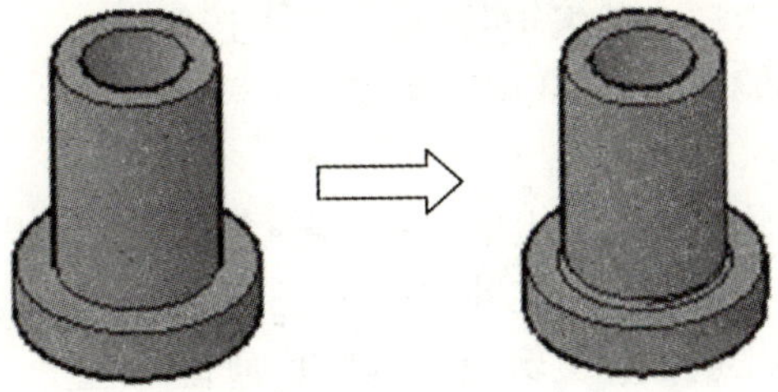

图 9-41　圆角边

◆在命令行输入 Filletedge 并按 Enter 键。

9.2.3.4　倒角边

“倒角边”命令主要用于将三维实体的凸边按照指定的距离进行倒角编辑，如图 9-42 所示。

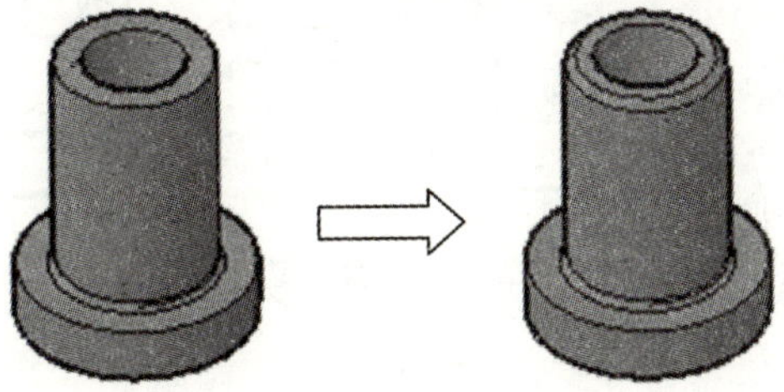

图 9-42　倒角边

执行“倒角边”命令主要有以下几种方式：

◆选择菜单栏“修改”|“实体编辑”|“倒角边”命令。

◆单击“实体编辑”工具栏上的按钮。

◆选择“实体”选项卡|“实体编辑”面板上的按钮。

◆在命令行输入 Chamferedge 并按 Enter 键。

9.2.3.5　着色边

“着色边”命令用于更改三维实体上选定边的颜色，如图 9-43 所示。

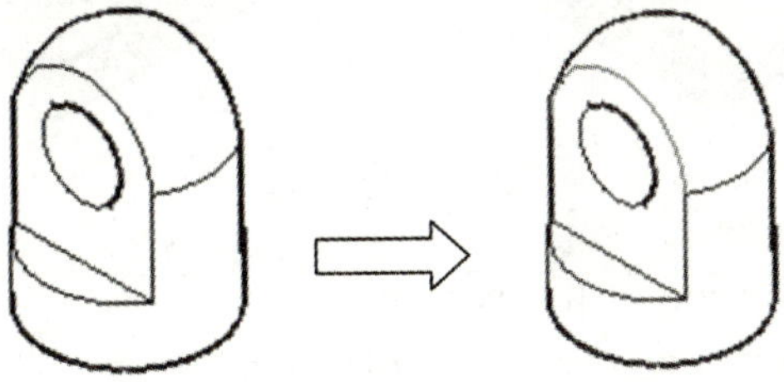

图 9-43　着色边

执行“着色边”命令主要有以下几种方式：

◆选择菜单栏“修改”|“实体编辑”|“着色边”命令。

◆单击“实体编辑”工具栏上的按钮。

◆选择“常用”选项卡|“实体编辑”面板上的按钮。

◆在命令行输入 Solidedit 并按 Enter 键。

9.2.3.6 复制边

“复制边”命令用于将三维实体上的选定边进行复制，如图 9-44 所示。

执行“复制边”命令主要有以下几种方式：

◆选择菜单栏“修改”|“实体编辑”|“复制边”命令。

◆单击“实体编辑”工具栏上的按钮。

◆选择“常用”选项卡或“实体”选项卡|“实体编辑”面板上的按钮。

◆在命令行输入 Solidedit 并按 Enter 键。

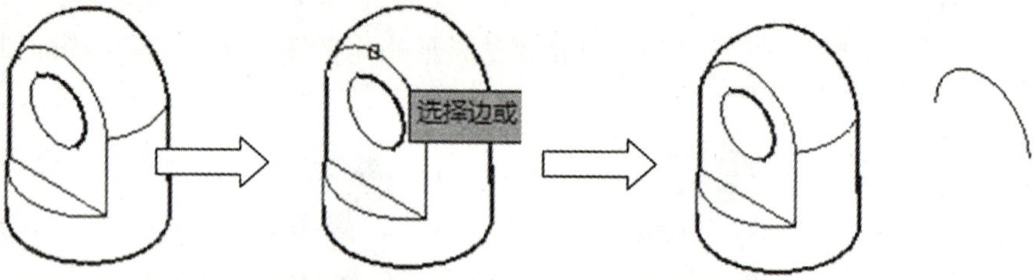

图 9-44 复制边

9.2.4 编辑实体面

对三维实体进行编辑时，可以对整个实体的任意表面调用编辑操作，从而改变实体表面，达到改变实体的目的。

9.2.4.1 拉伸面

“拉伸面”命令用于对三维实体表面进行编辑，可按指定的距离或沿某条路径拉伸选定的实体面，如图 9-45 所示，其中路径可以是直线、圆弧、多段线或二维样条曲线。

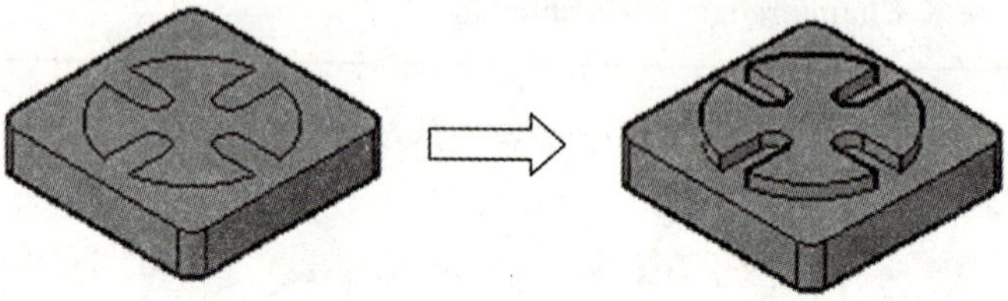

图 9-45 拉伸面

执行“拉伸面”命令主要有以下几种方式：

◆选择菜单栏“修改”|“实体编辑”|“拉伸面”命令。

◆单击“实体编辑”工具栏上的按钮。

◆选择“常用”选项卡或“实体”选项卡|“实体编辑”面板上的按钮。

◆在命令行输入 Solidedit 并按 Enter 键。

9.2.4.2 移动面

“移动面”命令可以将三维实体上的面在指定方向上移动指定距离，可用来修改实体的尺寸或改变孔槽的位置等，如图 9-46 所示。

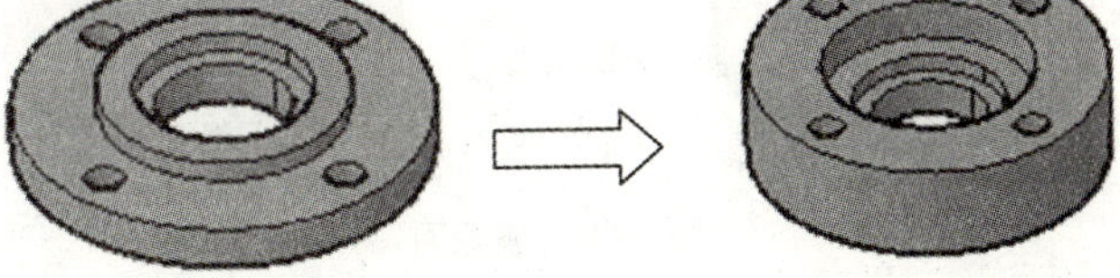

图 9-46　移动面

执行“移动面”命令主要有以下几种方式：

◆选择菜单栏“修改”|“实体编辑”|“移动面”命令。

◆单击“实体编辑”工具栏上的按钮。

◆选择“常用”选项卡|“实体编辑”面板上的按钮。

◆在命令行输入 Solidedit 并按 Enter 键。

9.2.4.3　偏移面

“偏移面”命令可以按指定的距离将选定的三维实体面均匀地偏移，可用来修改实体的形状、尺寸或改变表面孔、槽等结构的特征，如图 9-47 所示。

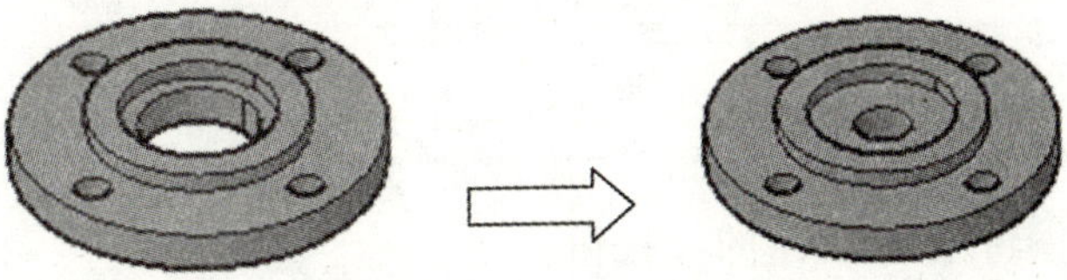

图 9-47　偏移面

执行“偏移面”命令主要有以下几种方式：

◆选择菜单栏“修改”|“实体编辑”|“偏移面”命令。

◆单击“实体编辑”工具栏上的按钮。

◆选择“常用”选项卡或“实体”选项卡|“实体编辑”面板上的按钮。

◆在命令行输入 Solidedit 并按 Enter 键。

调用该命令后，选取要偏移的面，指定偏移距离后按 Enter 键，即可完成偏移面操作。当指定的偏移距离为正值时，表面将向其外法线方向偏移，实体的大小或体积会增大；当指定的偏移距离为负值时，表面将向相反的方向偏移，实体的大小或体积会减小。

9.2.4.4　删除面

“删除面”命令可以删除三维实体上的某些特征面，包括圆角或倒角，如图 9-48 所示。但如果更改后会生成无效的三维实体，则删除面无效。

执行“删除面”命令主要有以下几种方式：

◆选择菜单栏“修改”|“实体编辑”|“删除面”命令。

◆单击“实体编辑”工具栏上的按钮。

◆选择“常用”选项卡|“实体编辑”面板上的按钮。

◆在命令行输入 Solidedit 并按 Enter 键。

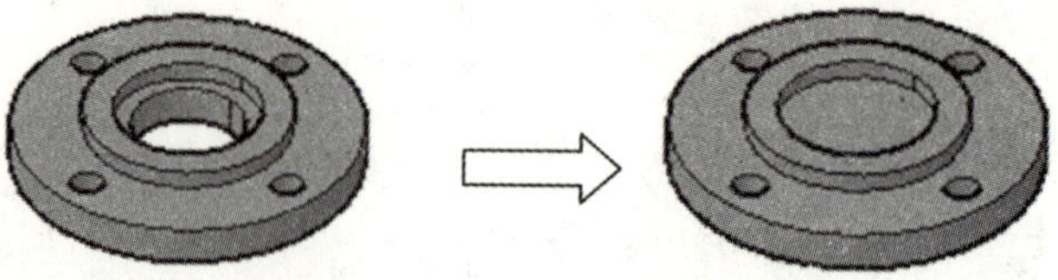

图 9-48　删除面

9.2.4.5　**旋转面**

“旋转面”命令可以将三维实体上的单个或多个表面绕指定的轴旋转，从而改变对象的形状，如图 9-49 所示。

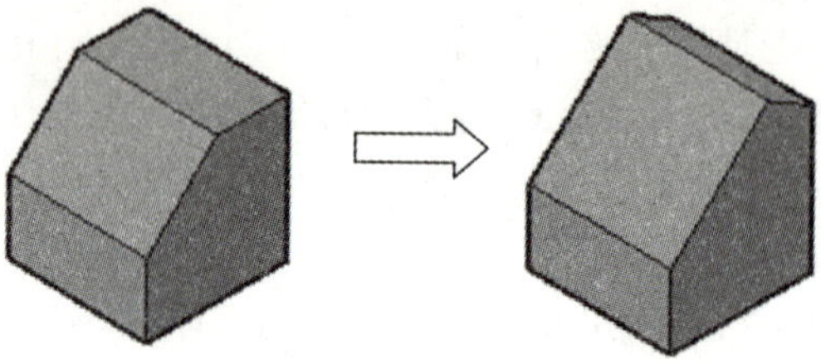

图 9-49　旋转面

执行“旋转面”命令主要有以下几种方式：

◆选择菜单栏“修改”|“实体编辑”|“旋转面”命令。

◆单击“实体编辑”工具栏上的按钮。

◆选择“常用”选项卡|“实体编辑”面板上的按钮。

◆在命令行输入 Solidedit 并按 Enter 键。

9.2.4.6　**倾斜面**

“倾斜面”命令可以按指定的角度倾斜三维实体上的面，如图 9-50 所示。面的倾斜方向由定义矢量时的基点和倾斜角度的正负决定，输入的角度为正值时，已定义的矢量绕基点向实体内部倾斜面，为负值时则向外部倾斜。

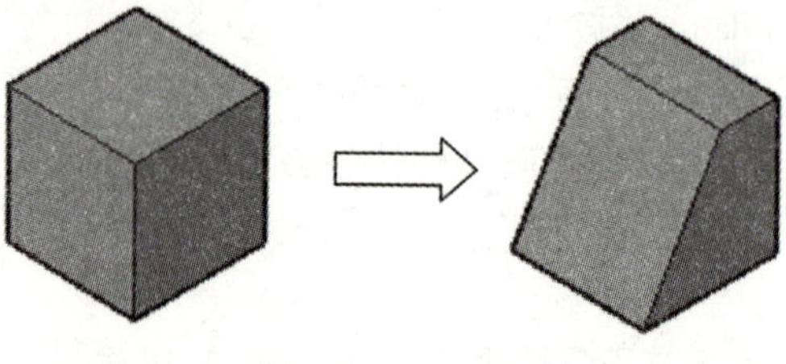

图 9-50　倾斜面

执行“倾斜面”命令主要有以下几种方式：

◆选择菜单栏“修改”|“实体编辑”|“倾斜面”命令。

◆单击“实体编辑”工具栏上的按钮。

◆选择“常用”选项卡或“实体”选项卡|“实体编辑”面板上的按钮。

◆在命令行输入 Solidedit 并按 Enter 键。

9.2.4.7　**着色面**

“着色面”命令可以更改单个或多个实体面的颜色，用于亮显复杂三维实体模型内的细节，如图 9-51 所示。

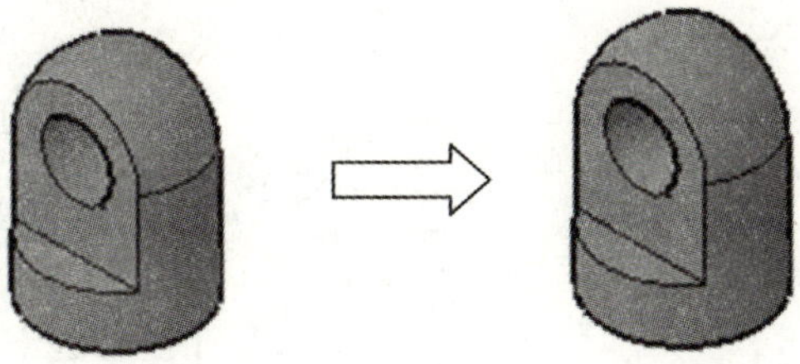

图 9-51　着色面

执行“着色面”命令主要有以下几种方式：

◆选择菜单栏“修改”|“实体编辑”|“着色面”命令。

◆单击“实体编辑”工具栏上的按钮。

◆选择“常用”选项卡|“实体编辑”面板上的按钮。

◆在命令行输入 Solidedit 并按 Enter 键。

9.2.4.8　**复制面**

“复制面”命令可以复制三维实体上的面，从而生成面域或实体，如图 9-52 所示。

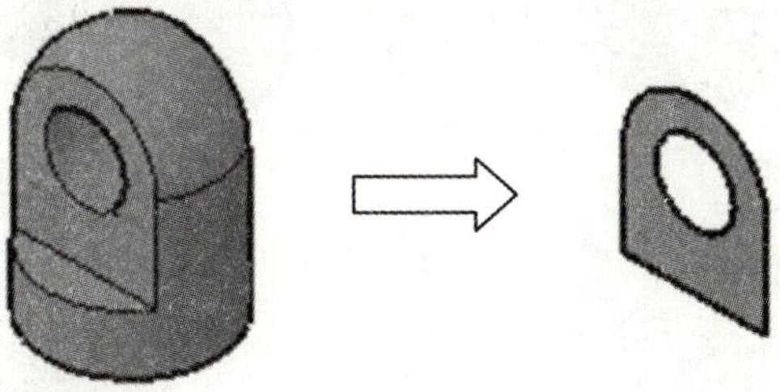

图 9-52　复制面

执行“复制面”命令主要有以下几种方式：

◆选择菜单栏“修改”|“实体编辑”|“复制面”命令。

◆单击“实体编辑”工具栏上的按钮。

◆选择“常用”选项卡|“实体编辑”面板上的按钮。

◆在命令行输入 Solidedit 并按 Enter 键。

9.2.5　编辑实体对象

9.2.5.1　**分割**

并集或差集操作可生成一个由多个连续体组成的三维实体，利用“分割”命令可以将其分割为独立的三维实体，如图 9-53 所示。

执行“分割”命令主要有以下几种方式：

◆选择菜单栏“修改”|“实体编辑”|“分割”命令。

◆单击“实体编辑”工具栏上的按钮。

◆选择“常用”选项卡或“实体”选项卡|“实体编辑”面板上的按钮。

◆在命令行输入 Solidedit 并按 Enter 键。

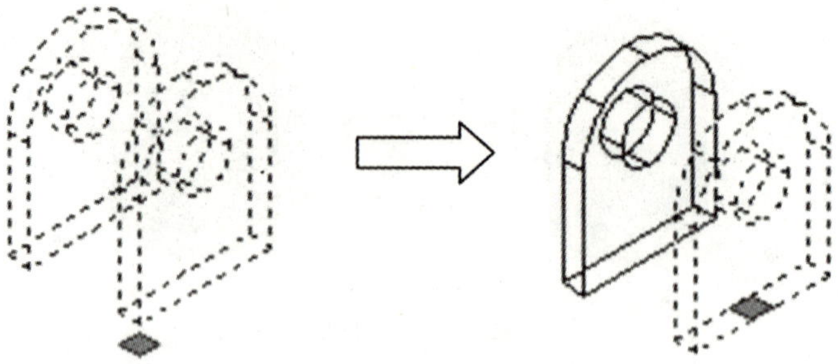

图 9-53　分割

9.2.5.2　抽壳

“抽壳”命令用于将三维实体按照指定厚度转换为空心壳体，或根据设计需要删除某些指定面，如图 9-54 所示。

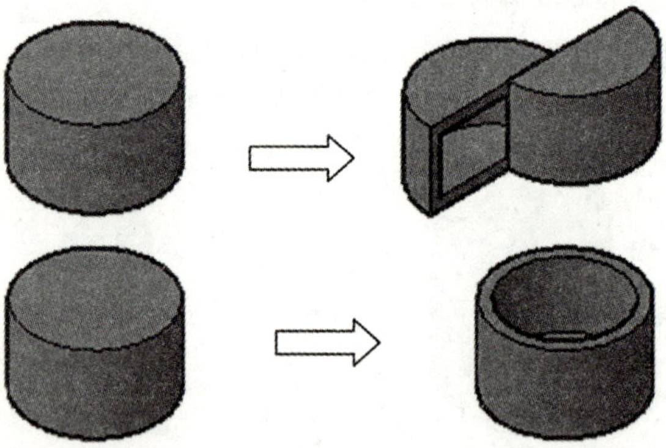

图 9-54　抽壳

执行“抽壳”命令主要有以下几种方式：

◆选择菜单栏“修改”|“实体编辑”|“抽壳”命令。

◆单击“实体编辑”工具栏上的按钮。

◆选择“常用”选项卡或“实体”选项卡|“实体编辑”面板上的按钮。

◆在命令行输入 Solidedit 并按 Enter 键。

9.2.5.3　剖切

在绘图过程中，为了表现实体内部结构特征，可假想用一个与指定对象相交的平面或曲面，剖切或分割指定对象，“剖切”命令即可完成该操作。

执行“剖切”命令主要有以下几种方式：

◆选择菜单栏“修改”|“三维操作”|“剖切”命令。

◆选择“常用”选项卡或“实体”选项卡|“实体编辑”面板上的按钮。

◆在命令行输入 Slice 或命令简写 SL 并按 Enter 键。

9.2.5.4 加厚

“加厚”命令可将曲面转换为具有指定厚度的三维实体，如图 9-55 所示，可以作为创建复杂三维曲线式实体的一种实用的方法。

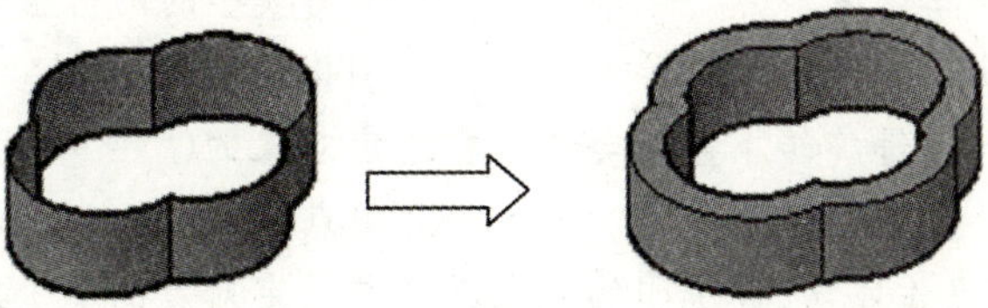

图 9-55 加厚

执行“加厚”命令主要有以下几种方式：

◆选择菜单栏“修改”|“三维操作”|“加厚”命令。

◆选择“常用”选项卡或“实体”选项卡|“实体编辑”面板上的按钮。

◆在命令行输入 Thicken 并按 Enter 键。

9.2.5.5 干涉检查

“干涉检查”命令用于检测各实体之间是否存在干涉现象，若所选实体之间存在干涉情况，则可以将干涉部分提取出来，创建成新的实体，但源实体依然存在。

执行“干涉检查”命令主要有以下几种方式：

◆选择菜单栏“修改”|“三维操作”|“干涉检查”命令。

◆选择“常用”选项卡或“实体”选项卡|“实体编辑”面板上的按钮。

◆在命令行输入 Interfere 并按 Enter 键。

小　结

本章详细介绍了 AutoCAD 2014 的三维图形绘制与编辑功能。三维图形的绘制主要包括创建简单三维对象、三维实体、三维曲面或三维网格，但三维绘图命令创建的三维基本对象往往不能满足实际绘图的需要，只有与三维编辑功能相结合，才能创建出更为复杂的三维模型。三维图形的编辑功能中，布尔运算可以确定多个实体或面域之间的组合关系，从而创建形状复杂的三维实体；一些专门用于三维对象编辑的基本操作，如三维移动、三维旋转、对齐、三维对齐、三维镜像和三维阵列等，为创建更加复杂的模型提供了便利的条件；另外，用户也可对三维实体的边、面或其本身进行编辑操作，从而创建更为复杂的模型。

习　题

1. 选择

(1)(　　)命令可通过在形成闭环的曲面边上拟合一个封口来创建新曲面。

A. Surfblend　　B. Surfoffset　　C. Surfpatch　　D. Surfnetwork

(2)使用(　　)命令可以将二维图形旋转生成三维实体。

A. Revolve　　B. 3drotate　　C. Revsurf　　D. Rotate

(3)Surftab1 和 Surftab2 可以设置的系统变量是(　　)。

A. 实体表面网格密度　　B. 网格模型的网格密度

C. 实体的形状　　D. 网格模型的形状

(4)默认情况下,三维旋转小控件会显示在选定对象的(　　)。

A. 中心　　B. 面中心　　C. 顶点　　D. 重心

(5)为了使压印操作成功,被压印的对象必须与选定对象的一个或多个面(　　)。

A. 相交　　B. 重合　　C. 平行　　D. 垂直

(6)执行“倾斜面”命令时,面的倾斜方向由(　　)和(　　)决定。

A. 外法线方向　　B. 定义矢量时的基点

C. 倾斜角度的正负　　D. 光标指定方向

2. 判断

(1)AutoCAD 不可以创建椭圆柱体。(　　)

(2)实体模型也可以通过对二维图形拉伸、扫掠、旋转或放样产生。(　　)

(3)“三维面”命令可以创建任意数量的三维面,且各个三维面分别是独立的对象。(　　)

(4)“三维网格”命令在绘制曲面时需指定 M 乘 N 个顶点的坐标来生成多边形网格。(　　)

(5)只有彼此接触或重合的实体或面域才能进行并集运算。(　　)

(6)对一个实体和另外一个与其未相交的实体进行差集操作,则另外一个实体被删除。(　　)

(7)对两个彼此不相交的实体进行交集操作,结果是两个实体被删除。(　　)

3. 上机操作

(1)创建如图 9-56 所示的阀门,其中球体直径为 70。

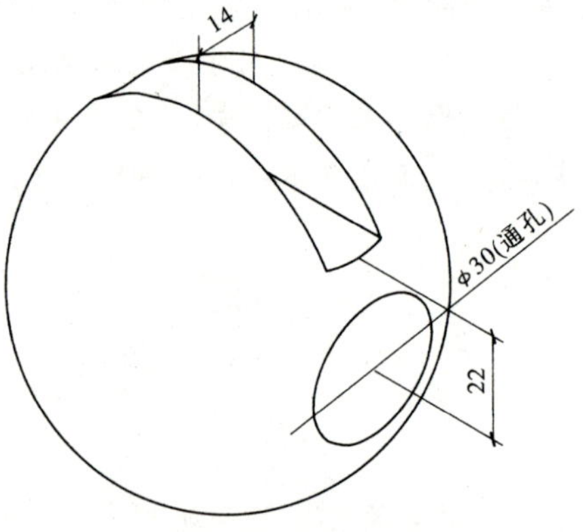

图 9-56　上机练习——阀门

(2)创建如图 9-57 所示的支撑块。

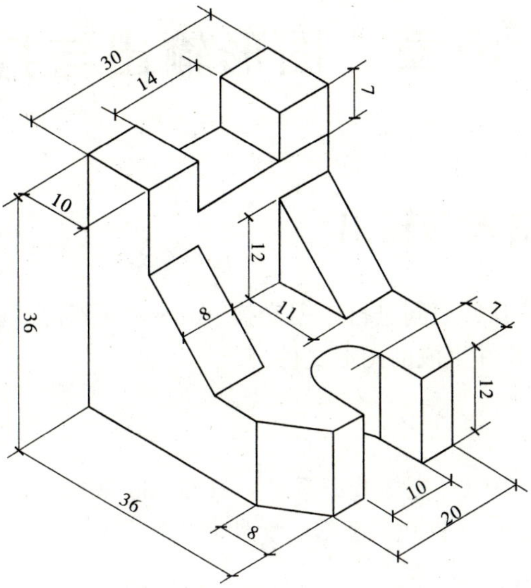

图 9-57　上机练习——支撑块

(3)创建如图 9-58 所示的定位块。

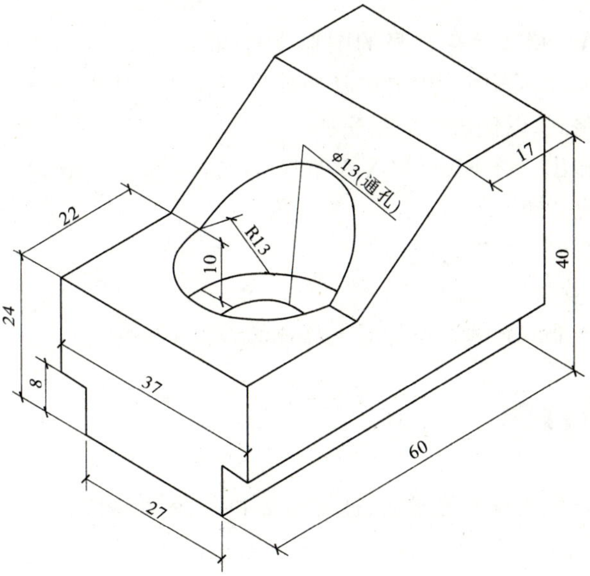

图 9-58　上机练习——定位块

第 10 章　图形输出与打印

10.1　图形的输入与输出

为了供用户在不同软件之间进行数据交换，AutoCAD 不仅能够输出其他格式的图形文件，也可以使用其他软件生成的图形文件。

10.1.1　图形输入

AutoCAD 能够输入 ACIS（实体造型系统）、3DStudio、WMF（Windows 图元）、Parasolid、Pro/ENGINEER、Solidworks、STEP 等类型的文件。

图形输入主要有以下几种方式：

◆选择菜单栏“文件”|“输入”命令。

◆在命令行输入 Import 或命令简写 IMP 并按 Enter 键。

10.1.2　图形输出

AutoCAD 以 DWG 格式保存自身的图形文件，但若要在其他应用程序中使用 AutoCAD 图形，该种格式则不适用。想要在其他软件平台或应用程序使用 AutoCAD 图形，必须将其转换为特定格式，以便进行数据交换。

AutoCAD 能够输出三维 DWF、FBX、WMF（Windows 图元）、ACIS、平板印刷、封装 PS、位图、IGES 等类型的文件。

图形输出主要有以下几种方式：

◆选择菜单栏“文件”|“输出”命令。

◆在命令行输入 Export 或命令简写 EXP 并按 Enter 键。

10.2　图形的打印

当使用 AutoCAD 创建图形完毕后，通常需要进行绘图的最后一个环节，即将绘制好的图形用打印机或绘图仪打印成图纸。

10.2.1　打印输出的一般步骤

10.2.1.1　**配置绘图仪**

在打印图纸前，首先需要配置打印设备，使用“绘图仪管理器”命令可以配置绘图仪、定义和修改图纸尺寸等。

执行“绘图仪管理器”命令主要有以下几种方式：

◆选择菜单栏“文件”|“绘图仪管理器”命令。

◆在命令行输入 Plottermanager 并按 Enter 键。

课堂举例:配置光栅文件格式的绘图仪。

(1)执行“绘图仪管理器”命令,打开如图 10-1 所示的文件夹窗口。

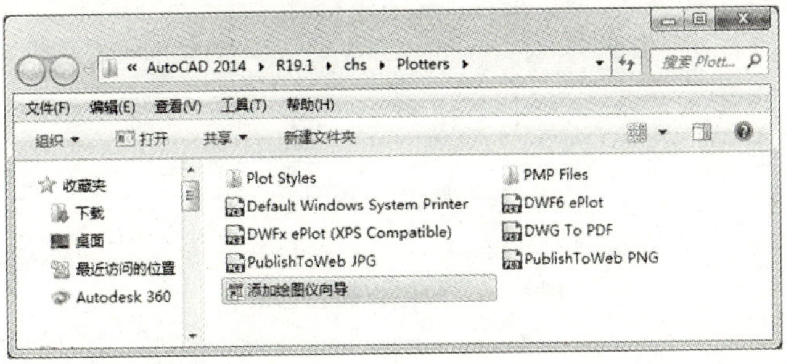

图 10-1　Plotters 文件夹

(2)双击“添加绘图仪向导”图标,打开如图 10-2 所示的“添加绘图仪 - 简介”对话框。

(3)依次单击下一步(N)>按钮,打开“添加绘图仪 - 绘图仪型号”对话框,设置绘图仪型号机器生产商,如图 10-3 所示。

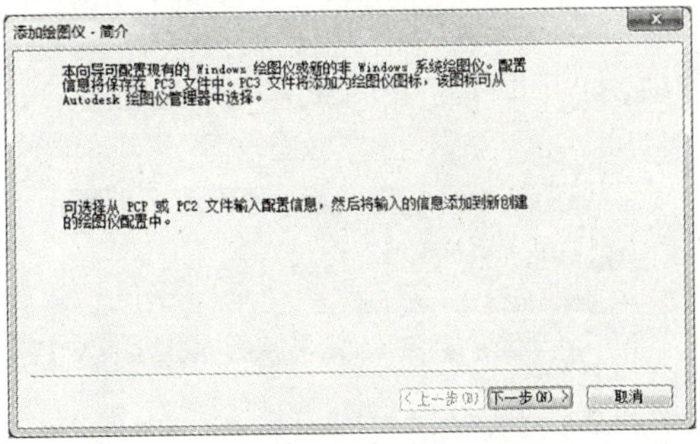

图 10-2　“添加绘图仪 - 简介”对话框

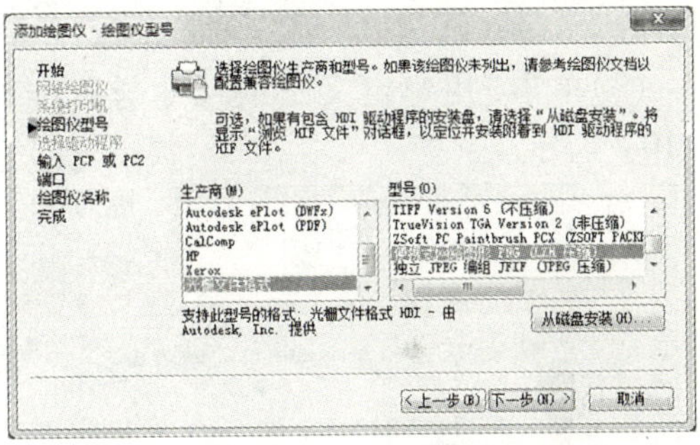

图 10-3　“添加绘图仪 - 绘图仪型号”对话框

(4)依次单击下一步(N)>按钮,打开“添加绘图仪 - 绘图仪名称”对话框,为添加的绘图仪命名,如图 10-4 所示。

(5)单击下一步(N)>按钮,打开如图 10-5 所示的“添加绘图仪 - 完成”对话框。

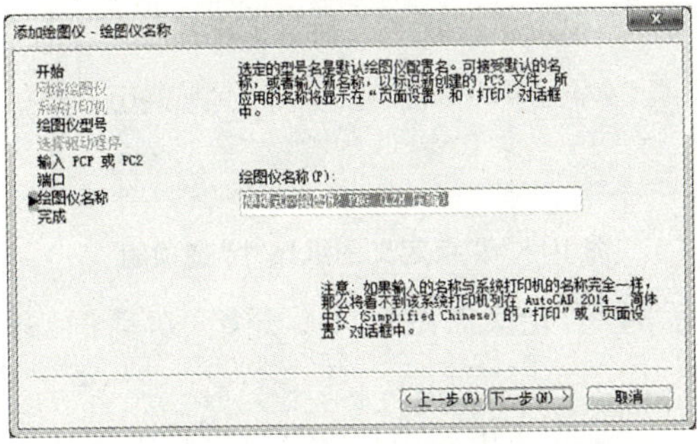

图 10-4　“添加绘图仪 - 绘图仪名称”对话框

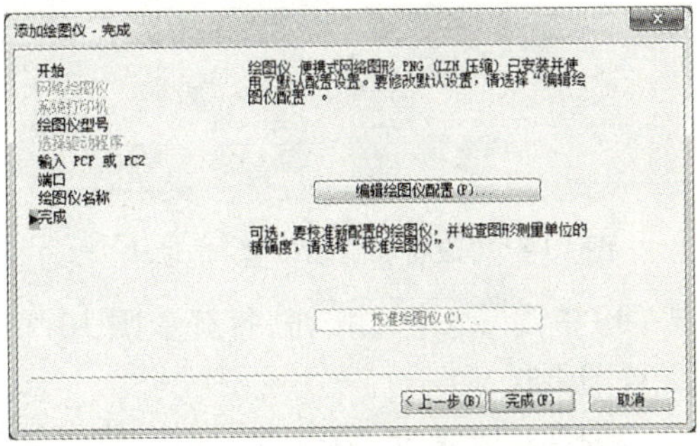

图 10-5　“添加绘图仪 - 完成”对话框

(6)单击 完成(F) 按钮,添加的绘图仪自动出现在 Plotters 文件夹窗口内,如图 10-6 所示。

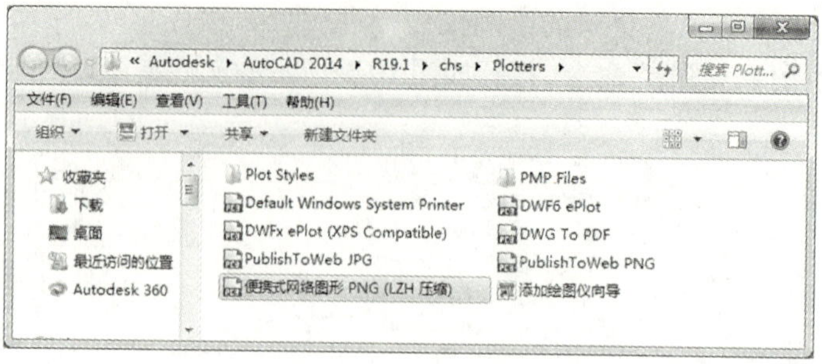

图 10-6 绘图仪添加结果

10.2.1.2 设置图纸尺寸

每一款型号的绘图仪都配有相应规格的图纸尺寸,但有时这些图纸尺寸与打印图形很难相匹配,需要用户重新设置图纸尺寸。

课堂举例:对光栅文件格式的绘图仪进行图纸尺寸自定义。

(1)继续上例操作,双击新添加的绘图仪,打开"绘图仪配置编辑器"对话框。

(2)在"绘图仪配置编辑器"对话框中展开"设备和文档设置"选项卡,如图 10-7 所示。

(3)单击"用户定义图纸尺寸与校准"选项,打开"自定义图纸尺寸"选项组,如图 10-8 所示。

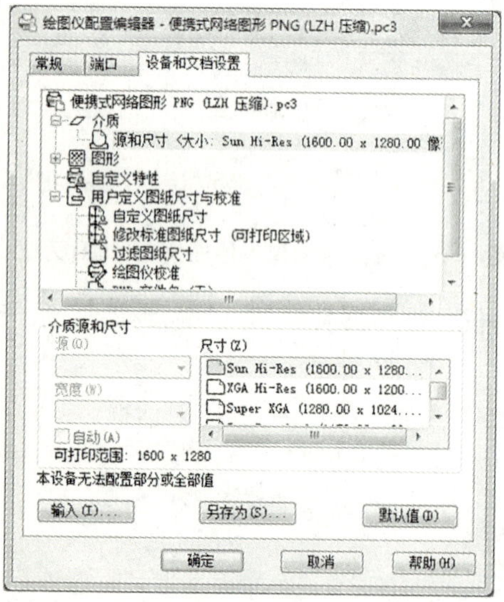

图 10-7 "设备和文档设置"选项卡

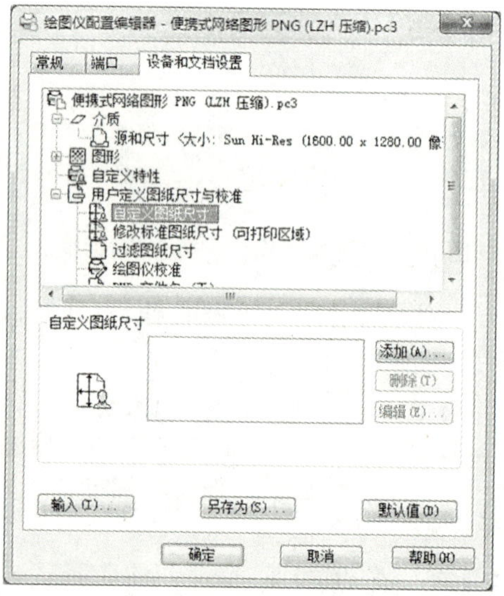

图 10-8 "自定义图纸尺寸"选项组

(4)单击 添加(A)... 按钮,打开如图 10-9 所示的"自定义图纸尺寸 - 开始"对话框,开始设置图纸尺寸。

(5)单击 下一步(N) > 按钮,打开"自定义图纸尺寸 - 介质边界"对话框,分别设置图纸的宽度、高度及单位,如图 10-10 所示。

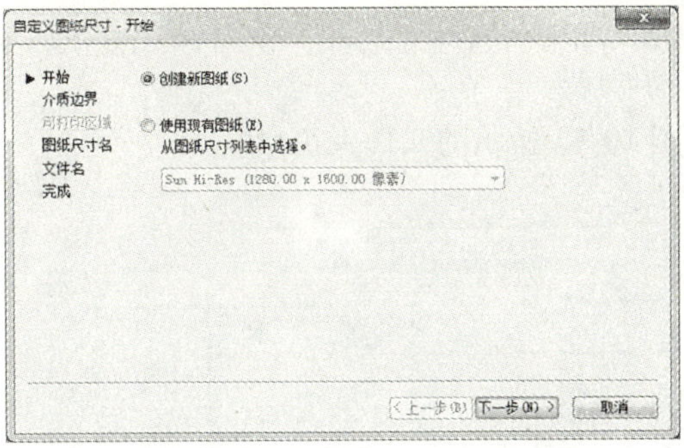

图 10-9 “自定义图纸尺寸 - 开始”对话框

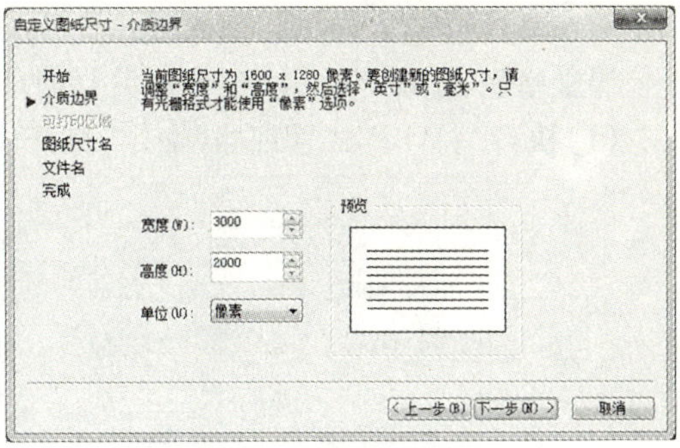

图 10-10 “自定义图纸尺寸 - 介质边界”对话框

(6)依次单击 下一步(N) > 按钮，直至打开如图 10-11 所示的“自定义图纸尺寸 - 完成”对话框，完成图纸尺寸的设置过程。

(7)单击 完成(F) 按钮，新定义的图纸尺寸自动出现在“自定义图纸尺寸”选项组中，如图 10-12 所示。

(8)如果需保存此图纸尺寸，可以单击 另存为(S)... 按钮；如果仅在当前使用一次，则可以单击 确定 按钮。

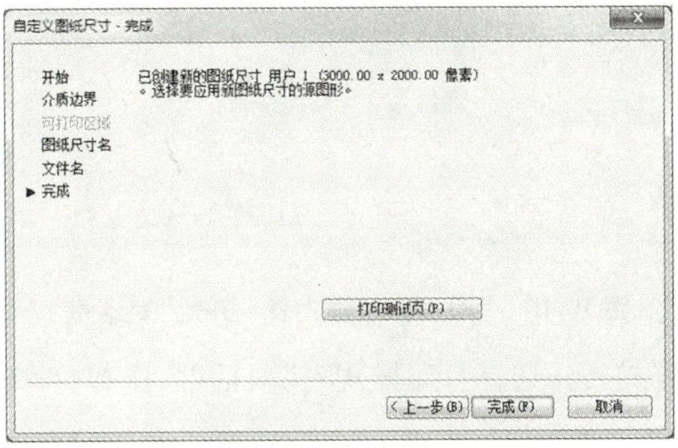

图 10-11 “自定义图纸尺寸 - 完成”对话框

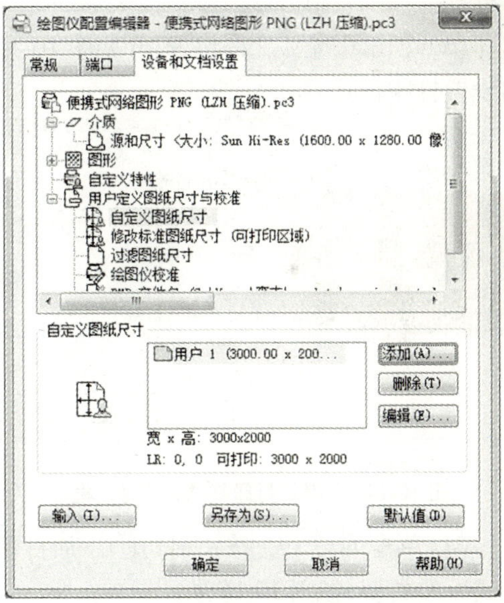

图 10-12 图纸尺寸自定义结果

10.2.1.3 管理打印样式

打印样式用于控制图形的打印效果、修改打印图形的外观。通常一种打印样式只控制图形某一方面的打印效果，要想让打印样式控制一张图纸的打印效果，就需要有一组打印样式，即打印样式表。使用“打印样式管理器”可以创建和管理打印样式表。

执行“打印样式管理器”命令主要有以下几种方式：

◆选择菜单栏“文件”|“打印样式管理器”命令。

◆在命令行输入 Stylesmanager 并按 Enter 键。

课堂举例：添加名称为“颜色相关”的打印样式表。

(1)执行“打印样式管理器”命令，打开如图 10-13 所示的文件夹窗口。

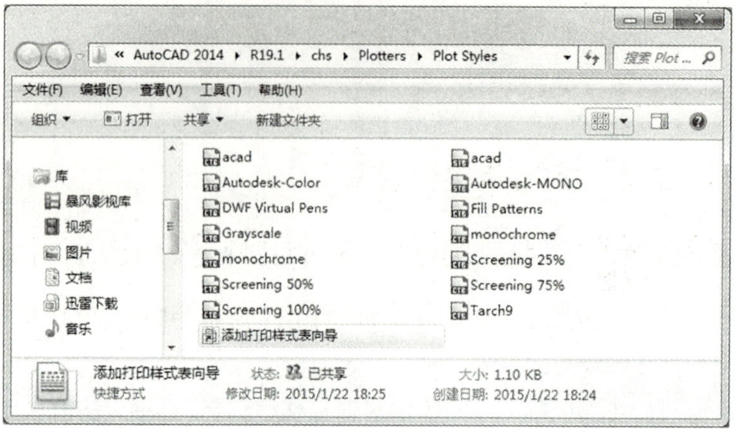

图 10-13 Plot Styles 文件夹

(2)双击“添加打印样式表向导”图标，打开如图 10-14 所示的“添加打印样式表”对话框。

(3)单击 下一步(N) > 按钮，打开如图 10-15 所示的“添加打印样式表 - 开始”对话框，开始设置打印样式表。

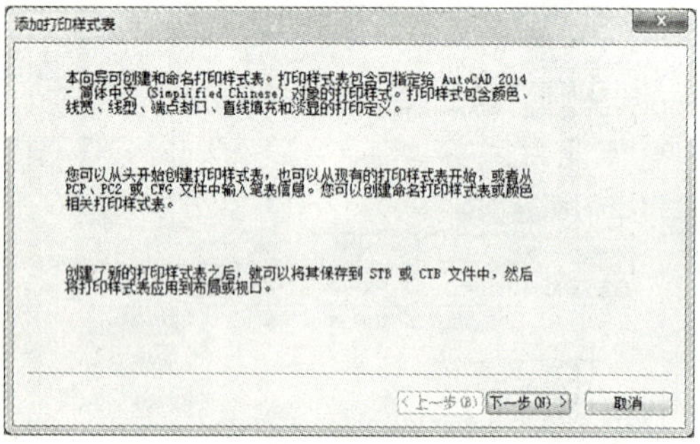

图 10-14 “添加打印样式表”对话框

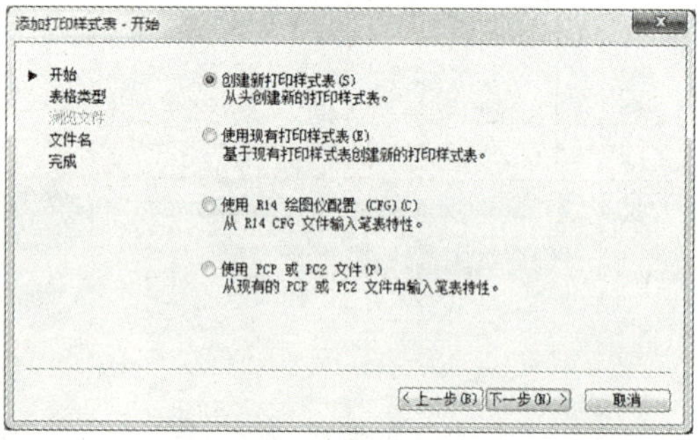

图 10-15 “添加打印样式表 - 开始”对话框

(4)单击 下一步(N) > 按钮，打开“添加打印样式表 - 选择打印样式表”对话框，选择打印样式表的类型，如图 10-16 所示。

(5)单击 下一步(N) > 按钮，打开“添加打印样式表 - 文件名”对话框，为打印样式表命名，如图 10-17 所示。

(6)单击 下一步(N) > 按钮，打开“添加打印样式表 - 完成”对话框，完成打印样式表各参数的设置，如图 10-18 所示。

(7)单击 完成(F) 按钮，新定义的打印样式表自动出现在 Plot Styles 文件夹窗口中，如图 10-19 所示。

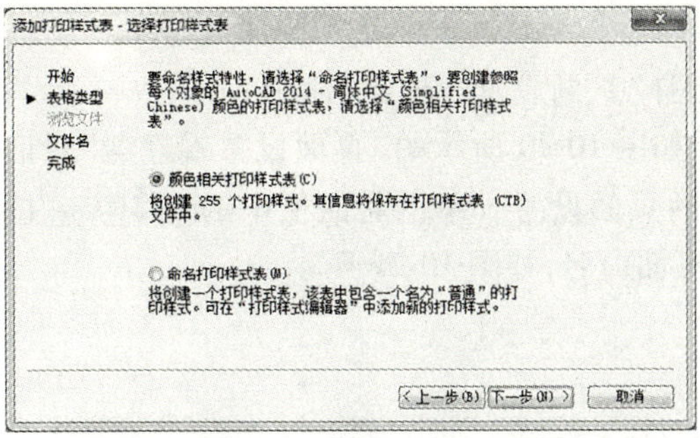

图 10-16 “添加打印样式表 - 选择打印样式表”对话框

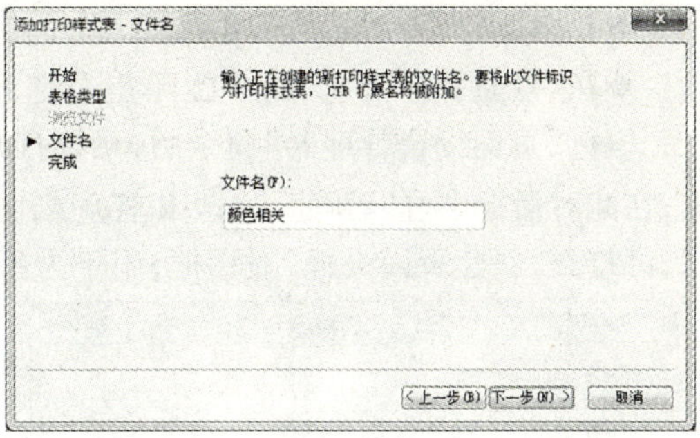

图 10-17 “添加打印样式表 - 文件名”对话框

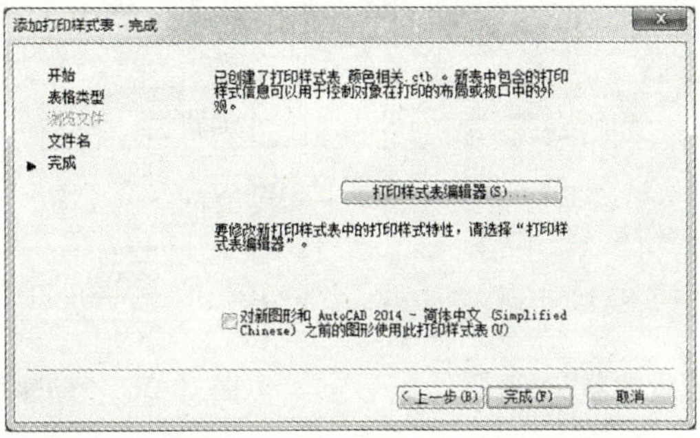

图 10-18 “添加打印样式表 - 完成”对话框

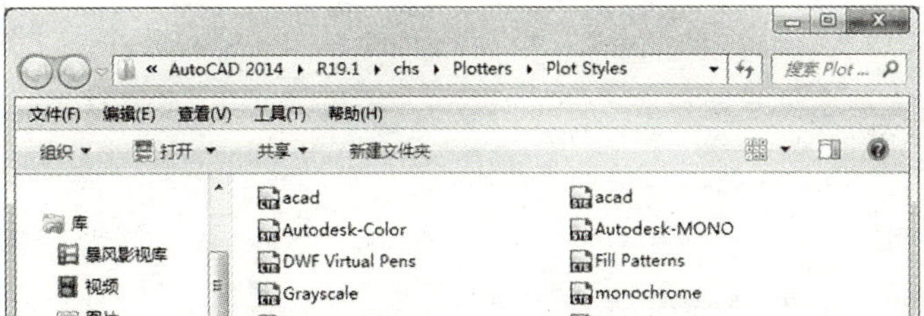

图 10-19 打印样式表添加结果

10.2.1.4 设置打印页面

在打印出图前,还必须进行页面设置,即对打印设备、图纸尺寸、打印比例、打印样式等涉及输出外观与格式的参数进行设置,这样才能打印出符合要求的专业图样。使用“页面设置管理器”命令即可方便地设置和管理图形的打印页面。

执行“页面设置管理器”命令主要有以下几种方式:

◆选择菜单栏“文件”|“页面设置管理器”命令。

◆在命令行输入 Pagesetup 并按 Enter 键。

◆在“模型”或“布局”标签上单击右键，选择“页面设置管理器”命令。

执行“页面设置管理器”命令后，系统打开如图 10-20 所示的“页面设置管理器”对话框，在此对话框中可以新建、修改和管理当前的页面设置。单击对话框中的 新建(N)... 按钮，可打开“新建页面设置”对话框，用于为新页面命名，如图 10-21 所示。

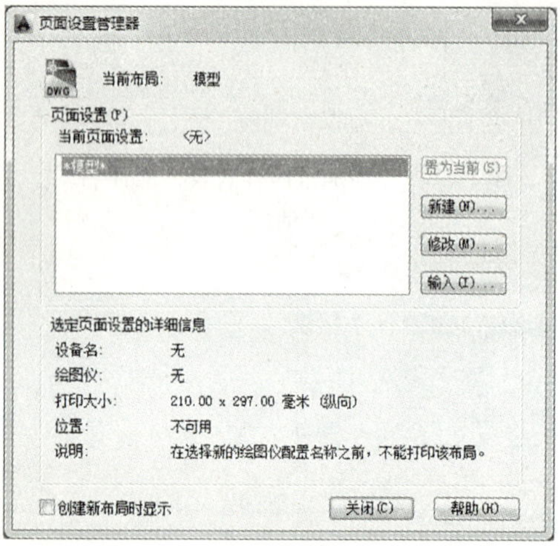

图 10-20 **“页面设置管理器”对话框**

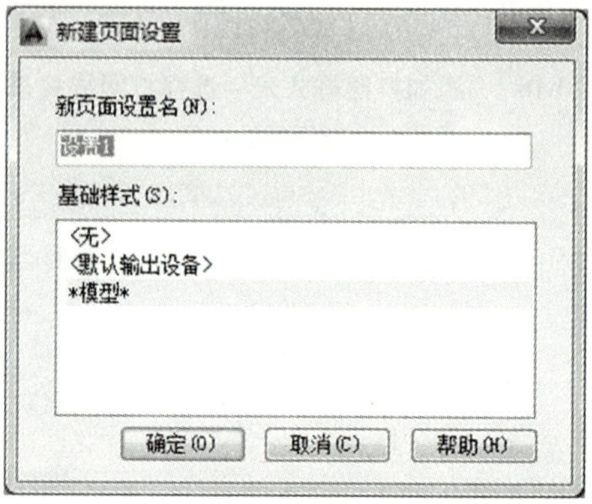

图 10-21 **“新建页面设置”对话框**

单击“确定”按钮，打开如图 10-22 所示的“页面设置”对话框，可对打印设备、图纸尺寸、打印区域、打印比例、打印样式等进行设置。

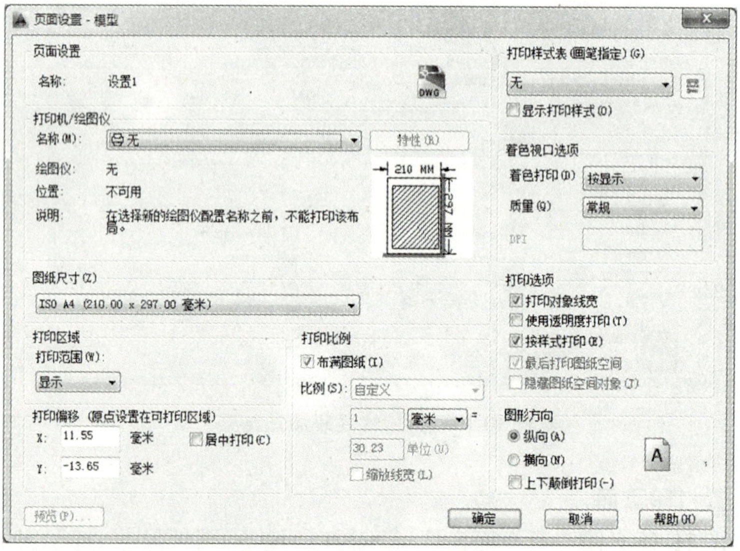

图 10-22 **“页面设置”对话框**

1. 打印机/绘图仪

“打印机/绘图仪”选项主要用于配置打印设备。在“名称”右侧的下拉列表中列出了本机可用的 AutoCAD 内部打印机（PC3 文件）或系统打印机，如图 10-23 所示，设备名称前的图标可供用户识别其为 PC3 文件还是系统打印机。

在电脑没有安装真实打印机的情况下，用户可以通过选择不同的虚拟打印设备输出图形文件，供第三方软件打开。

2. 图纸尺寸

“图纸尺寸”下拉列表主要用于配置图纸幅面，可显示与所选打印设备相关的标准图纸尺寸，如图 10-24 所示。

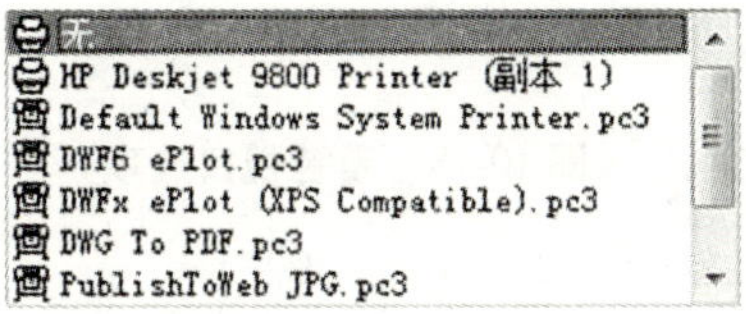

图 10-23　打印设备

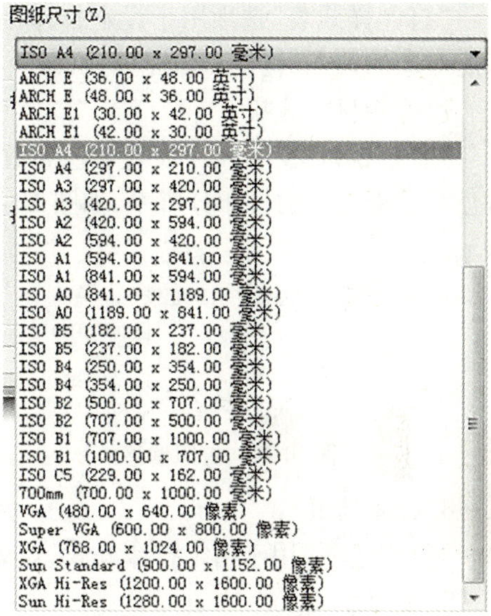

图 10-24　标准图纸尺寸

当选择了某种图纸尺寸时，该列表右上角将出现所选图纸及实际打印范围的预览图像，将光标移至预览区域中，光标位置会显示出精确的图纸尺寸以及图纸的可打印区域范围。

3. 打印区域

“打印区域”选项用来指定要打印图形的范围。在“打印范围”下拉列表中，用户可以选择不同的方式来确定要打印的图形区域，具体有“显示”、“窗口”、“范围”和“图形界限”4 种，如图 10-25 所示。

4. 打印比例

“打印比例”选项用于控制图形单位与打印单位之间的相对尺寸，如图 10-26 所示。其中“布满图纸”复选框仅适用于模型空间中的打印，当勾选该复选框后，AutoCAD 将自动调整图形与打印区域和选定的图纸等相匹配，使图形获得最佳位置和比例。

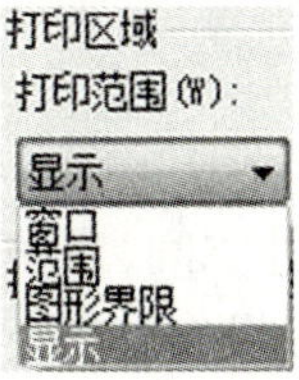

图 10-25　打印范围

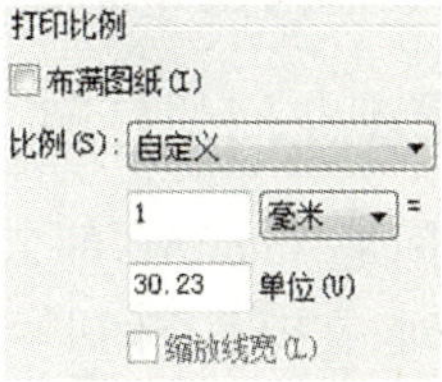

图 10-26　打印比例

5. 打印偏移

“打印偏移”选项用于指定打印区域相对于可打印区域左下角或图纸边界的偏移量，如图 10-27 所示。默认设置下，AutoCAD 从图纸左下角打印图形。用户也可直接输入 X、Y 方向的偏移数值，以重新设定新的打印原点。当勾选“居中打印”复选框时，系统会自动计算 X、Y 方向的偏移数值，在图纸上居中打印。

6. 打印样式表

“打印样式表”选项用于设定打印图形的外观，包括对象的颜色、线型、线宽等，也可指定对象的端点、连接和填充样式，以及抖动、灰度、画笔指定和淡显等输出效果。

7. 着色视口选项

“着色视口选项”用于设置着色和渲染视口的打印方式，并通过“质量”下拉列表选择着色和渲染视口的打印分辨率，如图 10-28 所示。

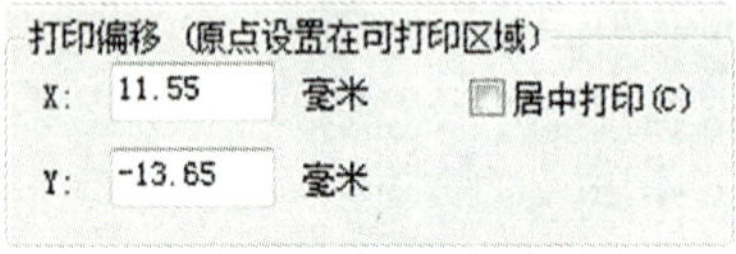

图 10-27　打印偏移

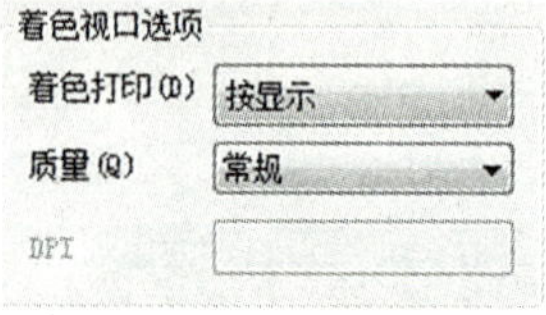

图 10-28　着色视口选项

8. 打印选项

“打印选项”用于指定打印样式、对象的打印次序等属性。

9. 图形方向

“图形方向”选项用于调整图形在图纸上的打印方向，如图 10-29 所示，有纵向、横向和上下颠倒打印三种打印方向。

完成上述设置后，可单击 预览(P)... 按钮，预览打印效果。单击 确定 按钮返回到“页面设置管理器”对话框，并将新建立的页面设置显示在列表框中。此时可以将其设为当前页面设置，然后关闭对话框，完成打印页面的设置。

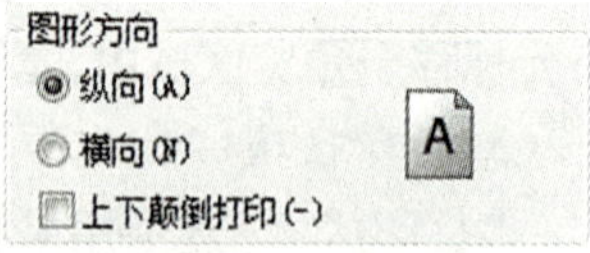

图 10-29　图形方向

10.2.1.5　预览打印效果

“打印预览”命令主要用于对设置好的打印页面进行预览。

执行该命令主要有以下几种方式：

◆选择菜单栏“文件”|“打印预览”命令。

◆单击“标准”工具栏上的按钮。

◆在命令行输入 Preview 并按 Enter 键。

10.2.2　模型空间的打印

模型空间是 AutoCAD 的工作空间之一，它是图形的设计空间，当在绘图过程中只涉及一个视图时，在模型空间即可完成图形的绘制以及打印等操作。在模型空间打印的操作原理较易理解，本节主要通过实例来学习模型空间内的打印技巧。由于在学习阶段电脑可能未连接真实打印机，故在本节和下节的实例中均选择系统提供的“DWG To PDF”

虚拟打印机,打印输出 *. pdf 格式的图形文件。其他打印机打印输出方法类似。

课堂举例:在模型空间中打印泵盖零件图。

(1)绘制如图 10-30 所示的泵盖零件图。

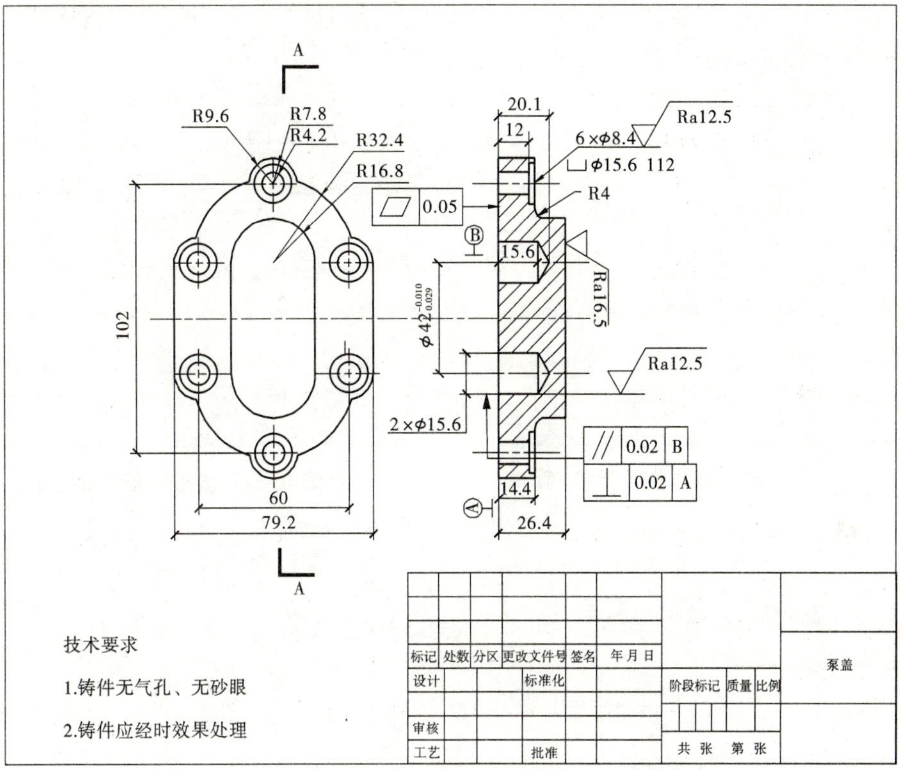

图 10-30 泵盖零件图

(2)执行“绘图仪管理器”命令,在打开的文件夹窗口中双击“DWG To PDF”图标,打开“绘图仪配置编辑器 - DWG To PDF. pc3”对话框。

(3)打开“设备和文档设置”选项卡,选择“修改标准图纸尺寸(可打印区域)”选项,如图 10-31 所示。

(4)在“修改标准图纸尺寸”选项中选择如图 10-32 所示的图纸尺寸。

(5)单击 修改(M)... 按钮,在打开的“自定义图纸尺寸 - 可打印区域”对话框中设置参数,如图 10-33 所示。

(6)单击 下一步(N) > 按钮,在打开的“自定义图纸尺寸 - 文件名”对话框中,为修改后的标准图纸命名,如图 10-34 所示。

(7)单击 下一步(N) > 按钮,在“自定义图纸尺寸 - 完成”对话框中单击 完成(F) 按钮,系统返回“绘图仪配置编辑器 - DWG To PDF. pc3”对话框,然后单击 另存为(S)... 按钮,对当前配置进行保存,如图 10-35 所示。

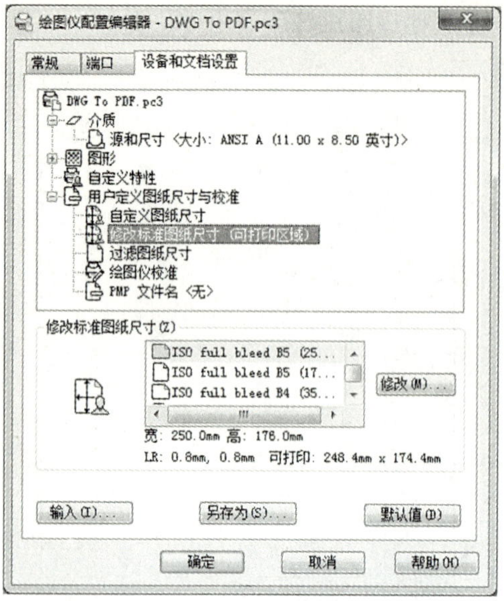

图 10-31 “设备和文档设置”选项卡

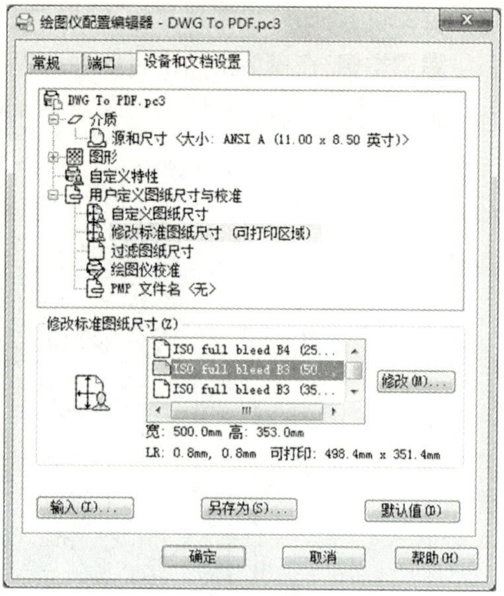

图 10-32 选择标准图纸尺寸

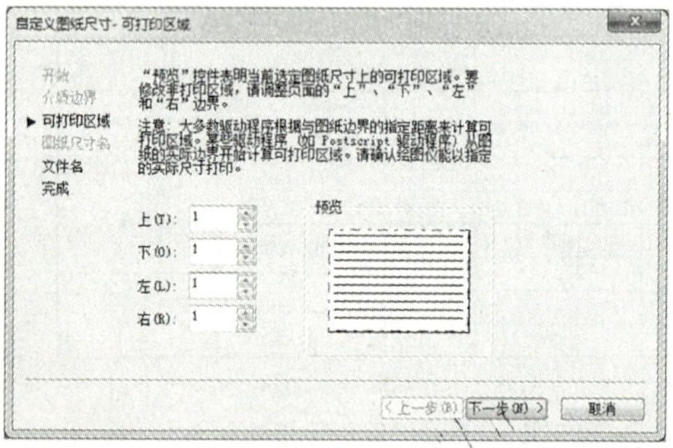

图 10-33 修改可打印区域

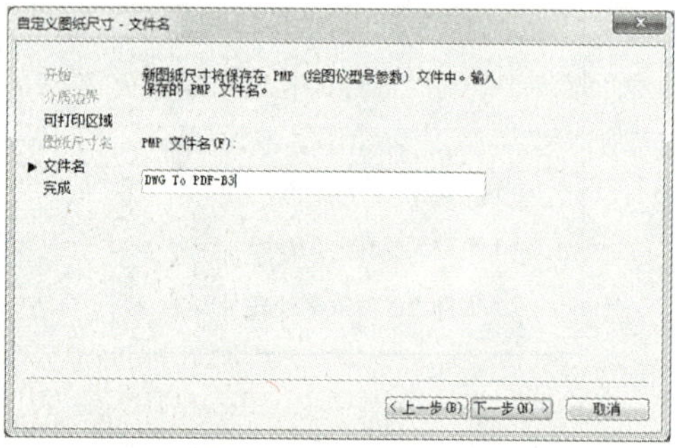

图 10-34 命名修改后的标准图纸

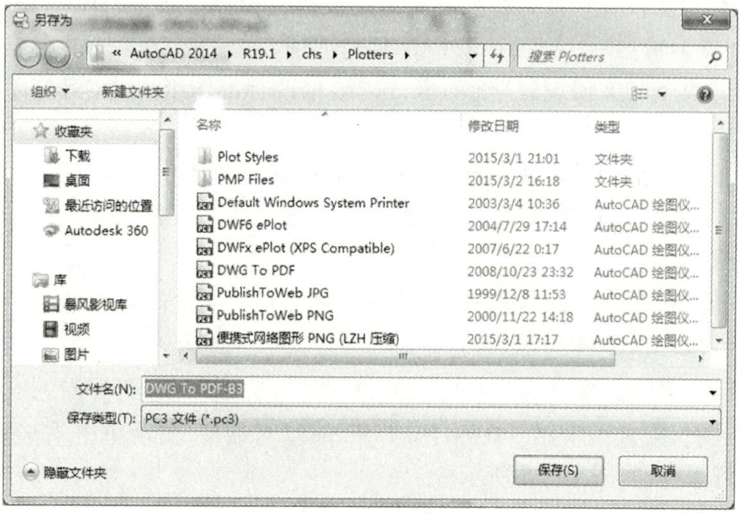

图 10-35 保存打印设备

（8）单击 保存(S) 按钮，返回“绘图仪配置编辑器 - DWG To PDF. pc3”对话框，然后单击 确定 按钮，完成绘图仪的配置。

（9）执行“页面设置管理器”命令，在打开的“页面设置管理器”对话框中单击 新建(N)... 按钮，为新页面命名，如图 10-36 所示。

（10）单击 确定 按钮，打开“页面设置 - 模型”对话框，设置打印机、图纸尺寸、打印偏移、打印比例、图形方向等参数，如图 10-37 所示。

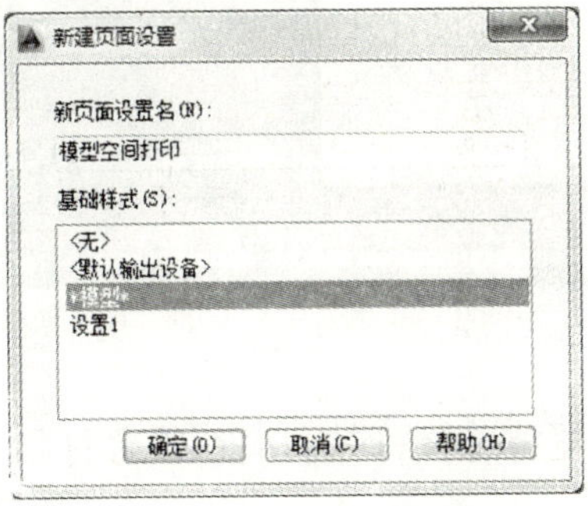

图 10-36　为新页面命名

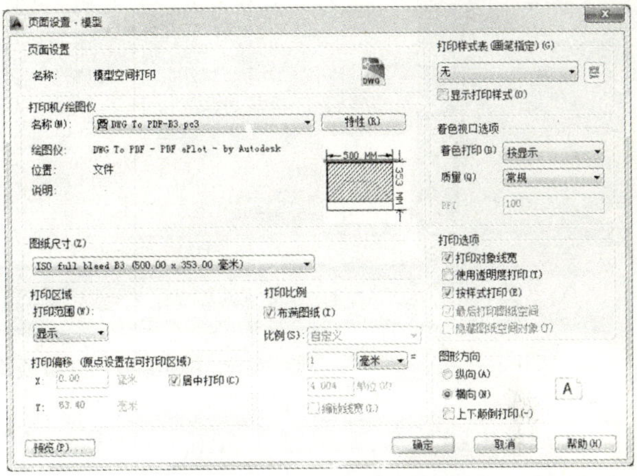

图 10-37　设置页面参数

（11）单击“打印范围”下拉按钮，在下拉列表中选择“窗口”选项，如图 10-38 所示。

（12）返回绘图区，根据命令行提示，分别捕捉图框的两个对角点，指定打印区域。

（13）系统自动返回“页面设置 - 模型”对话框，单击 确定 按钮，返回“页面设置管理器”对话框，将创建的新页面置为当前页面，如图 10-39 所示。

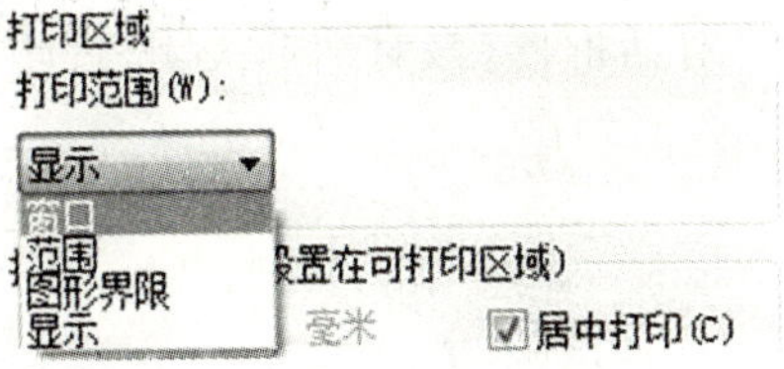

图 10-38　选择打印区域

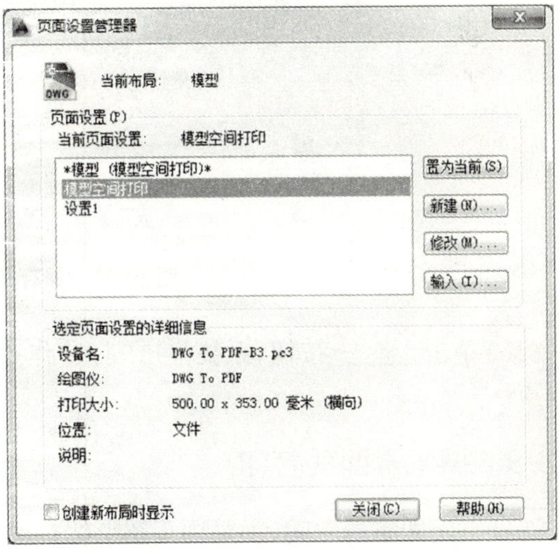

图 10-39　置为当前页面

（14）执行“打印预览”命令，对图形进行打印预览，预览结果如图 10-40 所示。

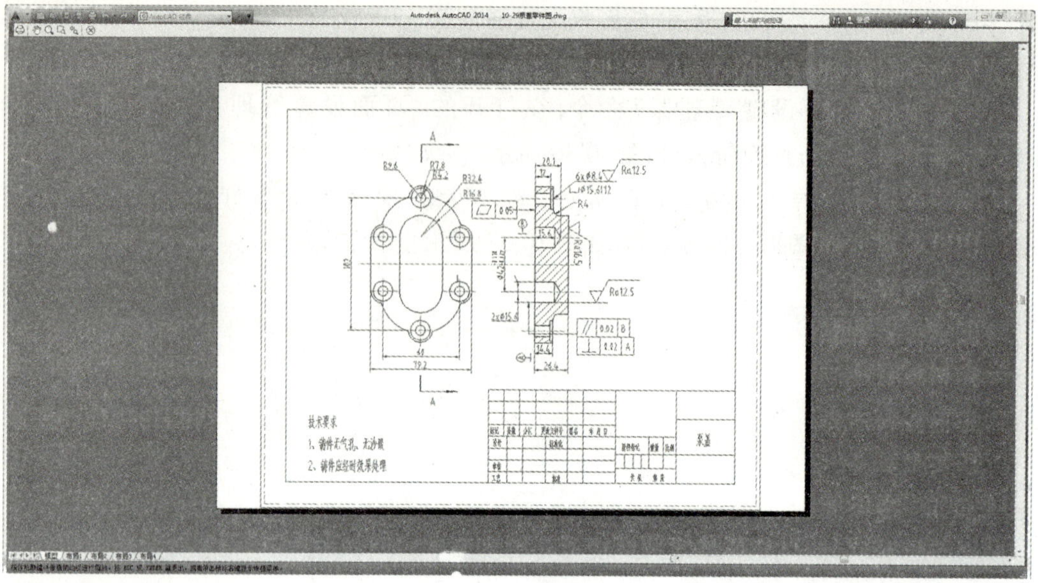

图 10-40　打印预览

(15)单击按钮,系统打开如图 10-41 所示的“浏览打印文件”对话框,设置打印文件的保存路径和文件名。

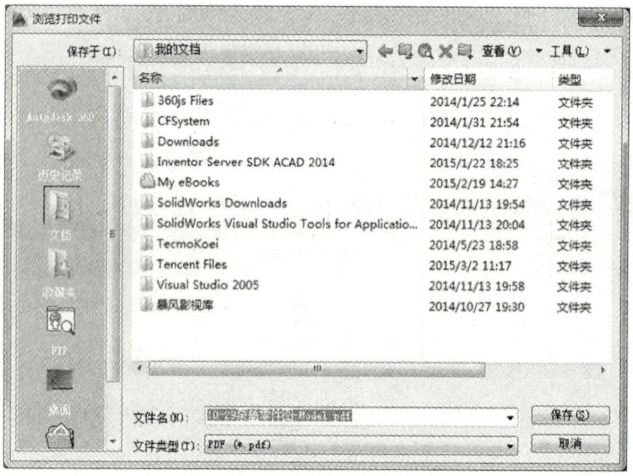

图 10-41　保存打印文件

(16)单击 保存(S) 按钮,系统弹出“打印作业进度”对话框,待该对话框关闭,打印过程结束。

10.2.3　图纸空间的打印

图纸空间即布局空间,主要用于图形的打印输出。其与模型空间的打印在操作和设置上不尽相同,多被专业人员使用。使用布局空间可以方便地设置打印设备、纸张、比例、图样布局,并预览实际出图效果。当需要将多个视图放在同一张图样上输出时,使用布局就可以方便地控制图形的位置、输出比例等参数。本节主要通过实例来学习图纸空间内的精确打印技巧。

课堂举例:在图纸空间中打印泵盖零件图。

(1)打开如图 10-30 所示的泵盖零件图。

(2)单击绘图区下方的 布局1 标签,进入"布局 1"空间,如图 10-42 所示。

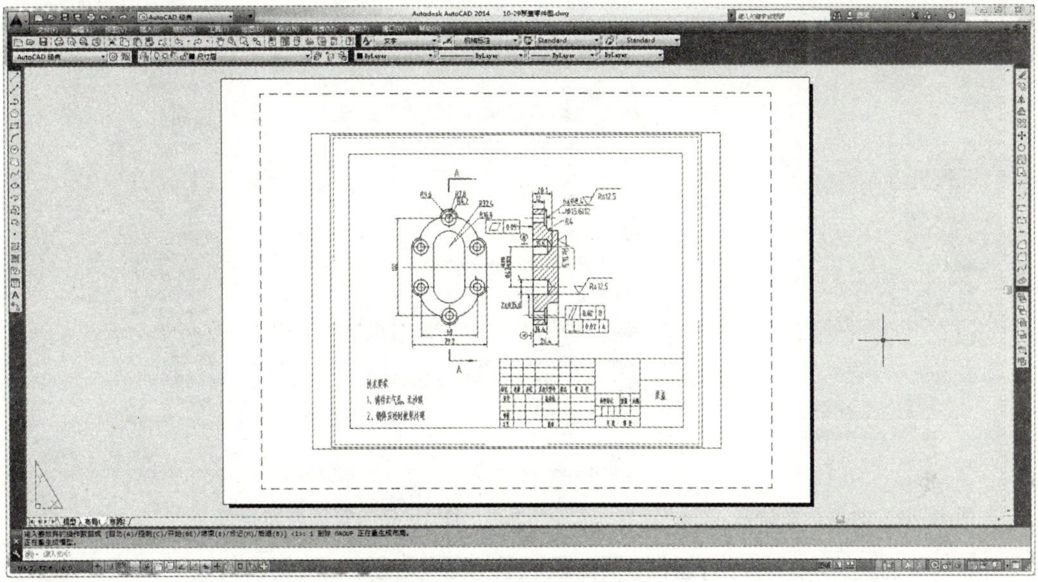

图 10-42 "布局 1"空间

(3)执行"删除"命令,删除视口中的图形,结果如图 10-43 所示。

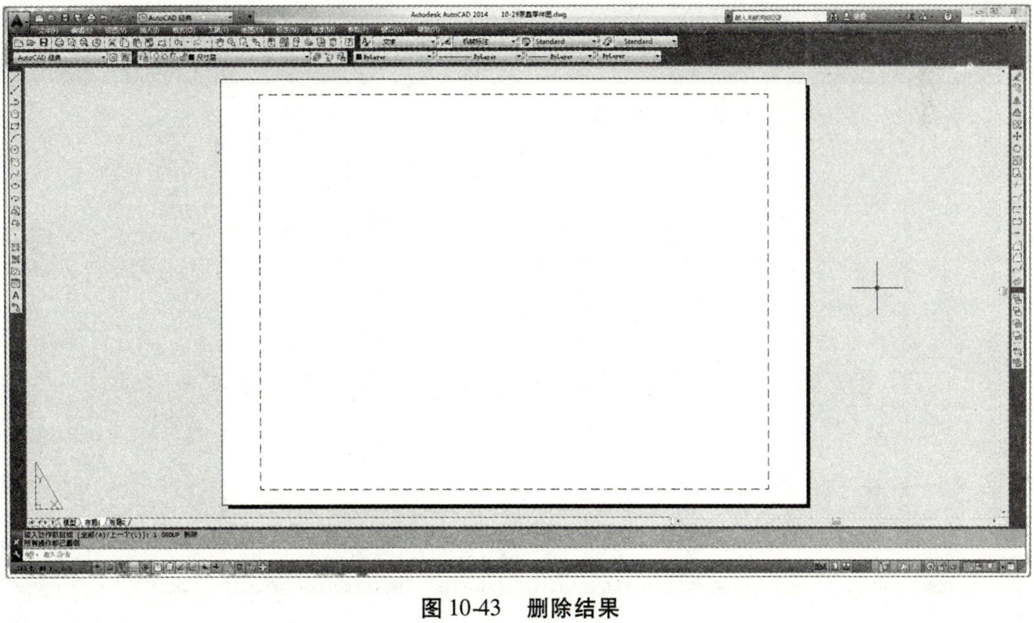

图 10-43 删除结果

(4)执行“页面设置管理器”命令,在打开的“页面设置管理器”对话框中单击 新建(N)... 按钮,为新页面命名,如图 10-44 所示。

(5)单击 确定 按钮,打开“页面设置 - 图纸空间打印”对话框,设置打印机、图纸尺寸、打印偏移、打印比例、图形方向等参数,如图 10-45 所示。

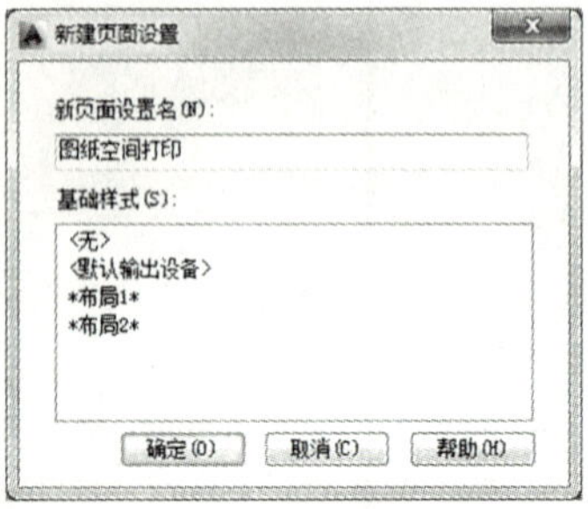

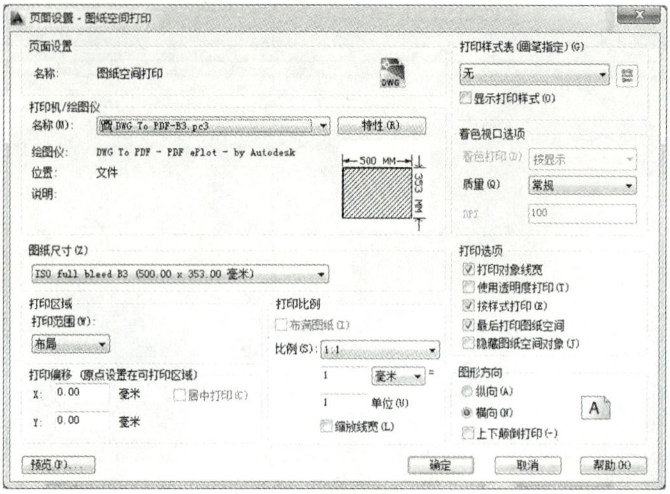

图 10-44　为新页面命名　　　　　　　　图 10-45　设置页面参数

(6)单击 确定 按钮,返回“页面设置管理器”对话框,将创建的新页面置为当前页面。

(7)执行“复制”命令,将图框从“模型”空间复制到“布局 1”空间,复制结果如图 10-46所示。

图 10-46　复制结果

(8)选择菜单栏“视图”|“视口”|“多边形视口”命令,分别捕捉图框角点,创建多边形视口,将图形从模型空间添加到布局空间,如图 10-47 所示。

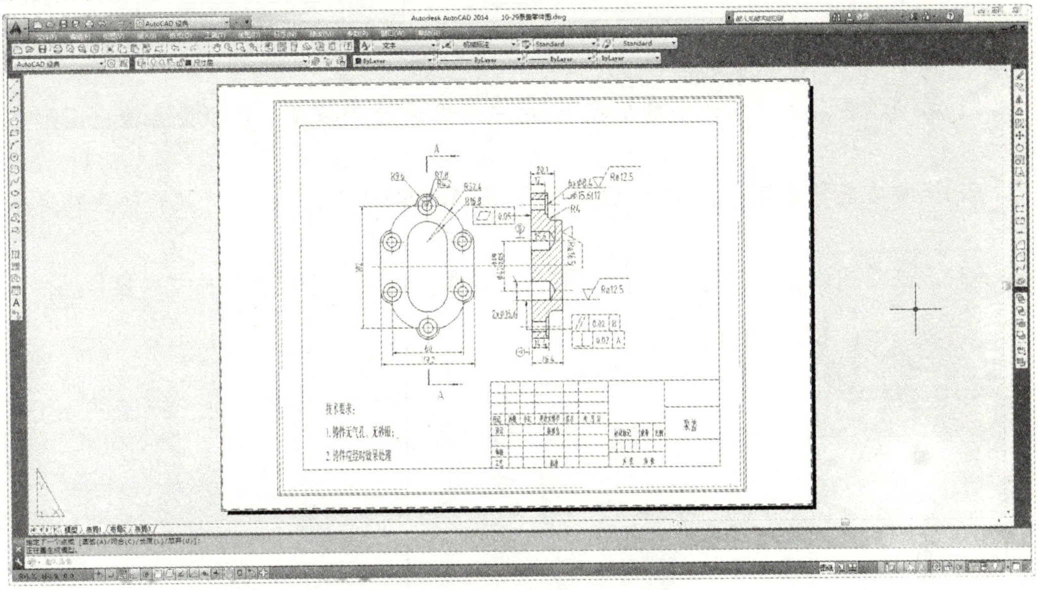

图 10-47　添加图形至布局空间

(9)在视口内部双击鼠标左键,激活多边形视口。

(10)打开视口工具栏,调整比例为 1∶1,如图 10-48 所示。

图 10-48　调整比例

(11)在视口外部双击鼠标左键,关闭视口激活状态,防止图形对象被移动或缩放。

(12)执行“打印”命令,打印输出图形文件,方法同 10.2.2 节。

小　结

本章介绍了 AutoCAD 2014 与其他软件之间的数据交换功能以及后期打印输出功能。AutoCAD 不仅能够输出其他格式的图形文件,也可以使用其他软件生成的图形文件;完成图形绘制后,可以根据需要在模型空间或图纸空间将图形对象打印输出到图纸。

习　题

1. 填空

(1)AutoCAD 2014 的输出环境有____________和____________两种。

(2)“页面设置”对话框中“图形方向”选项有____________、____________和

________三种打印方向。

(3)当需要将多个视图放在同一张图样上输出时,可以在________进行打印。

2.判断

(1)在没有安装真实打印机的情况下,用户可以通过选择虚拟打印设备输出图形文件。 ( )

(2)若要在其他软件平台或应用程序中使用AutoCAD图形,必须将其转换为特定格式。 ( )

(3)当在绘图过程中只涉及一个视图时,在模型空间即可完成图形的打印操作。 ( )

应 用 篇

第 11 章　绘制测绘图纸

11.1　测绘符号制作

随着科技的发展,地图已由传统的纸质地图发展到了数字地图,地图符号在数字地图中占了很大的比例,它是地图语言的核心。AutoCAD 作为数字化成图的主要应用软件,依靠本身附带的地图符号,是不能满足数字化测图中各种复杂符号的需求的,因此需要在此基础上进行定制和开发。

数字测图中所用的图式必须遵循国家颁布的地形图图式规范——《国家基本比例尺地图图式　第 1 部分:1∶500　1∶1000　1∶2000 地形图图式》(GB/T 20257.1—2007)。根据规范,本节重点介绍测绘符号的制作方法。

11.1.1　地形图图式符号的基本内容

为了使数字地形图更好地满足各部门的需要。数字化测图软件不仅需要建立一个完整的图式符号库,而且在设计上还应当遵守国家或部门的有关标准。

11.1.1.1　地形图符号的形状

1. 正形符号

正形符号以物体垂直投影后的几何形状表示,如居民地边界、海洋、湖泊的边界等。

2. 侧视符号

侧视符号从物体一侧按照正射投影后的抽象几何形状表示,如烟囱、水塔、阔叶树等。

3. 象征性符号

用一个象征性符号来表示地物的符号即为象征性符号,如学校用“文”、卫生所用“+”等。

4. 会意符号

一些地物在地形图中无论用何种比例尺缩绘,它均为一个点,如三角点、控制点、图根点等;一些地物在地形图中只有概念而无实物,如国界线、省界线、市界线等只能采用不同形式的线段加以表示。这样的一些地物或者信息在地形图中只能用会意符号来表示。

5. 注记符号

有些地物只从形状上还难以区分其性质，因此必须附加某些说明注记以示区别。例如，同是矿井符号，但要区分其为铜、铁、磷或煤，就必须在其旁加注相应的属性字，因此称之为注记符号。

11.1.1.2　符号的大小

符号的大小与实物的大小和重要程度有关。重要的物体一般用大的符号和较粗的线来描绘，例如，国界的线宽为0.8 mm，界碑点直径为1.0 mm；省界线宽度为0.6 mm，界碑点直径为0.8 mm等。

11.1.1.3　符号的颜色

符号的颜色主要用以区别地物大类的基本性质，增强地形图的表现力，提高艺术效果，使之逼真美观，清晰易读。但是，由于我国的地形图一般是采用四色印刷，所以不能够完全按照物体的自然色显示出来，而只能够按照4大类分别表示：

黑色表示人工物体，如道路、管线、居民地等。

蓝色表示人工要素，如河流、湖泊、沟渠、井、泉等。

棕色表示地貌与土质，如等高线、特殊地貌符号等。

绿色表示植被要素，如森林、果园等。

11.1.1.4　地形图符号的分类

《国家基本比例尺地图图式　第1部分：1∶500　1∶1000　1∶2000地形图图式》中共有8大类共410多个符号（注记除外），表示地面上形态万千的物体。根据符号与实地物体的比例关系将地形图符号分为以下三个类型。

1. 依比例尺符号

地物依比例尺缩小后，其长度和宽度能依比例尺表示的地物符号。

依比例尺符号轮廓表示面状物体的真实位置与形状，如较大的建筑设施、稻田、森林、湖泊、海洋、草地、沼泽地等。

2. 半依比例尺符号

地物依比例尺缩小后，其长度能依比例尺而宽度不能依比例尺表示的地物符号。在大比例尺地形图中，半依比例尺符号旁只标注宽度尺寸值。

3. 不依比例尺符号

地物依比例尺缩小后，其长度和宽度不能依比例尺表示。在大比例尺地形图中，不依比例尺符号旁标注符号长、宽尺寸值。

11.1.1.5　建立地形图符号的一般原则

在AutoCAD平台上定制测绘符号无论采用何种方法，均需遵循国家测绘局的统一标准，实行统一的原则，方可使建立的符号库在不同的条件下统一使用。根据要求，建立地形图符号应遵循以下原则：

（1）严格保证图形符号符合国家标准的地形图图式；

（2）地物符号应具有整体性，符号一体，属性关联；

（3）产生的交换文件简洁，图载信息无损失；

（4）方便作业员操作，仅可能提高作业效率。

11.1.2 创建地形图独立地物符号

在 AutoCAD 平台上定制测绘符号通常有两种方法：一种是利用形(shape)文件，另一种是使用图块(block)。形是一种用文本文件(扩展名是 .shp 和 .shx)定义的矢量符号，块是一种特殊化了的 AutoCAD 图形文件(*.dwg)，可用于所有符号的定义。二者相比，形具有占用磁盘空间少的优点，很适用于规则符号的定义，但定义过程烦琐复杂；块可用于所有符号的定义，方法简便直观，且可定义属性块，实现带有注记的符号(如三角点、导线点)的绘制，缺点是占用磁盘空间较大。无论采用上述任一种方法，创建地形图独立地物符号的第一步都是确定点状符号的定位点和符号的尺寸大小。

11.1.2.1 定位点的选取

创建点状符号时首先要选择一个绘制基点，即定位点。基点的选取法则如下：

(1)圆形、方形、三角形等几何图形符号，如三角点、导线点等，其几何的中心为定位点；

(2)宽底符号，如烟囱、水塔、散坟等，其符号的底线中心为定位点；

(3)底部为直角形的符号，如加油站、独立树、汽车站等，其符号底部的直角顶点为定位点；

(4)不规则几何图形，又没有宽底或直角顶点的符号，如无线电杆、雷达站等，其符号下方两端点连线的中心为地物的定位点。

11.1.2.2 符号尺寸大小的确定

大多数点状符号并不依比例尺变化，故在不同比例尺的地形图中，同一符号的实际大小尺寸是不同的。比如尺寸为 1 mm 的符号，1 mm 指的是在图纸上的尺寸，因此对于1/1000比例尺地形图，该符号在图形文件中的实际尺寸应为 1 m。由于符号的尺寸与比例尺有关，因此一般取 1/1000 为基本比例尺来制作符号，这样图纸上 1 mm 符号的实际尺寸为 1 m。为了便于换算，当在 1/500 比例尺的地形图中插入该符号时，插入比例应为 0.5；当在 1/2000 的地形图中插入该符号时，插入比例应为 2，以此类推。

11.1.2.3 利用图块功能建立独立地物符号

图块是 AutoCAD 系统中最具特色的图形实体，可以在图形系统中随意定制，并以文字形式保存，绘图时可以任意插入图形中。对于点状符号，其位置固定，数量较多，且一般都带有标注，可逐个制作属性块图元，单独插入。

每个块在图形文件中只存储一次而可多次调用插入，计算机只需存储插入的信息，如图名、插入点、缩放比例、旋转角度等，无需保存整个图块信息，这样可节省大量的存储空间。同时，如若修改了图块定义，则原有插入该图块的地方全部自动更新为新图块，极大地提高了图件的编辑效率。图块的具体使用方法参见第 5 章。

11.1.3 定制地形图线型

线状符号用于表示呈线状分布或带状延伸的现象，如河流、公路、铁路、境界线等都有相应的线状符号表示，线状符号既能表示一定范围内地物的形状、弯曲程度及延伸方向，又能以宽度、色彩等表示地物的数量或质量特征。

线型的多样性，是地形图绘制的特色之一，掌握了地形图中线型的定制和使用，就基本上掌握了AutoCAD线型定制的全部内容。通常采用AutoCAD提供的线型自定义功能，来定制地形图行政区界线、道路、管线等特殊线型。线状符号在AutoCAD中分为简单线型和复合线型，基本线型是指有宽度的实线和各种点划线，可用于表示小路、地类界等简单的线型符号；复合线型是在简单线型的基础上插入了文本以及由形定义的点状符号，因此可构造出复杂的具有横向结构的线状符号，如栅栏、围墙等。

11.1.4 定制地形填充图案

在绘制地形图过程中，经常需要在所绘图形的某一区域填充图案，比如草地、园地、房屋等地物，这一操作过程称为"图案填充"。面状地物符号是指地图上用来表示呈面状分布的物体或地理现象的符号。这些符号通过不同方向、不同间隔、不同粗细的"晕线"，或呈一定规律分布的个体符号、花纹或颜色来反映不同地物的质量特征或数量上的差异。

在AutoCAD中，提供了两个面状符号填充命令，即Hatch和Bhatch，这两个命令通过调用预定义中的阴影图案完成面状符号的绘制。但地形图中仍有大量复杂的面状地物符号，如盐碱地、林地、草地、旱地等，直接使用AutoCAD中的通用填充图案和系统预定义的填充符号无法实现，因此必须依据地形图图式规范对地物填充图案的要求来自定义填充符号。

11.2 地形图绘制

地形图的绘制就是通过实地测量，将地面上各种地物、地貌的平面位置，按一定的比例尺，用地形图图式统一规定的符号和注记，缩绘在图纸上，地形图既表示地物的平面位置，又表示地貌形态。

自电子全站仪应用于地形测量以及计算机技术应用于制图领域以来，地形图测绘的方法已改进为野外实测数据的自动化记录和内业绘图时的计算机辅助成图。数字化成图已成为地形图测绘的主要方法，用AutoCAD绘制地形图是测绘技术人员应具备的一项基本技能，南方CASS软件是在AutoCAD平台下二次开发完成的制图软件，本节介绍用CASS软件绘制大比例尺地形图的方法和步骤。

11.2.1 地形图基本知识

11.2.1.1 地形图的比例尺

图上一段直线长度d与地面上相应线段实际长度D之比，称为地形图的比例尺。地形图的比例尺有数字比例尺和图示比例尺。

$$\frac{d}{D}=\frac{1}{D/d}=\frac{1}{M}=1:M$$

数字比例尺分子化为1，分母为一个较大整数，通常写成1∶M。数字比例尺简单、明了，便于计算。数字比例尺注记在南面图廓外的正中央。

图示比例尺可从图纸上直接量算地面长度，可以消除图纸的伸缩变形。依据2007年颁布的地形图图式,图示比例尺要求表示在图廓的正下方。

地形图按照比例尺分类,M 越大,比例尺越小;M 越小,比例尺越大。

1∶500、1∶1000、1∶2000、1∶5000 地形图——大比例尺地形图;

1∶1万、1∶2.5 万、1∶5万、1∶10 万地形图——中比例尺地形图;

1∶25 万、1∶50 万、1∶100 万地形图——小比例尺地形图。

我国规定 1∶1万、1∶2.5 万、1∶5万、1∶10 万、1∶20 万、1∶50 万、1∶100 万 7 种比例尺地形图为国家基本比例尺地形图。

11.2.1.2 地形图的分幅和编号

地形图的分幅分为两类:一类是按照经纬线分幅的梯形分幅法,也称国际标准分幅;另一类是按照坐标格网分幅的矩形分幅法。前者适用于中、小比例尺的国家基本图分幅,后者适用于城市大比例尺图的分幅。本部分主要讲述为满足规划设计、工程施工等需要而测绘的大比例尺地形图的分幅和编号方法。

1. 分幅

1∶500、1∶1000、1∶2000 的地形图一般采用 50 cm×50 cm 的正方形分幅或 40 cm×50 cm 的矩形分幅,根据需要也可采用其他分幅。

2. 编号

正方形分幅或矩形分幅的地形图的图幅编号,一般采用图廓西南角坐标公里数编号法,X 坐标在前,Y 坐标在后,中间用短横线连接。其中 1∶500 地形图取至 0.01 km(如 18.80—87.45),而 1∶1000、1∶2000 地形图取至 0.1 km(如 435.0—200.5)。

带状测区或小面积测区可按照测区统一顺序编号,一般从左到右、从上到下采用阿拉伯数字 1、2、3、…编号。

11.2.1.3 地形图图式

为了便于绘图和读图,地形图在绘制时可用各种符号将实地的地物和地貌表示在图上,这些符号统称为地形图图式。地形图图式作为一种国家标准,由国家标准化管理委员会和国家质检总局联合发布。

地形图图式分为三种符号:地物符号、地貌符号、注记符号。

1. 地物符号

地球表面上各种不同形状的物体统称地物,地物在测绘地形图时应按照一定的原则进行取舍。

(1)依据国家测绘主管部门制定的有关规范和图式进行。

(2)图上所绘地物要位置准确、主次分明,符号运用恰当,充分反映地物特征,图面清晰易读。

(3)当需要描绘两种以上相邻地物符号且受区域所限而发生矛盾时,要保证精确表示主要的或有方位意义的地物,次要地物可适当移位、舍去或综合表示。移位时应保持相对位置正确,综合取舍时要保持其总貌和轮廓特征,以便得到与实物相似的地貌。

(4)临时性的、易于变化的以及对用图意义不大的地物,一般不表示。

2. 地貌符号

地貌是指地面高低起伏的形态,在地形图上最常用的表示方法是等高线。等高线分为首曲线、计曲线、间曲线、助曲线。

绘制等高线时应注意以下几个方面：

(1)等高线遇到房屋、窑洞、公路、双线表示的河渠、冲沟、陡崖、路堤、路堑等符号时，应表示至符号边线。

(2)单色图上等高线遇到各类注记、独立地物、植被符号时，应间断 0.2 mm。

(3)大面积的盐田、基塘区，视具体情况可不测绘等高线。

(4)等高线高程注记应分布适当，便于用图时迅速判定等高线的高程，其字头朝向高处。根据地形情况图上每 100 cm^2 面积内，应有 1 ~ 3 个等高线高程注记。

(5)示坡线与等高线垂直相交，指向低处。一般在谷地、山头、鞍部、图廓边及斜坡方不易判读的地方绘制。凹地的最高、最低一条等高线上也应表示示坡线。

3. 注记符号

注记是地形图的重要内容之一，是判读和使用地形图的直接依据。注记一般分为名称注记、说明注记和数字注记。

名称注记是指由不同规格、颜色的字体来说明具有专有名称的各种地形、地物的注记，如海洋、湖泊、河川、山脉的名称，它也是最重要的一种注记，没有名称的地图阅读起来就非常困难。说明注记是指用文字表示地形与地物质量和特征的各种注记，如表示森林树种的注记，表示水井底质的注记。数字注记是指由不同规格、颜色的数字和分数式表达地形与地物的数量概念的注记，如高程、坐标、经纬度、地类等。

为了使注记鲜明、正确、便于读解，注记的字体、规格和用途必须有统一规定。地图上使用的汉字应符合国家通用语言文字的规范和标准。注记字大小以毫米(mm)为单位，字级级差为 0.25 mm；数字字大在 2 mm 以下者，其级差为 0.2 mm。注记间隔的选择按该注记所指地物的面积或长度大小而定，最小为自然间隔，最大为字大的 4 ~ 5 倍，地物延伸较长时，在地形图上可重复注记名称。注记字体颜色习惯上按照水系(青色)、地貌(棕色)、植被(绿色)来确定。注记距离被说明物体不能太远，一般间距应小于 1/2 字大，如图 11-1 所示。注记的排列形式分为水平字列、垂直字列、雁行字列(各字连线与物体走向平行，且字向直立)、屈曲字列(各字连线与物体走向平行，字向平行或垂直于物体走向)。雁行字列和屈曲字列如图 11-2 和图 11-3 所示。

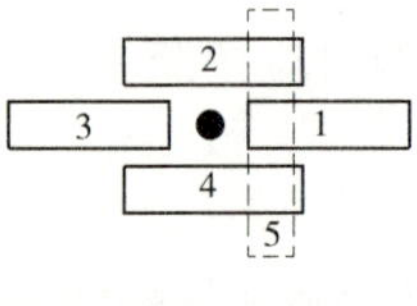

图 11-1 注记间距

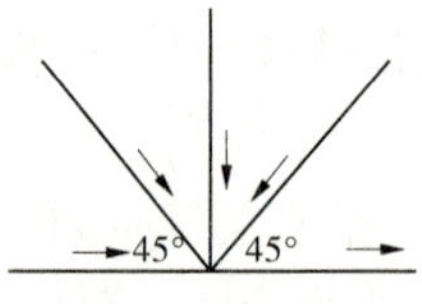

图 11-2 雁行字列

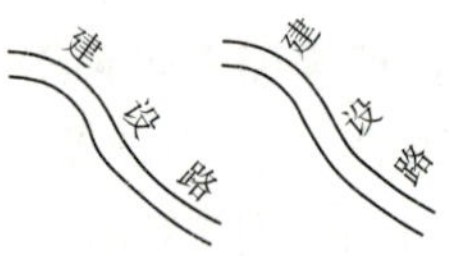

图 11-3 屈曲字列

11.2.2 绘图环境设置

设置好绘图环境对于用户准确、快速、高效地绘图大有益处，并且方便日后对图形的编辑和修改，有助于更好地进行图形管理。

11.2.2.1 设置图形单位

图形单位是图形绘制中的测量依据，绘图前首先要确定度量单位，图形单位的设置可控制坐标和单位在 AutoCAD 图形中的显示方式。其具体设置方法参见第 1 章。

由于野外采集的点位坐标以米为单位，精确到毫米位，因此在“图形单位”对话框中，需要进行如下参数设置：

(1)“长度”组框中的类型设置为“小数”，“精度”设置为“0.000”；

(2)“角度”组框中的类型设置为“度/分/秒”，“精度”设置为“0d00′00″”；

(3)“插入比例”组框中“用于缩放插入内容的单位”设置为“毫米”。

11.2.2.2 设置图形界限

在绘制地形图的过程中，需首先设定比例尺，如设定图形比例尺为 1:1000，即设置图上 1 mm 代表实地 1 m 的水平距离。

由于地形图在绘制过程中用的点位坐标都是绝对坐标，所以在设置图形界限时，应首先计算出测区西南角的坐标(x,y)，同时考虑地形图分幅，如采用 50 cm×50 cm 的正方形分幅，则右上角坐标为(x+500,y+500)，按照此两点进行图形界限设置，就建立了一个 50 cm×50 cm 的图形界限。图形界限设置完成后打开状态栏上的“栅格”，可看到图形界限范围内充满栅格，以提醒用户作图时的界限。

另外，图形界限并非必须设定，在测绘大面积的地形图时，可以不设置图形界限，直接展点、绘图，整个测区绘成一幅图，在输出地形图时再进行分幅，这样便于图形绘制和使用。

11.2.2.3 设置图层

在绘制地形图过程中，图层规划至关重要，做好图层规划可以使图面清晰、直观。由于地形图中的地物繁多，数量巨大，一般归类设置，同类的地物设置在一个图层上。各层的属性要依照国家规范使用相应的线型、线宽、颜色进行设置，从而方便地物、地貌的绘制和管理。在同一类别中可能用到的线型、线宽也不同，如道路类的街道、快速路、内部路等表示的线宽和线型是不相同的，在绘图时，部分是随层的，部分是不随层的。层的命名规则要简单、明了、方便、实用、便于理解。

11.2.3 展绘控制点及野外测点

南方 CASS 软件是在 AutoCAD 平台下二次开发完成的制图软件，在测绘成图中应用广泛，本节应用该软件使用全站仪数据来说明相关问题。

11.2.3.1 数据准备

AutoCAD 的坐标系是笛卡儿坐标系，而测量坐标系为大地坐标系，两者最显著的区别就在于 X、Y 坐标相反。因此，在绘制地形图之前，必须将野外采集的点位数据的 X 坐标和 Y 坐标对调，这样在 AutoCAD 中输入点坐标时，野外测得的 Y 坐标将作为 AutoCAD 坐标系中的 X 值，野外测得的 X 坐标将作为 AutoCAD 坐标系中的 Y 值。

全站仪的数据格式分为观测值数据格式和坐标数据格式，观测值数据格式记录的是距离、角度等野外观测值；坐标数据格式记录的是展点所需要的碎部点的坐标数据。观测值数据格式在展点前先要转换为坐标数据格式，这一般通过全站仪内置程序来完成。另外，不同型号、不同厂家的全站仪的坐标数据类型有多种格式，通常为以下两种：

第一种：点名，X 坐标，Y 坐标，高程，编码

第二种:点名,X 坐标,Y 坐标,高程

然而,CASS 软件使用的坐标数据格式为:

点名,编码,Y 坐标,X 坐标,高程

注意:

(1)文件内每一行代表一个点;

(2)每个点 Y(东)坐标、X(北)坐标、高程的单位均是“米”;

(3)编码内不能含有逗号,即使编码为空,其后的逗号也不能省略;

(4)所有的逗号不能在全角方式下输入。

在利用南方 CASS 软件进行绘图之前,必须经过数据格式的转换,否则数据不可用。数据格式的转换一般在导出全站仪内坐标数据时完成,导出数据时将坐标数据格式设置为 CASS 使用的数据格式(见图 11-4)。

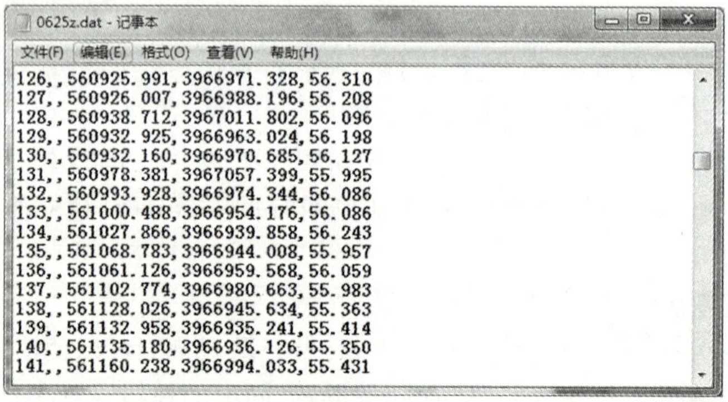
0625z.dat - 记事本

文件(F) 编辑(E) 格式(O) 查看(V) 帮助(H)

```
126,,560925.991,3966971.328,56.310
127,,560926.007,3966988.196,56.208
128,,560938.712,3967011.802,56.096
129,,560932.925,3966963.024,56.198
130,,560932.160,3966970.685,56.127
131,,560978.381,3967057.399,55.995
132,,560993.928,3966974.344,56.086
133,,561000.488,3966954.176,56.086
134,,561027.866,3966939.858,56.243
135,,561068.783,3966944.008,55.957
136,,561061.126,3966959.568,56.059
137,,561102.774,3966980.663,55.983
138,,561128.026,3966945.634,55.363
139,,561132.958,3966935.241,55.414
140,,561135.180,3966936.126,55.350
141,,561160.238,3966994.033,55.431
```

图 11-4　CASS 使用的坐标数据格式

11.2.3.2　展绘控制点

首先通过“定显示区”自动找到测定区域的最大坐标、最小坐标,并将坐标数据文件内的所有点都显示在屏幕显示范围内。定显示区后,输入地形图比例尺,再点击“绘图处理”菜单(见图 11-5)下的“展控制点”命令,弹出如图 11-6 所示的对话框,点击…选择控制点的坐标数据文件,然后选择所展控制点的类型,点击“确定”完成控制点的展绘。

11.2.3.3　展绘野外测点

“展野外测点点号”命令,展绘各碎部点的点号和位置,供交互编辑时参考。

“展野外测点代码”命令,展绘各碎部点的编码及点位(在简码坐标数据文件或自行编码的坐标数据文件里有),供交互编辑时参考。

“展野外测点点位”命令,仅展绘各测点位置(用点表示),供交互编辑时参考。

用户在菜单命令“展野外测点点号”或“展野外测点代码”或“展野外测点点位”后,可以执行“切换展点注记”菜单命令,使展点的方式在“点位”、“点号”、“代码”和“高程”之间切换,做到一次展点,多次切换,满足成图、出图的不同要求。

将所有控制点及碎部点展绘到 AutoCAD 图形中后,根据野外测量时所绘制的草图,绘制各种地形图符号和线型。

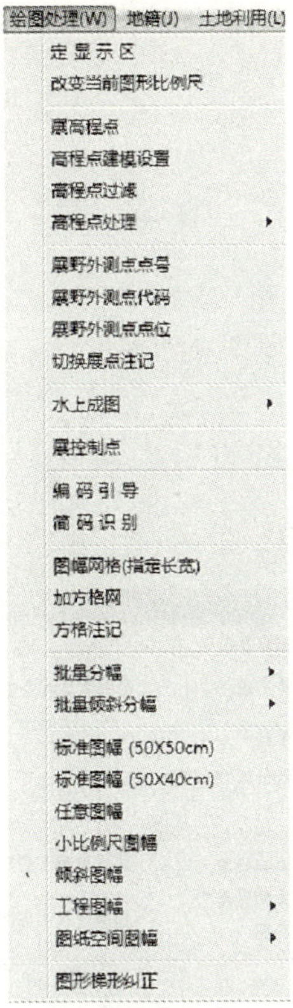

图 11-5 “绘图处理”菜单命令

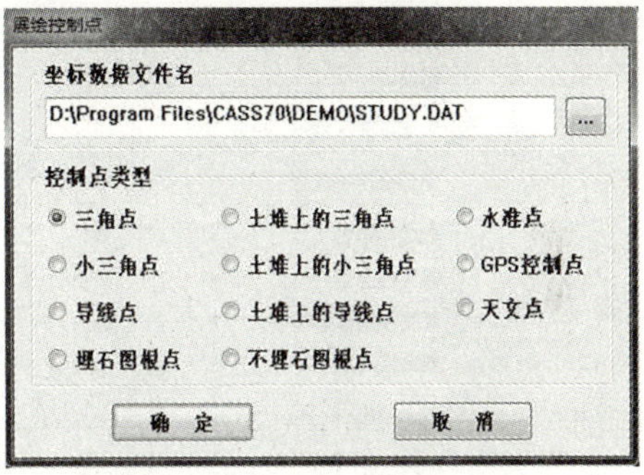

图 11-6 “展绘控制点”对话框

11.2.4 绘制等高线

在地形图中,等高线是表示地貌起伏的一种重要手段。在数字化自动成图系统中,等高线是由计算机自动勾绘出来的,首先由离散点和一套对地表提供的连续算法,构建出由一些规则的矩形格网和不规则的三角形格网(TIN)组成的数字地面模型(DTM),然后在矩形格网或不规则的三角形格网上追踪等高线的通过点,最后再利用适当的光滑函数对等高线的通过点进行光滑处理,从而形成光滑的等高线。

通过南方 CASS 软件下的等高线菜单,可以建立数字地面模型,计算并绘制等高线或等深线,自动切除穿建筑物、陡坎、高程注记的等高线,“等高线”菜单如图 11-7 所示。

11.2.4.1 建立 DTM

DTM(Digital Terrain Model)即数字地面模型。

单击“建立 DTM”弹出如图 11-8 所示的对话框,选择建立 DTM 的方式,分为两种:一种由数据文件生成,另一种由图面高程点生成。

11.2.4.2 图面 DTM 完善

“图面 DTM 完善”可将各个独立的 DTM 自动重组在一起,而不必进行整个数据的合并后再重新建立 DTM 模型。

11.2.4.3 重组三角形

通过“重组三角形”可改换三角形公共边顶点,重组不合理的三角网。指定两相邻三

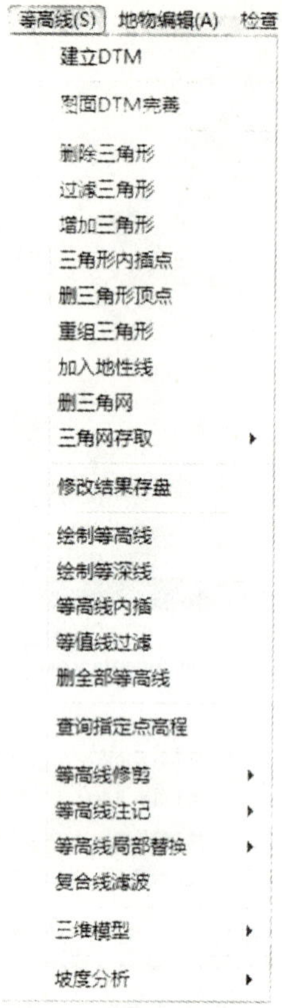

图 11-7 “等高线”菜单

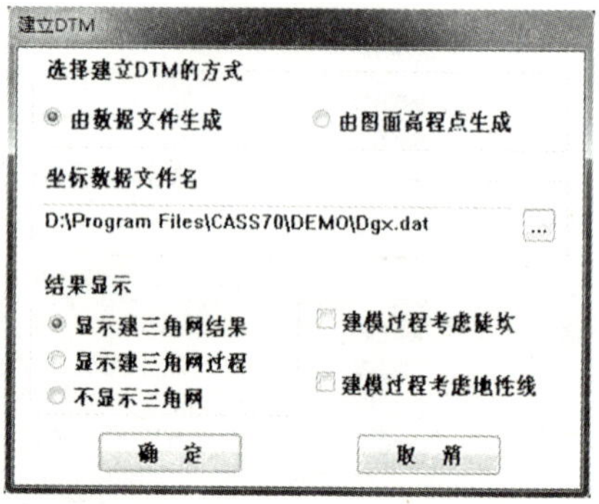

图 11-8 “建立 DTM”对话框

角形的公共边,系统自动将两三角形删除,并将两三角形的另两点连接起来构成两个新的三角形。如果因两三角形的形状无法重组,会有出错提示。

11.2.4.4 三角网存取

“三角网存取”可将已经建立好的三角网 DTM 模型数据保存到文件中,以便随时调用。

11.2.4.5 绘制等高线

系统自动采用最近一次生成的 DTM 三角网或三角网存盘文件计算并绘制成等高线。单击“绘制等高线”,弹出如图 11-9 所示的对话框。

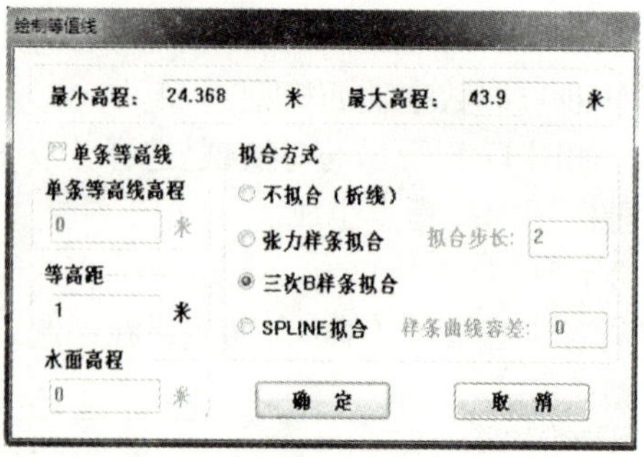

图 11-9 “绘制等高线”对话框

对话框中自动显示生成 DTM 的高程点的最小高程和最大高程。生成多条等高线，则在等高距框内输入相邻两条等高线的等高距即可，若生成单条等高线，则勾选“单条等高线”并输入单条等高线的高程即可。关于等高线的拟合方式，共有 4 种，分别为不拟合（折线）、张力样条拟合、三次 B 样条拟合以及 SPLINE 拟合，若选择第 2 种等高线拟合方式，则拟合步长以输入 2 m 为宜，但这时生成的等高线数据量大，速度会稍慢；当测点较密集或等高线较密时，最好选择第 3 种拟合方式；第 4 种拟合方式是用标准 SPLINE 样条曲线来绘制等高线，提示输入样条曲线容差：<0.0>容差是曲线偏离理论点的允许差值，采用默认值即可，第 4 种拟合相较于第 3 种拟合方式比较容易发生线条交叉现象，但采用第 4 种拟合方式即使被断开后仍然是样条曲线，可以进行后续编辑、修改。

11.2.4.6 等高线修剪

利用 CASS 软件中的等高线修剪功能，可批量修剪等高线，功能强大，操作便捷。

单击“等高线修剪”菜单下的“批量修剪等高线”，选择是“消隐”等高线或是“修剪”等高线，选择“整图处理”或“手工选择”，之后选择要修剪的等高线穿过的地物、注记的类型，单击“确定”后，即会依据选择的条件进行等高线的“修剪”或“消隐”（见图 11-10）。

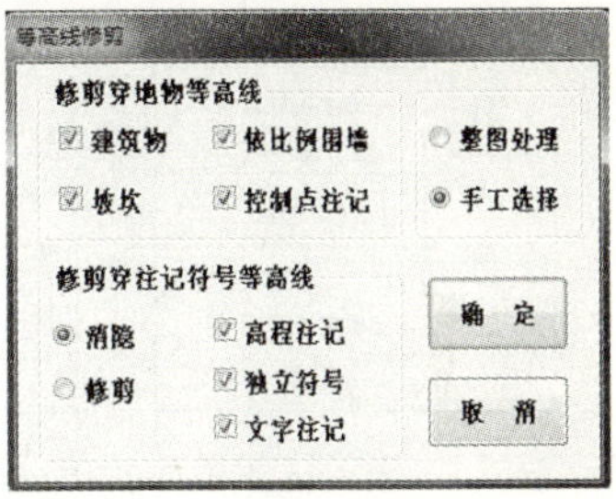

图 11-10 “等高线修剪”对话框

11.2.4.7 等高线注记

等高线绘制完成后，需注记等高线的高程。等高线注记有两种类型，分别是“单个高程注记”和“沿直线高程注记”。“单个高程注记”即在指定点为某条等高线注记高程；“沿直线高程注记”需首先用直线命令（line）绘制一条与要标注高程的等高线相交的直线，方可在直线与等高线相交处标注高程。

11.3 地籍图绘制

地籍是以土地权属为核心，以地块为基础的土地及其附着物的权属、数量、质量、位置和利用现状的土地基本信息的集合，是土地管理的基础。地籍图是地籍测量所绘制的图件，是土地管理的重要依据。

随着数字化地图的兴起和现代化信息管理的需要，建立城镇数字地籍数据库势在必行，因此绘制数字地籍图是测量人员必备的技能。地籍图的绘制既需准确地表示基本的地籍信息，又要保证图面简明、清晰，便于其他用户根据图上的基本要素去增补新内容，加工成各种专题图，以满足各行各业的需求。

11.3.1 地籍图相关知识

11.3.1.1 地籍图的基本概念

地籍图是按照特定的投影方法、比例关系和专用符号把地籍要素及其有关的地物和地貌测绘在平面图纸上的图形，是国家土地管理的基础资料，是国家土地资源管理部门进行土地登记、发证和收取土地税的重要依据，具有法律效力。

地籍图按照表示的内容可以分为基本地籍图和专题地籍图；按照城乡地域的差别可分为农村地籍图和城镇地籍图；按用途可以分为税收地籍图、产权地籍图和多用途地籍图。当前，我国主要测绘的地籍图有城镇地籍图（见图 11-11）、农村地籍图（见图 11-12）、宗地图（见图 11-13）、土地利用现状图、土地所有权属图等。

地 籍 图 样 例

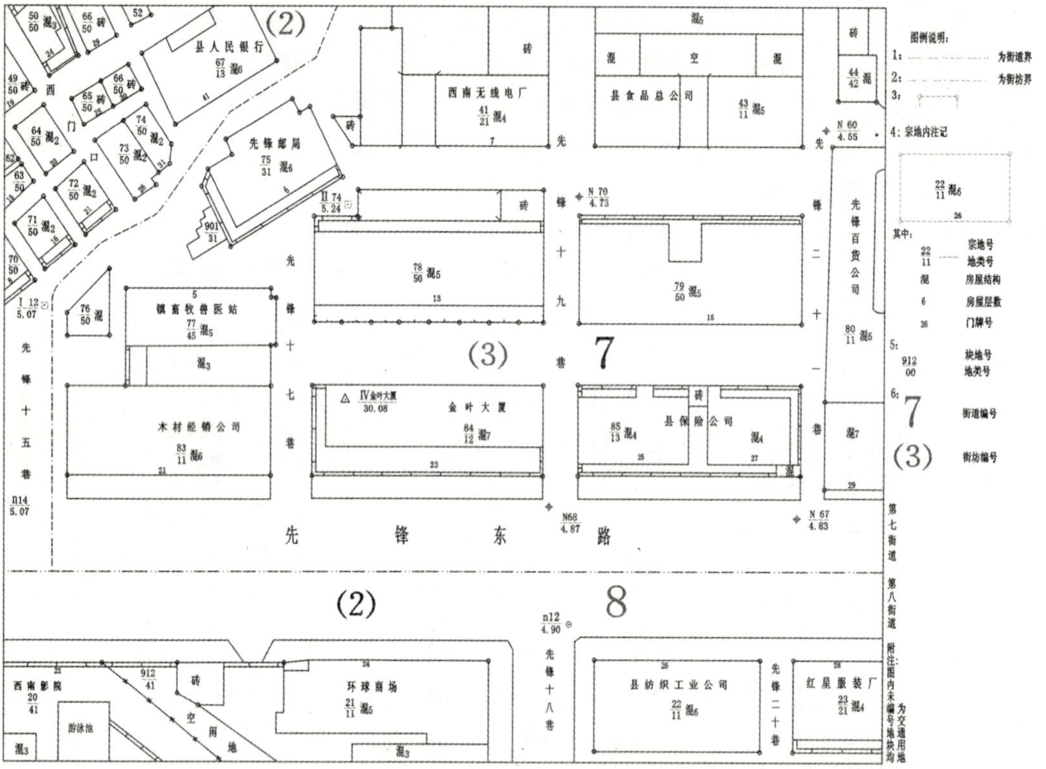

图 11-11　城镇地籍图样图

11.3.1.2　地籍图的比例尺

地籍图需准确地表示土地的权属界址及土地上附着物等的细部位置，应选用大比例尺。世界上各国地籍图的比例尺系列不一，目前比例尺最大的为 1∶250，最小的为 1∶50000。

根据国情，我国地籍图比例尺系列一般规定为：城镇地区（指大、中、小城市及建制镇以上地区）地籍图的比例尺可选用 1∶500、1∶1000、1∶2000，其基本比例尺为 1∶1000；农村地区（含土地利用现状图和土地所有权属图）地籍图的测图比例尺可选用 1∶5000、1∶10000、1∶25000、1∶50000，其基本比例尺为 1∶10000。选择地籍图比例尺的依据为繁华程度、土地价值、建设密度以及细部粗度。

地籍图的分幅与地形图分幅相似，1∶500、1∶1000、1∶2000 比例尺地籍图通常采用 50 cm×50 cm 的正方形分幅和 50 cm×40 cm 的矩形分幅，便于各种比例尺地籍图的连接。图幅编号按图廓西南角坐标公里数编号，X 坐标在前，Y 坐标在后，中间用短横线连接。1∶5000和 1∶10000 地籍图采用国际标准分幅和编码方法。

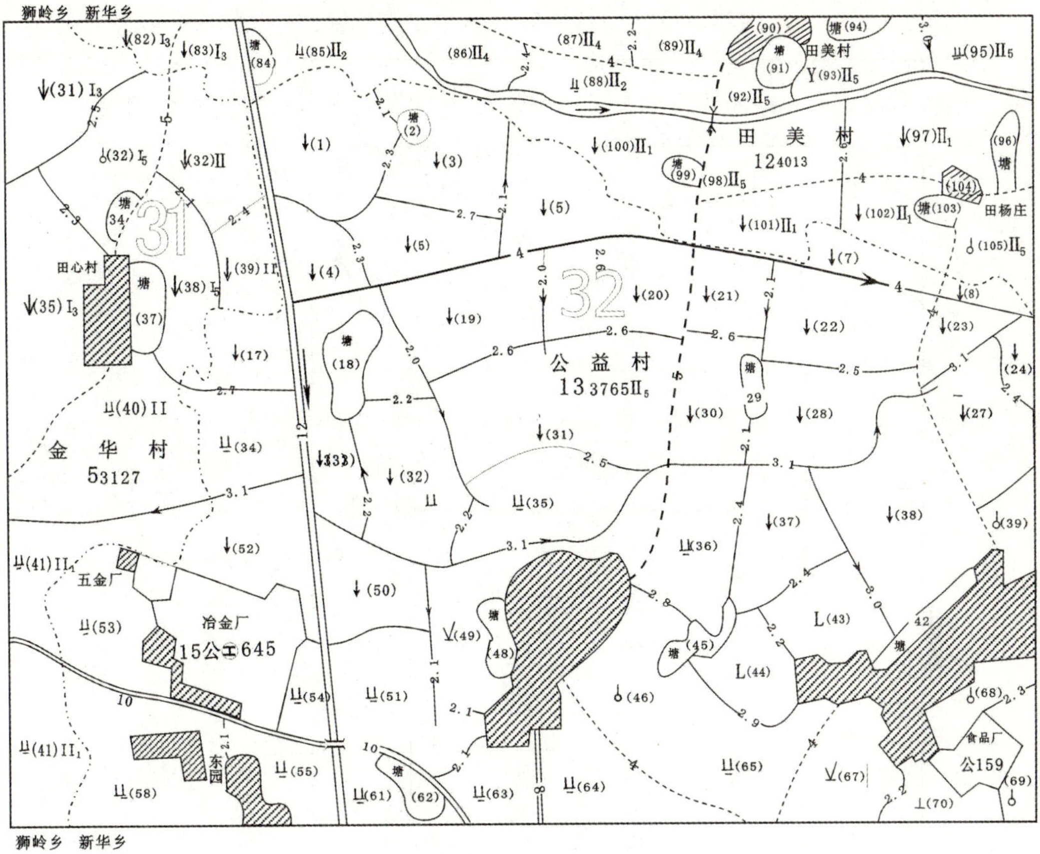

图 11-12 农村地籍图样图

11.3.1.3 地籍图的基本内容

地籍图内容选取的基本要点如下：

(1)具有宗地划分或划分参考意义的各类自然或人工地物和地貌，如墙、埋设的界标、沟、路、坎、建筑物底层的投影线等。

(2)具有土地利用现状类型划分意义或划分参考意义的各种地物或地貌，如田埂、地类界、沟、渠、建筑物底层的投影线等。

(3)土地上的重要附着物，如水系、道路、构筑物、建筑物等，这些地物都是地籍图具有地理性功能的重要要素。

(4)在土地表面下的各种管线及构筑物，在图上不表示，如下水道、自来水管、井盖等。

(5)地面上的管线只表示重要的，如万伏以上高压线、裸露的大型管道(工厂内部的可以根据需要考虑)等。

(6)界址点、控制点等点要素。

(7)注记部分，也就是地表自然情况的符号表示，如房屋结构和层数、植被、地理名称等。

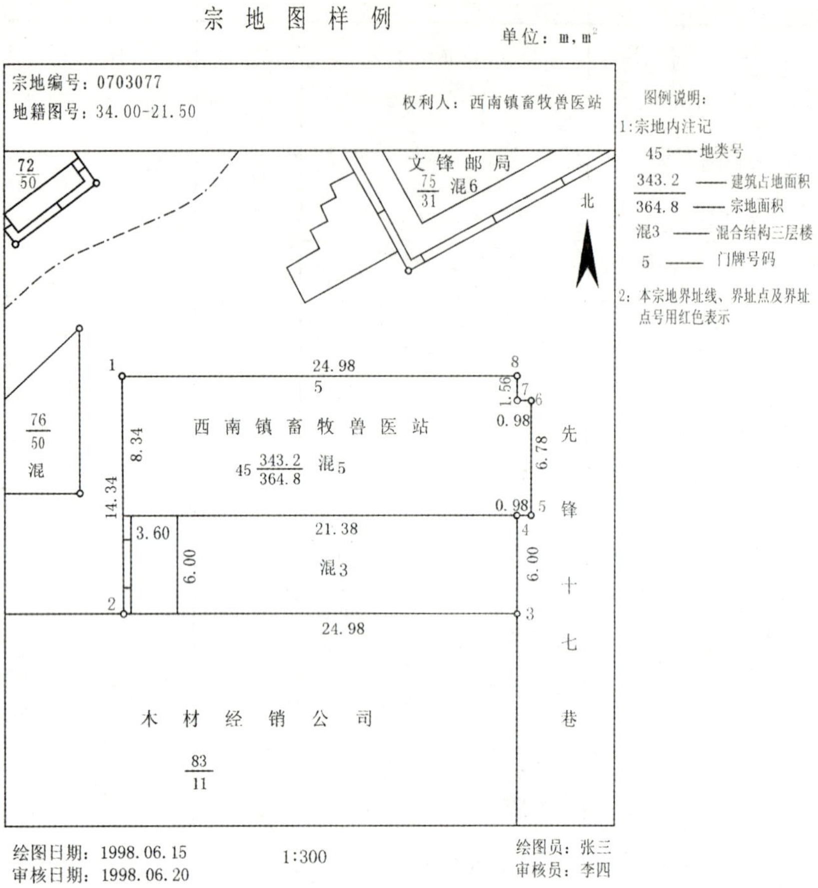

图 11-13　宗地图样图

(8)标识符,它是对地面客体(如土地权属单位、地块)的标识,以便使地籍数据集、地籍簿册和地籍图形集之间有机地连接在一起。

11.3.2　地籍图的绘制

大多数城镇已经有大比例尺地形图,可以在地形图的基础上按照地籍的要求绘制地籍图。地籍图和地形图相比较,地籍图不存在小比例尺、精度高,且其主要服务于土地利用管理,而地形图的用途广泛,但两者最主要的区别在于上图的要素不同,地形图的内容主要是地物要素和地貌要素,地籍图的内容则为地籍要素、地物要素、数学要素。

11.3.2.1　地籍图的内容

1. 地籍要素

(1)界址:包括各级行政界址和土地权属界址。不同等级的行政境界相重合时只表示高级行政境界,境界线在拐角处不得间断,应在转角处绘出点或线。当土地权属界址线与行政界线、地籍区(街道)界或地籍子区(街坊)界重合时,应结合线状地物符号突出表示土地权属界址线,行政界线可移位表示。

(2)地籍要素编号:包括街道(地籍区)号、街坊(地籍子区)号、宗地号或地块号、房屋栋号、土地利用分类代码、土地等级等,分别注记在所属范围内的适中位置,当被图幅分割时应分别进行注记。如宗地或地块面积太小注记不下时,允许移注在宗地或地块外空白处并以指示线标明。

(3)土地坐落:由行政区名、街道名(或地名)及门牌号组成。门牌号除在街道首尾及拐弯处注记外,其余可跳号注记。

(4)土地权属主名称:选择较大宗地注记土地权属主名称。

2. 地物要素

(1)作为界标物的地物如围墙、道路、房屋边线及各类垣栅等应表示。

(2)房屋及其附属设施:房屋以外墙勒脚以上外围轮廓为准,正确表示占地状况,并注记房屋层数与建筑结构。

(3)工矿企业露天构筑物、固定粮仓、公共设施、广场、空地等绘出其用地范围界线,内置相应符号。

(4)铁路、公路及其主要附属设施,如站台、桥梁、大的涵洞和隧道的出入口应表示,铁路路轨密集时可适当取舍。

(5)建成区内街道两旁以宗地界址线为边线。

(6)城镇街巷均应表示。

(7)塔、亭、碑、像、楼等独立地物应择要表示,图上占地面积大于符号尺寸时应绘出用地范围线,内置相应符号或注记。公园内一般的碑、亭、塔等可不表示。

(8)电力线、通信线及一般架空管线不表示,但占地塔位的高压线及其塔位应表示。

(9)地下管线、地下室一般不表示,但大面积的地下商场、地下停车场及与他项权利有关的地下建筑应表示。

(10)大面积绿化地、街心公园、园地等应表示。零星植被、街旁行树、街心小绿地及单位内小绿地等可不表示。

(11)河流、水库及其主要附属设施如堤、坝等应表示。

(12)平坦地区不表示地貌,起伏变化较大地区应适当注记高程点。

(13)地理名称注记。

3. 数学要素

(1)图廓线、坐标格网线的展绘及坐标注记。

(2)埋石的各级控制点位的展绘及点名或点号注记。

(3)图廓外测图比例尺的注记。

11.3.2.2 地籍图精度要求

通常地籍图的精度包括绘制精度和基本精度两方面。

(1)绘制精度主要指图上绘制的图廓线、对角线及图廓点、坐标格网点、控制点的展点精度。通常要求是:内图廓长度误差不得超过 ±0.2 mm;内图廓对角线误差不得超过 ±0.3 mm;图廓点、坐标格网点和控制点的展点误差不得超过 ±0.1 mm。

(2)地籍图的基本精度主要指界址点、地物点及其相关距离的精度。通常要求如下:相邻界址点间距、界址点与邻近地物点之间的距离中误差不得超过图上 ±0.3 mm;宗地内外与界址边相邻的地物点，不论采用何种方法测定，其点位中误差不得超过图上 ±0.4 mm，邻近地物点间距中误差不得超过图上 ±0.5 mm。

11.3.2.3　**地物测绘的一般原则**

地籍图上地物的综合取舍，除根据规定的测图比例尺和规范的要求外，还应充分根据地籍要素及权属管理方面的需要来确定必须测绘的地物，与地籍要素和权属管理无关的地物在地籍图上可不表示。对一些有特殊要求的地物（如房屋、道路、水系、地块）的测绘，必须根据相关规范和规程在技术设计书中具体指明。

11.3.3　宗地图的绘制

宗地图是以宗地为单位编绘的地籍图，描述宗地位置、界址点、线和相邻宗地关系的实地记录。它是在其他的地籍资料也正确收集完毕的情况下，依照一定的比例尺制作成的反映宗地实际位置和有关情况的一种图件。在日常地籍工作中，一般逐宗实测绘制宗地图。

11.3.3.1　**宗地图内容**

通常要求宗地图的内容与分幅地籍图保持一致，具体内容如下：

（1）所在图幅号、地籍区（街道）号、地籍子区（街坊）号、宗地号、界址点号、利用分类号、土地等级、房屋栋号；

（2）用地面积和实量界址边长或反算的界址边长；

（3）相邻宗地的宗地号及相邻宗地间的界址分隔示意线；

（4）紧靠宗地的地理名称；

（5）宗地内的建筑物、构筑物等附着物及宗地外紧靠界址点线的附着物；

（6）本宗地界址点位置、界址线、地形地物的现状、界址点坐标表、权利人名称、用地性质、用地面积、测图日期、测点（放桩）日期、制图日期；

（7）指北方向和比例尺；

（8）为保证宗地图的正确性，宗地图要检查审核，宗地图的制图者、审核者均要在图上签名。

11.3.3.2　**宗地图绘制的技术要求**

（1）编绘宗地图时，应做到界址线走向清楚，坐标正确无误，面积准确，四至关系明确，各项注记正确齐全，比例尺适当。

（2）宗地图图幅规格根据宗地的大小选取，一般为 32 开、16 开、8 开等，界址点用直径 1.0 mm 的圆圈表示，界址线粗 0.3 mm，用红色或黑色表示。

（3）宗地图在相应的基础地籍图或调查草图的基础上编制，宗地图的图幅最好是固定的，比例尺可根据宗地大小选定，以能清楚表示宗地情况为原则。

11.3.3.3　**宗地图绘制**

在数字地图出现以前，宗地图通常是在相同比例尺的地籍图上逐宗蒙绘下来的，然后再套绘宗地图框。现在的宗地图不必再重绘，而可以直接在已整饰好的数字地籍图上，通过南方 CASS 软件的“地籍”菜单（见图 11-14）下的“绘制宗地图框”菜单（见图 11-15）来批量生成宗地图，或生成单宗宗地图。

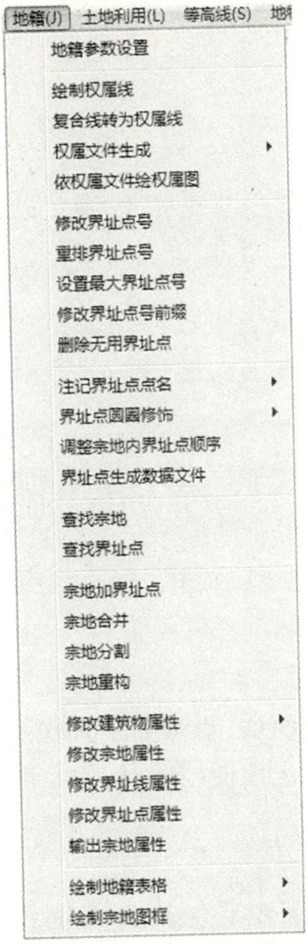

图 11-14　**“地籍”菜单**

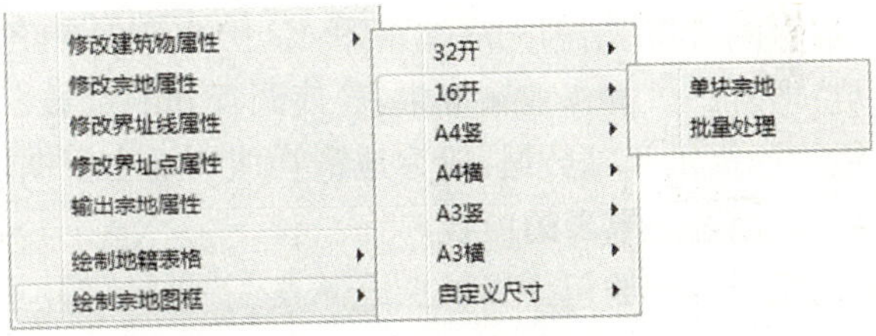

图 11-15　**“绘制宗地图框”菜单**

1. 单块宗地

绘制宗地图，选择“地籍”|“绘制宗地图框”|“16 开”|“单块宗地”。命令区提示：

用鼠标器指定宗地图范围：第一角：//用鼠标指定要处理宗地的左下方

另一角：//用鼠标指定要处理宗地的右上方

在出现的“宗地图参数设置”对话框（见图 11-16）中，“比例尺”项选择“自动计算”，“坐标表”项选择“绘制”。选定“保存到文件”项，在“保存路径”项确定文件存放的位置，在“位置”项选择“宗地图位置”。单击“确定”按钮，在命令区出现提示：

用鼠标器指定宗地图框的定位点：//指定任一空位

一幅完整的宗地图就绘制完成了。

2. 批量处理

绘制宗地图，选择“地籍”|“绘制宗地图框”|“16 开”|“批量处理”。命令区提示：

选择对象：//用鼠标选择若干条权属线后回车结束，也可全选

在出现的“宗地图参数设置”对话框中，“比例尺”项选择“自动计算”，“坐标表”项选择“绘制”。选定“保存到文件”项，在“保存路径”项确定文件存放的位置，在“位置”项选择“宗地图位置”。单击“确定”按钮。

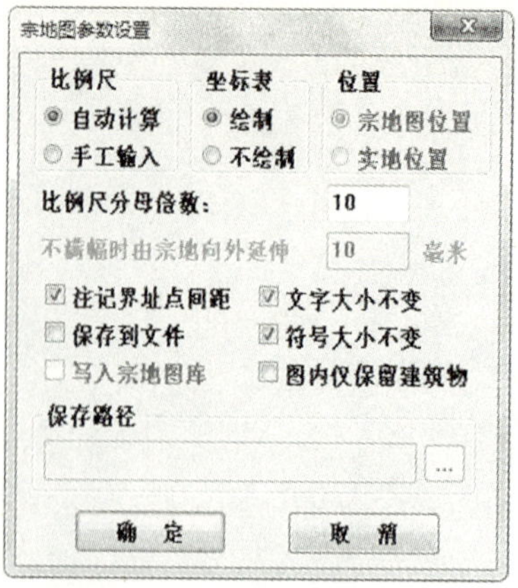

图 11-16　宗地图参数设置

所选定的多个宗地图就绘制完成了。

11.3.4　地籍成果表的制作

在地籍测绘中,绘制完成地籍图、宗地图,量算出各种用地面积后,要对量算的数据资料加以整理、汇总,制作地籍成果表,使调查和测量数据真正成为土地使用信息,为土地登记、土地统计提供基础数据,成为地籍管理的重要依据。

11.3.4.1　地籍成果表的内容

地籍成果表一般包括界址点成果表、宗地面积计算表、宗地面积汇总表、地类面积统计表等。

(1)界址点成果表。包括界址点点号、坐标。输出范围包括某一宗地界址点坐标表,以街坊为单位界址点坐标表。

(2)宗地面积计算表。包括界址点点号、坐标、边长及宗地面积、建筑面积等。

(3)宗地面积汇总表。包括地籍号、地类码、面积等,该表以宗地为单位分别统计出街道和街坊的总面积。

(4)地类面积统计表。包括以宗地为单位分别统计出街道、街坊的土地分类面积。

11.3.4.2　地籍成果表的制作方法

南方 CASS 软件“地籍”菜单下“绘制地籍表格”菜单(见图 11-17)中的各项命令可实现地籍成果表的制作,如表 11-1 ~ 表 11-5 所示。

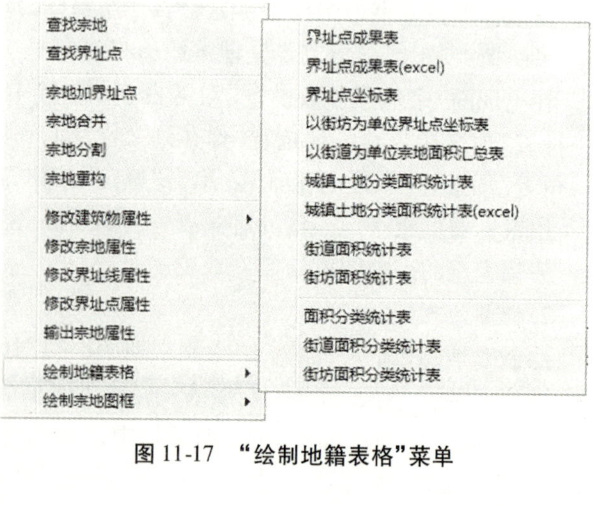

图 11-17　“绘制地籍表格”菜单

表 11-1　界址点成果表

宗地号:0010400010

权利人:天河小学

宗地面积(m^2):2613.775

建筑面积(m^2):0.000

界址点坐标				
序号	点号	坐标		边长
		x(m)	y(m)	
1	29	30107.679	40350.059	55.462
2	194	30052.219	40349.63	56.701
3	34	30049.824	40292.98	15.075
4	33	30064.899	40292.98	29.342
5	32	30090.975	40306.434	21.199
6	31	30104.013	40323.15	20.713
7	30	30107.679	40343.536	6.523
1	29	30107.679	40350.059	

表 11-2　界址点坐标表

点号	x(m)	y(m)	边长
29	30107.679	40350.059	55.46
194	30052.219	40349.63	56.7
34	30049.824	40292.98	15.08
33	30064.899	40292.98	29.34
32	30090.975	40306.434	21.2
31	30104.013	40323.15	20.71
30	30107.679	40343.536	6.52
29	30107.679	40350.059	
$S=2613.8\ m^2$　合 3.9207 亩			

表 11-3　面积分类统计表

土地类别		面积(m^2)
代码	用途	
242	教育用地	10123.06
211	商业用地	12995.80
213	餐饮旅馆业用地	9284.08
245	医疗卫生用地	6946.25
244	文体用地	10594.39
261	铁路用地	10342.86
241	机关团体用地	4716.92
252	城镇混合住宅用地	9547.89

表 11-4　街道面积统计表

街道号	街道名	总面积(m^2)
001		74551.25

表 11-5　街坊面积统计表

街道号	街道名	总面积(m^2)
00101		15808.53
00102		16230.33
00103		20937.25
00104		21575.14

11.4　房产图绘制

11.4.1　房产图绘制相关知识

11.4.1.1　房产图的基本概念

房产图是房产产权、产籍管理的基础资料，是全面反映土地和房屋基本情况与权属界线的专用图件，也是房产测量的主要成果，为房产产权、产籍管理、房地产开发利用、交易、征收税费以及城镇规划建设提供数据和资料。同时，利用房产图，可以逐幢、逐处地清理房地产产权，计算和统计房地产面积，作为房地产产权登记和转移变更登记的依据。总之，房产图在房地产产权、产籍管理乃至整个房地产产业管理中都具有十分重要的作用。

11.4.1.2 房产图的种类

按房产管理的需要,房产图可分为房产分幅平面图(简称分幅图)、房产分丘平面图(简称分丘图)和房产分层分户平面图(简称分层分户图)。

1. 房产分幅平面图

分幅图是全面反映房屋及其用地的位置和权属等状况的基本图,是测制分丘图和分层分户图的基础资料,也是房产登记和建立产籍资料的索引和参考资料,比例尺一般为1:500。

分幅图表示的内容有控制点、行政境界、丘界、房屋、房屋附属设施和房屋围护物、房产要素和房产编号,以及与房产管理有关的地形要素和注记。

2. 房产分丘平面图

分丘图是分幅图的局部明细图,是绘制房产权证附图的基本图,按门牌、户院、产别及其所占用的土地范围分丘绘制,且每丘单独绘成一张。分丘图是作为权属依据的产权图,具有法律效力,是保护房屋所有权人和土地使用权人合法权益的凭证,必须以较高精度绘制。比例尺一般为1:100~1:1000。

分丘图除表示分幅图的内容外,还表示房屋产权界线、界址点、挑廊、阳台、建成年份、用地面积、建筑面积、丘界线长度、房屋边长、墙体归属和四至关系等房产要素。

3. 房产分层分户平面图

分层分户图是在分丘图的基础上绘制的明细图,以一户产权人为单位,表示出房屋权属范围的细部图,以明确异产毗连房屋的权利界线,供核发房屋所有权证的附图使用。比例尺一般为1:200。

分层分户图表示的内容有房屋权界限、四面墙体的归属和楼梯、走道等部位以及门牌号、所在层次、户号、室号、房屋建筑面积和房屋边长等,见图11-18。

11.4.1.3 房产图的绘制

分幅图和分丘图的绘制步骤及方法与地籍图的基本相同,分层分户图的绘制步骤及方法与宗地图的基本相同,不再赘述。

11.4.2 房产面积测算

测算房屋及其用地面积是房产测量中的一项重要工作,它是房地产产权产籍管理、核发权属证书、房地产开发等必不可少的资料,同时也是房地产税费征收、城镇规划建设的重要依据。房地产面积测算是一项精度要求高、专业性强的工作,是房地产测绘的重要组成部分。

房屋面积测算包括房屋建筑面积、房屋使用面积和共有建筑面积的测算;用地面积测算包括房屋占地面积、丘面积、各项地类面积及共用土地面积的测算。面积的测算通过AutoCAD软件很容易进行,不再赘述,仅就各类面积的定义及内容进行介绍。

11.4.2.1 成套房屋的建筑面积

成套房屋的建筑面积由套内房屋使用面积、套内墙体面积、套内阳台建筑面积三部分组成。

房屋坐落	佛山市顺德区大良街近良居委会新桂南路22号陶然居			宗地号	124098-203
公建面积	99.63 ㎡	套内建筑面积	496.12 ㎡	所在层次	2

比例:1:250

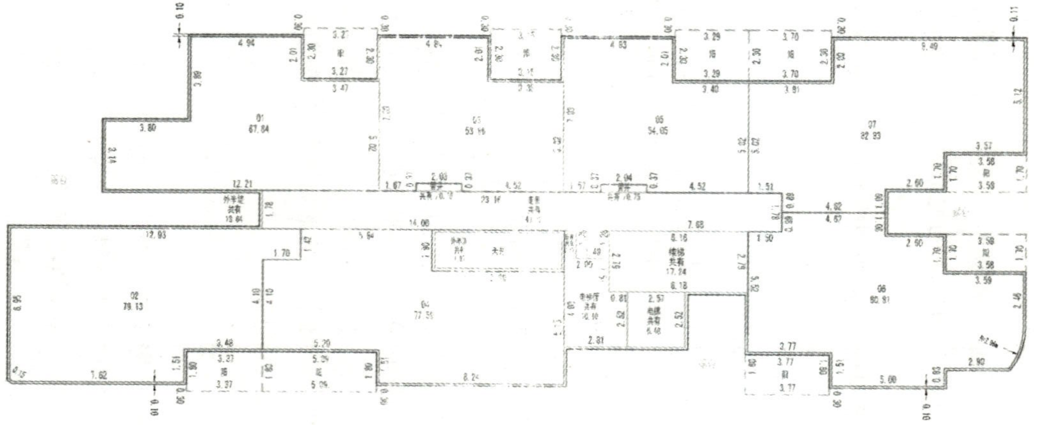

测量员:李春云　　制图员:李春云　　检查员:　　注:双实线分别表示外墙的外边线和中线

注:面积计算按(GB/T 17986.1—2000)房产测量规范执行。　　第 11 页，共 17 页　　绘图日期:2010-09-01

图 11-18　房产分层分户平面图

1. 套内房屋使用面积

套内房屋使用面积为套内房屋使用空间的面积，以水平投影面积按以下规定计算：

(1)套内房屋使用面积为套内卧室、起居室、过厅、过道、厨房、卫生间、厕所、贮藏室、壁柜等空间面积的总和；

(2)套内楼梯按自然层数的面积总和计入使用面积；

(3)不包括在结构面积内的套内烟囱、通风道、管道井；

(4)内墙面装饰厚度计入使用面积。

2. 套内墙体面积

套内使用空间周围的维护或承重墙体或其他承重支撑体所占的面积。

3. 套内阳台建筑面积

按阳台外围与房屋外墙之间的水平投影面积计算。

其中，封闭的阳台按水平投影全部计算建筑面积，未封闭的阳台按水平投影的一半计算建筑面积。

11.4.2.2 共有面积

共有面积是指各产权主共同占有或共同使用的建筑面积。自然层数等于或大于2的建筑物，一定有共有面积。

可分摊的公共部分为本幢楼的大堂、公用门厅、走廊、过道、公用厕所、电(楼)梯前厅、楼梯间、电梯井、电梯机房、垃圾道、管理井、消防控制室、水泵房、水箱间、冷冻机房、消防通道、变配电室、煤气调压室、卫星电视接收机房、空调机房、热水锅炉房、电梯工休息室、值班警卫室、物业管理用房等，以及其他在功能上为该建筑服务的专用设备用房，套与公用建筑空间之间的分隔墙及外墙(包括山墙、墙体面积水平投影面积的一半)。

不应计入的公用建筑空间包括仓库、机动车库、非机动车库、车道、供暖锅炉房、作为人防工程的地下室、单独具备使用功能的独立使用空间，售房单位自营、自用的房屋，为多幢房屋服务的警卫室、管理用房(包括物业管理用房)。

应分摊共有面积的分摊原则如下：

(1)按文件或协议分摊：有面积分割文件或协议的，按文件或协议分摊，实际情况并不多见。

(2)按比例分摊：按其使用面积的比例分摊。

各单元应分摊的共有面积 = 分摊系数 × 各单元套内建筑面积

分摊系数 = 应分摊的共有面积/各单元套内建筑面积之和

(3)按功能分摊：对有多种不同功能的房屋(如综合楼、商住楼等)，共有面积应参照其服务功能进行分摊。

小　结

本章主要介绍了测绘绘图的一些基本情况，包括测绘符号的制作过程、地形图的绘制方法、地籍图的绘制方法、房产图的绘制等。

第 12 章　绘制建筑工程图纸

采用 AutoCAD 绘制建筑工程图纸不仅使建筑制图更加专业，还能保证制图质量，提高制图效率，做到图面清晰简明、整齐美观。

12.1　建筑工程绘图基础

12.1.1　概述

建筑工程图纸是工程技术的语言，是用于表示建筑物的内部布置情况、外部形状，以及装修、构造、施工要求等内容的图纸，是进行工程施工及编制施工概预算和施工组织设计的依据，也是进行技术管理的重要文件。建筑工程图纸分为建筑施工图、结构施工图、设备施工图。鉴于篇幅有限，在此仅以建筑施工图为例，介绍建筑工程图纸的一般绘制过程。

建筑施工图主要用来表示房屋的规划位置、外部造型、内部布置、内外装修、细部构造、固定设施及施工要求等，包括施工图首页、总平面图、平面图、立面图、剖面图和详图。

12.1.1.1　施工图首页

施工图首页内含工程名称、实际说明、图纸目录、经济技术指标、门窗统计表以及本套建筑施工图所选用标准图集的名称列表等。

12.1.1.2　总平面图

总平面图是表示整个建筑基地的总体布局，具体表达新建房屋的位置、朝向以及周围环境（原有建筑、交通道路、绿化、地形）基本情况的图样。

12.1.1.3　平面图

建筑平面图是用一个假想的水平剖切平面沿略高于窗台的位置剖切建筑物后，移去剖切面上面的部分，对剩下部分向水平面作正投影形成的，简称平面图。

平面图可以反映出建筑物的平面形状、大小和布置，墙、柱的位置、尺寸和材料，门窗的类型和位置以及各部分的联系等，是新建建筑物的施工及施工现场布置的重要依据，也是设计及规划给排水、强弱电、暖通设备等专业工程平面图和绘制管线综合图的依据。

建筑平面图应与建筑层数相对应，建筑物有几层，就应有几个平面图。通常有底层平面图、标准层平面图、顶层平面图等。另外，屋顶平面图也是建筑平面图的一种，它是在空中对建筑物所作的水平投影。

12.1.1.4　立面图

立面图是建筑物在与建筑物立面平行的铅垂投影面上所作的投影图，用于展示建筑物外貌和外墙面装饰材料等，是建筑施工中控制高度和外墙装饰效果等内容的技术依据。

反映主要出入口或比较显著地反映出房屋外貌特征的那一面立面图，称为正立面图。

其余的立面图相应称为背立面图或侧立面图。通常也可按房屋朝向来命名，如南北立面图、东西立面图。

12.1.1.5 剖面图

剖面图是假想用一个或多个垂直于外墙轴线的铅垂剖切面剖切建筑物所得的投影图，用以表示房屋内部的结构或构造形式、分层情况和各部位的联系、材料及其高度等，是与平面图和立面图互相配合、不可缺少的重要图样之一。

12.1.1.6 详图

建筑详图是建筑细部的施工图，是建筑平面图、立面图、剖面图的补充。主要包括屋顶详图、楼梯详图、卫生间详图等。

12.1.2 建筑工程图纸的绘制要求及规范

为了保证制图质量，提高效率，做到图面清晰、简明，符合设计、施工、存档的要求，利于技术交流，在绘制建筑工程图纸时必须在图样的画法、图纸、字体、尺寸标注、采用的符号等方面采用统一的标准。

12.1.2.1 图纸幅面规格

1. 图纸幅面

图纸幅面是指图纸宽度与长度组成的图面。绘制图样时，应采用表 12-1 中规定的图纸基本幅面及图框尺寸。

表 12-1 图纸基本幅面及图框尺寸 （单位：mm）

尺寸代号	幅面代号				
	A0	A1	A2	A3	A4
b×l	841×1189	594×841	420×594	297×420	210×297
c	10			5	
a	25				

注：表中 b 为幅面短边尺寸，l 为幅面长边尺寸，c 为图框线与幅面线间宽度，a 为图框线与装订边间宽度。

图纸以短边作为垂直边称为横式，以短边作为水平边称为立式。一般 A0 ~ A3 图纸宜横式使用，必要时也可立式使用。

2. 标题栏

横式使用的图纸，应按图 12-1 的形式布置标题栏；立式使用的图纸，应按图 12-2 的形式布置标题栏。

标题栏应根据工程的需要选择确定其尺寸、格式及分区。

12.1.2.2 图线

在建筑工程图纸中，为了表明不同的内容并使层次分明，需要采用不同线型和线宽的图线来绘制图样，图线应按表 12-2 选用。

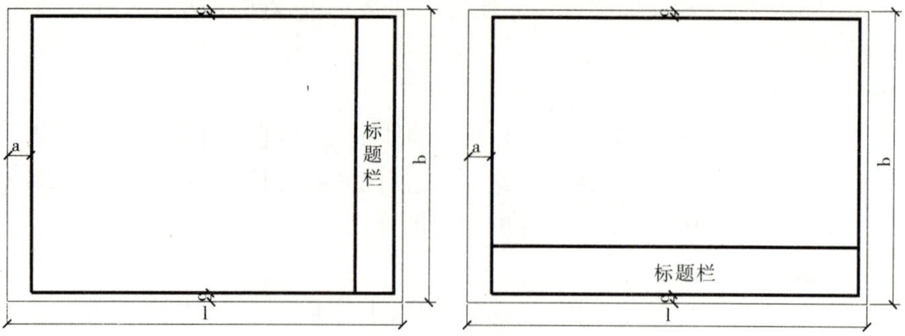

图 12-1　A0 ~ A3 横式幅面

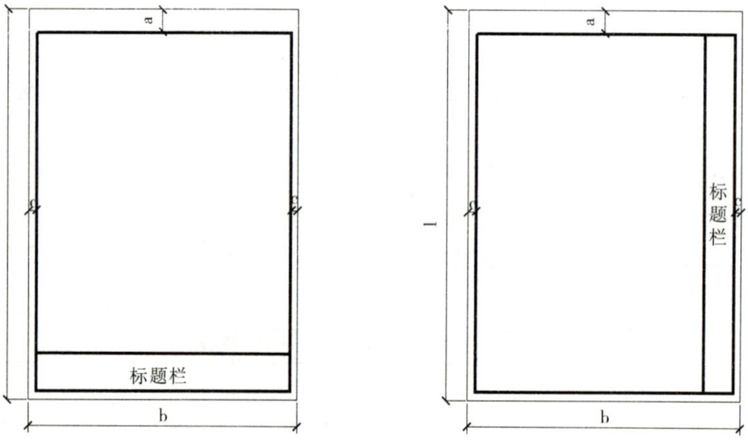

图 12-2　A0 ~ A4 立式幅面

表 12-2　图线

名称	线宽	一般用途
粗实线	b	主要可见轮廓线
中粗实线	0.7b	可见轮廓线
中实线	0.5b	可见轮廓线、尺寸线、变更云线
细实线	0.25b	图例填充线、家具线
中粗虚线	0.7b	不可见轮廓线
中虚线	0.5b	不可见轮廓线、图例线
细虚线	0.25b	图例填充线、家具线
细单点长画线	0.25b	中心线、对称线、轴线等
细双点长画线	0.25b	假想轮廓线、成型前原始轮廓线
折断线	0.25b	断开界线
波浪线	0.25b	断开界线

表 12-2 中 b 为图线宽度，宜从 1.4、1.0、0.7、0.5、0.35、0.25、0.18、0.13 mm 线宽系列中选取。图线宽度不应小于 0.1 mm。每个图样应根据复杂程度与比例大小，先选定基本线宽 b，再选用表 12-3 中相应的线宽组。

表 12-3　线宽组　（单位：mm）

线宽比	线宽组			
b	1.4	1.0	0.7	0.5
0.7b	1.0	0.7	0.5	0.35
0.5b	0.7	0.5	0.35	0.25
0.25b	0.35	0.25	0.18	0.13

12.1.2.3　字体

文字高度应从 3.5、5、7、10、14、20 mm 中选用，当需书写更大的字时，其高度应按$\sqrt{2}$的倍数递增。

图样及说明中的汉字宜采用长仿宋体，其字高与字宽的比例约为 1:0.7。拉丁字母、阿拉伯数字与罗马数字宜采用单线简体或 ROMAN 字体。

12.1.2.4　比例

绘图所用的比例应根据图样的用途与被绘对象的复杂程度选用。在建筑施工图中，各种图样常用的比例如表 12-4 所示。

表 12-4　建筑施工图中常用比例

类别	常用比例	备注
总平面图	1:500，1:1000，1:2000	—
平面图、立面图、剖面图	1:50，1:100，1:200	—
详图	1:1，1:2，1:5，1:10，1:20，1:25，1:50	1:25 仅适用于结构构件详图

12.1.2.5　定位轴线

定位轴线应用细单点长画线绘制，并进行编号，编号应注写在轴线端部的圆内。圆用细实线绘制，直径为 8 ~ 10 mm，其圆心应在定位轴线的延长线或延长线的折线上。横向轴线采用阿拉伯数字，按从左向右的顺序注写；纵向轴线采用大写拉丁字母，按从下向上的顺序注写。

12.1.2.6　尺寸标注

图样上的尺寸应包括尺寸界线、尺寸线、尺寸起止符号和尺寸数字。

尺寸界线应用细实线绘制，并与被注长度垂直，其一端应离开图样轮廓线不小于 2 mm，另一端超出尺寸线 2 ~ 3 mm。

尺寸线应用细实线绘制，且与被注长度平行。

尺寸起止符号用中粗斜短线绘制，其倾斜方向应与尺寸界线成顺时针 45°角，长度宜为 2 ~ 3 mm，但半径、直径、角度与弧长的起止符号宜用箭头表示。

尺寸数字的单位,除标高及总平面图以米为单位外,其他均以毫米为单位。

图样轮廓线以外的尺寸界线,距图样最外轮廓之间的距离不宜小于 10 mm。平行排列的尺寸线的间距宜为 7 ~ 10 mm,并保持一致。

标高符号应以直角等腰三角形表示,用细实线绘制。标高数字以米为单位,注写到小数点后三位。正数标高不注“ + ”,负数标高应注“ - ”。

12.2　制作建筑工程样板图

在绘制建筑图形时需要严格遵守各种制图规范,对图幅规格、图线、字体、尺寸标注等都有一定的限制。没有必要每次绘图时都一一进行设置。为了节省时间,提高绘图效率,可通过制作样板图的方式将设定的相关绘图环境保存起来,以后绘制图形时可以直接调用。

12.2.1　设置绘图环境

12.2.1.1　设置绘图单位和精度

选择菜单栏“格式”|“单位”命令,打开“图形单位”对话框,如图 12-3 所示。在对话框中设置小数精度为 0.000,其余保持默认设置即可。

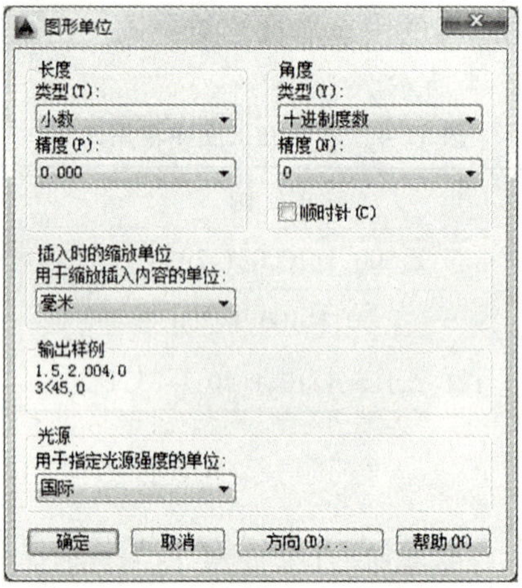

图 12-3　设置绘图单位和精度

12.2.1.2　设置图形界限

在绘图之前设置图形界限可以将绘制的图形控制在图幅之内,通常按照图幅的大小来设置。选择菜单栏“格式”|“单位”命令即可设置图形界限。如果要显示图形范围,可单击状态栏的“栅格”按钮。

12.2.1.3　设置捕捉模式

选择菜单栏“工具”|“草图设置”命令,打开“草图设置”对话框,展开“对象捕捉”选项卡,根据需要启用一些常用的对象捕捉模式,如图 12-4 所示。在绘图过程中可以根据需要重新设置捕捉模式。

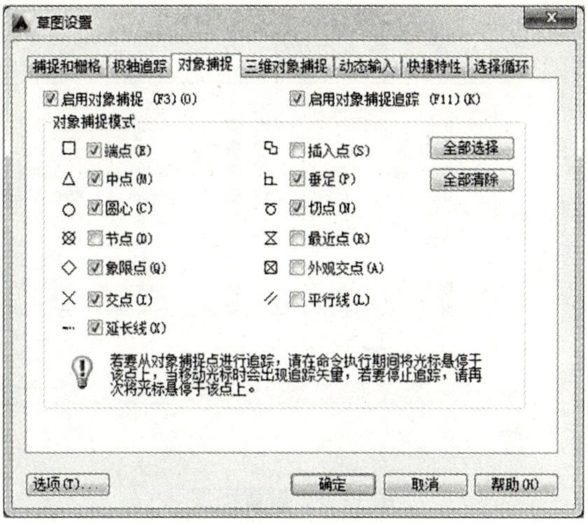

图 12-4　设置对象捕捉模式

12.2.2　设置图层及其特性

选择菜单栏“格式”|“图层”命令，打开如图 12-5 所示的“图层特性管理器”对话框。

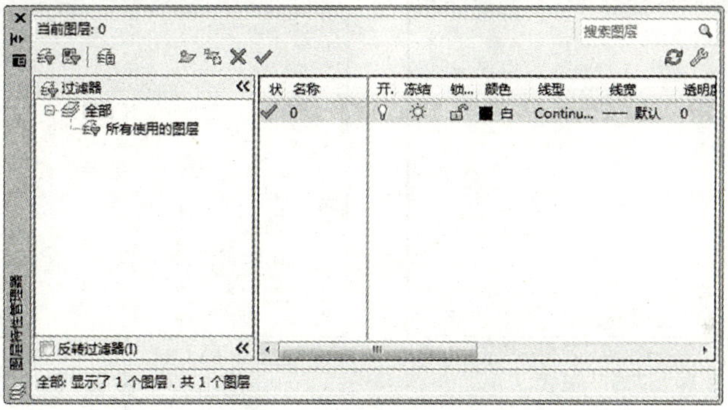

图 12-5　图层特性管理器

单击“新建图层”按钮，创建如表 12-5 所示的图层，结果如图 12-6 所示。

表 12-5　各图层要求

图层	颜色	线型	线宽
尺寸标注	蓝	Continuous	默认
文字说明	洋红	Continuous	默认
墙线	白	Continuous	0.7 mm
门窗	青	Continuous	默认
楼梯	黄	Continuous	默认
轴线	红	ACAD_ISO04W100	默认
轴线编号	红	Continuous	默认
其他	白	Continuous	默认

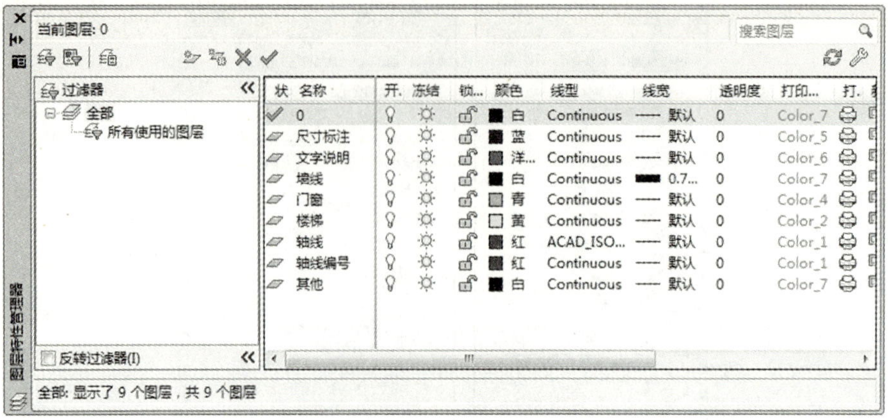

图 12-6　设置图层

12.2.3　设置文字样式

选择菜单栏“格式”|“文字样式”命令，打开“文字样式”对话框，新建“汉字”和“数字字母”两种样式，其参数设置分别如图 12-7、图 12-8 所示。

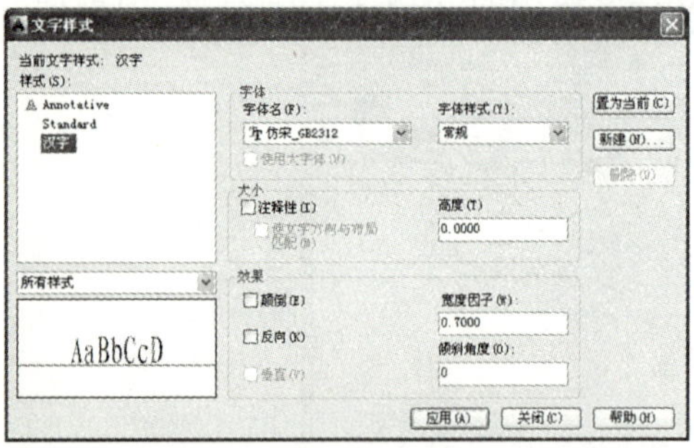

图 12-7　设置“汉字”样式

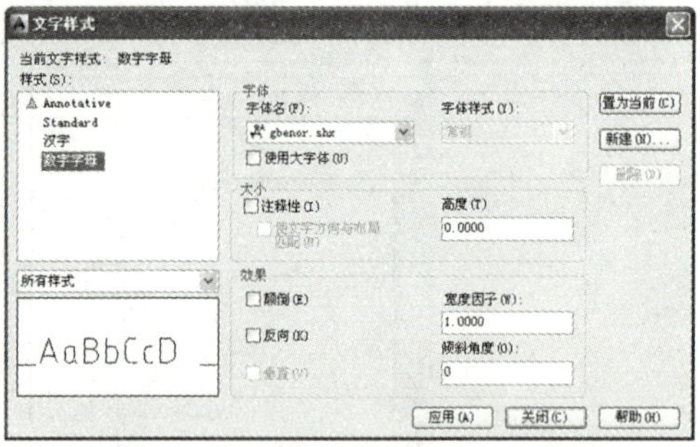

图 12-8　设置“数字字母”样式

12.2.4　设置标注样式

选择菜单栏“格式”|“标注样式”命令，打开“标注样式”对话框，新建名称为“建筑标注”的样式，对“线”、“符号和箭头”、“文字”、“调整”、“主单位”等选项卡，根据制图标准的要求，按图 12-9 ~ 图 12-13 进行参数设置。

12.2.5　保存样板图

选择菜单栏“文件”|“另存为”命令，打开“图形另存为”对话框，设置文件的存储类型为“AutoCAD 图形样板(* . dwt)”，如图 12-14 所示。

将文件命名为“建筑样板”后点击“保存”，打开“样板选项”对话框，如图 12-15 所示，点击“确定”，即可创建工程样板文件，并保存于 AutoCAD 安装目录下的“Template”文件夹中。

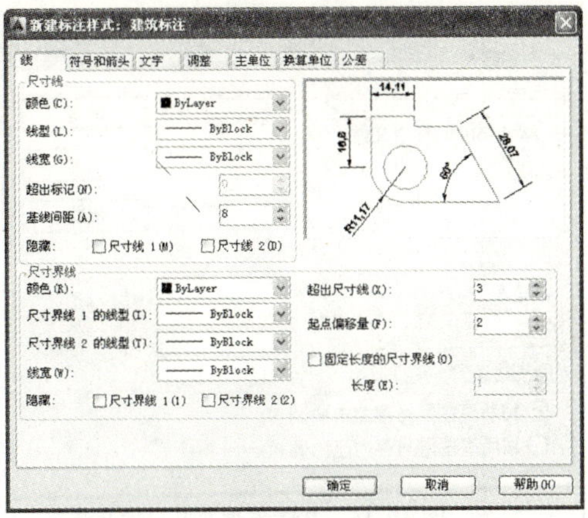

图 12-9　设置“线”参数

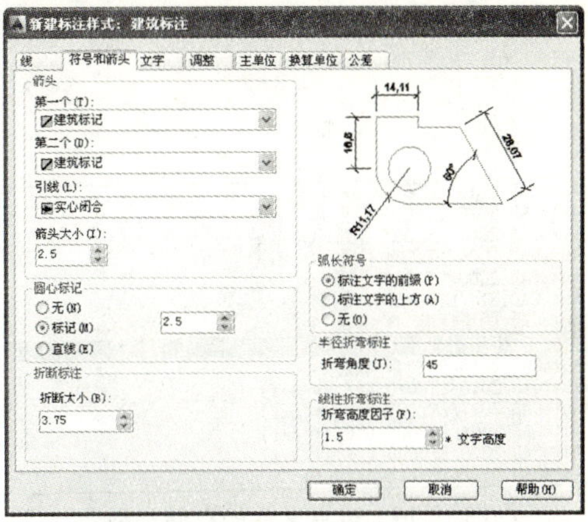

图 12-10　设置“符号和箭头”参数

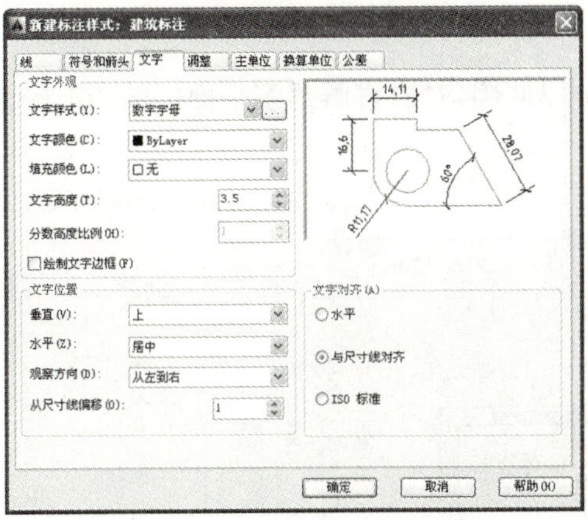

图 12-11　设置“文字”参数

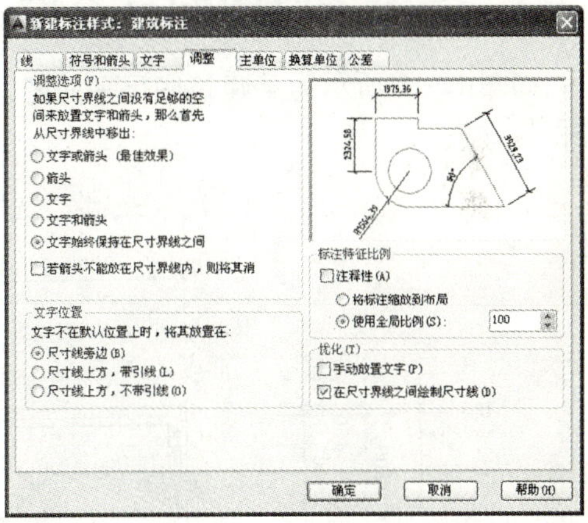

图 12-12　设置“调整”参数

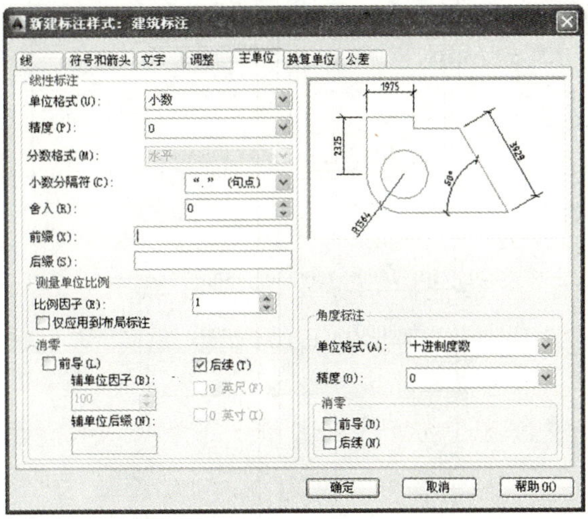

图 12-13　设置“主单位”参数

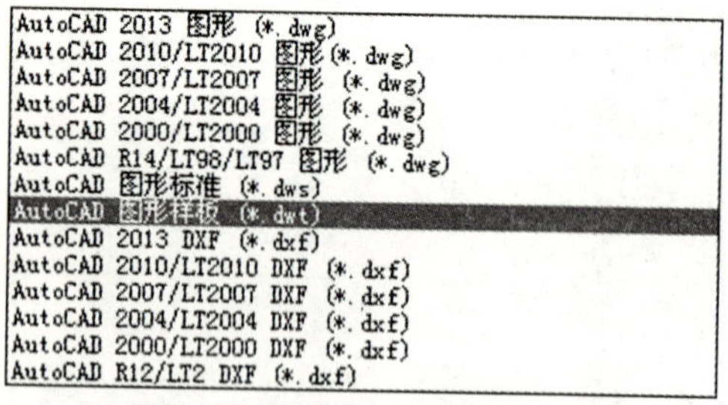

图 12-14　设置文件的存储类型

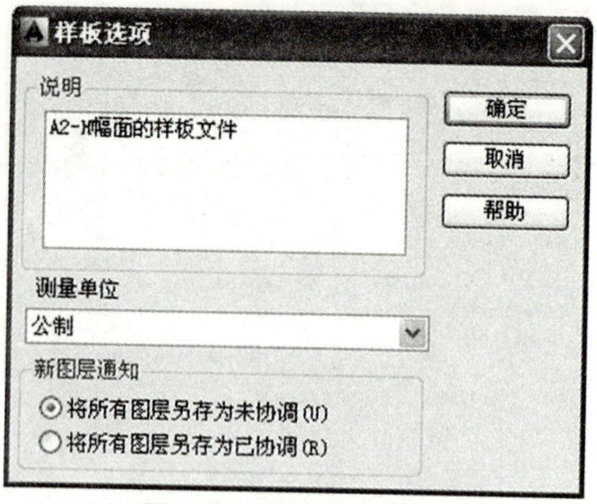

图 12-15　“样板选项”对话框

12.3　建筑平面图综合实例

如图 12-16 所示为某建筑底层平面图，本节以此图为例，讲解建筑平面图的一般绘制过程与方法。

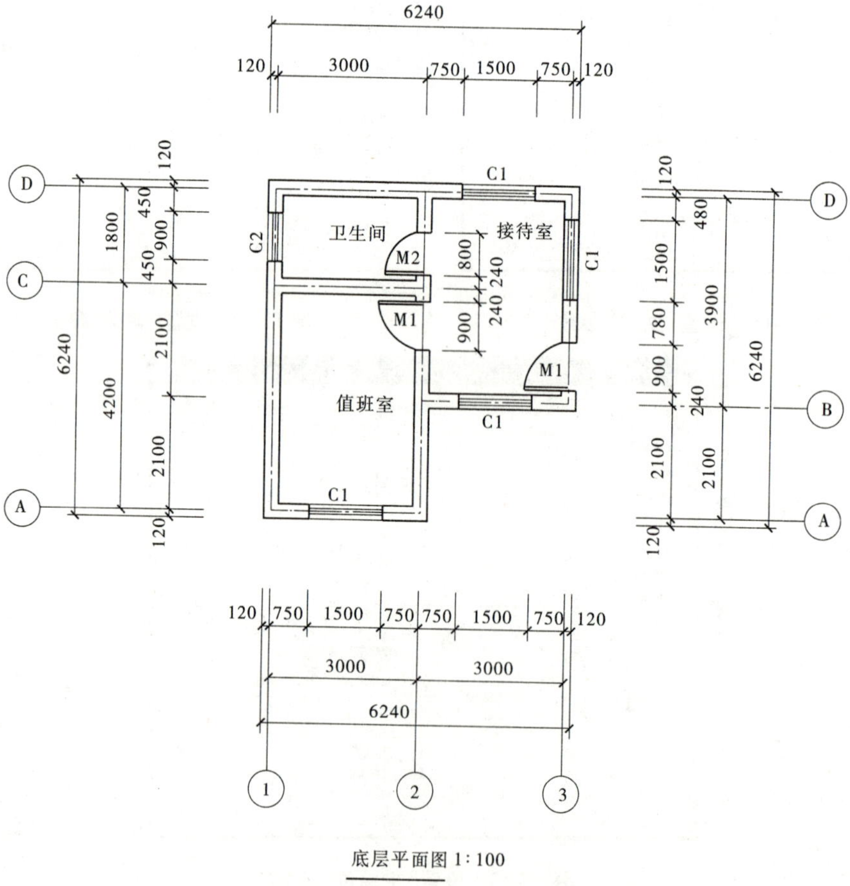

图 12-16　某建筑底层平面图

12.3.1 绘制轴网

(1)执行“新建”命令,打开“选择样板”对话框,选择“建筑样板”作为基础样板,新建名称为“底层平面图”的绘图文件。

(2)选择“图层”工具栏中的“图层控制”下拉列表,将“轴线”图层置为当前图层。

(3)打开“正交”模式,执行“直线”命令,绘制两条基准正交轴线,如图 12-17 所示。

(4)执行“偏移”命令,将基准轴线进行偏移,创建轴网,如图 12-18 所示。

(5)执行“修剪”命令,将已绘制好的轴网进行修剪,修剪完成后如图 12-19 所示。

图 12-17 绘制基准正交轴线

图 12-18 偏移轴线

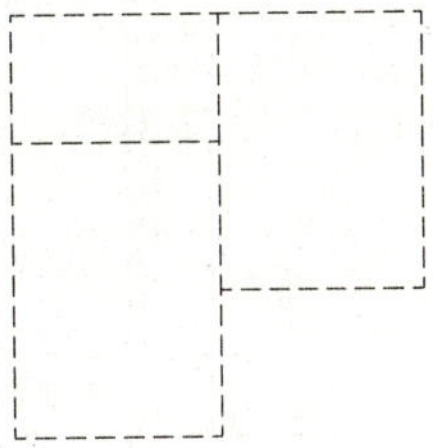

图 12-19 修剪轴线

12.3.2 绘制墙体

(1)选择“图层”工具栏中的“图层控制”下拉列表,将“墙线”图层置为当前图层。

(2)执行“格式”|“多线样式”命令,弹出“多线样式”对话框,新建“墙线”多线样式,其参数设置如图 12-20 所示,并将“墙线”设置为当前样式。

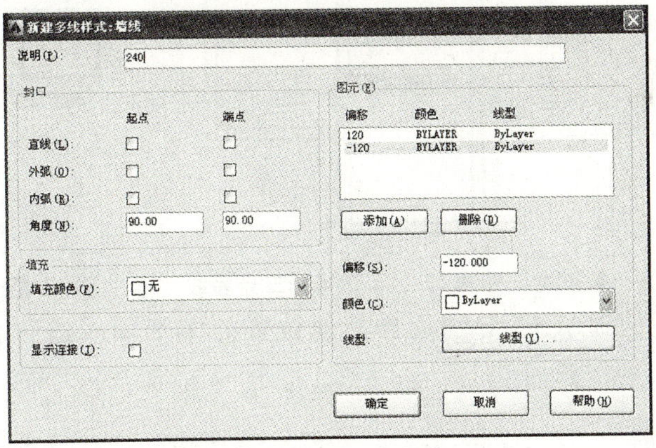

图 12-20 设置“墙线”多线样式

(3)执行“绘图”|“多线”命令,设置“对正”、“比例”两个参数,命令行操作如下:

命令:MLINE

当前设置:对正 = 上,比例 = 20.00,样式 = 墙线

指定起点或[对正(J)/比例(S)/样式(ST)]: //输入 J,按 Enter 键

输入对正类型[上(T)/无(Z)/下(B)]<无>: //输入 Z,按 Enter 键

当前设置:对正 = 无,比例 = 1.00,样式 = 墙线

指定起点或［对正(J)/比例(S)/样式(ST)］：　　　　　　　　//输入 S,按 Enter 键
输入多线比例 <20.00>：　　　　　　　　　　　　　　　　//输入 1,按 Enter 键

(4)配合"对象捕捉"功能,绘制墙体,结果如图 12-21 所示。

(5)执行"修改"|"对象"|"多线"命令,打开"多线编辑工具",单击如图 12-22 所示的"T 形合并"按钮,在命令行提示"选择第一条多线:"时,选择如图 12-23 所示的墙线,在命令行提示"选择第二条多线:"时,选择如图 12-24 所示的墙线,合并结果如图 12-25 所示。

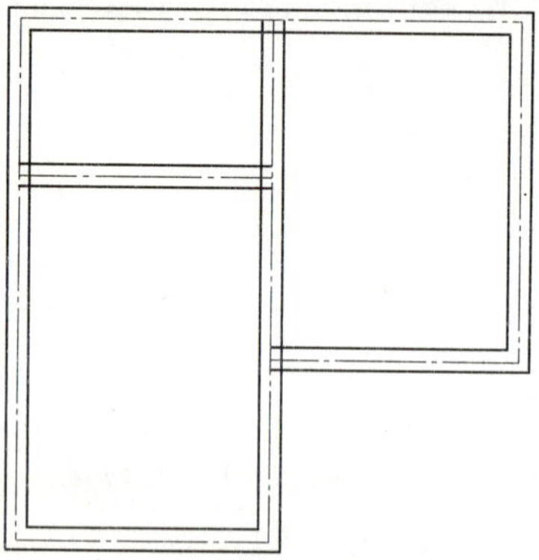

图 12-21　绘制墙体

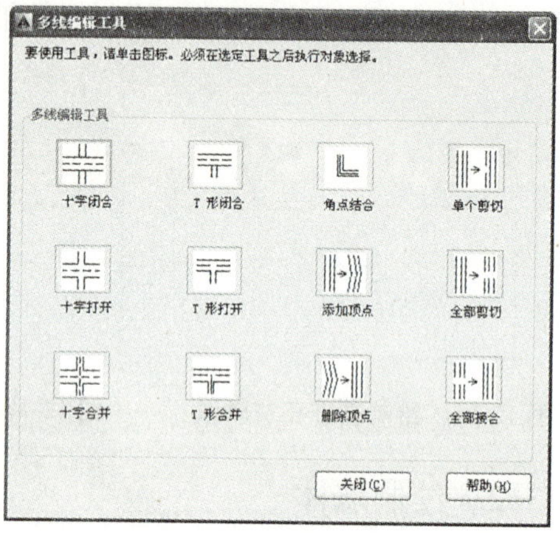

图 12-22　多线编辑工具

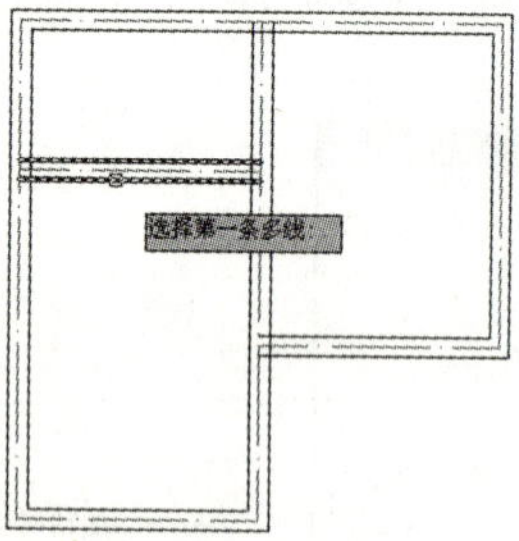

图 12-23　选择第一条多线

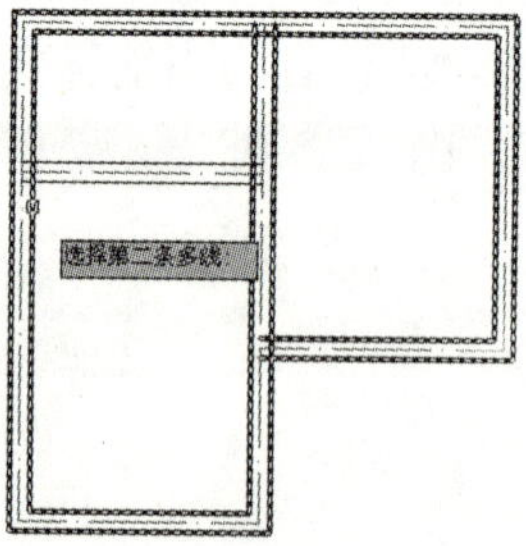

图 12-24　选择第二条多线

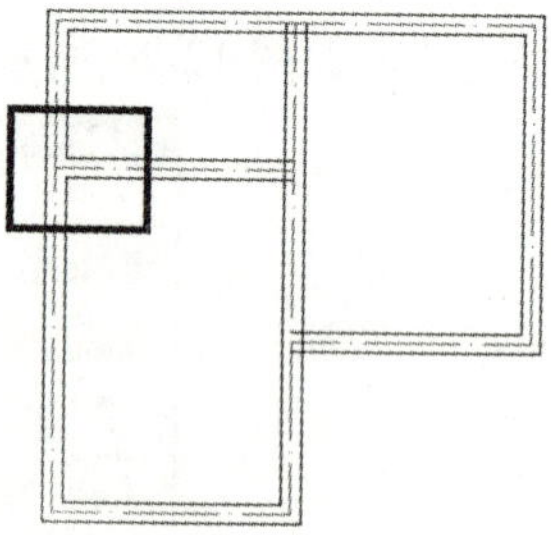

图 12-25　T 形合并结果

(6)在命令行的提示下,分别选择其他位置的 T 形墙线进行合并,编辑结果如图 12-26 所示。

12.3.3　绘制门窗

(1)执行"偏移"命令,以门窗洞口两侧的轴线为基准,确定门窗洞口位置。以确定窗 C1 的位置为例,命令行操作如下:

命令: _offset
当前设置: 删除源 = 否　图层 = 源　OFFSETGAPTYPE = 0
指定偏移距离或［通过(T)/删除(E)/图层(L)］<通过>://输入 750,按 Enter 键
选择要偏移的对象,或［退出(E)/放弃(U)］<退出>://选择如图 12-27 所示的轴线
指定要偏移的那一侧上的点,或［退出(E)/多个(M)/放弃(U)］<退出>:

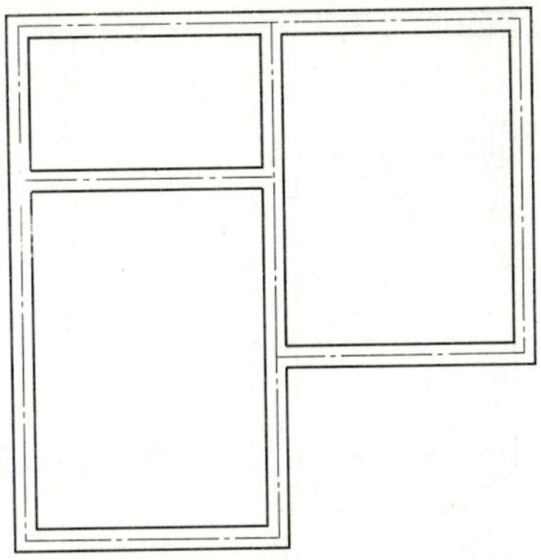

图 12-26　墙线编辑结果

//鼠标在该轴线右侧单击

选择要偏移的对象,或[退出(E)/放弃(U)]<退出>://选择如图 12-28 所示的轴线

指定要偏移的那一侧上的点,或[退出(E)/多个(M)/放弃(U)]<退出>:

//鼠标在该轴线左侧单击

选择要偏移的对象,或[退出(E)/放弃(U)]<退出>:

//按 Enter 键,偏移结果如图 12-29 所示

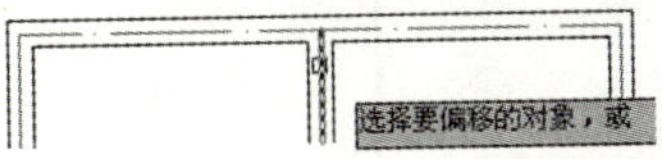

图 12-27　选择第一条轴线

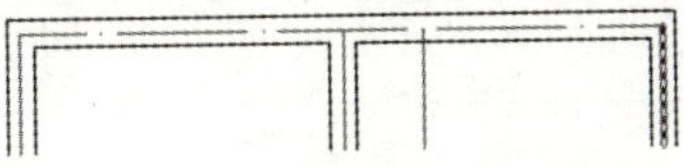

图 12-28　选择第二条轴线

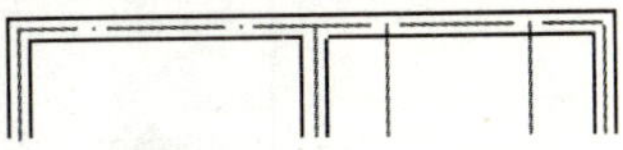

图 12-29　偏移结果

(2)执行“修剪”命令,修剪洞口定位轴线之间的墙体,效果如图 12-30 所示。

(3)执行“删除”命令,删除定位轴线,并执行“直线”命令,补上洞口侧面的墙体,如图 12-31 所示。

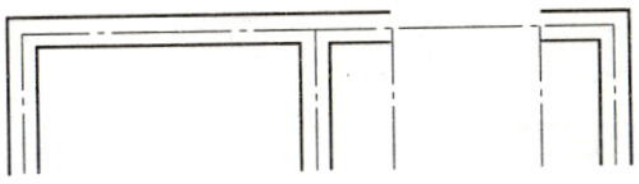

图 12-30　修剪墙线

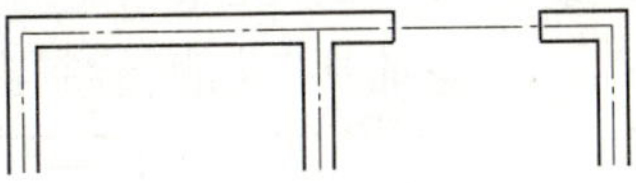

图 12-31　补全墙线

(4)重复以上步骤,定位所有的门窗洞口位置,结果如图 12-32 所示。

(5)选择“图层”工具栏中的“图层控制”下拉列表,将“门窗”图层置为当前图层。

(6)执行“格式”|“多线样式”命令,弹出“多线样式”对话框,新建“窗线”多线样式,其参数设置如图 12-33 所示,并将“窗线”置为当前样式。

(7)执行“绘图”|“多线”命令,设置“对正”、“比例”两个参数,命令行操作如下:

命令:MLINE

当前设置:对正 = 上,比例 = 20.00,样式 = 窗线

指定起点或[对正(J)/比例(S)/样式(ST)]:　//输入 J,按 Enter 键

输入对正类型[上(T)/无(Z)/下(B)]<无>:　//输入 Z,按 Enter 键

当前设置:对正 = 无,比例 = 1.00,样式 = 窗线

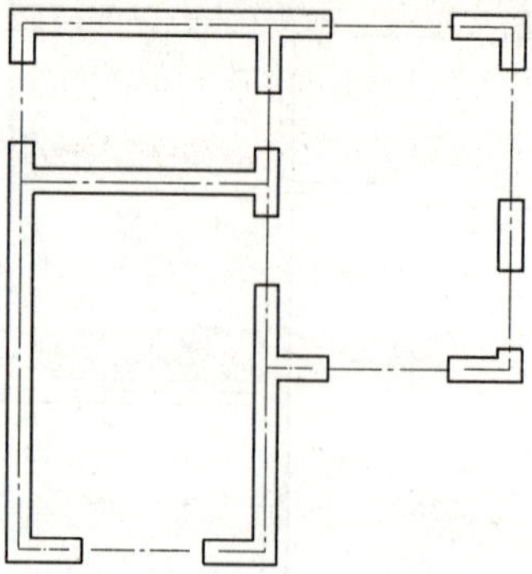

图 12-32　开门窗洞口结果

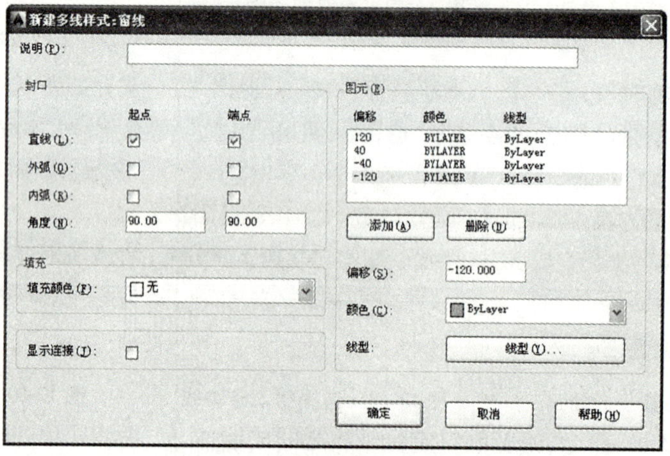

图 12-33　设置“窗线”多线样式

指定起点或［对正(J)/比例(S)/样式(ST)］:　　　　//输入 S,按 Enter 键

输入多线比例 <20.00>:　　　　//输入 1,按 Enter 键

(8)配合“对象捕捉”功能,绘制窗线,结果如图 12-34 所示。

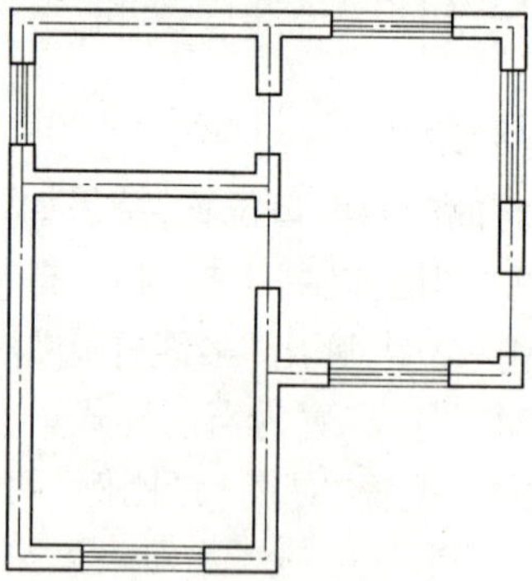

图 12-34　窗线绘制结果

(9)执行“矩形”命令,以墙体中心线与门洞线的交点作为门轴点,命令行操作如下:

命令: _rectang

指定第一个角点或［倒角(C)/标高(E)/圆角(F)/厚度(T)/宽度(W)］:

//捕捉如图 12-35 所示的交点

指定另一个角点或［面积(A)/尺寸(D)/旋转(R)］:

//输入@ -900,50,按 Enter 键,结果如图 12-36 所示

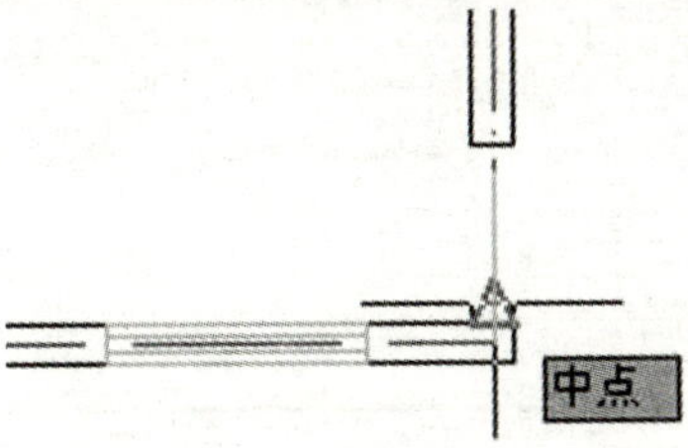

图 12-35　捕捉门轴点

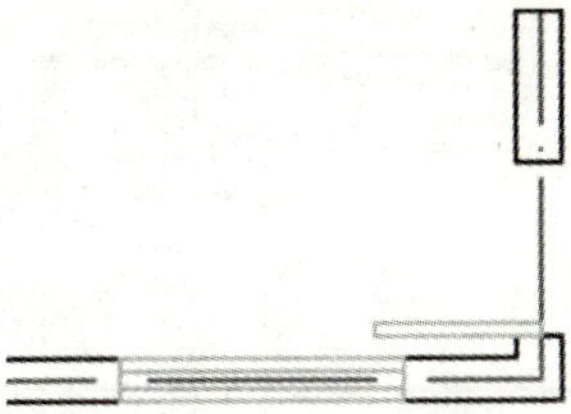

图 12-36　门扇绘制结果

(10)执行“绘图”|“圆弧”|“起点、圆心、端点”命令,绘制门的开启线,命令行操作如下:

命令: _arc

圆弧创建方向: 逆时针(按住 Ctrl 键可切换方向)

指定圆弧的起点或［圆心(C)］: //捕捉如图 12-37 所示的墙体中心线与门洞线的交点

指定圆弧的第二个点或［圆心(C)/端点(E)］: _c 指定圆弧的圆心: //捕捉门轴点

指定圆弧的端点或［角度(A)/弦长(L)］:

//捕捉如图 12-38 所示的矩形左下角点,绘制结果如图 12-39 所示

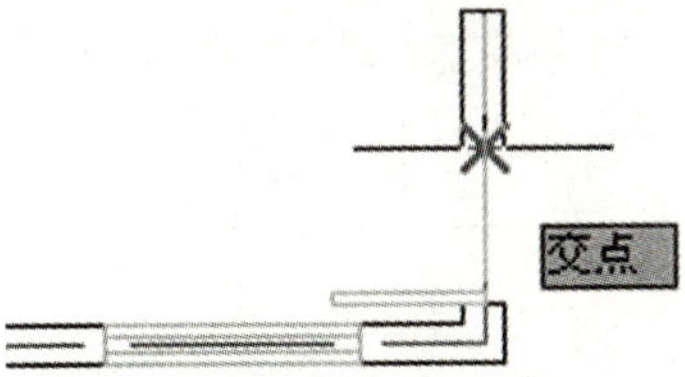

图 12-37　指定圆弧起点

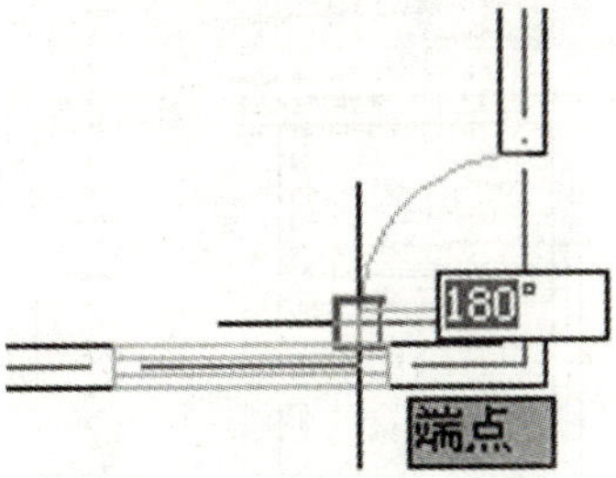

图 12-38　指定圆弧端点

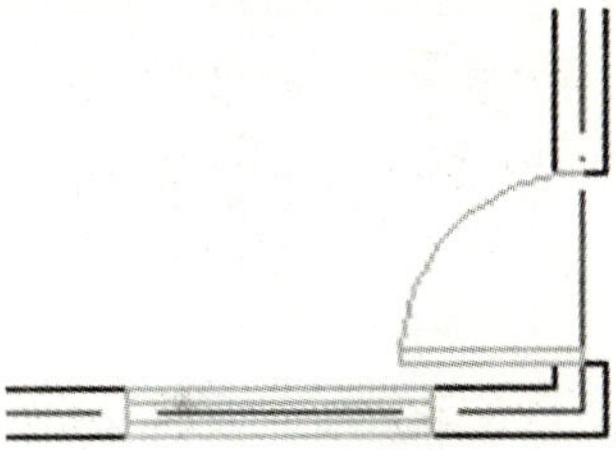

图 12-39　开启线绘制结果

(11)执行“绘图”|“块”|“创建”命令,弹出“块定义”对话框,设置名称为“门”,如图 12-40 所示。

(12)点击“拾取点”按钮,返回绘图区域,捕捉门轴点。

(13)点击“选择对象”按钮,返回绘图区域,选择已绘制的门,其他参数设置如图 12-41所示,再点击“确定”按钮完成图块的创建。

(14)执行“插入”|“块”命令,弹出“插入”对话框,在“名称”栏选择“门”,参数设置如图 12-42 所示。单击“确定”,“门”图块随鼠标出现在屏幕上,捕捉如图 12-43 所示的门轴点插入图块。

(15)按照上述方法,在另一个门洞口处插入“门”图块,可配合使用“镜像”命令对门的方向进行调整。绘制完成的门如图 12-44 所示。

12.3.4　标注文字

(1)选择“图层”工具栏中的“图层控制”下拉列表,将“文字说明”图层置为当前

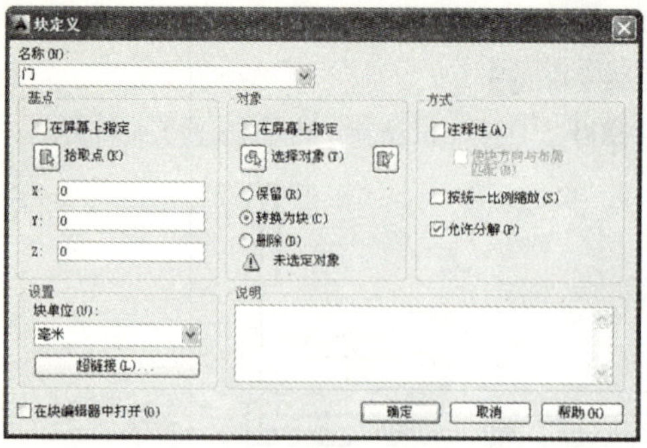

图 12-40 “块定义”对话框

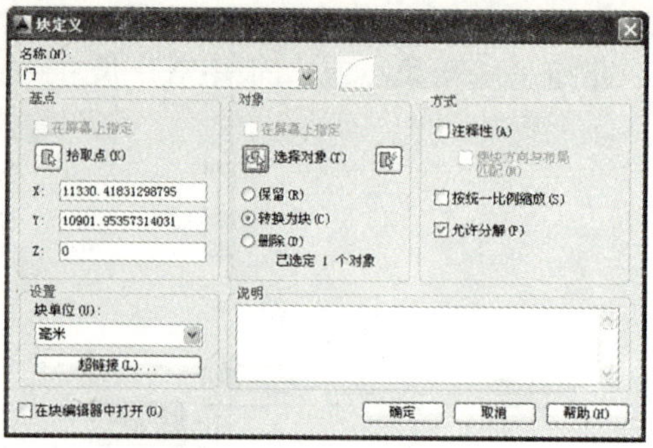

图 12-41 图块参数设置

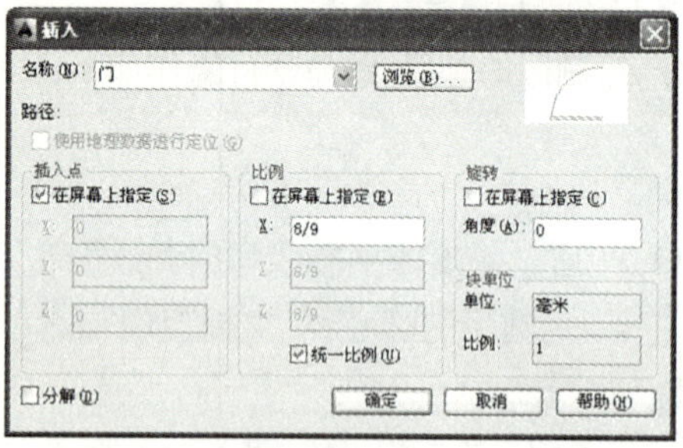

图 12-42 “插入”对话框

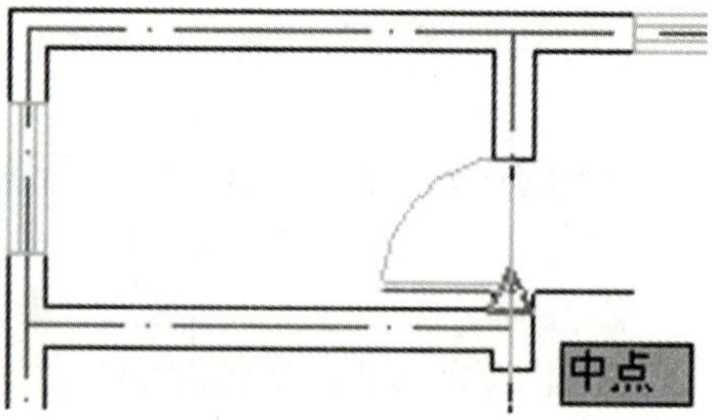

图 12-43 拾取插入点

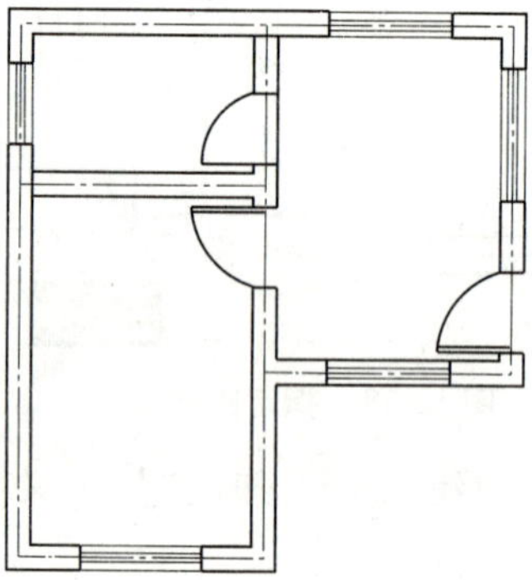

图 12-44 门绘制结果

图层。

(2)选择“样式”工具栏中的“文字样式控制”下拉列表,将“文字”设置为当前文字样式。

(3)执行“绘图”|“文字”|“单行文字”命令,在命令行提示下,在平面图右上角房间内拾取一点作为文字的起点,设置文字高度为 350,旋转角度为 0,输入“接待室”,如图 12-45 所示。

(4)分别将光标放在其他房间,为各房间标注文字说明,结果如图 12-46 所示。

(5)连续按两次 Enter 键,结束“单行文字”命令。

(6)选择“样式”工具栏中的“文字样式控制”下拉列表,将“数字字母”设置为当前文字样式。

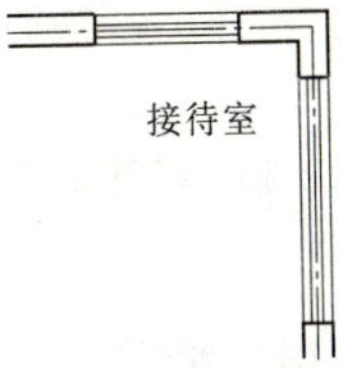

图 12-45　输入单行文字

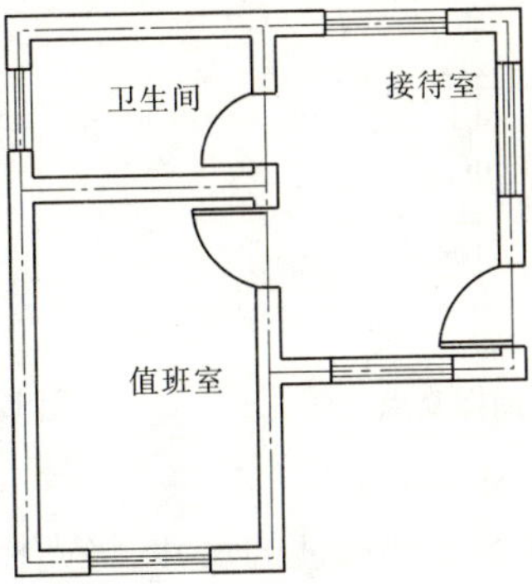

图 12-46　标注房间功能

(7)按照同样的方法,执行“单行文字”命令,标注门窗型号,如图 12-47 所示。

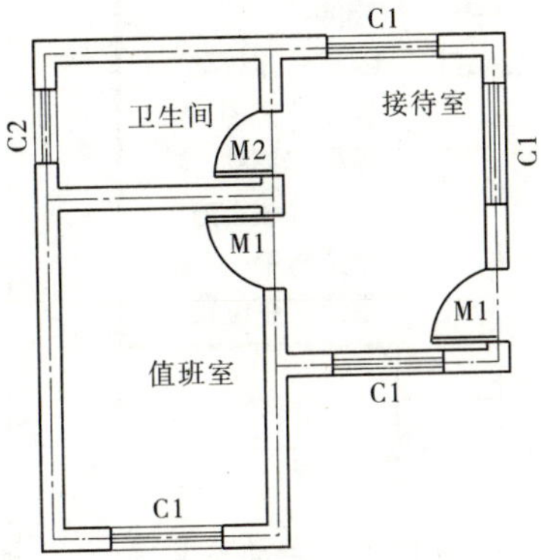

图 12-47　标注门窗型号

12.3.5　标注尺寸

(1)选择“图层”工具栏中的“图层控制”下拉列表,将“尺寸标注”图层置为当前图层。

(2)执行“标注样式”命令,将“建筑标注”设置为当前标注样式。

(3)执行“构造线”命令,在平面图左侧绘制一条垂直构造线作为尺寸对齐辅助线,构造线距离平面图最外侧轮廓线 1000 个绘图单位。

(4)执行“标注”|“线性”命令,命令行提示“指定第一条尺寸界线原点或 <选择对象>:”时,捕捉追踪虚线与辅助线的交点,作为第一条尺寸界线的起点,如图 12-48 所示。

(5)命令行提示“指定第二条尺寸界线原点:”时,捕捉追踪虚线与辅助线的交点,作为第一条尺寸界线的起点,如图 12-49 所示。

(6)命令行提示“指定尺寸线位置或[多行文字(M)/文字(T)/角度(A)/水平(H)/垂直(V)/旋转(R)]:”时,垂直向左移动光标,输入 1000 并按 Enter 键,结果如图 12-50 所示。

(7)执行“标注”|“连续”命令,配合捕捉和对象捕捉追踪功能标注左侧的细部尺寸,

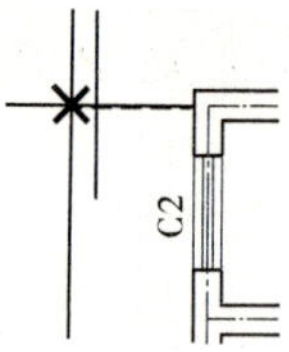

图 12-48　捕捉交点

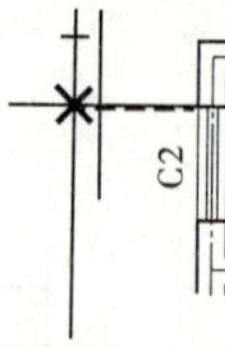

图 12-49　捕捉交点

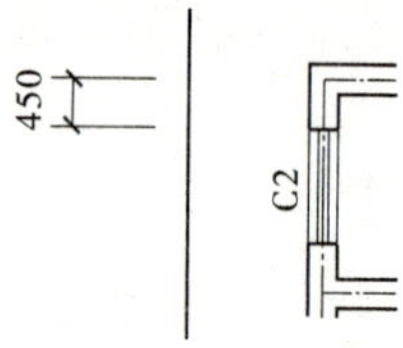

图 12-50　标注结果

结果如图 12-51 所示。

(8)选中最上侧标注的尺寸，将光标放在数字的夹点之上，出现浮动菜单后选择“仅移动文字”，如图 12-52 所示，对重叠的尺寸文字进行调整，结果如图 12-53 所示。

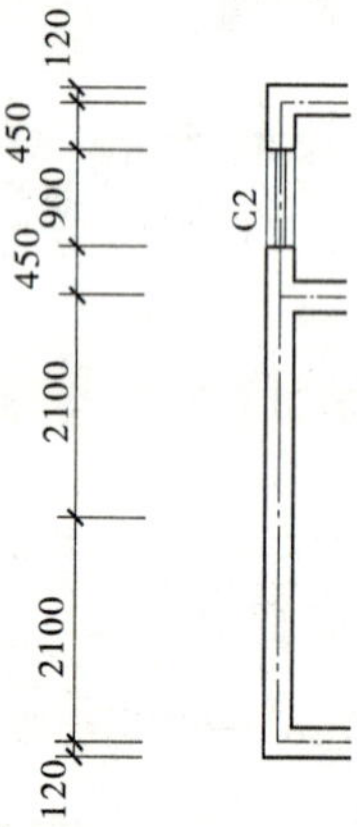

图 12-51　标注结果

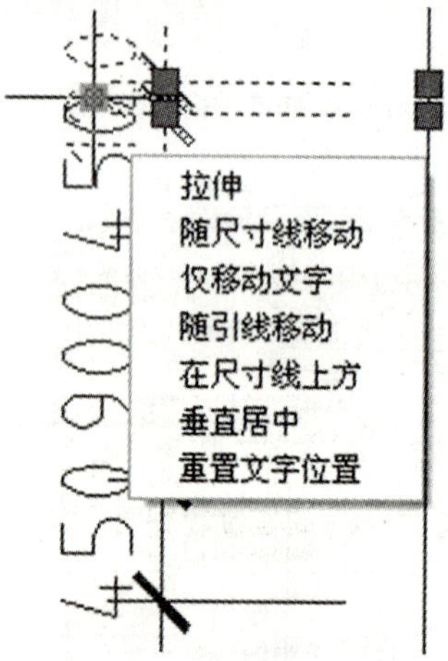

图 12-52　浮动菜单

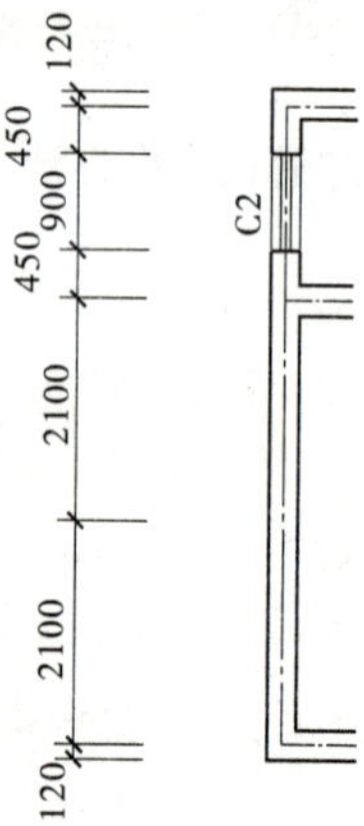

图 12-53　调整尺寸文字位置结果

(9)按同样的方法，综合使用“线性”、“连续”命令，分别标注轴线尺寸和外包尺寸，结果如图 12-54 所示。

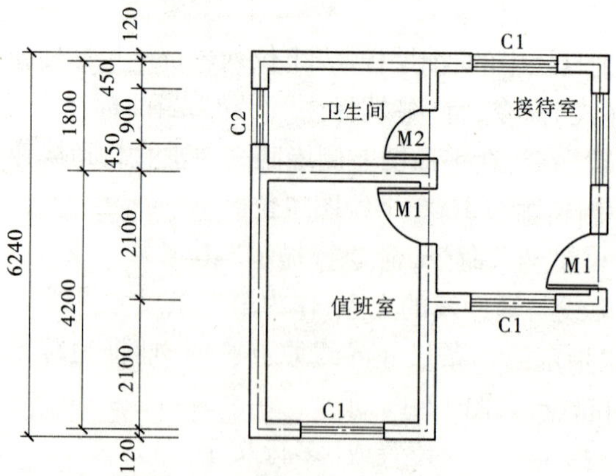

图 12-54　标注其他尺寸

(10)参照上述操作步骤，分别标注平面图其他侧的细部尺寸、轴线尺寸及外包尺寸，并对重叠尺寸进行调整。

(11)执行"删除"命令,删除4条尺寸对齐辅助线,最终标注结果如图12-55所示。

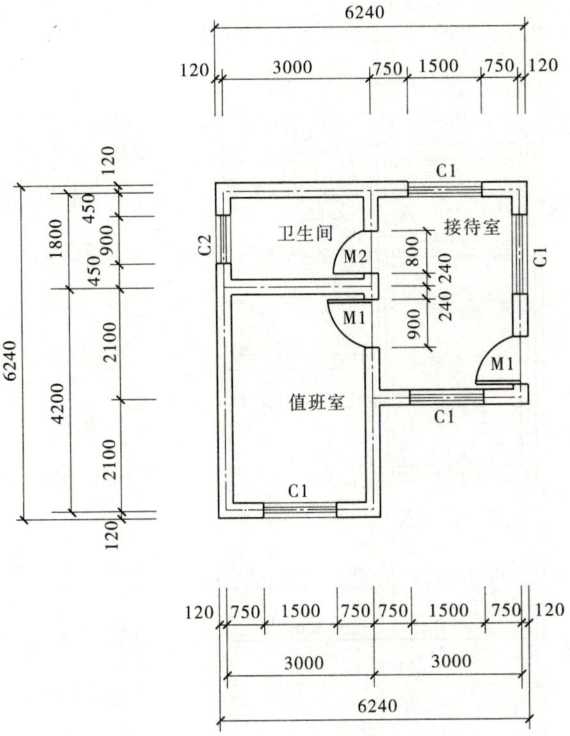

图12-55　标注结果

12.3.6　绘制轴线编号

(1)选择"图层"工具栏中的"图层控制"下拉列表,将"轴线编号"图层置为当前图层。

(2)选中平面图中的一个轴线尺寸,点击鼠标右键,打开"特性"对话框,将尺寸界线超出尺寸线的长度修改为20。关闭"特性"对话框并取消夹点显示,结果如图12-56所示。

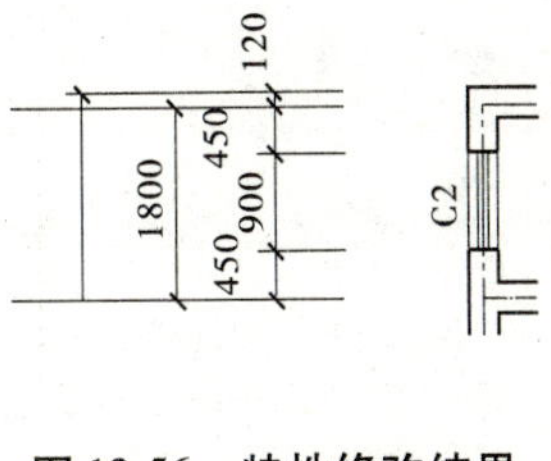

图12-56　特性修改结果

(3)单击"标准"工具栏中的"特性匹配"按钮,将其尺寸界线的特性应用到其他轴线尺寸,结果如图 12-57 所示。

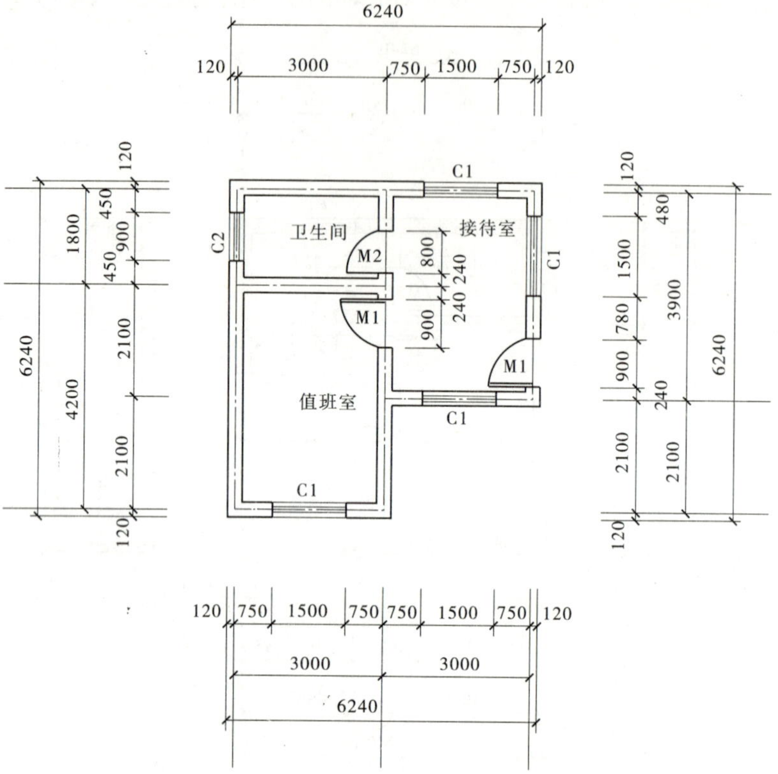

图 12-57　特性匹配结果

(4)执行"圆"命令,在空白区域绘制一个半径为 400 的圆,并使用"单行文字"命令在圆的中心位置输入高度为 500 的数字 1,如图 12-58 所示。

(5)执行"移动"命令,将已绘制的轴线编号移动到轴线尺寸界线的端部,如图 12-59 所示。

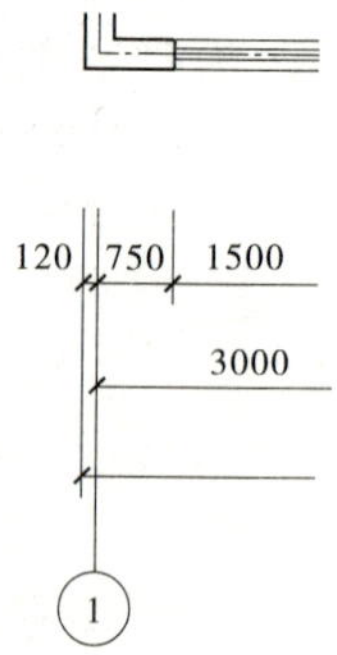

图 12-58　绘制轴线编号　　　图 12-59　移动轴线编号至适当位置

(6)执行"复制"命令,将轴线编号复制到各轴线尺寸界线的端部。

(7)双击编号,输入新的编号,并按 Enter 键使修改生效。重复该操作修改其他轴线编号,最终结果如图 12-60 所示。

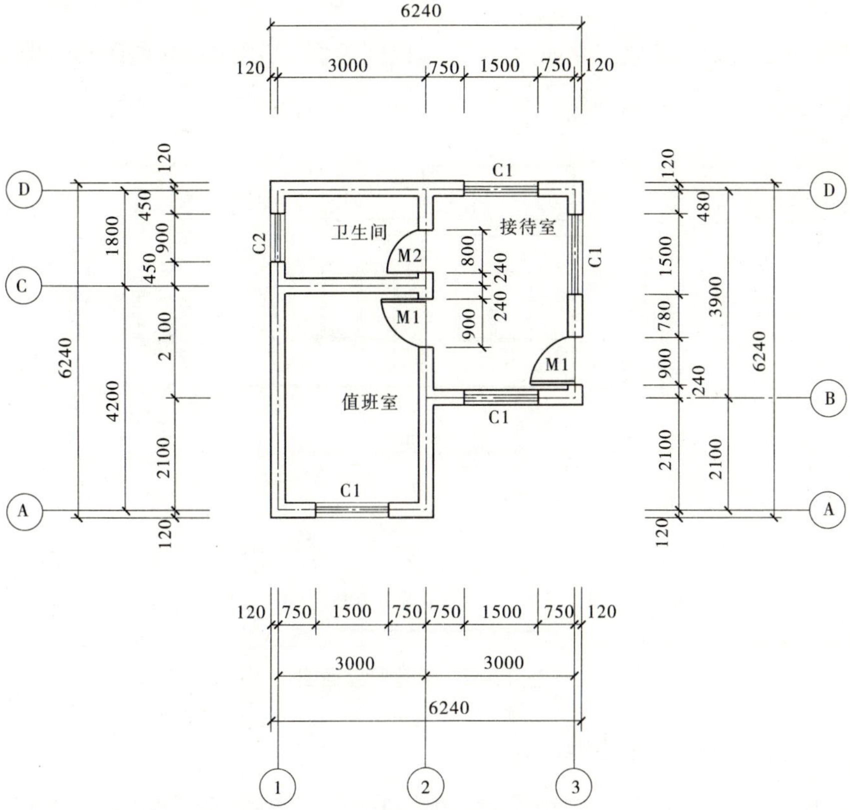

图 12-60 修改轴线编号

12.3.7 后期处理

(1)选择“图层”工具栏中的“图层控制”下拉列表,将“文字说明”图层置为当前图层。

(2)选择“样式”工具栏中的“文字样式控制”下拉列表,将“文字”设置为当前文字样式。

(3)执行“单行文字”命令,标注图名,字高设置为 700。

(4)选择“样式”工具栏中的“文字样式控制”下拉列表,将“数字字母”设置为当前文字样式。

(5)执行“单行文字”命令,标注比例,字高设置为 500。

(6)执行“多段线”命令,绘制宽度为 50 的直线段,置于图名下方。最终效果如图 12-61 所示。

底层平面图 1:100

图 12-61 标注图名、比例

12.4　建筑立面图综合实例

如图 12-62 所示为某建筑立面图，本节以此图为例，讲解建筑立面图的一般绘制过程与方法。

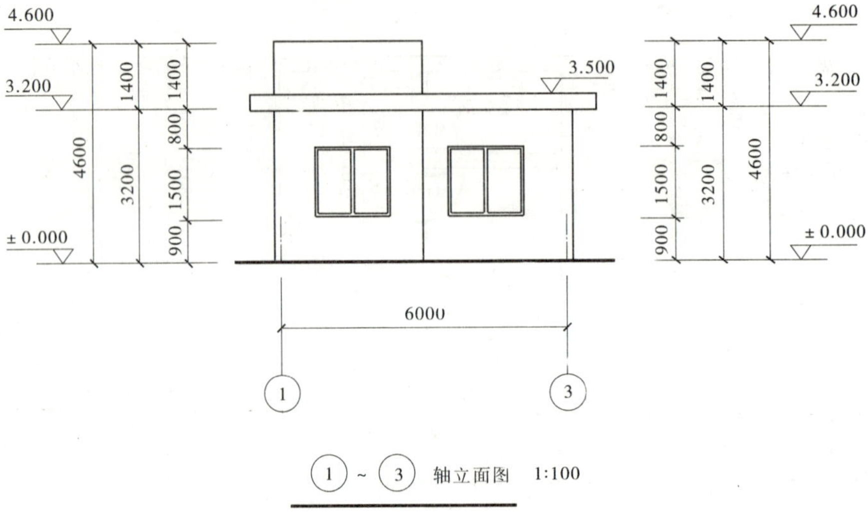

图 12-62　某建筑立面图

12.4.1　绘制轴线及室外地坪线

与绘制平面图不同，在立面图中轴线的数目较少，一般只标记两端的轴线仍不能起到定位作用，还需通过绘制室外地坪线进行定位。

(1) 执行“新建”命令，打开“选择样板”对话框，选择“建筑样板”作为基础样板，新建名称为“立面图”的绘图文件。

(2) 选择菜单栏“格式”|“图层”命令，新建“地坪线”、“立面轮廓线”和“立面细部线”3 个图层，立面轮廓线线宽设置为 0.7，其他保持默认。

(3) 选择“图层”工具栏中的“图层控制”下拉列表，将“轴线”图层置为当前图层。

(4) 打开“正交”模式，执行“直线”命令，绘制两条长度为 1000 的垂直轴线，相距 6000，如图 12-63 所示。

(5) 选择“图层”工具栏中的“图层控制”下拉列表，将“地坪线”图层置为当前图层。

(6) 执行“多段线”命令，设置线宽为 100，绘制标高为 ±0.000 的室外地坪线，其长度应比两条轴线距离略长，如图 12-64 所示。

12.4.2　绘制外墙及门窗洞口

(1) 选择“图层”工具栏中的“图层控制”下拉列表，将“立面轮廓线”图层置为当前图层。

(2) 执行“直线”命令，在距①轴线左侧 120 处绘制长度为 4600 的垂直轮廓线，如

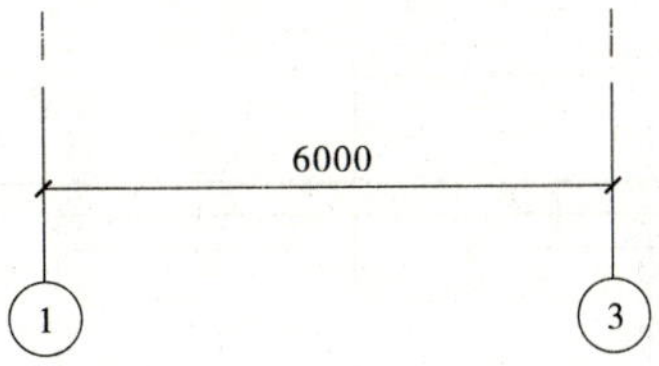

图 12-63　绘制轴线

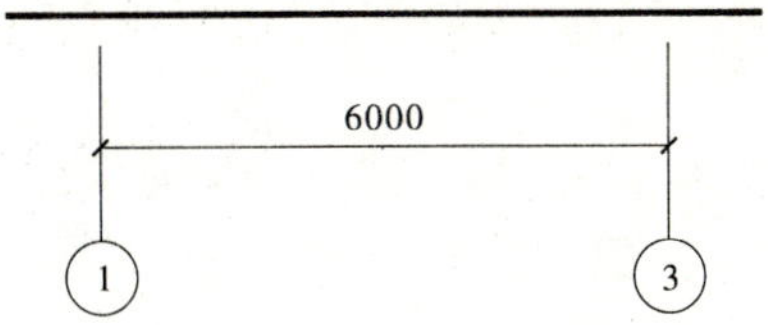

图 12-64　绘制室外地坪线

图 12-65 所示。

(3)执行“偏移”命令,将垂直轮廓线向左偏移 500、向右偏移 3240、6240、6740,如图 12-66 所示。

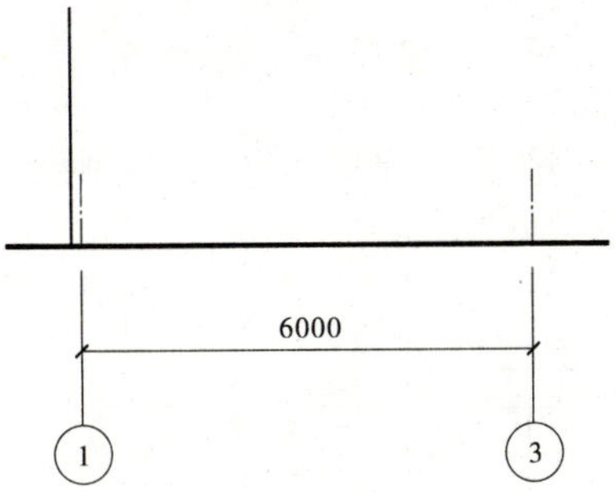

图 12-65　绘制垂直轮廓线

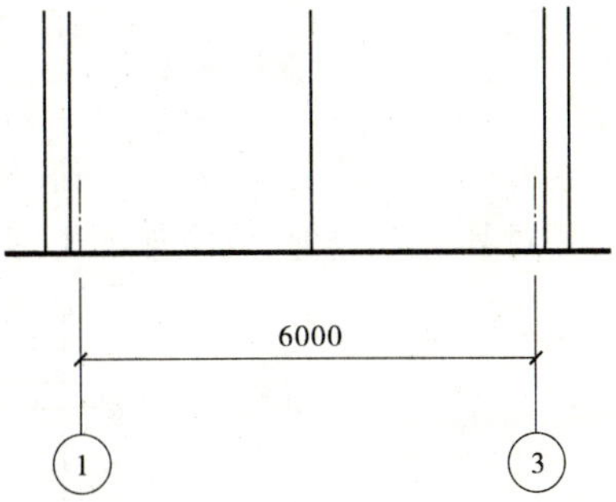

图 12-66　偏移垂直轮廓线

(4)执行“直线”命令,绘制连接左右两侧轮廓线的水平线。

(5)执行“偏移”命令,将绘制的水平轮廓线向下偏移 1100、1450,如图 12-67 所示。

(6)执行“修剪”命令,将轮廓线修剪成如图 12-68 所示的图形。

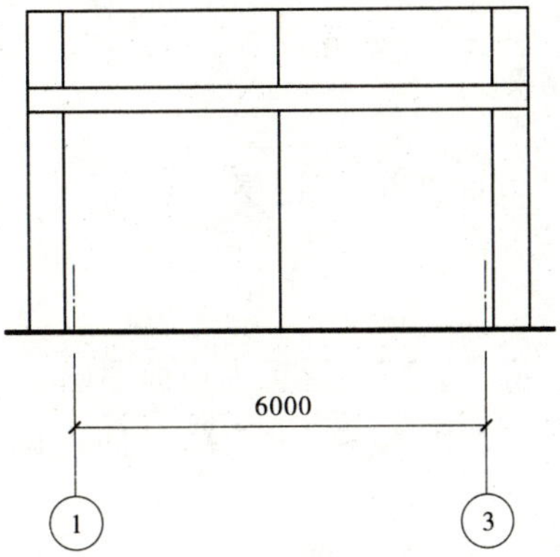

图 12-67　偏移水平轮廓线

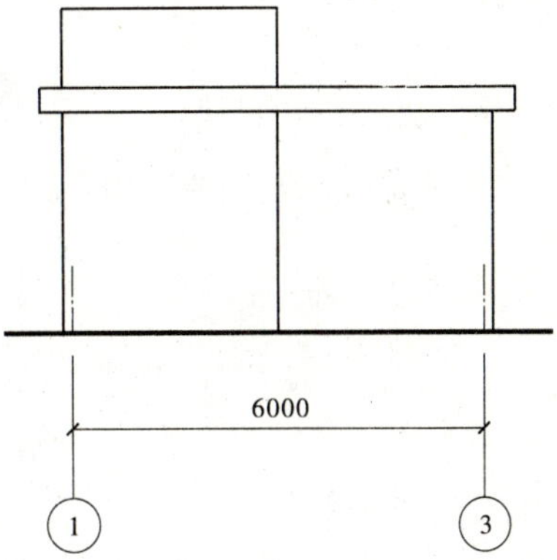

图 12-68　修剪轮廓线

(7)执行“偏移”命令,将如图 12-69 所示的轮廓线向下偏移 750、2250,并修剪成如

图 12-70 所示的图形。

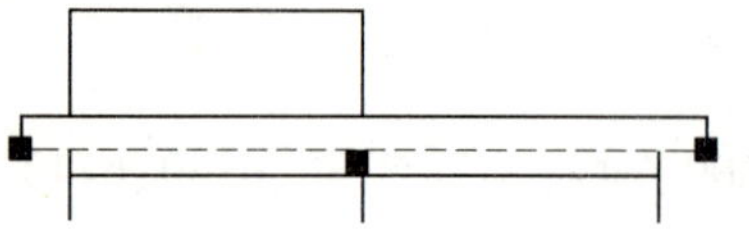

图 12-69　偏移对象

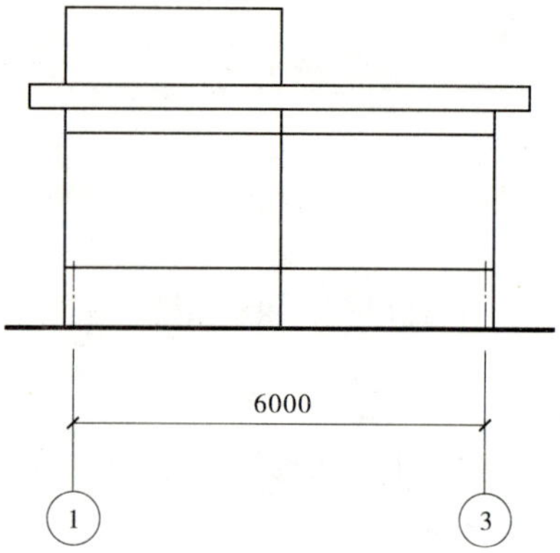

图 12-70　修剪结果

(8)执行“偏移”命令,按照底层平面图中窗户洞口尺寸,以轴线为基线,绘制窗户洞口,并对其进行修剪,效果如图 12-71 所示。

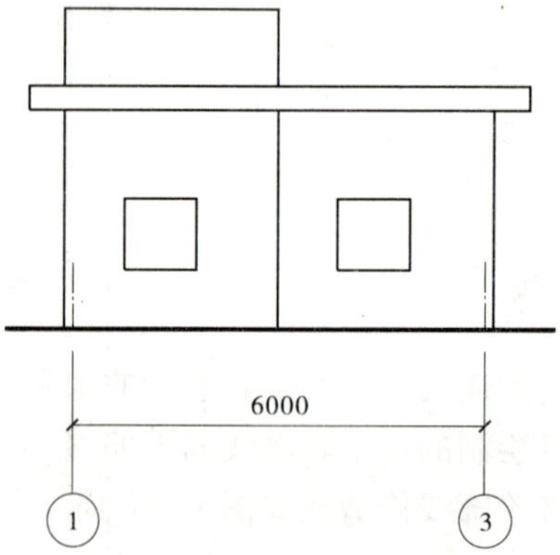

图 12-71　窗户洞口绘制结果

(9)选择绘制的所有窗户洞口线,将其图层更换至“立面细部线”图层。

12.4.3　绘制窗户

(1)选择“图层”工具栏中的“图层控制”下拉列表,将“门窗”图层置为当前图层。

(2)执行“矩形”命令,绘制 1500 × 1500 的矩形,并使用“偏移”命令将其向内偏移 50,如图 12-72 所示。

(3)执行“直线”命令,在矩形中点处绘制一条中线,如图 12-73 所示。

(4)执行“偏移”命令,将中线分别向左右偏移 30,最后将多余线段修剪或删除,结果如图 12-74 所示。

(5)执行“复制”命令,将窗户复制到窗户洞口,效果如图 12-75 所示。

图 12-72　偏移矩形

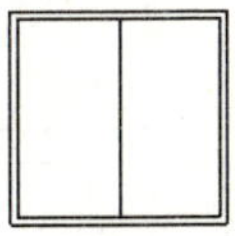

图 12-73　绘制中线

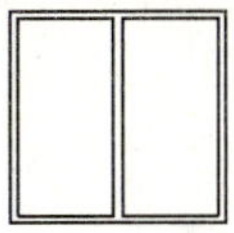

图 12-74　窗户绘制结果

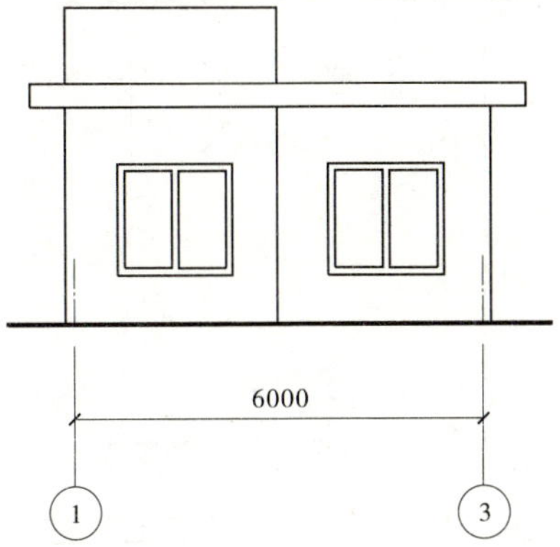

图 12-75　窗户插入结果

12.4.4　标注尺寸、标高及图名

(1)选择“图层”工具栏中的“图层控制”下拉列表,将“尺寸标注”图层置为当前图层。

(2)执行“标注样式”命令,将“建筑标注”设置为当前标注样式。

(3)综合使用“线性”、“连续”命令,分别标注细部尺寸、轴线尺寸和外包尺寸,如图 12-76 所示。

(4)执行“直线”命令,绘制标高符号。

(5)选择“样式”工具栏中的“文字样式控制”下拉列表,将“数字字母”设置为当前文字样式。

(6)执行“多行文字”命令,输入标高数值 ±0.000,如图 12-77 所示。

(7)执行“复制”命令,将标高复制到合适位置,并双击标高数值,修改为正确的标高值,结果如图 12-78 所示。

(8)执行“镜像”命令,将左侧尺寸与标高复制到右侧,结果如图 12-79 所示。

(9)选择“图层”工具栏中的“图层控制”下拉列表,将“尺寸标注”图层置为当前图层。

(10)选择“样式”工具栏中的“文字样式控制”下拉列表,将“文字”设置为当前文字样式。

(11)执行“单行文字”命令,标注图名,字高设置为 700。

(12)选择“样式”工具栏中的“文字样式控制”下拉列表,将“数字字母”设置为当前

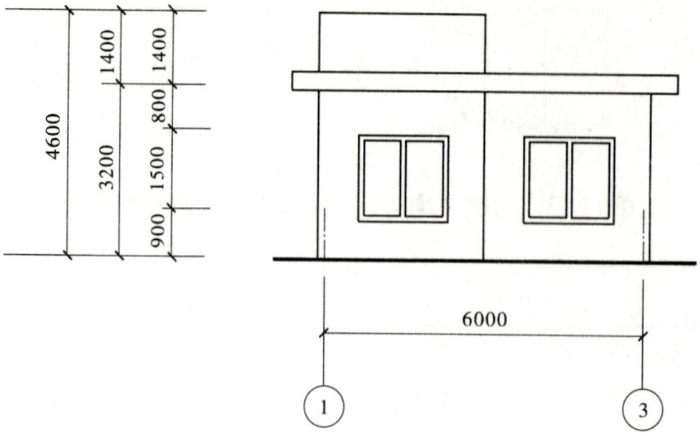

图 12-76　标注尺寸

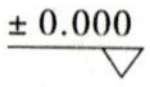

图 12-77　绘制标高符号

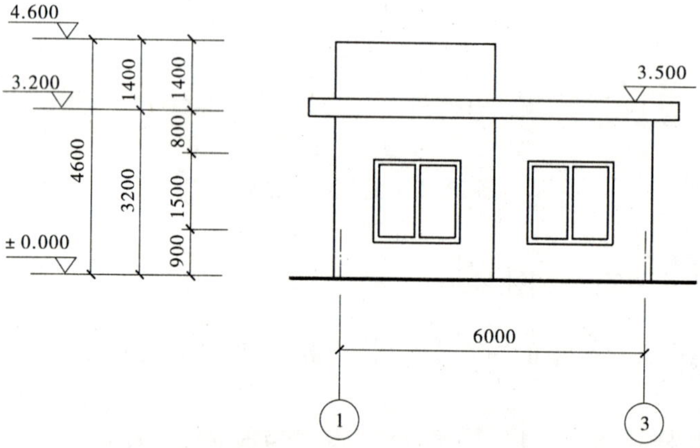

图 12-78　标高标注结果

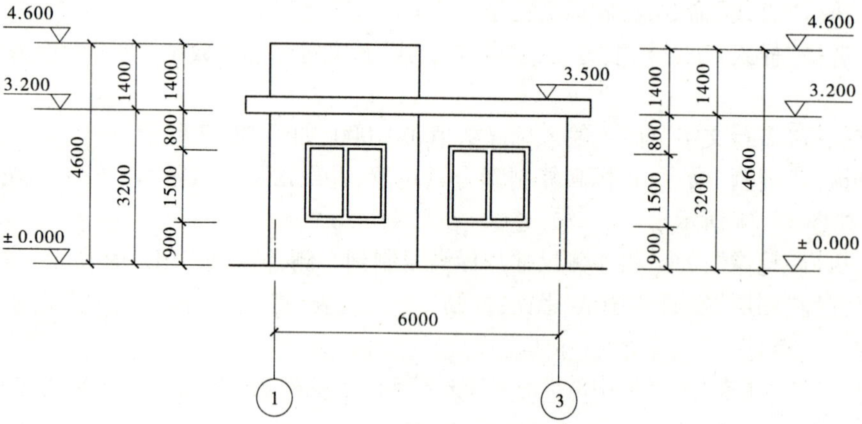

图 12-79　镜像尺寸与标高

文字样式。

(13)执行“单行文字”命令，标注比例，字高设置为500。

(14)执行“多段线”命令，绘制宽度为50的直线段，置于图名下方。最终效果如图12-80所示。

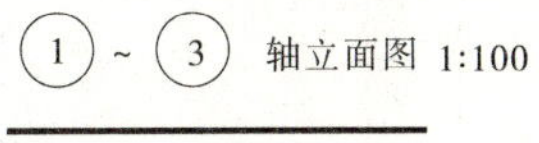

图12-80 标注图名、比例

12.5 建筑剖面图综合实例

如图12-81所示为某建筑剖面图，本节以此图为例，介绍建筑剖面图的一般绘制过程与方法。

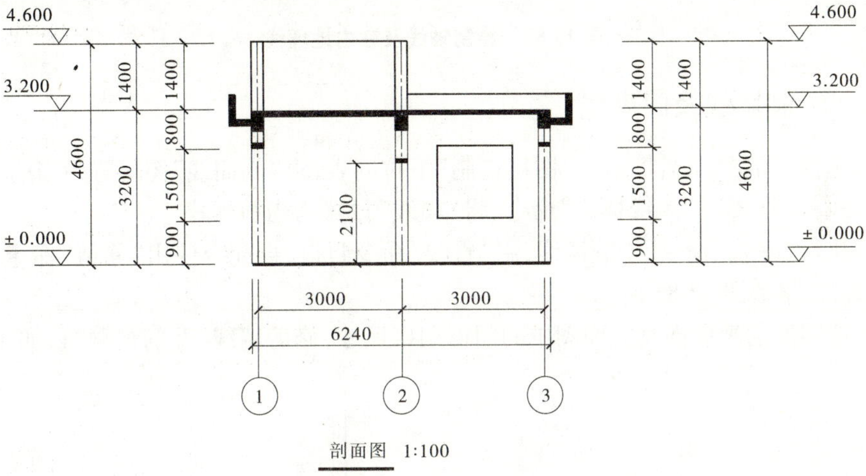

图12-81 某建筑剖面图

12.5.1 绘制轴线及地坪线

(1)执行“新建”命令，打开“选择样板”对话框，选择“建筑样板”作为基础样板，新建名称为“剖面图”的绘图文件。

(2)选择菜单栏“格式”|“图层”命令，新建“地坪线”、“剖面线”、“填充材料”3个图层，“剖面线”线宽设置为0.7，其他保持默认。

(3)选择“图层”工具栏中的“图层控制”下拉列表，将“轴线”图层置为当前图层。

(4)执行“编辑”|“复制”命令，在底层平面图中选择轴线①~③，将其复制在剖面图的正下方，直接利用底层平面图上的尺寸。

(5)选择“图层”工具栏中的“图层控制”下拉列表，将“地坪线”图层置为当前图层。

(6)执行“多段线”命令，设置线宽为100，绘制长度为6240的室内地坪线，效果如图12-82所示。

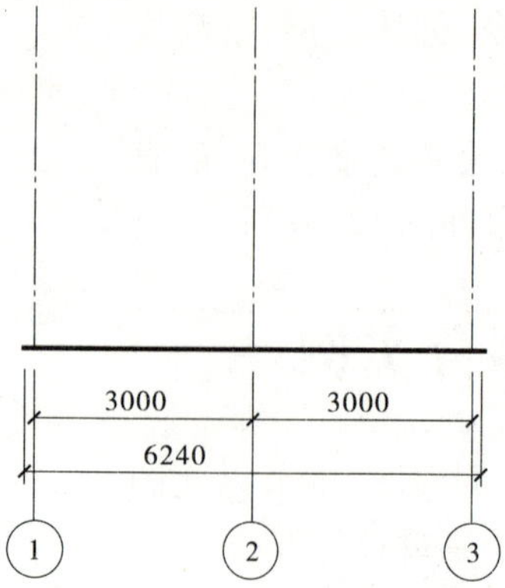

图 12-82　绘制轴线及室内地坪线

12.5.2　绘制墙线及门窗线

(1)选择“图层”工具栏中的“图层控制”下拉列表,将“剖面线”图层置为当前图层。

(2)执行“格式”|“多线样式”命令,将“墙线”设置为当前样式。

(3)执行“多线”命令,绘制墙线,用“直线”命令封口,再配合使用“修剪”命令对轴线进行修剪,效果如图 12-83 所示。

(4)按照底层平面图及立面图中的门窗洞口尺寸,修剪墙线,开门窗洞口,如图 12-84 所示。

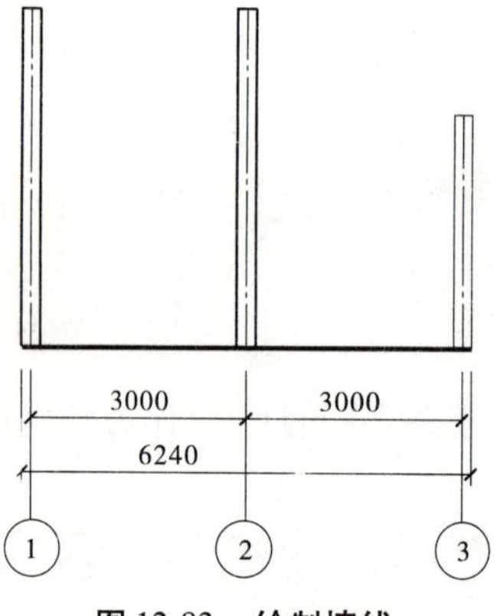

图 12-83　绘制墙线

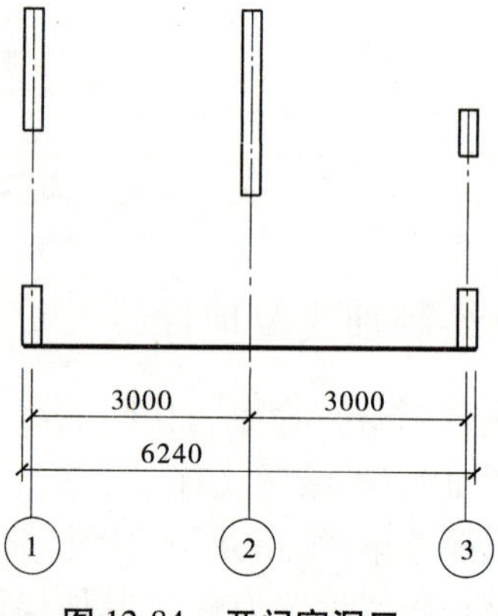

图 12-84　开门窗洞口

(5)选择“图层”工具栏中的“图层控制”下拉列表,将“门窗”图层置为当前图层。

(6)执行“多线”命令,绘制门窗剖面线及可见窗线,效果如图 12-85 所示。

12.5.3　绘制楼板、梁

(1)选择“图层”工具栏中的“图层控制”下拉列表,将“剖面线”图层置为当前图层。

(2)执行“直线”命令,绘制距离地坪线 3200 的屋面线,并将屋面线分别超出①、③轴线 720。

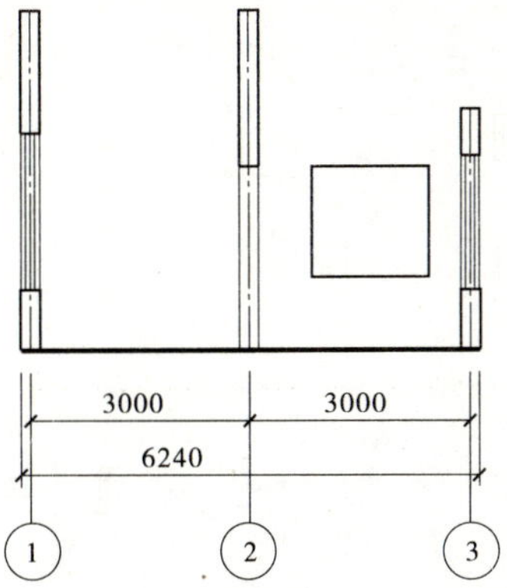

图 12-85　绘制门窗剖面线及可见窗线

(3)执行“偏移”命令,将屋面线向上偏移 300,再向下依次偏移 100、100、100、100,偏移结果如图 12-86 所示。

(4)执行“偏移”命令,将①轴线向左依次偏移 620、100,将③轴线向右依次偏移 620、100,效果如图 12-87 所示。

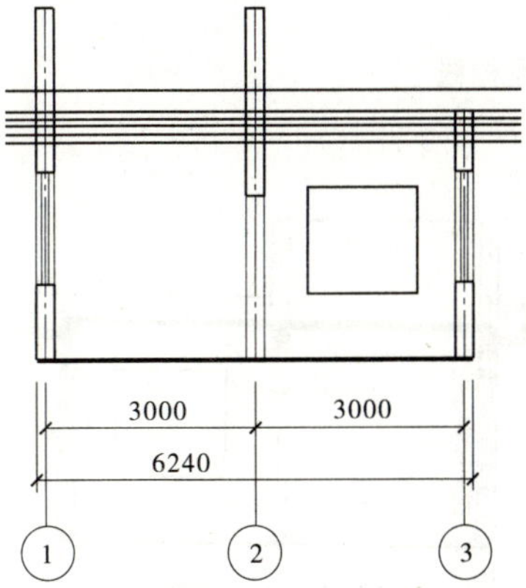

图 12-86　偏移屋面线

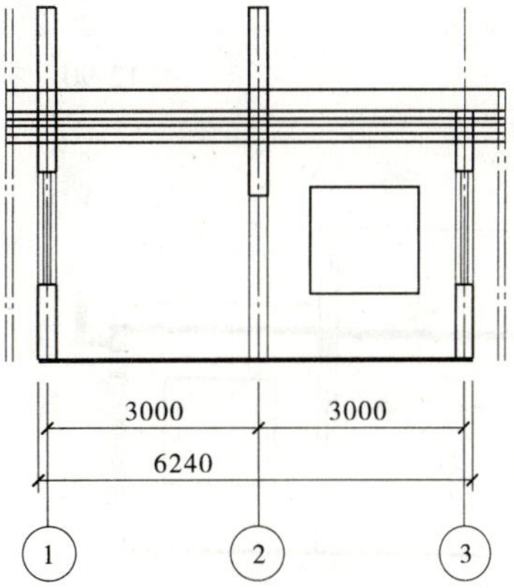

图 12-87　偏移轴线

(5)执行“偏移”命令,对偏移得到的直线进行修剪,修剪后的结果如图 12-88 所示。

(6)选择红色的梁剖面线,将其图层更换至“剖面线”图层。

(7)执行“偏移”命令,将各门窗洞口上侧墙线向上偏移 100,效果如图 12-89 所示。

(8)执行“直线”命令,补充绘制屋檐线,如图 12-90 所示。

(9)选择“图层”工具栏中的“图层控制”下拉列表,将“填充材料”图层置为当前图层。

(10)执行“图案填充”命令,对梁板区域进行填充,填充图案为 SOLID,填充效果如图 12-91 所示。

(11)再次执行“图案填充”命令,对剖面砖墙部分进行填充。在“填充图案”选项卡中设置“类型”为“用户定义”,“角度”为 45,“间距”为 100,填充效果如图 12-92 所示。

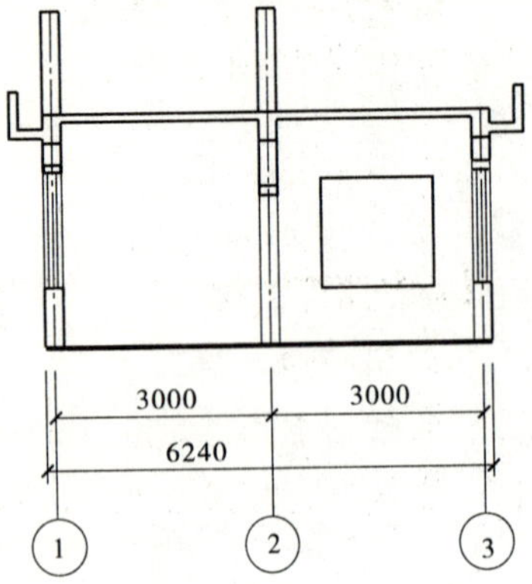

图 12-88　修剪梁板线

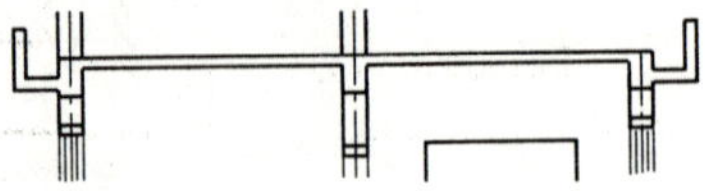

图 12-89　偏移门窗洞口墙线

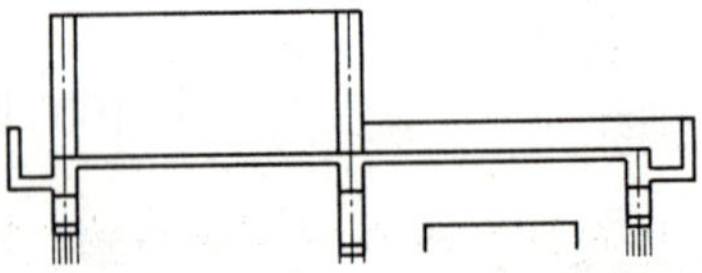

图 12-90　补充绘制屋檐线

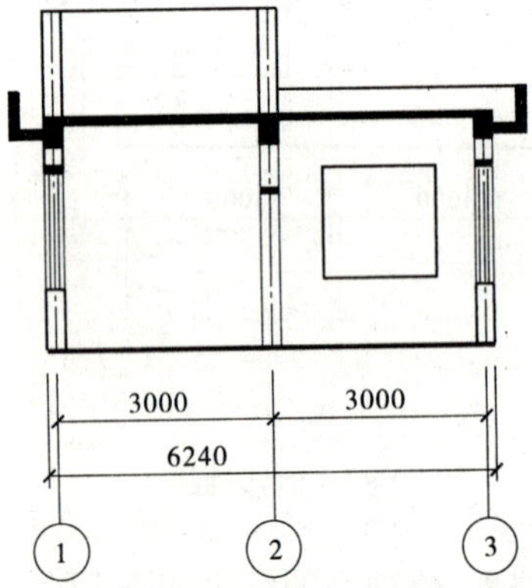

图 12-91　填充梁板区域

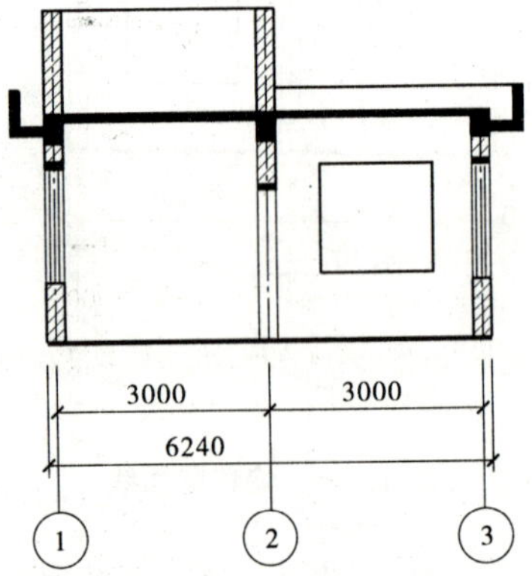

图 12-92　填充剖面砖墙

12.5.4　标注尺寸、标高及图名

(1)选择“图层”工具栏中的“图层控制”下拉列表,将“尺寸标注”图层置为当前图层。

(2)执行“标注样式”命令,将“建筑标注”设置为当前标注样式。

(3)综合使用“线性”、“连续”命令,分别标注细部尺寸、轴线尺寸和外包尺寸,如图 12-93 所示。

(4)利用“特性”对话框，将轴线尺寸的尺寸界线超出尺寸线的长度修改为20。

(5)执行“直线”命令与“多行文字”命令，标注标高，结果如图12-94所示。

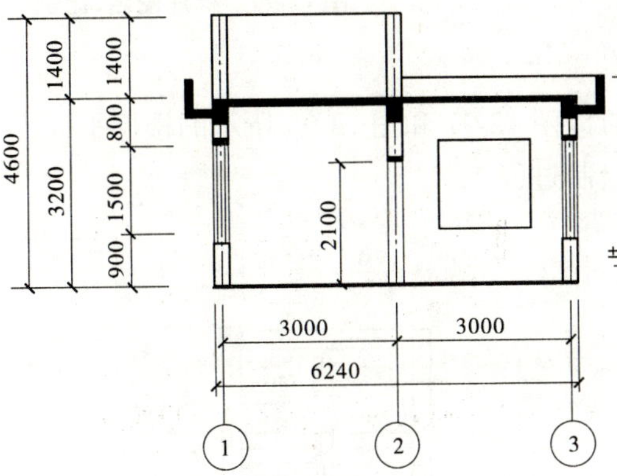

图12-93　标注尺寸

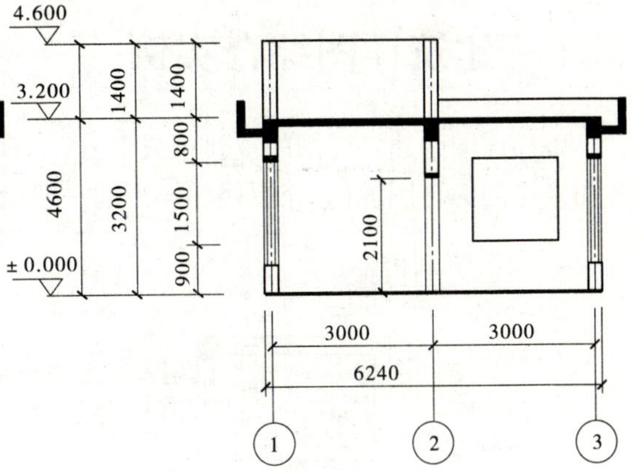

图12-94　标注标高

(6)执行“镜像”命令，将左墙尺寸与标高复制到右墙，结果如图12-95所示。

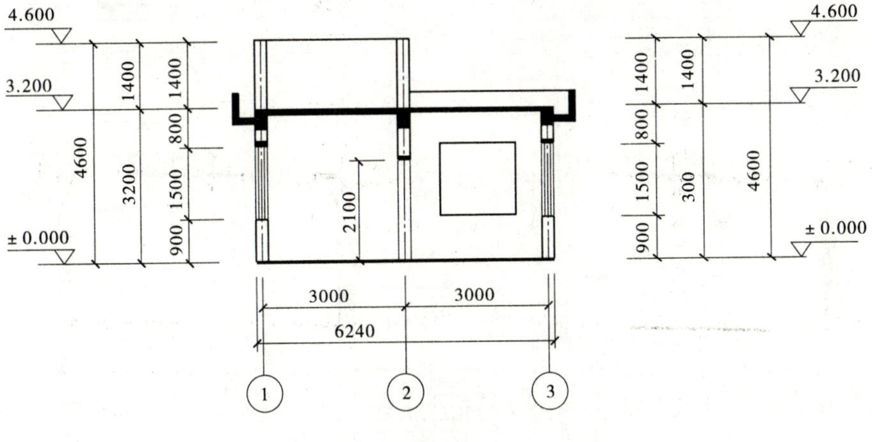

图12-95　镜像尺寸与标高

(7)选择“图层”工具栏中的“图层控制”下拉列表，将“文字说明”图层置为当前图层。

(8)选择“样式”工具栏中的“文字样式控制”下拉列表，将“文字”设置为当前文字样式。

(9)执行“单行文字”命令，标注图名，字高设置为700。

(10)选择“样式”工具栏中的“文字样式控制”下拉列表，将“数字字母”设置为当前文字样式。

(11)执行“单行文字”命令，标注比例，字高设置为500。

(12)执行“多段线”命令,绘制宽度为 50 的直线段,置于图名下方。最终效果如图 12-96 所示。

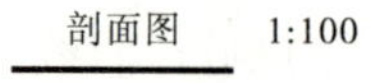

图 12-96 标注图名、比例

12.6 建筑详图综合实例

楼梯详图是建筑详图的重要组成部分,本节以图 12-97 和图 12-98 所示的楼梯平面详图和楼梯剖面详图为例,介绍楼梯详图的一般绘制过程。

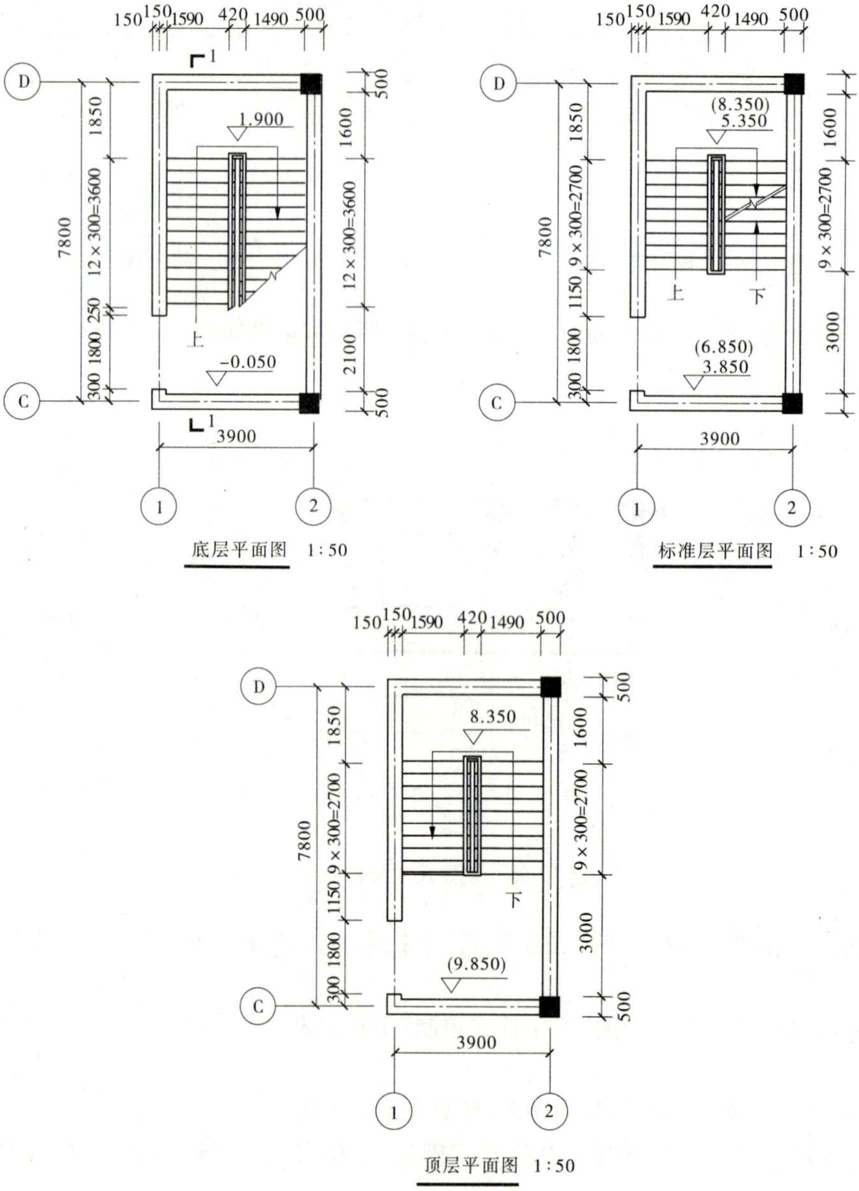

图 12-97 楼梯平面详图

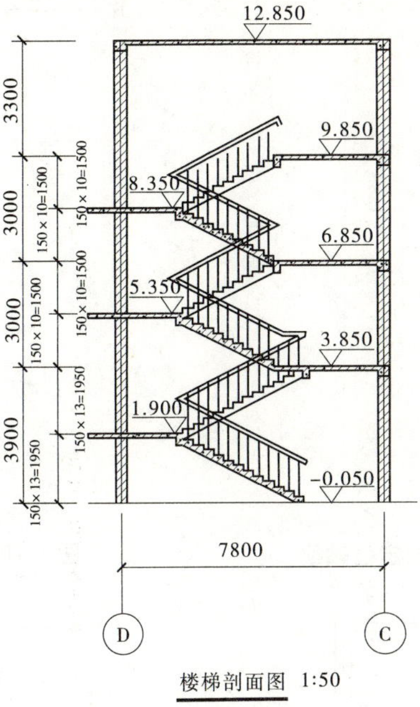

图 12-98　楼梯剖面详图

12.6.1　绘制楼梯平面详图

12.6.1.1　绘制墙体

(1)执行“新建”命令,打开“选择样板”对话框,选择“建筑样板”作为基础样板,新建名称为“楼梯平面详图”的绘图文件。

(2)选择“图层”工具栏中的“图层控制”下拉列表,将“轴线”图层置为当前图层。

(3)打开“正交”模式,执行“直线”命令,绘制定位轴线,确定楼梯的位置,如图 12-99 所示。

(4)选择“图层”工具栏中的“图层控制”下拉列表,将“墙线”图层置为当前图层。

(5)执行“格式”|“多线样式”命令,将“墙线”多线样式图元偏移改为 150、-150,并将“墙线”设置为当前样式。

(6)执行“多线”命令,绘制墙体,结果如图 12-100 所示。

12.6.1.2　绘制门洞和支柱

(1)执行“偏移”命令,将轴线 C 依次向上偏移 300、1800。

(2)执行“修剪”命令,对墙体进行修剪,并对墙线进行封口,删除偏移的轴线,效果如图 12-101 所示。

(3)执行“修剪”命令,将轴线 C 和轴线 D 分别向左、向右偏移 250,将轴线②分别向上、向下偏移 250。

(4)执行“延伸”命令,使偏移后不相交的轴线相交,以确定支柱的位置,如图 12-102 所示。

(5)执行“矩形”命令,捕捉轴线的角点,绘制支柱轮廓。

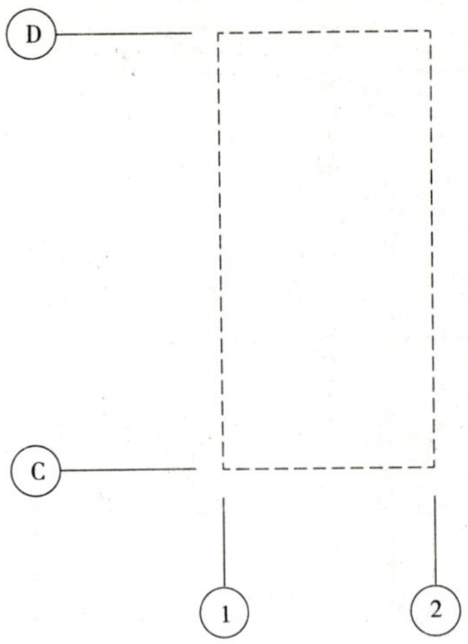

图 12-99　绘制定位轴线

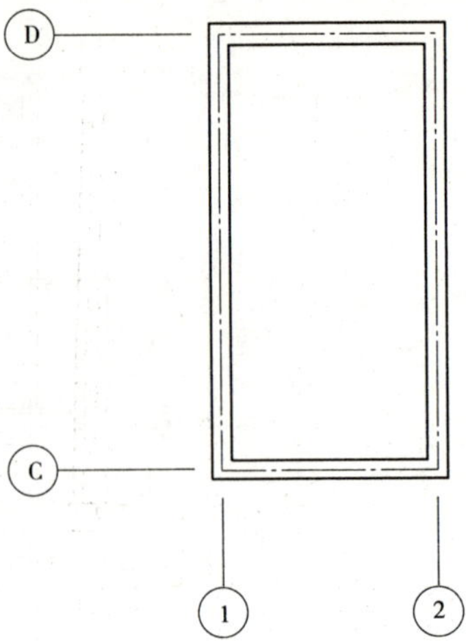

图 12-100　绘制墙体

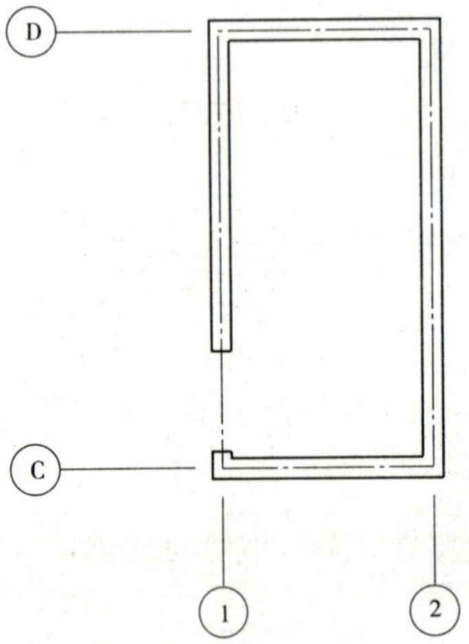

图 12-101　绘制门洞

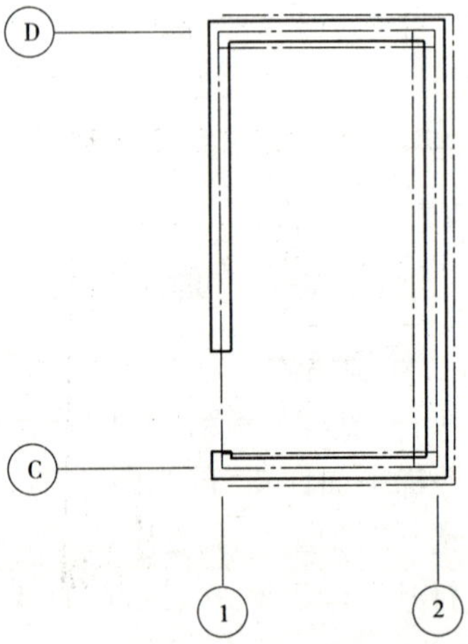

图 12-102　确定支柱位置

(6)删除偏移的轴线,执行"修剪"命令,对墙线进行修剪,效果如图 12-103 所示。

(7)执行"图案填充"命令,对支柱进行填充,填充图案为 SOLID,填充效果如图 12-104 所示。

12.6.1.3　绘制楼梯

(1)选择"图层"工具栏中的"图层控制"下拉列表,将"楼梯"图层置为当前图层。

(2)执行"偏移"命令,将轴线 D 向下偏移 1850,确定踏步线的位置,再执行"直线"命令,绘制踏步线,如图 12-105 所示。

(3)执行"矩形阵列"命令,对已绘制的踏步线进行阵列,其中阵列行数为 10,列数为 1,行间距为 -300,阵列后效果如图 12-106 所示。

(4)执行"分解"命令,将阵列出的踏步线进行分解。

(5)执行"直线"命令,绘制一条垂直线使其通过踏步线的中点,并使其超出踏步线 120。

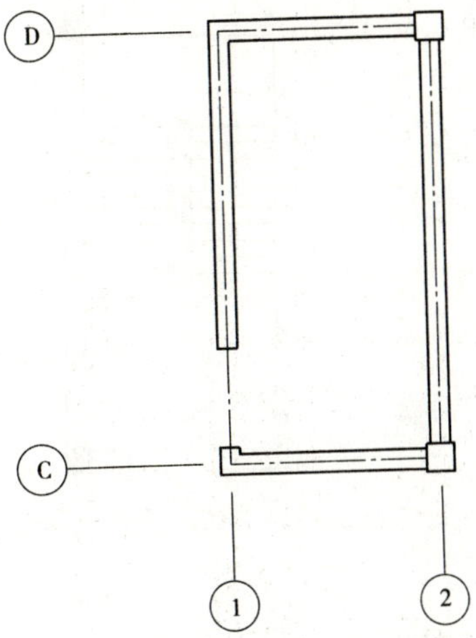

图 12-103　修剪墙线

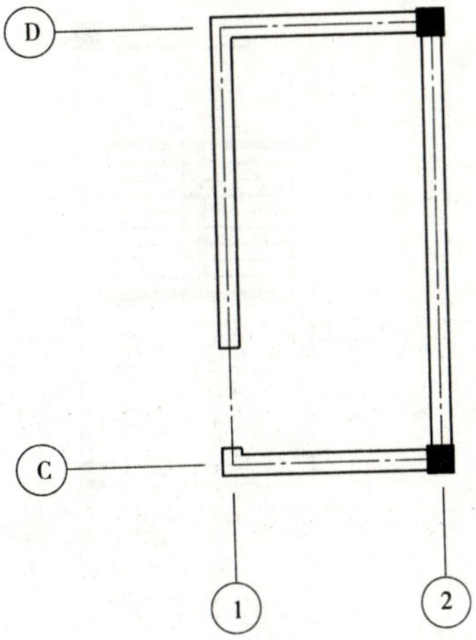

图 12-104　填充支柱

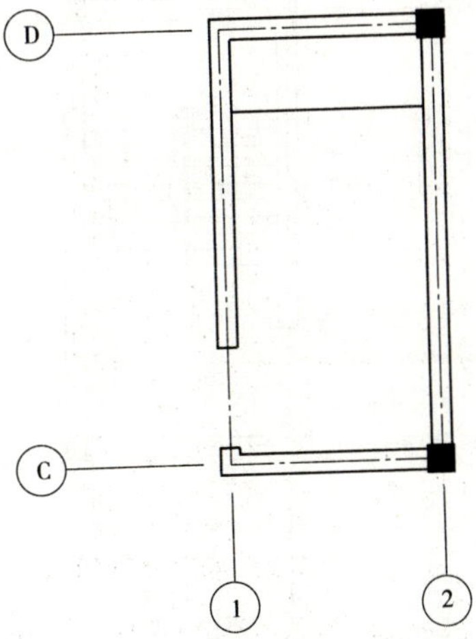

图 12-105　绘制踏步线

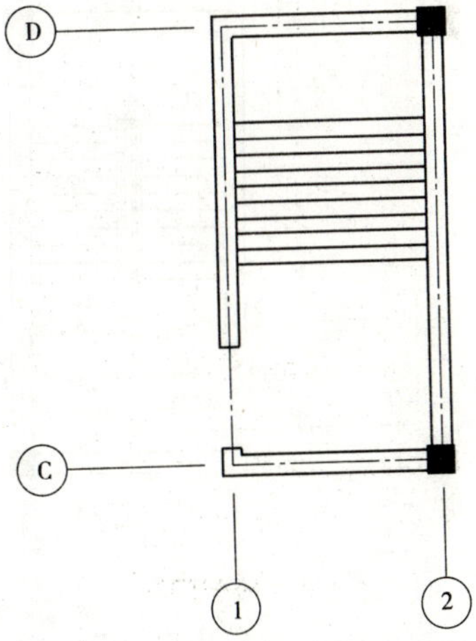

图 12-106　阵列踏步线

(6)执行“偏移”命令,将垂直线分别向其两侧偏移 3 次,每次偏移距离为 70,偏移后删除此垂直线,另外将两端踏步线分别向外偏移 2 次,每次偏移距离为 56,效果如图 12-107 所示。

(7)对偏移的直线进行修剪,绘制栏杆投影效果,结果如图 12-108 所示。

(8)执行“多段线”命令,绘制剖断线,并对踏步线进行修剪,同时删除右侧最下一条踏步线,结果如图 12-109 所示。

(9)执行“多段线”命令,绘制上、下方向箭头,箭头部分起点宽度为 200,端点宽度为 0,长为 500,如图 12-110 所示。

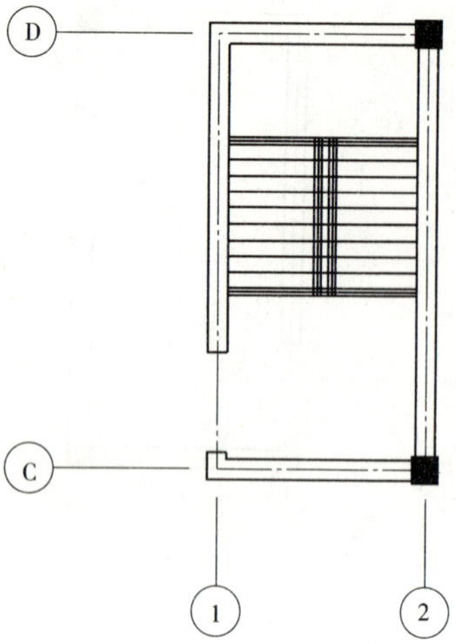

图 12-107　偏移垂直线

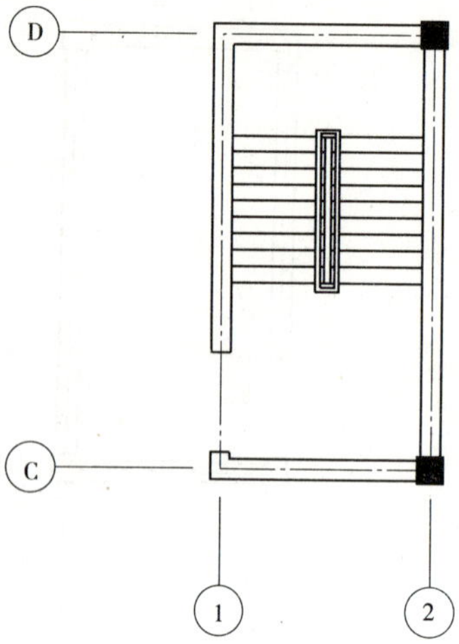

图 12-108　修剪偏移的直线

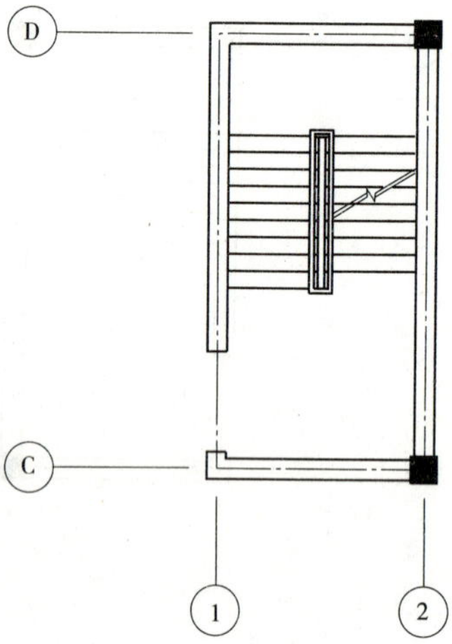

图 12-109　绘制剖断线

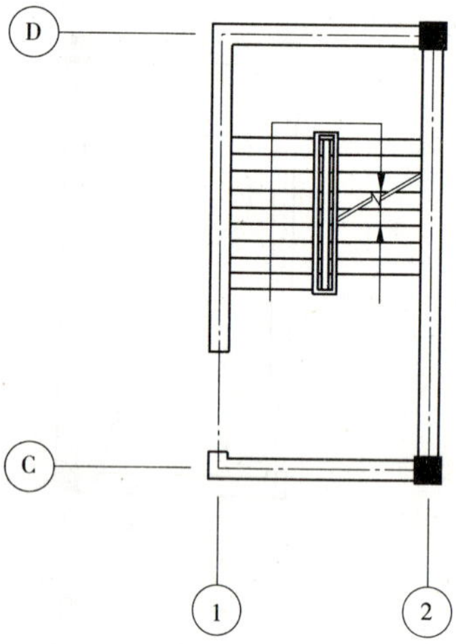

图 12-110　绘制箭头

12.6.1.4　标注尺寸及文字说明

（1）选择“图层”工具栏中的“图层控制”下拉列表，将“尺寸标注”图层置为当前图层。

（2）执行“标注样式”命令，将“建筑标注”设置为当前标注样式。

（3）综合使用“线性”、“连续”等命令，标注尺寸和标高，如图 12-111 所示。

（4）选择“图层”工具栏中的“图层控制”下拉列表，将“文字说明”图层置为当前图层。

（5）执行“单行文字”命令，标注楼梯走向、图名及比例等，效果如图 12-112 所示。

12.6.1.5　绘制其他楼层的楼梯平面图

其他楼层楼梯平面图可在标准层平面图的基础上进行修改编辑而成，在此不再赘述，读者可自行绘制。

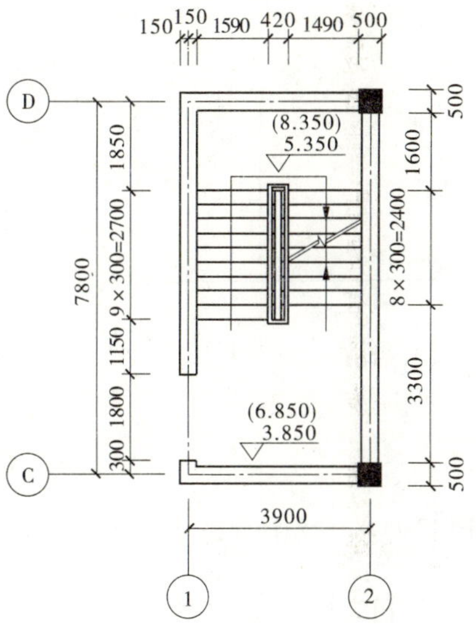

图 12-111　标注尺寸和标高

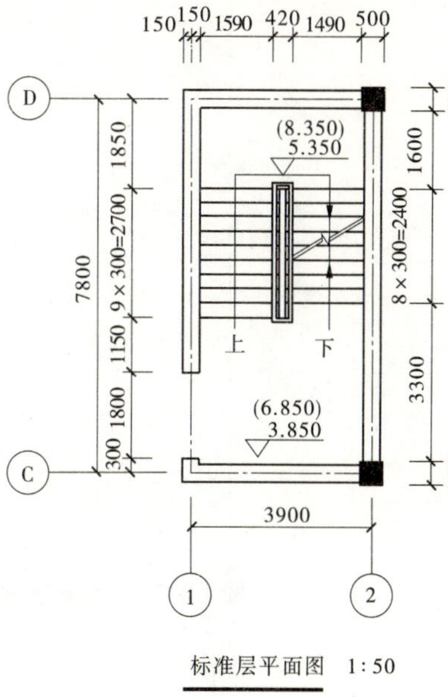

图 12-112　标注楼梯走向、图名及比例

12.6.2　绘制楼梯剖面详图

12.6.2.1　绘制结构部分

（1）执行“新建”命令，打开“选择样板”对话框，选择“建筑样板”作为基础样板，新建名称为“楼梯剖面详图”的绘图文件。

（2）选择“图层”工具栏中的“图层控制”下拉列表，将“轴线”图层置为当前图层。

（3）打开“正交”模式，执行“直线”命令，绘制定位轴线，其长度为 13200，如图 12-113 所示。

（4）选择“图层”工具栏中的“图层控制”下拉列表，将“墙线”图层置为当前图层。

（5）执行“直线”命令，绘制一条水平直线作为地面线，如图 12-114 所示。

（6）执行“格式”|“多线样式”命令，将“墙线”多线样式图元偏移改为 150、-150，并将“墙线”设置为当前样式。

（7）执行“多线”命令，绘制墙线，并用直线封口，结果如图 12-115 所示。

（8）执行“偏移”命令，将地面线分别向上偏移 1650、1850、1950、3600、3800、3900，以确定平台板的位置，效果如图 12-116 所示。

（9）执行“偏移”命令，将轴线 D 向右偏移 1650、1850，将轴线 C 向左偏移 2150、2350，以确定平台板的位置，效果如图 12-117 所示。

（10）综合使用“偏移”、“修剪”、“删除”等命令，绘制平台板，效果如图 12-118 所示。

12.6.2.2　绘制楼梯部分

（1）选择“图层”工具栏中的“图层控制”下拉列表，将“楼梯”图层置为当前图层。

（2）执行“偏移”命令，将地面线向上偏移 150，将左侧墙体内边线向内侧偏移 1650。

（3）执行“矩形阵列”命令，对偏移的地面线进行阵列，其中阵列行数为 11，列数为 1，

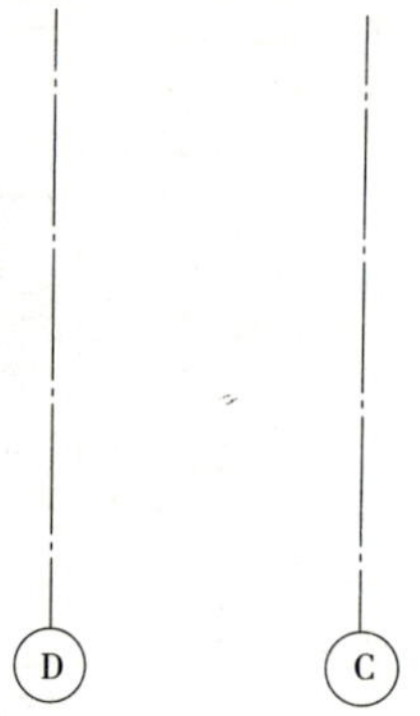

图 12-113　**绘制定位轴线**

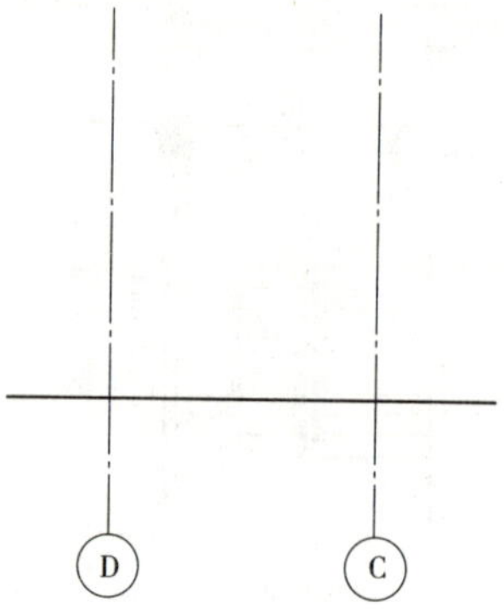

图 12-114　**绘制地面线**

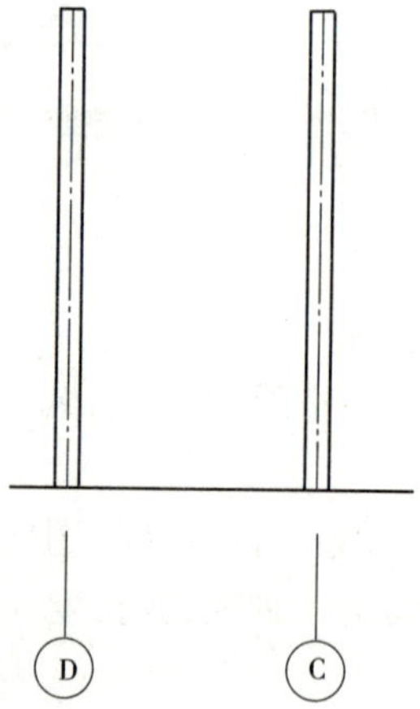

图 12-115　**绘制墙线**

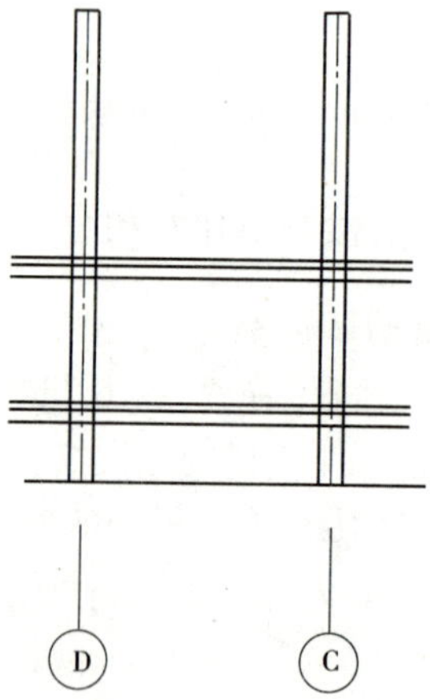

图 12-116　**偏移地面线**

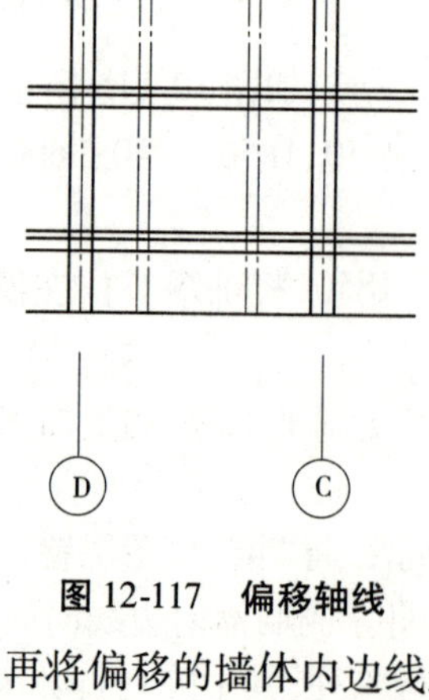

图 12-117　**偏移轴线**

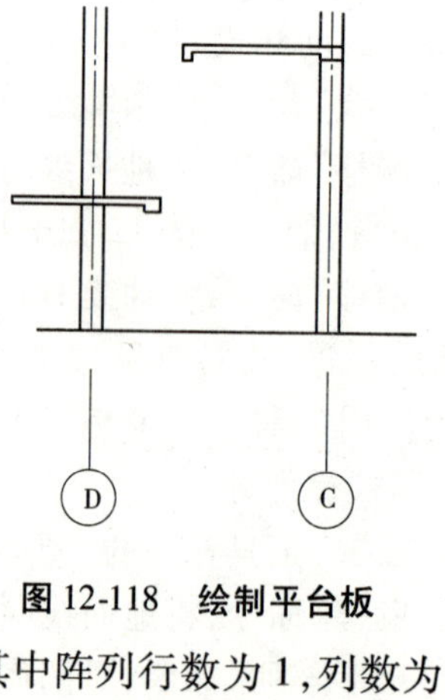

图 12-118　**绘制平台板**

行间距为 150，再将偏移的墙体内边线进行阵列，其中阵列行数为 1，列数为 12，列间距为

300，阵列效果如图 12-119 所示。

（4）执行“直线”命令，配合使用对象捕捉功能，绘制楼梯踏步，如图 12-120 所示。

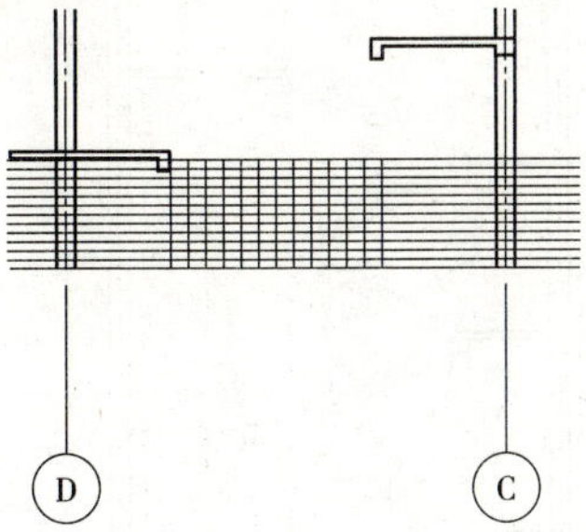

图 12-119　阵列效果

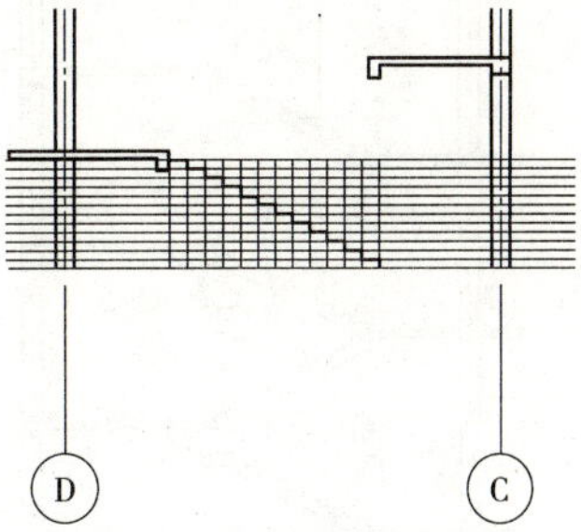

图 12-120　绘制楼梯踏步

（5）执行“删除”命令，删除辅助线，并用“直线”命令连接踏步下边缘线，如图 12-121 所示。

（6）执行“移动”命令，将踏步下边缘线移动至梁的右下角点，并对其超过地面线的部分进行修剪，效果如图 12-122 所示。

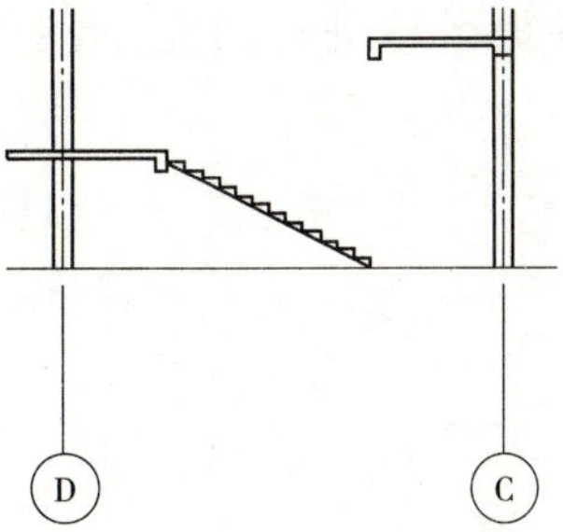

图 12-121　连接踏步下边缘线

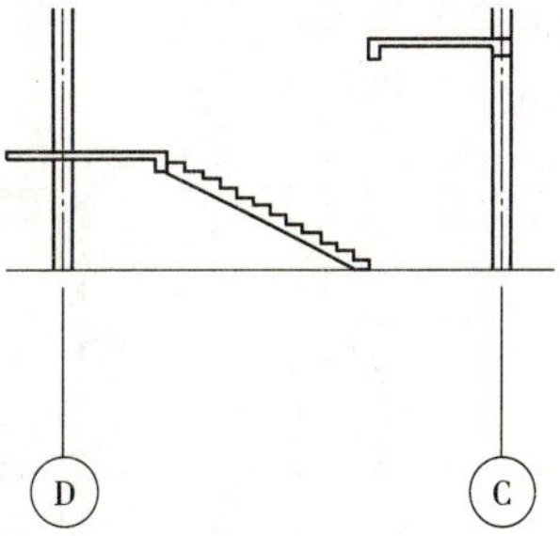

图 12-122　绘制楼梯板下边缘线

（7）利用同样的方法绘制上部梯段，效果如图 12-123 所示。

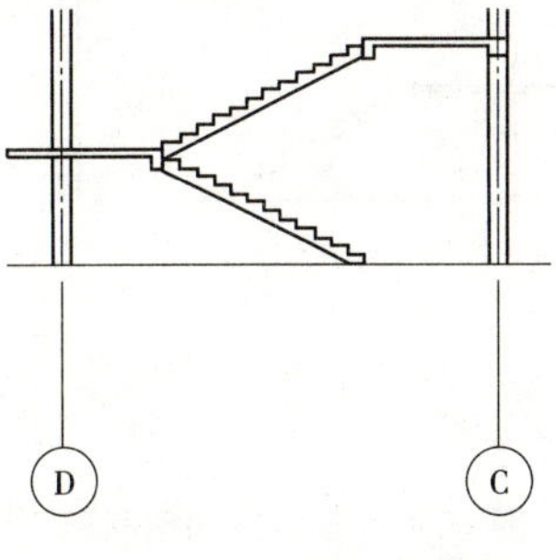

图 12-123　绘制上部梯段

（8）执行“复制”命令，将底层的结构部分和楼梯部分进行复制，再进行适当修改即可得到标准层的楼梯，结构如图 12-124 所示。

（9）将标准层的梁板进行复制，再作适当修改，即可得到高层的梁板，效果如图 12-125 所示。

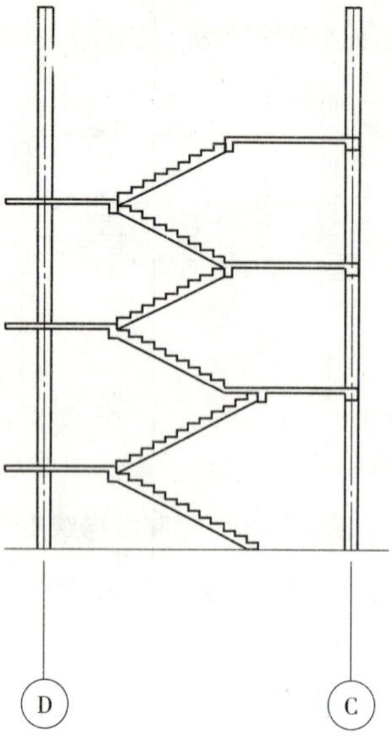

图 12-124　绘制标准层楼梯

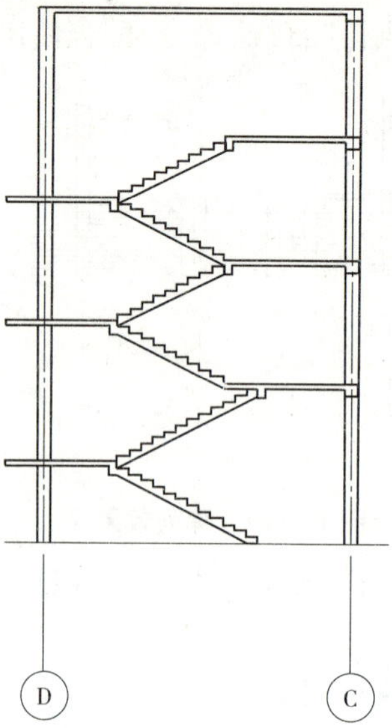

图 12-125　绘制高层梁板

(10)执行“图案填充”命令,对墙体、梁板及楼梯板区域进行填充,填充效果如图 12-126 所示。

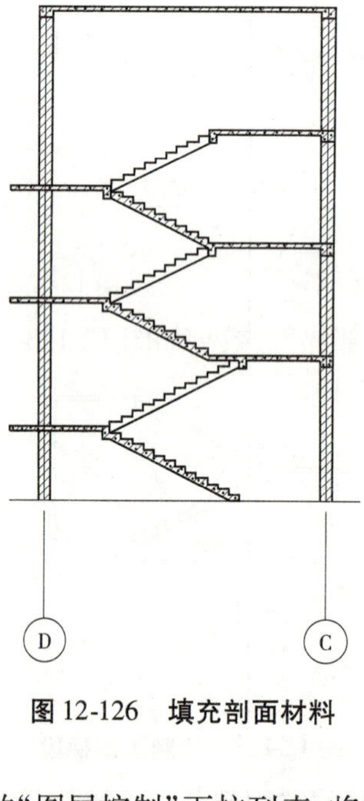

图 12-126　填充剖面材料

12.6.2.3　绘制栏杆

(1)选择“图层”工具栏中的“图层控制”下拉列表,将“其他”图层置为当前图层。

(2)执行“多线”命令,绘制长度为 1000、宽度为 30 的竖向多线作为栏杆,每个踏步放置一个,如图 12-127 所示。

(3)执行“直线”命令,连接各栏杆,并将所得直线向上偏移 30,形成扶手,如图 12-128 所示。

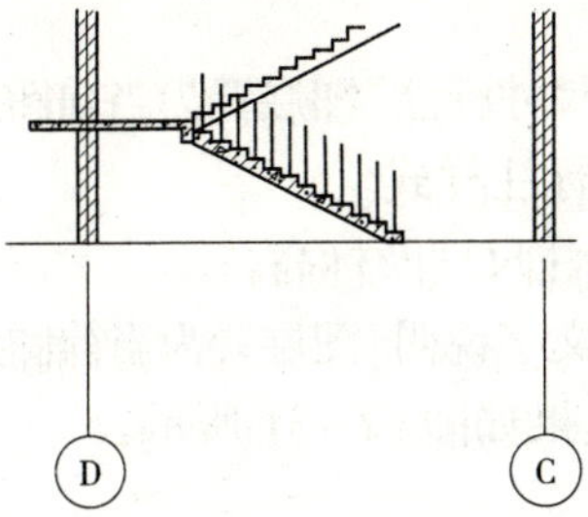

图 12-127　绘制栏杆

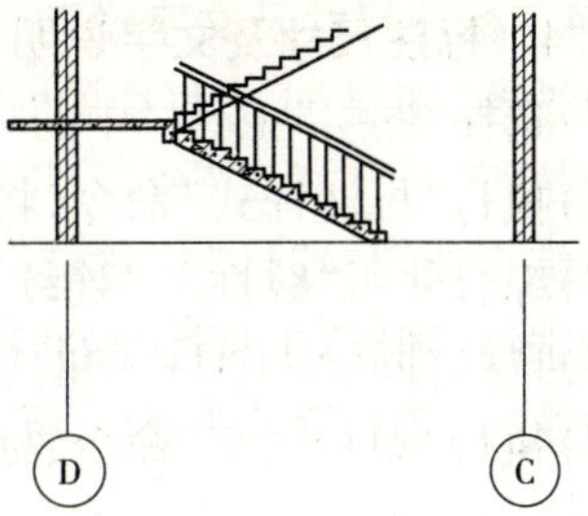

图 12-128　绘制扶手

(4)执行“直线”命令,确定扶手的范围,然后执行“修剪”命令,对栏杆线进行修改,效果如图 12-129 所示。

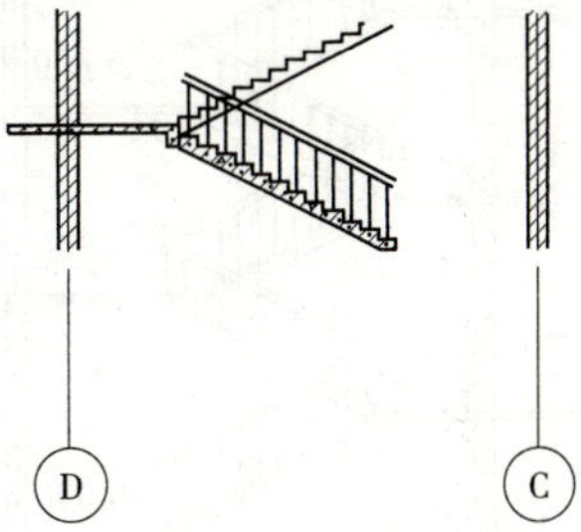

图 12-129　修改栏杆线

(5)执行“复制”命令,将底层的栏杆部分进行复制,再进行适当修改即可得到其他楼层的楼梯栏杆,效果如图 12-130 所示。

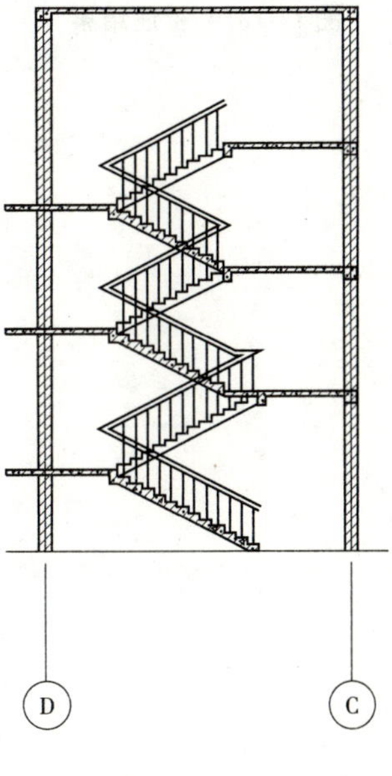

图 12-130　绘制其他楼层栏杆

12.6.2.4 标注尺寸及文字说明

(1)选择“图层”工具栏中的“图层控制”下拉列表,将“尺寸标注”图层置为当前图层。

(2)执行“标注样式”命令,将“建筑标注”设置为当前标注样式。

(3)综合使用“线性”、“连续”、“插入”图块等命令,标注尺寸及标高。

(4)选择“图层”工具栏中的“图层控制”下拉列表,将“文字说明”图层置为当前图层。

(5)执行“单行文字”命令,标注图名及比例等,最终效果如图 12-131 所示。

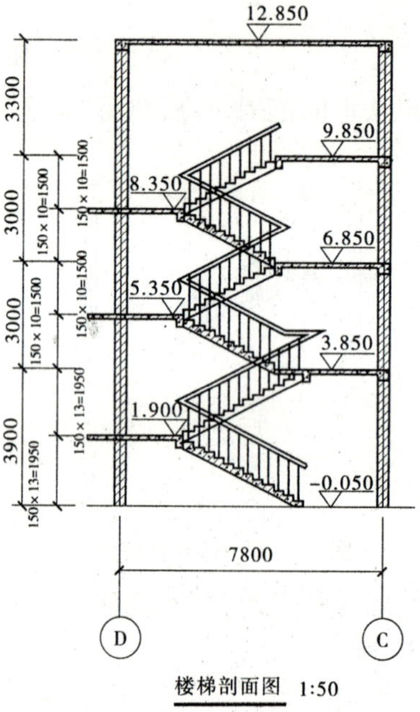

图 12-131 标注结果

第 13 章　绘制机械图

13.1　机械零件图绘制基础

13.1.1　常用机械零件

在机器或部件中，有些零件的结构和尺寸已全部实现了标准化，这些零件称为标准件，如螺栓、螺钉、垫圈、键、销等。还有些零件的结构和参数实现了部分标准化，这些零件称为常用件，如齿轮、蜗轮和蜗杆等。

13.1.1.1　常用螺纹紧固件

常用的螺纹紧固件有螺栓、螺柱、螺钉、螺母和垫圈等，它们的结构和尺寸均已标准化，由专门的标准件厂成批生产。常用螺纹紧固件的完整标记由以下各项组成：名称、标准编号、型式、规格精度、机械性能等级或材料及热处理、表面处理和其他要求。

13.1.1.2　齿轮

齿轮是广泛用于机器或部件中的传动零件。齿轮的参数中只有模数，压力角已经标准化。因此，齿轮属于常用件，不仅可以用来传递动力，还能改变转速和回转方向。

13.1.1.3　键与销

键是标准件，用来实现轴上零件的轴向固定，借以传递扭矩。常用的键有普通平键、半圆键、钩头楔键等。

销是标准件，在机器中起连接和定位作用。

13.1.1.4　滚动轴承

滚动轴承是支承轴的一种标准组件。由于其结构紧凑、摩擦力小，所以得到广泛使用。

13.1.2　常用机械零件的表示方法

13.1.2.1　视图

1. 基本视图

机件向基本投影面投影所得的视图，称为基本视图。国家标准中规定正六面体的六个面为基本投影面。将机件放在六面体中，然后向各基本投影面进行投影，即得到六个基本视图，如图 13-1 所示。

基本视图的投影规律：主、俯、后、仰四个视图长对正；主、左、后、右四个视图高平齐；俯、左、仰、右四个视图宽相等，如图 13-2 所示。

2. 向视图

向视图是可以自由配置的视图。向视图必须进行标注。

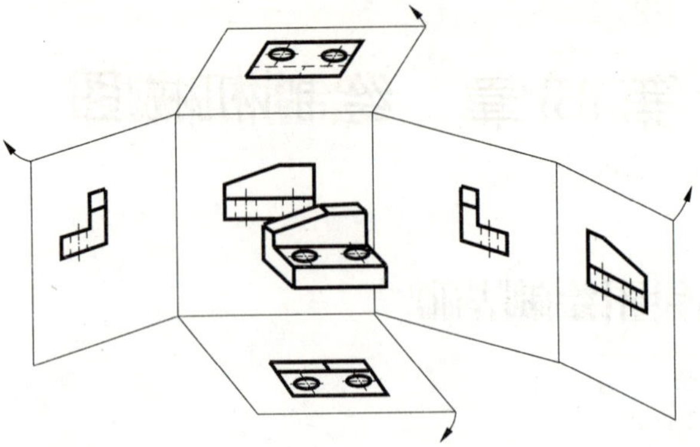

图 13-1　基本投影面的展开方法

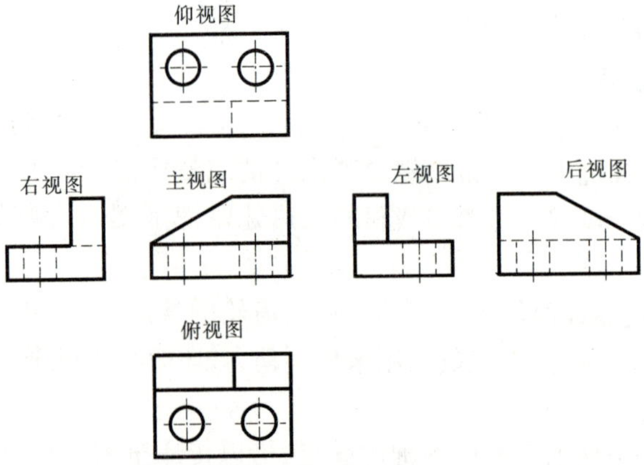

图 13-2　六个基本视图的投影规律

当基本视图不能按规定的位置配置时，可采用向视图的表示方法，如图 13-3 所示。

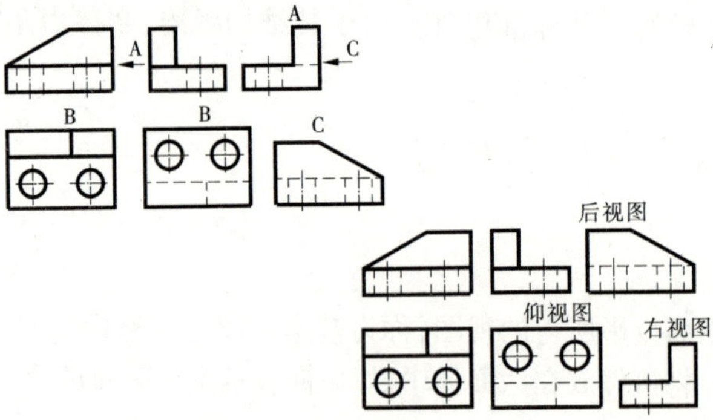

图 13-3　向视图的表示方法

3. 局部视图

将机件的某一部分向基本投影面投射所得的视图称为局部视图（或不完整的基本视图）。

局部视图的画法：局部视图的断裂边界应用波浪线表示，当所表示的局部结构是完整的，且外轮廓线又成封闭时，波浪线可省略不画。

局部视图的配置：为了看图方便，局部视图一般应按投影关系配置，有时为了合理布局，也可把局部视图放在其他适当位置。

局部视图的标注：画局部视图时，一般都需要标注，其标注方法和基本视图的标注方法完全相同，当局部视图按投影关系配置，中间又没有其他图形隔开时，标注可以省略。

局部视图的画法与标注如图 13-4 所示。

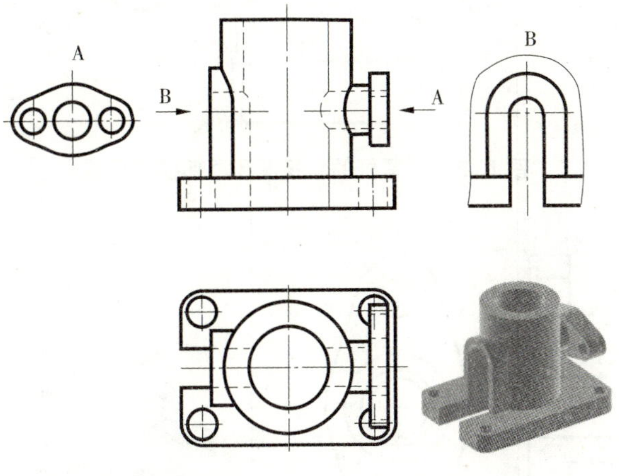

图 13-4 局部视图的画法与标注

4. 斜视图

向不平行于任何基本投影面的平面投影所得的视图，称为斜视图。

斜视图的画法：斜视图一般只表达机件倾斜部分的实形。其断裂边界画法与局部视图完全相同，一般以波浪线表示。当所表示的局部结构是完整的，且外轮廓线又成封闭时，波浪线可省略不画。

斜视图的配置：斜视图一般按投影关系配置，必要时，也可配置在其他适当位置。有时为了画图方便，在不致引起误解时，允许将斜视图的主要中心线或轮廓线旋转到水平或垂直位置。

斜视图的标注：斜视图必须进行标注，其标注方法与局部视图相同。经过旋转后的斜视图必须标注旋转符号，以字高为半径画一圆弧，字母写在箭头端，也可将转角写在字母之后，箭头方向与旋转方向一致。

如图 13-5 所示为压紧杆的斜视图和局部视图配置。

13.1.2.2 剖视图

当机件内部的结构形状较复杂时，在画视图时就会出现较多的虚线，这不仅影响视图清晰，给看图带来困难，也不便于画图和标注尺寸。为了清楚地表达机件内部的结构形状，在技术图样中常采用剖视图这一表达方法，如图 13-6 所示。

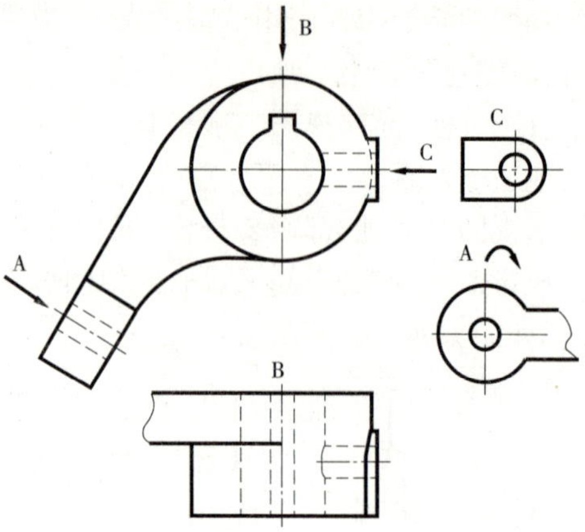

图 13-5　压紧杆的斜视图和局部视图配置

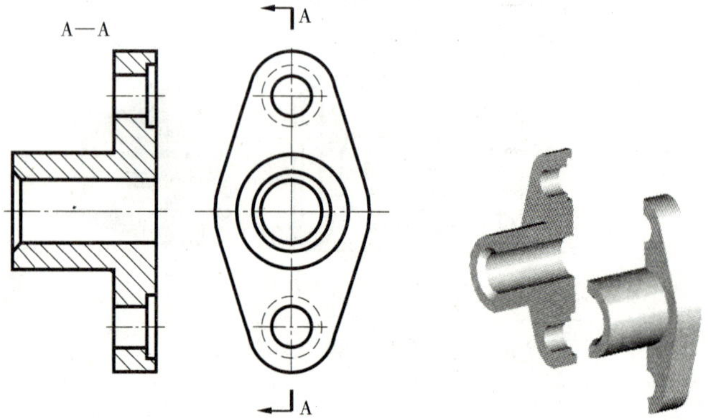

图 13-6　机件的剖视图

剖视图的画法：一般用平面剖切机件，剖切平面应通过机件内部孔、槽等的轴线或对称面，且使其平行或垂直于某一投影面，以便使剖开后的结构反映实形。

剖视图的标注：

(1)在剖视图的上方用字母标出剖视图的名称，如 A—A，B—B 等，在相应的视图上用剖切符号表示剖切面的位置，用箭头表示投影的方向。

(2)当剖视图与标注剖切位置的视图按投影关系配置，中间又没有其他图形隔开时，可以省略箭头。

(3)剖切平面通过机件的对称面或基本对称面，且剖视图按投影关系配置，此时可以不加任何标注。

(4)用两平行的或两相交的及组合的剖切面剖切得到的剖视图必须标注。

剖视图分为全剖视图、半剖视图和局部剖视图。

用剖切平面完全地剖开机件所得的剖视图，称为全剖视图。全剖视图主要用于表达内部结构复杂、外形比较简单的机件。

对于具有对称平面机件，以对称中心线为界，一半画成视图，用以表达机件的外部结构形状，另一半画成剖视图，用以表达机件的内部结构形状，这样的图形称为半剖视图。

用剖切平面局部地剖开机件所得的剖视图，称为局部剖视图。局部剖视图主要用于表达不宜采用全剖视图和半剖视图的机件。

13.1.2.3 断面图

1. 断面图的概念

假想用剖切平面把机件的某处切断，仅画出断面的图形称为断面图，如图 13-7 所示。

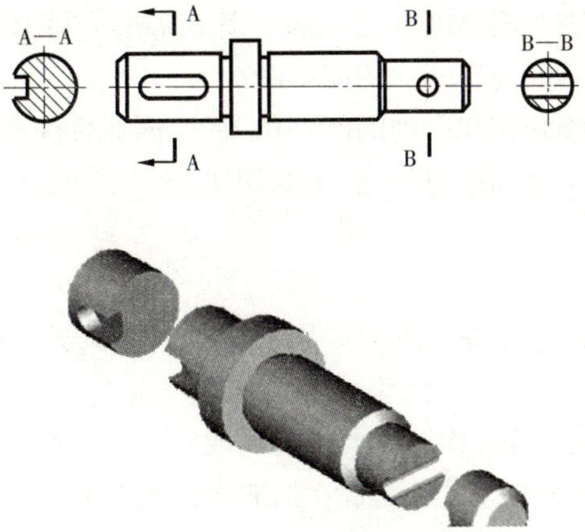

图 13-7 断面图示例

断面图与剖视图的区别在于：断面图是零件上剖切处断面的投影，而剖视图则是剖切后零件的投影。

2. 断面图的种类

1）移出断面图

画在视图外的断面图称为移出断面图。

移出断面图的画法：

（1）移出断面的轮廓线用粗实线画出。

（2）剖切平面一般应垂直于被剖切部分的主要轮廓线。

（3）当剖切平面通过回转面形成孔或凹坑的轴线时，这些结构按剖视绘制。

移出断面图的标注：

（1）移出断面一般应用剖切符号表示剖切位置，用箭头表示投射方向，并注上字母，在断面图的上方应用同样的字母标出相应的名称“×—×”；经过旋转的移出断面，还要标注旋转符号。

（2）移出断面图应尽量配置在剖切平面迹线（表示剖切面位置的细点画线，也称为剖切线）的延长线上。断面图的名称“×—×”可以省略。

（3）配置在剖切符号延长线上的不对称移出断面，由于剖切位置已很明确，可省略字母。

（4）不配置在剖切符号延长线上的对称移出断面，以及按投影关系配置的不对称移出断面，均可省略箭头。

（5）配置在剖切平面迹线延长线上的对称移出断面可不必标注。

(6)对称形状的断面图允许配置在视图的中断处,断面图的对称平面迹线即表示剖切平面位置,断面图名称、剖切平面符号及字母均可省略。

(7)用两相交剖切平面作断面图,两个断面图要断开,剖切平面一定要垂直于零件的边界。

2)重合断面图

画在视图内的断面图称为重合断面图。重合断面图的边界线用细实线表示。这样细实线能与原视图中的投影有明显区别。原视图仍应完整绘制,即断面图与原视图重影,原视图中机件边界投影并不因为有断面图而中断。

由于重合断面是直接画在视图内的剖切位置处,因此标注时可一律省略字母。

对称的重合断面可不必标注,只需画出剖切线;不对称的重合断面只需画出剖切符号与箭头。

13.1.2.4 局部放大图

将零件的部分结构用大于原图形所采用的比例放大画出的图形称为局部放大图,如图 13-8 所示。

局部放大图的画法和配置:局部放大图可画成视图、剖视图、断面图,它与被放大部分的表达方式无关;局部放大图应尽量配置在被放大部位的附近。

画局部放大图要注意两点:

首先,局部放大图的比例是指放大图与机件的对应要素之间的线性尺寸比,与被放大部位的原图所采用的比例无关。

其次,局部放大图采用剖视图和断面图时,其图形按比例放大,断面区域中的剖面线的间距必须与原图保持一致。

局部放大图的标注:

(1)一般应用细实线圈出被放大的部位。

(2)当同一零件上有几个被放大的部分时,必须用罗马数字依次标明被放大的部位,并在局部放大图的上方标注出相应的罗马数字和所采用的比例。

(3)当零件上被放大的部分仅一个时,在局部放大图的上方只需注明所采用的比例。

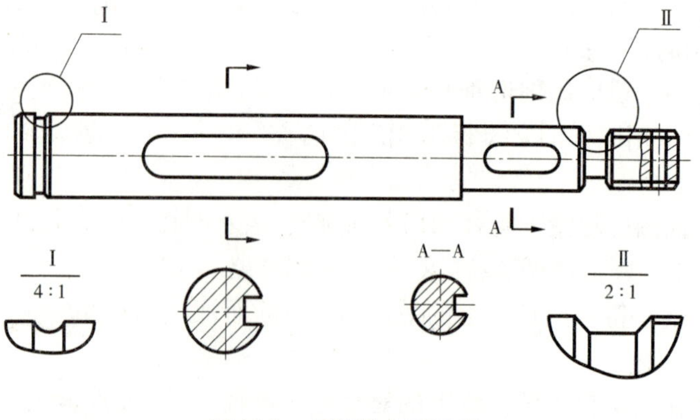

图 13-8 局部放大图示例

13.2 机械零件的绘制范例

13.2.1 轴体零件的绘制

13.2.1.1 调用样板图，开始绘新图

（1）在绘制一幅新图之前应根据所绘图形的大小及个数，确定绘图比例和图纸尺寸，建立或调用符合国家机械制图标准的样板图。绘图应尽量采用1:1比例，假如我们需要一张1:5的机械图样，通常的方法是，先按1:1比例绘制图形，然后用比例（SCALE）命令将所绘图形缩小到原图的1/5，再将缩小后的图形移至样板图中。

（2）如果没有所需样板图，则应先设置绘图环境。设置包括绘图界限、单位、图层、颜色和线型、文字及尺寸样式等内容。

本例选择A3图纸，绘图比例为1:1，图层、颜色和线型设置如表13-1所示，全局线型比例为1:1。

（3）用SAVERS命令指定路径保存图形文件，文件名为“轴零件图.dwg”。

表13-1　图层、颜色和线型设置

图层名	颜色	线型	线宽
粗实线	绿色	Continuous	0.5
细实线	白色	Continuous	0.25
虚线	黄色	HIDDEN	0.25
中心线	红色	CENTER	0.25
文字	白色	Continuous	0.25
尺寸	白色	Continuous	0.25

13.2.1.2 绘制图形

绘图前应先分析图形，设计好绘图顺序，合理布置图形，在绘图过程中要充分利用缩放、对象捕捉、极轴追踪等辅助绘图工具，并注意切换图层。

（1）绘制主视图。轴的零件图具有一对称轴，且整个图形沿轴线方向排列，大部分线条与轴线平行或垂直。根据图形这一特点，我们可先画出轴的上半部分，然后用镜像命令复制出轴的下半部分。

方法1：用偏移（OFFSET）、修剪（TRIM）命令绘图。根据各段轴径和长度，平移轴线和左端面垂线，然后修剪多余线条绘制各轴段，如图13-9所示。

方法2：用直线（LINE）命令，结合极轴追踪、自动追踪功能先画出轴外部轮廓线，如图13-10所示，再补画其余线条。

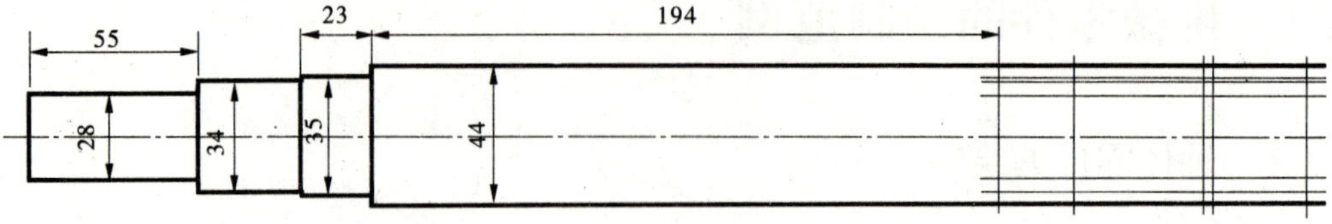

图 13-9　方法 1 绘制轴

图 13-10　方法 2 绘制轴

（2）用倒角（CHAMFER）命令绘制轴端倒角，用圆角（FILLET）命令绘制轴肩圆角，如图 13-11 所示。

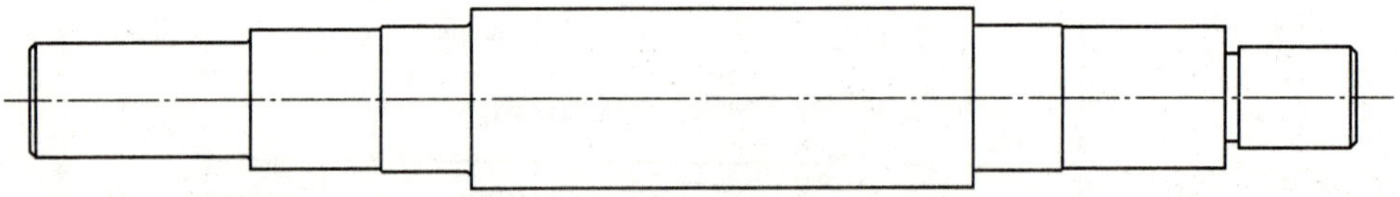

图 13-11　绘制轴端倒角、轴肩圆角

（3）绘制键槽。用样条曲线绘制键槽局部剖面图的波浪线，并进行图案填充，然后用样条曲线命令和修剪命令将轴断开，结果如图 13-12 所示。

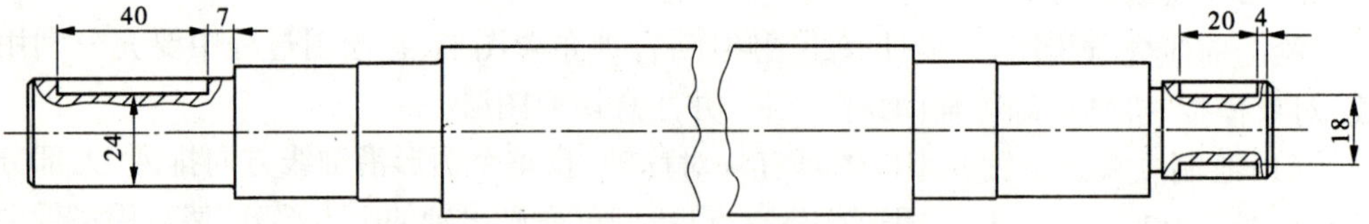

图 13-12　绘制键槽

（4）绘制键槽剖面图和轴肩局部视图，如图 13-13 所示。

（5）整理图形，修剪多余线条，将图形调整至合适位置。

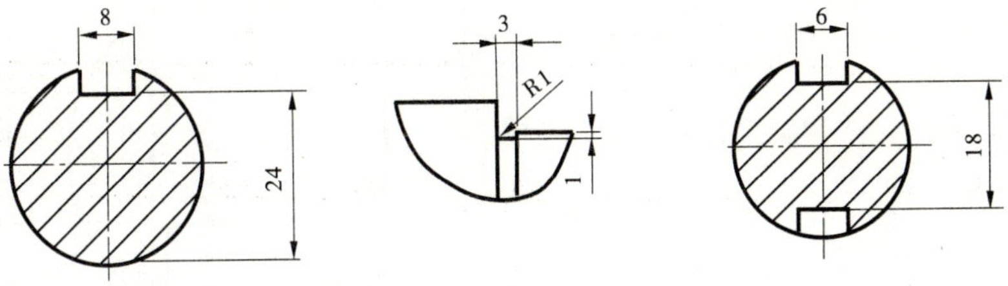

图 13-13　绘制键槽剖面图和轴肩局部视图

13.2.1.3　标注尺寸和形位公差

关于标注尺寸的内容见第 7 章，在此仅以同轴度公差为例，说明形位公差的标注方法：

(1)选择“标注”|“公差”后，弹出“形位公差”对话框，如图 13-14 所示。

(2)单击“符号”按钮，选取“同轴度”符号“◎”。

(3)在“公差 1”左边黑方框单击，显示“ϕ”符号，在中间白框内输入公差值“0.015”。

(4)在“基准 1”左边白方框内输入基准代号字母“A”。

(5)单击“确定”按钮，退出“形位公差”对话框。

(6)单击“常用”选项卡的“注释”面板中的“引线”按钮绘制引线，结果如图 13-15 所示。

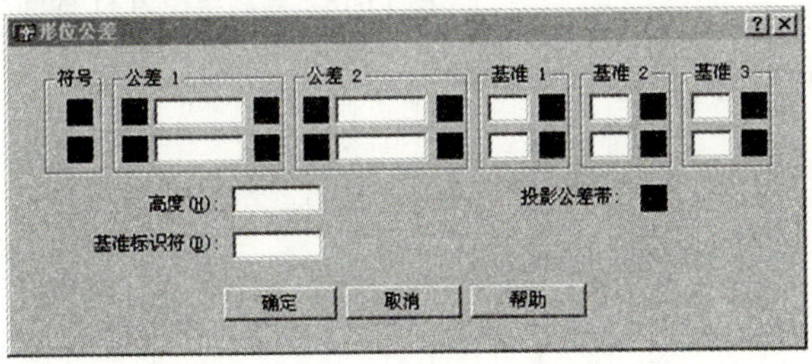

图 13-14　“形位公差”对话框

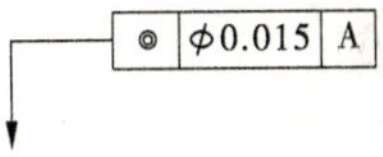

图 13-15　形位公差

提示：用引线命令可同时画出指引线并注出形位公差。

13.2.1.4　书写标题栏、技术要求中的文字

略。

13.2.2　支撑零件的绘制

13.2.2.1　绘制基本零件图形

(1)新建一个二维图形。

(2)单击“绘图”工具栏中的“圆”按钮，绘制一个半径为 4.5 的圆，如图 13-16 所示。

(3)单击“绘图”工具栏中的“圆”按钮，绘制一个半径为 19 的圆，该圆的圆心与第一个圆的圆心位于一条水平线上，圆心距离为 14.4，如图 13-17 所示。

图 13-16　绘制半径为 4.5 的圆

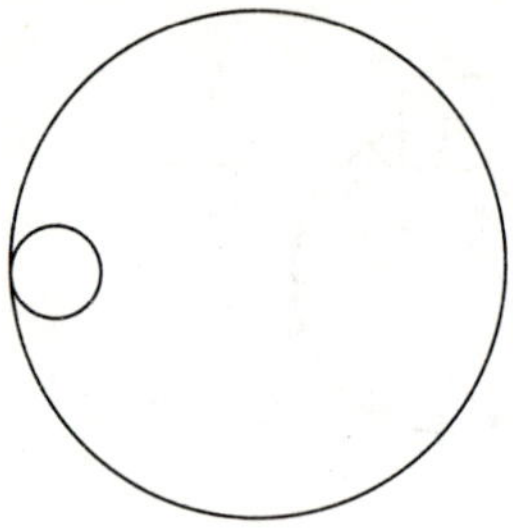

图 13-17　绘制半径为 19 的圆

(4)单击“绘图”工具栏中的“圆”按钮,绘制一个半径为 11 的圆,该圆和第一个圆同心,如图 13-18 所示。

(5)单击“绘图”工具栏中的“圆”按钮,绘制一个半径为 2 的圆,依次选择相切圆,绘制的圆如图 13-19 所示。

(6)使用相同的方法绘制另一个圆,半径为 8,如图 13-20 所示。

(7)单击“修改”工具栏中的“修剪”按钮,修剪掉不需要的部分,如图 13-21 所示。

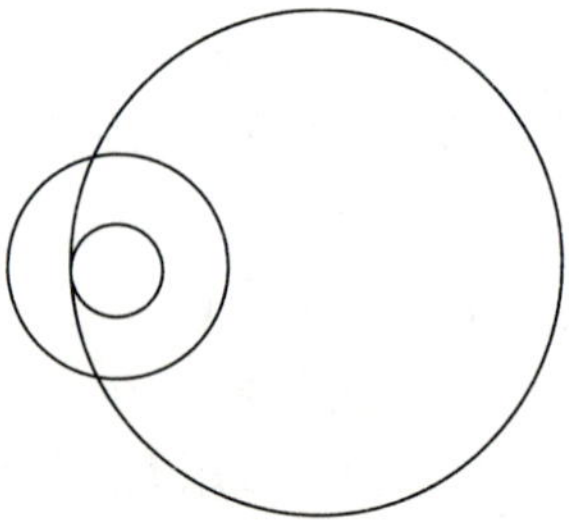

图 13-18　绘制半径为 11 的圆

(8)单击“绘图”工具栏中的“圆”按钮,绘制一个半径为 29 的圆,该圆与已绘制成的最大弧形同心,如图 13-22 所示。

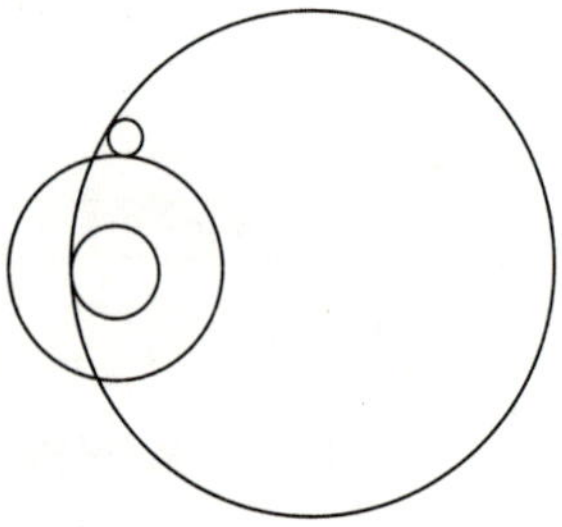

图 13-19　绘制半径为 2 的相切圆

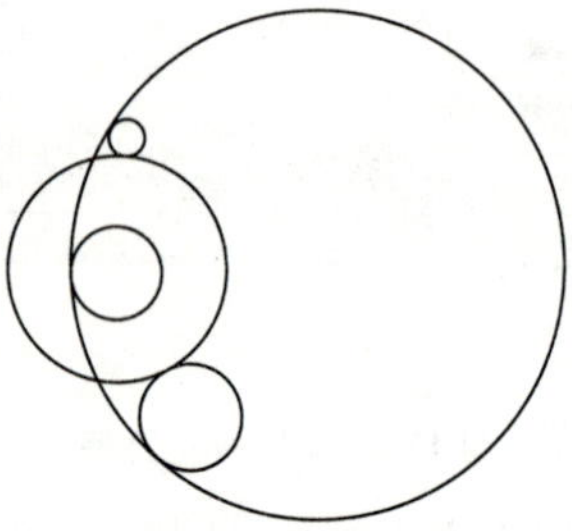

图 13-20　绘制半径为 8 的相切圆

(9)单击“绘图”工具栏中的“直线”按钮,绘制两条直线,位置尺寸如图 13-23 所示。

(10)单击“绘图”工具栏中的“圆”按钮,绘制一个半径为 7.5 的圆,该圆位置尺寸如图 13-24 所示。

(11)单击“绘图”工具栏中的“直线”按钮,绘制两条直线,位置尺寸如图 13-25 所示。

(12)单击“绘图”工具栏中的“圆”按钮,绘制一个半径为 12 的圆,和两条直线相切,如图 13-26 所示。

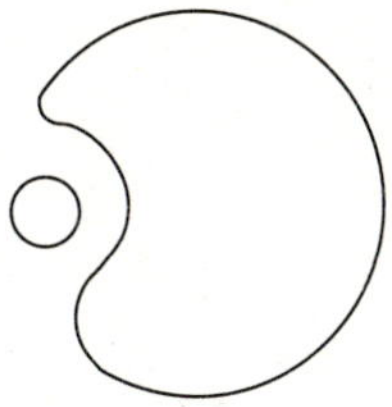

图 13-21　修剪图形

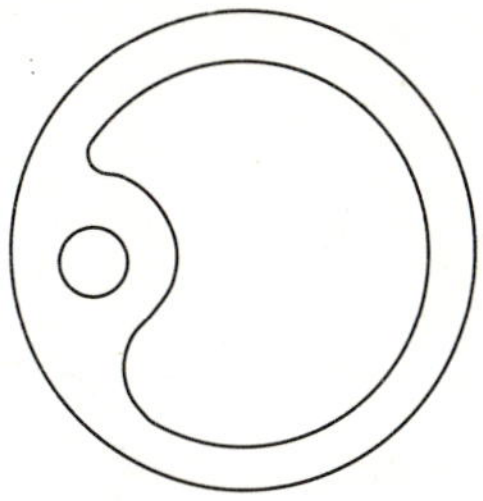

图 13-22　绘制半径为 29 的圆

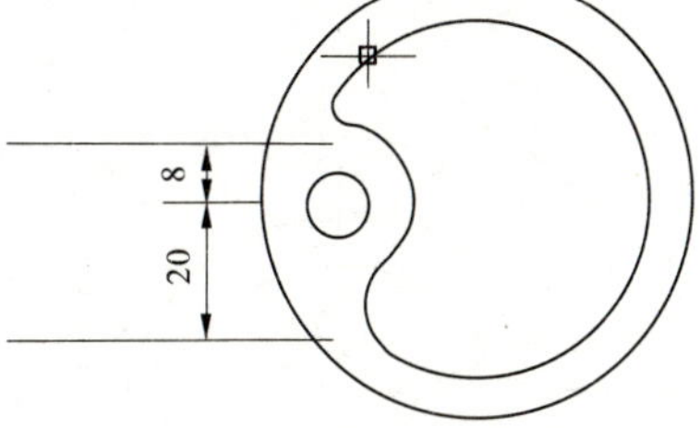

图 13-23　绘制直线

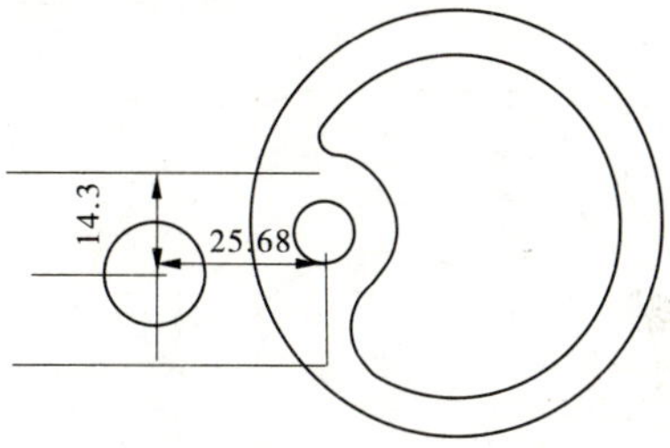

图 13-24　绘制半径为 7.5 的圆

(13)单击“修改”工具栏中的“修剪”按钮,修剪掉不需要的部分。

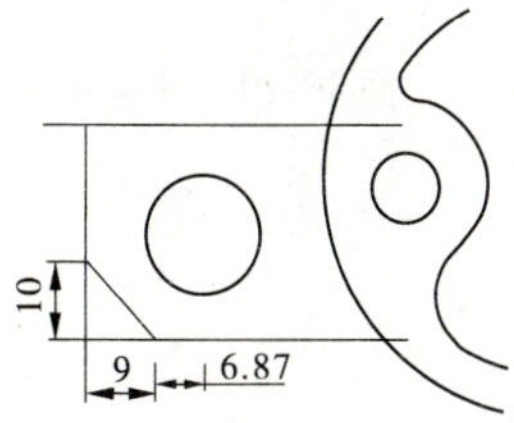

图 13-25　绘制直线

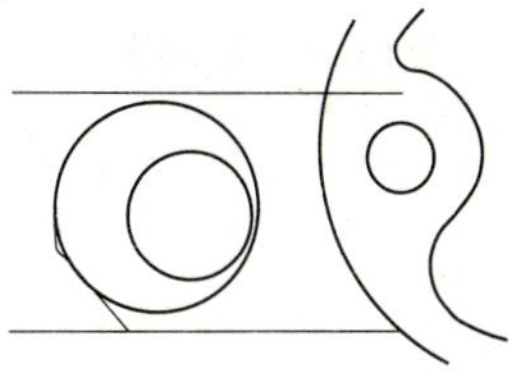

图 13-26　绘制半径为 12 的圆

13.2.2.2　绘制完整的零件图形

(1)选择“常用”选项卡的“特性”面板中的“线型”下拉列表,选择 CENTER 选项。

(2)单击“绘图”工具栏中的“直线”按钮,绘制中心线和三条斜线,位置尺寸如图 13-27 所示。

(3)恢复默认线型,单击“绘图”工具栏中的“圆”按钮,绘制三个圆,如图 13-28 所示。完成后单击“修改”工具栏中的“修剪”按钮,修剪掉不需要的部分,如图 13-29 所示。

(4)单击“绘图”工具栏中的“圆弧”按钮,绘制圆弧,如图 13-30 所示。

(5)单击“绘图”工具栏中的“圆”按钮,绘制一个半径为 9.6 的圆,如图 13-31 所示。

(6)单击“绘图”工具栏中的“圆”按钮,绘制半径为 12.48 的圆,和两条圆弧相切。

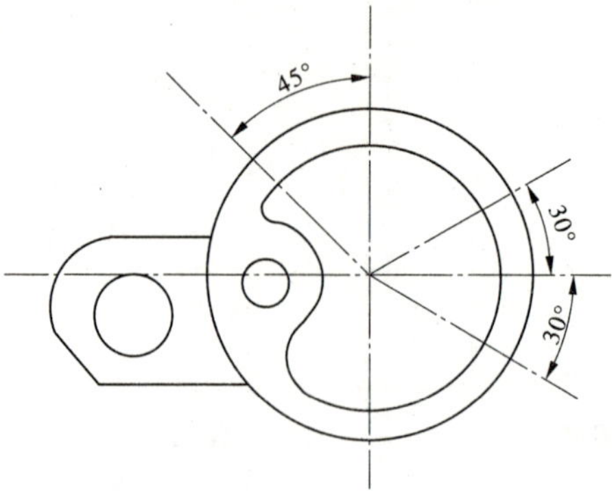

图 13-27 绘制中心线和斜线

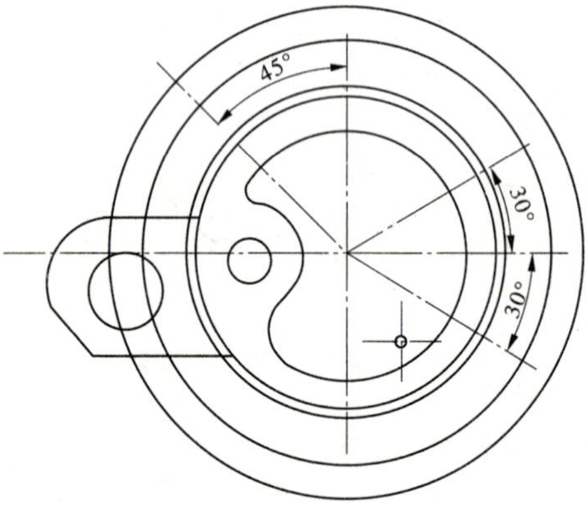

图 13-28 绘制圆

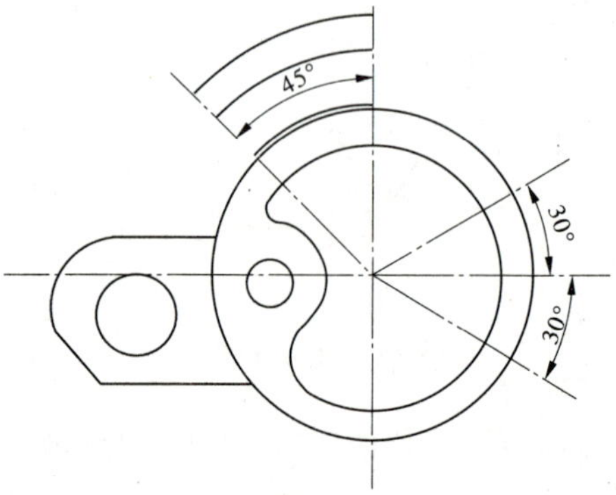

图 13-29 修剪图形

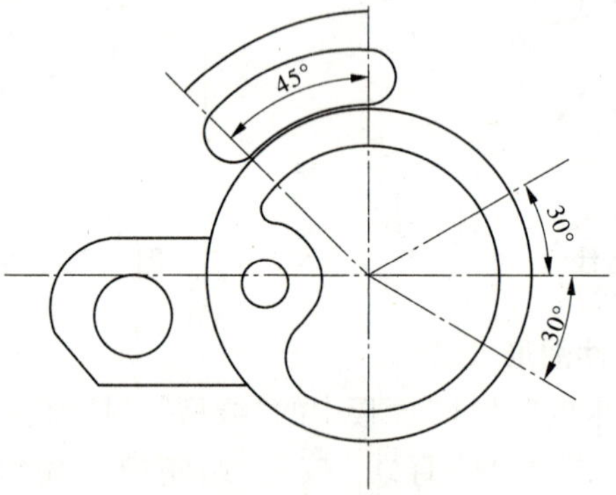

图 13-30 绘制圆弧

(7)单击“修改”工具栏中的“修剪”按钮,修剪掉不需要的部分,如图 13-32 所示。

(8)单击“绘图”工具栏中的“圆”按钮,绘制半径为 10 的圆。

(9)单击“绘图”工具栏中的“圆”按钮,绘制半径为 12 的圆,和两条圆弧相切。

(10)单击“修改”工具栏中的“修剪”按钮,修剪掉不需要的部分,如图 13-33 所示。

(11)选择“常用”选项卡的“特性”面板的“线型”下拉列表,选择 CENTER 选项,单击

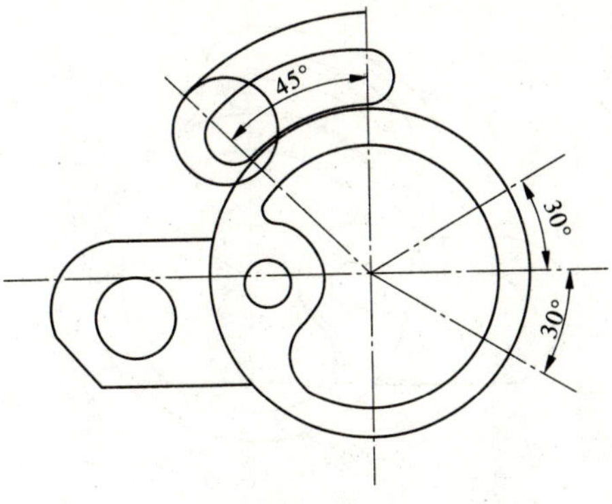

图 13-31　绘制半径为 9.6 的圆

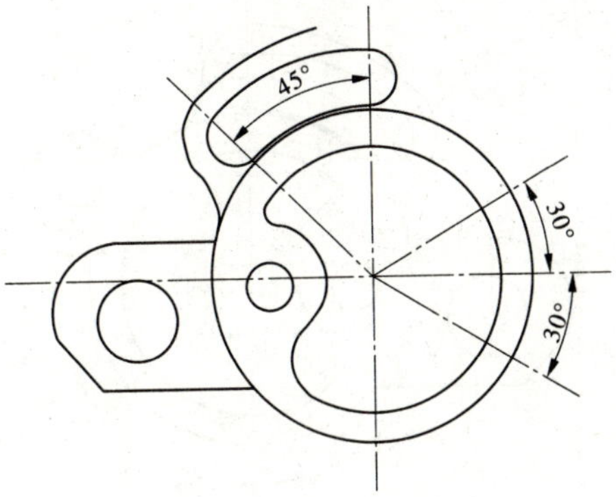

图 13-32　修剪图形

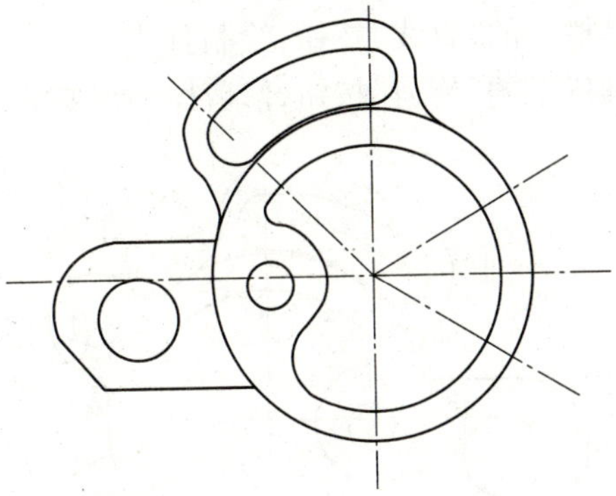

图 13-33　绘制圆及修剪图形

“绘图”工具栏中的“圆”按钮，绘制圆。

（12）恢复默认线型，单击“绘图”工具栏中的“圆”按钮，绘制两个圆，如图 13-34 所示。

（13）单击“绘图”工具栏中的“圆”按钮，绘制两个半径为 5 的圆，和两条圆弧相切。

（14）单击“修改”工具栏中的“修剪”按钮，修剪掉不需要的部分，如图 13-35 所示。

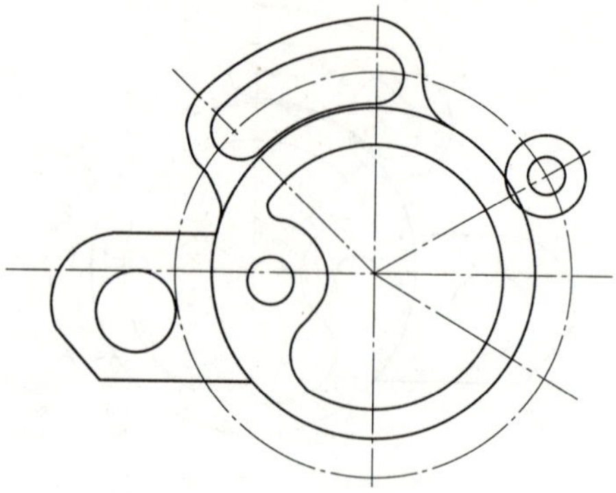

图 13-34　绘制圆

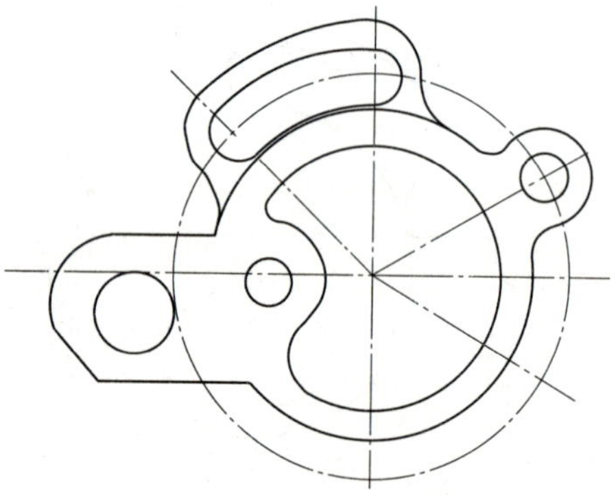

图 13-35　绘制相切圆及修剪图形

(15)恢复默认线型,单击“绘图”工具栏中的“圆”按钮,绘制三个圆。

(16)单击“绘图”工具栏中的“直线”按钮,绘制直线。

(17)单击“修改”工具栏中的“修剪”按钮,修剪掉不需要的部分,如图 13-36 所示。

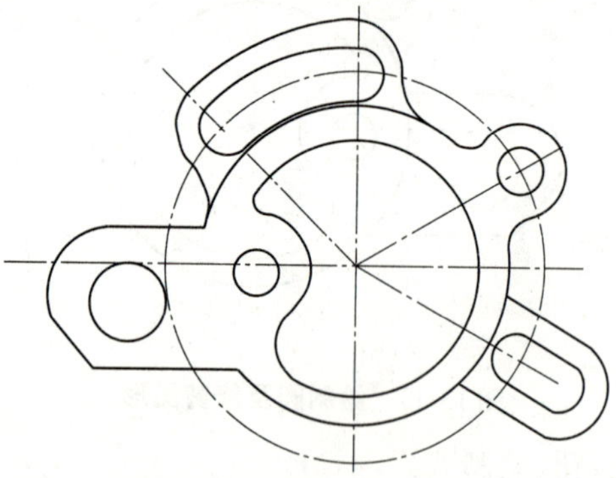

图 13-36　绘制圆及修剪图形

(18)单击“修改”工具栏中的“圆角”按钮,设置圆角弧度半径为 7,进行倒圆角,如图 13-37 所示。

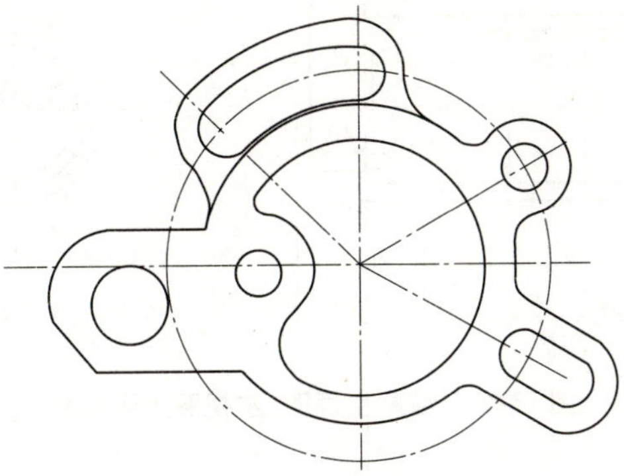

图 13-37　倒圆角

12.2.2.3　标注零件

单击“常用”选项卡的“注释”面板中的“线性”按钮，进行线性标注，然后进行其他标注，这里不再详细介绍。标注完成后，这个零件图就绘制完成了。

13.2.3　座体零件的绘制

13.2.3.1　调用样板图，开始绘新图

同轴体零件绘制实例。

13.2.3.2　绘制图形

(1)打开正交、对象捕捉、极轴追踪功能，并设置 0 层为当前图层，用直线(LINE)、偏移(OFFSET)命令绘制基准线，如图 13-38 所示。

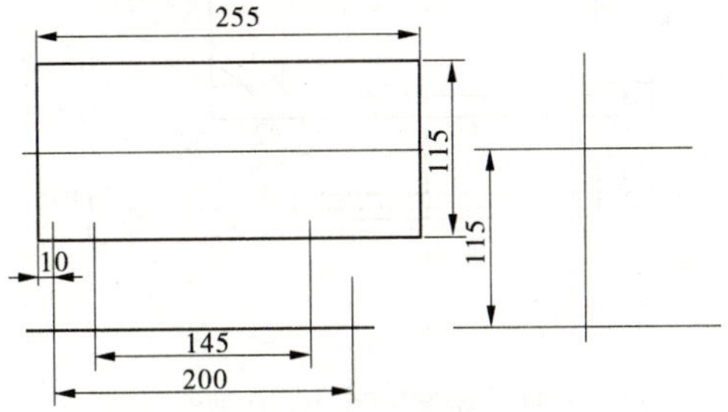

图 13-38　绘制基准线

(2)绘制主视图、左视图上半部分。用偏移(OFFSET)、修剪(TRIM)命令绘制主视图及左视图上半部分。用圆(CIRCLE)命令绘制 ϕ115、ϕ80 两个圆。对称图形可只画一半，另一半用镜像(MIRROR)命令复制，结果如图 13-39 所示。

(3)绘制主视图、左视图下半部分。先绘制左视图下半部分左侧图形，用镜像命令复制出右侧图形，然后绘制主视图下半部分图形，注意投影关系，如图 13-40 所示。

(4)作辅助线 AB，以 A 点为圆心，以 R95 为半径作辅助圆，确定圆心 O。以 O 点为圆心，绘制 R110、R95 两个圆弧，如图 13-41 所示。

(5)绘制 M8 螺纹孔。在中心线图层，用环形阵列绘制左视图螺纹孔中心线，如图 13-42 所示。

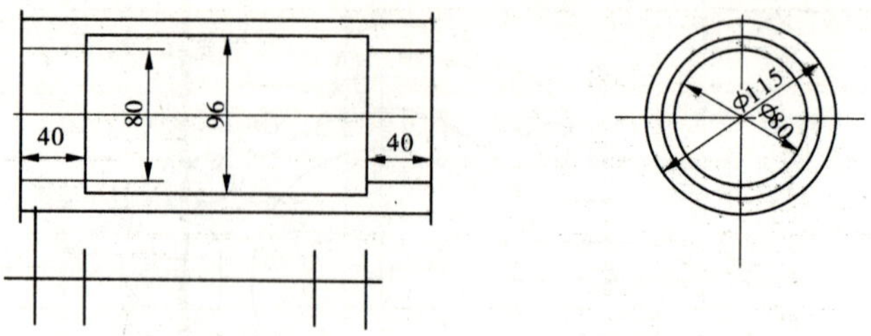

图 13-39　绘制主视图、左视图上半部分

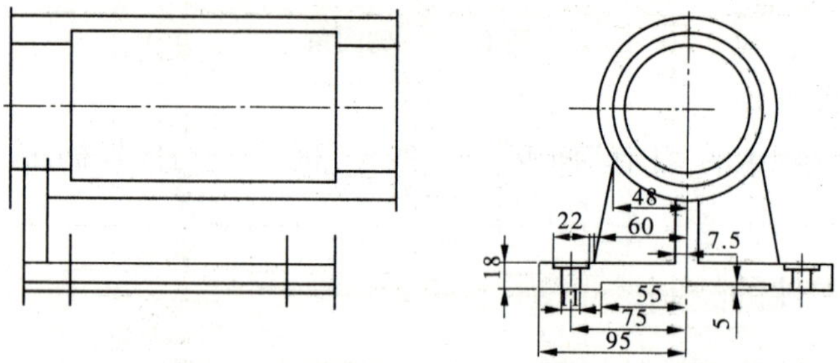

图 13-40　绘制主视图、左视图下半部分

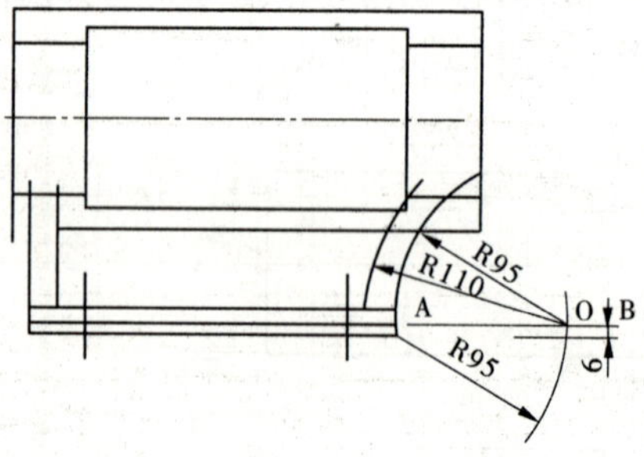

图 13-41　绘制 R95、R110 两个圆弧

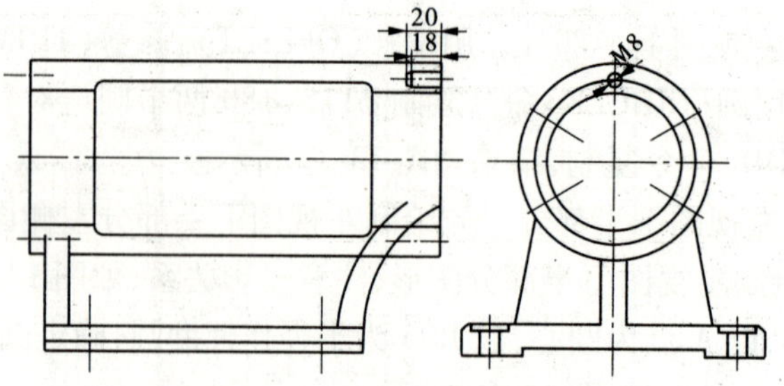

图 13-42　绘制 M8 螺纹孔

(6)倒角、绘制波浪线。

用倒角(CHAMFER)命令绘制主视图两端倒角,用圆角(FILLET)命令绘制各处圆角。用样条曲线绘制波浪线。结果如图 13-43 所示。

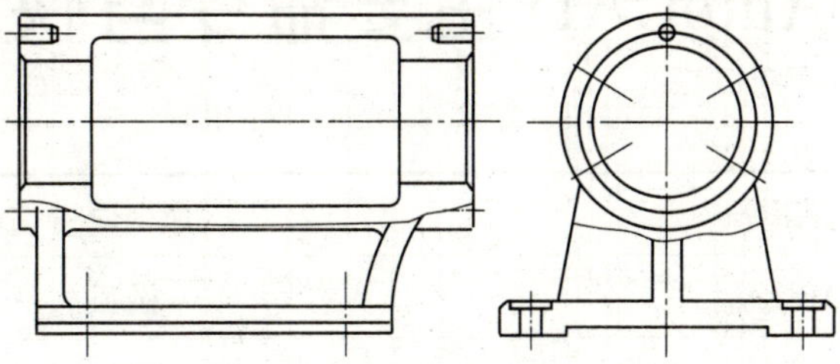

图 13-43　倒角、绘制波浪线

(7)绘制俯视图并根据制图标准修改图中线型。

绘制俯视图并将图中线型分别更改为粗实线、细实线、中心线和虚线,如图 13-44 所示。

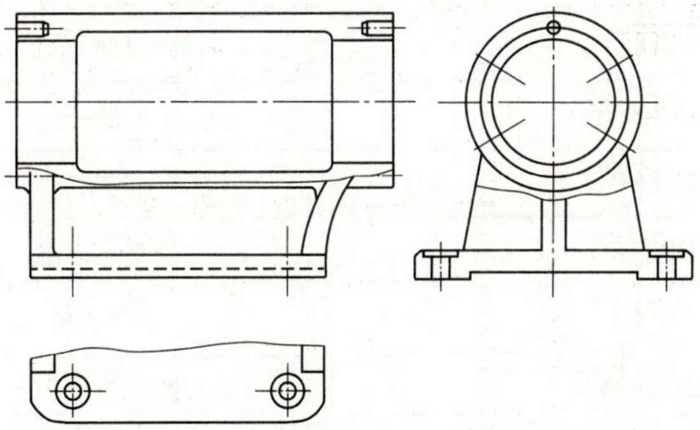

图 13-44　绘制俯视图及设置线型

(8)用剖面线(HATCH)命令绘制剖面线,结果如图 13-45 所示。

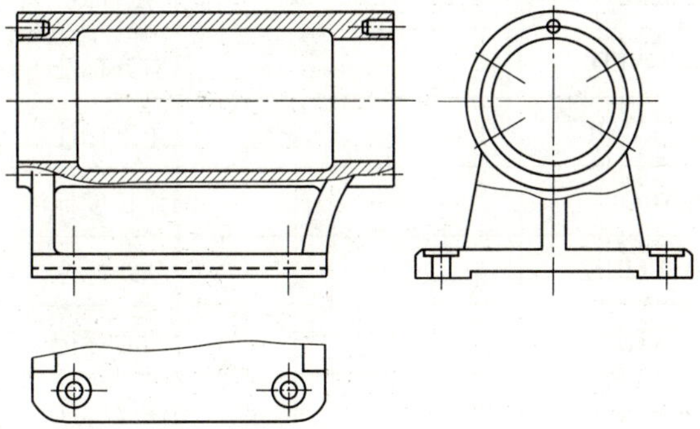

图 13-45　绘制剖面线

13.2.3.3　标注尺寸、书写标题栏及技术要求

略。

附　录　AutoCAD 主要命令与快捷键汇总

快捷键	执行命令	命令说明
A	ARC	圆弧
AA	AREA	周长
AL	ALING	指定一对、两点或三对原点和定义点，以对齐选定对象
AR	ARRAY	阵列
B	BLOCK	创建块
BO	BOUNDARY	创建封闭边界
BR	BREAK	打断
C	CIRCLE	圆
CHA	CHAMFER	倒角
CO	COPY	带基点复制
COL	COLOR	选择颜色
CLI	COMMANDLINE	调入命令行
Ctrl +9	COMMANDLINEHIDE	隐藏命令行
DT	TEXT	单行文字(可旋转)
DDPTYPE	DDPTYPE	点样式
DAL	DIMALIGNED	对齐标注
DAN	DIMANGULAR	角度标注
DAR	DIMARC	圆弧长度标注
DBA	DIMBASELINE	基线标注
DCE	DIMCENTER	圆心标记
DCO	DIMCONTINUE	连续标注
DDI	DIMDIAMETER	直径标注
DED	DIMEDIT	编辑标注
DJO	DIMJOGGED	折弯半径标注

续表

快捷键	执行命令	命令说明
DLI	DIMLINEAR	现行标注(水平)
DOR	DIMORDINATE	坐标标注
DRA	DIMRADIUS	半径标注
D	DIMSTYLE	标注样式设置
DIV	DIVIDE	定数等分
DO	DOUNT	圆环
E	ERASE	删除
EL	ELLIPSE	椭圆
EX	EXTEND	延伸
ED	DDEDIT	编辑单行文字
F	FILLET	圆角
H	HATCH	图案填充
I	INSERT	插入块
J	JOIN	合并
L	LINE	直线
LA	LAYER	定义图层
LE	QLEADER	引线标注
LEN	LENGTHEN	调整长度
LT	LINETYPE	线型管理
LW	LWEIGHT	线宽设置
LI	LIST	对象特性列表
M	MOVE	移动
MA	MATCHPROP	特性匹配
ME	MEASURE	定距等分
MI	MIRROR	镜像
ML	MLINE	绘制多线
MLEDIT	MLEDIT	多线编辑
MLSTYLE	MLSTYLE	多线样式

续表

快捷键	执行命令	命令说明
MT	MTEXT	多行文字
O	OFFSET	偏移
OOPS	OOPS	恢复上一个动作
OP	OPTION	自定义 CAD 设置(选项)
OS	OSNAP	设置捕捉模式
P	PAN	实时平移
PL	PLINE	绘制多段线
PE	PEDIT	编辑多段线
PO	POINT	绘制点
POL	POLYGON	绘制正多边形
PU	PURGGE	清理无用对象
TOL	TOLERANCE	行位公差标注(无引线)
RAY	RAY	射线
REC	RECTANG	绘制矩形
RO	ROTATE	旋转
RE	REGEN	重生成
REDO	REDO	恢复上一个用 UNDO 或 U 命令放弃的效果
REN	RENAME	重命名
REVCLOUD	REVCLOUD	修订云线
S	STRETCH	拉伸
SC	SCALE	比例缩放
ST	STYLE	文字样式
SPL	SPLINE	样条曲线
T	MTEXT	多行文字输入
TB	TABLE	插入表格
TS	TABLESTYLE	表格样式
TR	TRIM	修剪
U	—	撤销上一次操作

续表

快捷键	执行命令	命令说明
UN	UNITS	图形单位
UNDO	—	撤销命令效果
V	VIEW	视图管理器
VP	DDVPOINT	试点预置
X	EXPLODE	分解(爆炸)
XL	XLINE	构造线
Ctrl + 1	—	修改特性
Ctrl + 2	—	设计中心
Ctrl + O	—	打开文件
Ctrl + N	—	新建文件
Ctrl + P	—	打印文件
Ctrl + S	—	保存文件
Ctrl + Z	—	放弃
Ctrl + X	—	剪切
Ctrl + C	—	复制
Ctrl + V	—	粘贴
%%D	—	度(°)
%%P	—	正负号(±)
%%C	—	直径(ϕ)
F1	—	帮助
F2	-	图形/文本窗口切换
F3	—	对象捕捉(开/关)
F7	—	栅格模式(开/关)
F8	—	正交模式(开/关)
F9	—	捕捉模式(开/关)
F10	—	极轴追踪(开/关)
F11	—	对象捕捉追踪(开/关)

参考文献

[1] 黄殿鹏. AutoCAD 2013 从入门到精通[M]. 北京:北京希望电子出版社,2012.

[2] 潘正风,等. 数字测图原理与方法[M]. 武汉:武汉大学出版社,2008.

[3] 史宇红,史小虎,陈玉蓉,等. AutoCAD 2010 从入门到精通[M]. 北京:科学出版社,2010.

[4] 姜勇,李善锋,谢卫标. AutoCAD 机械制图教程[M]. 北京:人民邮电出版社,2008.

[5] CAD/CAM/CAE 技术联盟. AutoCAD 2014 中文版建筑设计从入门到精通[M]. 北京:清华大学出版社,2014.

[6] 李波,刘升婷,李燕,等. AutoCAD 土木工程制图从入门到精通[M]. 北京:机械工业出版社,2013.

[7] 张云杰,张艳明. AutoCAD 2010 基础教程[M]. 北京:清华大学出版社,2010.

[8] 陈志民,等. 中文版 AutoCAD 2013 从入门到精通[M]. 北京:机械工业出版社,2012.

[9] 彭国之,谢龙汉. AutoCAD 2010 建筑制图[M]. 北京:清华大学出版社,2011.

[10] 王建华,程绪琦. AutoCAD 2014 标准培训教程[M]. 北京:电子工业出版社, 2014.

[11] 李波,刘升婷,李燕,等. AutoCAD 土木工程制图从入门到精通[M]. 北京: 机械工业出版社, 2013.

[12] 周佳新,张喆,李鹏. 道桥工程 CAD 制图[M]. 北京:化学工业出版社,2014.

[13] 王佳. 建筑电气 CAD 实用教程[M]. 北京:中国电力出版社,2014.

[14] 王文达. 土木建筑 CAD 实用教程[M]. 北京:北京大学出版社, 2012.

[15] 高永琴. 测绘 CAD[M]. 2 版. 北京:中国电力出版社,2010.